普通高等教育 电气工程/自动化 系列规划教材

普通高等教育电气电子类工程应用型"十二五"规划教材

电气测试技术

陈荣保　江　琦　李奇越　编著

费敏锐　主审

U0258053

机 械 工 业 出 版 社

本书密切关注新技术、新方法,在目前常规的测试技术和方法的基础上,进行了一定的调整和增加。本书共由10章组成,内容包括电学测试和磁学测试技术的基本知识、指针指示型电测技术、数字显示型电测技术、屏幕显示型电测技术、磁学量测试技术、极限参数测试技术、智能型电测技术、网络化电测技术、电测系统的抗干扰技术和电气测试安全技术。

本书可作为电气领域、电子信息领域、测控领域,以及电学测量和磁学测量领域的专业的高校教材,也可作为研究生教材和相关技术人员的参考书籍。

本书配有免费电子课件,欢迎选用本书作教材的老师发邮件到 jinacmp@163.com 索取,或登录 www.cmpedu.com 下载。

图书在版编目(CIP)数据

电气测试技术/陈荣保,江琦,李奇越编著. —北京:机械工业出版社,2014.1(2024.2重印)

普通高等教育电气电子类工程应用型"十二五"规划教材

ISBN 978-7-111-45159-4

Ⅰ.①电… Ⅱ.①陈…②江…③李… Ⅲ.①电气测量-高等学校-教材 Ⅳ.①TM93

中国版本图书馆 CIP 数据核字(2013)第 302992 号

机械工业出版社(北京市百万庄大街 22 号 邮政编码 100037)

策划编辑:吉 玲 责任编辑:吉 玲 卢若薇
版式设计:霍永明 责任校对:刘秀丽
封面设计:张 静 责任印制:张 博

北京建宏印刷有限公司印刷

2024 年 2 月第 1 版·第 6 次印刷

184mm×260mm·18.25 印张·451 千字

标准书号:ISBN 978-7-111-45159-4

定价:49.80 元

电话服务 网络服务

客服电话:010-88361066 机 工 官 网:www.cmpbook.com
010-88379833 机 工 官 博:weibo.com/cmp1952
010-68326294 金 书 网:www.golden-book.com

封底无防伪标均为盗版 机工教育服务网:www.cmpedu.com

前　言

随着全球能源的进一步开发和再生能源、洁净能源以及自然能源的开发利用，智能电网技术越来越朝着"更加智慧"的电网建设方向发展。电网系统、电气设施、电器产品，以及用电、节电、电能计量等新的技术、新的要求、新的测试方法不断地涌现出来，基于物联网的通信平台也带来了全新的信息通信技术。在安全性、可靠性、实用性和实时性、准确性、低功耗的共同要求下，电气测试技术迎来了新技术、新方法、新领域的全面挑战。原有的电气测试手段和设备在不断地更新和丰富。

本书作者长期从事电气测试方面的科研和教学工作，具有丰富的教学积累和工程经验。全书既保留了传统的、经典的电测技术介绍，又较大篇幅地介绍了极限参数测量、智能化测量和电测系统的抗干扰技术。本书内容紧密结合基于物联网的智能电网、智能电表以及相应的电学测量和磁学测量最新知识。

电气测试技术包括电学测量、磁学测量技术，本书在目前常规的测试技术和方法的基础上，进行了一定的调整和增加，增加了一些新技术、新方法。全书章节和内容安排如下：

第1章　电气测量的基本知识。介绍电学测量、磁学测量技术的发展过程和趋势；介绍基本概念、电学标准、数据表示、误差处理等相关知识；介绍电测仪表类型和信息传输的基本知识。

第2章　直读式电测技术。介绍磁电系、电磁系和电动系仪表的电测技术，除测量电流、电压的方法外，还包括磁电系的电阻测量和电动系的电功率测量。

第3章　比较式电测技术。介绍稳压电源、直流电位差计和直流/交流电桥；简单介绍有源电桥、数字电桥和智能电桥。

第4章　电子式测试技术。介绍波谱型信号产生、测量和显示的技术，主要包括函数信号发生器、示波器和示波表等。

第5章　智能化电测技术。介绍数字式参数测量（包括时间、周期、频率、相位、相位差等）和数字式电测技术（包括信号分类、结构、基本功能、采样保持器与 A-D 转换器、数字电压表等）；介绍智能测试过程中涉及的智能芯片、嵌入式技术和接口技术；介绍智能化测试中的软件技术。

第6章　磁学量测试技术。介绍磁学测量的基本概念；介绍空间磁场、磁性材料的测量技术和仪表。

第7章　极限参数测试技术。介绍极限参数的基本概念；介绍绝缘参数、接地电阻、瞬间信号和微弱信号的测试技术；介绍超高电压和超大电流的测试技术。

第8章　网络化电测系统。介绍智能测试系统中的接口总线技术、网络通信技术和远程技术。

第9章　电气测量系统的抗干扰技术。包括直接传导耦合、公共阻抗耦合、共模干扰及其抗干扰技术。

第10章　电气测试安全技术。强调在电气测试过程中的安全基础知识。

本书由合肥工业大学陈荣保博士、江琦博士和李奇越博士编写，上海大学费敏锐教授主审。其中，陈荣保博士负责第 1~6 章及第 10 章，江琦博士负责第 7 章，李奇越博士负责第 8、9 章，研究生侯伟、孟芳慧、张俊杰、肖华峰、豆贤为、路改香、计鹿飞等参与本书部分素材搜集和整理工作。全书由陈荣保博士统稿。

本书是普通高等教育电气电子类工程应用型"十二五"规划教材，适用于电气领域、电子信息领域、测控领域，以及电学测量和磁学测量领域的专业的高校教材，也可作为研究生教材和相关技术人员的参考书籍。

在编写本教材过程中，参阅了较多高等学校使用的相关教材、教学大纲，参考了网上较多对本门课程的见解和共识，得到了上海大学费敏锐教授的许多宝贵意见和建议，还得到了徐科军教授及其同行、研究生和家属的热情支持与帮助，也得到了出版社的大力支持，本书作者在此一并表示感谢！

在教学过程中若需要电子课件和经验交流，请与编者联系：CRBWISH@126.COM。

由于本书成书周期短，对编写过程存在的编写错误或不妥之处，在此表示歉意。希望广大读者指出，不吝赐教！并将在再版时予以更正。

作者

目　录

第1章 电气测量的基本知识

自 1832 年高斯提出根据力的单位进行地磁测量以来，电气测试技术就始终在创新，不仅仅是测量的内容越来越多，还包括测量原理与方法、测量数值与单位、测量标准与仪器等，使得电气测试学科不断在发展。

电气测试技术是一门对电学/磁学类相关物理量，依据电学和磁学测量原理，采用相关测量工具和仪表开展测量工作的学科。随着智能电网技术"更加智慧"的发展，关于电网系统、电气设施、电器产品和用电、节电、电能计量等新的技术、新的要求以及新的测试方法不断地涌现出来；基于物联网的通信平台也带来了全新的信息通信技术，在安全性、可靠性、实用性和实时性、准确性、低功耗的共同要求下，电气测试技术也在不断地更新和丰富。

1.1 基本概念

电气测试技术涉及的电学类、磁学类相关物理量较多，表 1-1 列举了部分电学量和磁学量，这些参量在不同的应用领域体现出重要的作用。对这些参量采取什么样的测量方法，首先需要了解这些参量的具体定义。

表 1-1 部分电工量及其单位、符号

物理量	符号	基本单位		常用换算单位	
		名称	符号	名称	符号
电流	I	安[培]	A	千安/毫安/微安	$kA/mA/\mu A$
电荷[量]	Q	库[仑]	C		
电场强度	E	伏每米	V/m		
电位,电压,电动势	U,E	伏[特]	V	千伏/毫伏/微伏	$kV/mV/\mu V$
电阻	R	欧[姆]	Ω	兆欧/千欧	$M\Omega/k\Omega$
电阻率	ρ	欧米	$\Omega \cdot m$	欧·毫米^2/米	$\Omega \cdot mm^2/m$
电阻温度系数	a		$℃^{-1}$		
电感	L	亨[利]	H	毫亨/微亨	$mH/\mu H$
电容	C	法[拉]	F	微法/皮法	$\mu F/pF$
感抗	X_L	欧[姆]	Ω	兆欧/千欧	$M\Omega/k\Omega$
容抗	X_C	欧[姆]	Ω	兆欧/千欧	$M\Omega/k\Omega$
电抗	X	欧[姆]	Ω	兆欧/千欧	$M\Omega/k\Omega$
阻抗	Z	欧[姆]	Ω	兆欧/千欧	$M\Omega/k\Omega$
频率	f	赫[兹]	Hz	兆赫/千赫	MHz/kHz
周期	T	秒	S	毫秒/微秒	$ms/\mu s$

（续）

物理量	符号	基本单位		常用换算单位	
		名称	符号	名称	符号
电能	W	焦[耳]	J	千瓦·小时	kW·h
有功功率	P	瓦[特]	W	千瓦	kW
无功功率	Q	乏	var	千乏	kvar
视在功率	S	伏安	VA	千伏安	kV·A
功率因数	$\cos\varphi$				
磁场强度	H	安每米	A/m	奥斯特	Oe
磁通量	Φ	韦[伯]	Wb	麦克斯韦	Mx
磁通密度、磁感应强度	B	特[斯拉]	T	高斯	Gs, G
磁导率	μ	亨[利]每米	H/m		

电荷（量）：物体的带电质子称为电荷，用于度量电荷多少的物理量称为电荷量。

电流：单位时间内通过导体截面积的电荷称为电流。

电场强度：描述电场性质的基本物理量，是个矢量，简称场强。规定其方向与正（负）电荷在该点受的电场力方向相同（反），电场的基本特征是能使其中的电荷受到电场力。

电位（电势）：在电场中，某点电荷的电势能与它所带的电荷量之比，称为这点的电势。

电压：电场强度沿一规定路径从一点到另一点的线积分。在无旋场条件下，电压与路径无关，等于两点之间的电位差。

电动势：电路中因其他形态的能转换为电能所引起的电位差，其数值等于单位正电荷在回路中绕行一周时电力所作的功。

电阻：在物理学中用来表示导体对电流阻碍作用的大小，表示某一种导体传输电流能力的强弱程度。导体的电阻越大，表示导体对电流的阻碍作用越大。不同的导体，电阻一般不同，电阻是导体本身的一种特性。

电阻率：衡量物质导电性能好坏的一个物理量。电阻率越大，导电性能越低。

电阻温度系数：表示物质的电阻率随温度而变化的物理量，其数值等于温度每升高1℃时，电阻率的增加量与原来的电阻率的比值。

电感：自感 L 与互感 M 的统称，一般情况下，多指自感。当闭合回路中的电流发生变化时，则由此电流所产生的穿过回路本身的磁通也发生变化，这现象称为自感现象。如果有两只线圈互相贴近，则其中第一只线圈中电流所产生的磁通有一部分与第二只线圈相环链，当第一只线圈中的电流发生变化时，与第二只线圈环链的磁通也发生变化，在第二只线圈中产生感应电动势，这种现象称为互感现象。

感抗：交流电流过电感电路时，电感有阻碍交流电流过的作用，该作用称为感抗。

电容：在相互绝缘的两个极板（导体）上，加上一定的电压，就具有储存电荷的性质，所储存的电荷与电压之比称为电容。

容抗：交流电流过电容电路时，电容有阻碍交流电流过的作用，该作用称为容抗。

电抗：感抗和容抗统称为电抗，在正弦电流电路中，为复数阻抗的虚部。

阻抗：交流电流通过具有电阻、电感、电容的电路时，它们有阻碍交流电流通过的作用，该作用称为阻抗。

频率：交流电每秒钟变化的次数。

周期：交流电每变化一周所需要的时间。

功率：单位时间内所作的功称为功率。

有功功率：功率在一周期内的平均值称为有功功率，是电路中电阻部分所消耗的功率。

无功功率：为建立交变磁场和感应磁通而需要的电功率称为无功功率。"无功"不是"无用"的电功率，在供用电系统中，与有功电源一样，是不可缺少的。

视在功率：在具有电阻和电抗的电路内，电压与电流的乘积称为视在功率。

功率因数：有功功率与视在功率之比称为功率因数。

磁场强度：磁场中各点磁力大小和方向的量，等于磁感应强度与磁介质磁导率之比。

磁通（量）：磁感应强度与垂直于磁场方向的面积的乘积称为磁通（量）。

磁感应强度：在物理学中磁场的强弱使用磁感强度（也称磁感应强度）来表示，磁感强度大表示磁感强，磁感强度小表示磁感弱。它是描述磁场强弱和方向的基本物理量。

磁导率：又称导磁系数，是衡量物质的导磁性能的一个系数，即磁介质中磁感应强度与磁场强度之比。

还有较多的电学和磁学的术语定义，如相位、电流密度、电纳、导纳、电磁感应、磁滞回线、磁化曲线等。

1.2　电气测量方法

各种电学量或磁学量的测量，统称为电气测量，也称电工测量，即将被测的电学量或磁学量，与作为测量单位的同类标准电学量或磁学量进行比较，从而确定这个被测量的大小的过程。根据测量数据的获取，电气测量的方法可以分为直接测量、间接测量和组合测量。

1）直接测量：在电气测量过程中，能够直接将被测量与同类标准量进行比较，或能够直接用事先刻度好的测量仪器对被测量进行测量，从而直接获得被测量的数值的测量方式称为直接测量。例如，用电压表测量电压、用电能表测量电能以及用直流电桥测量电阻等都是直接测量。直接测量方式广泛应用于工程测量中。

2）间接测量：当被测量由于某种原因不能直接测量时，可以通过直接测量与被测量有一定函数关系的物理量，然后按函数关系计算出被测量的数值，这种间接获得测量结果的方式称为间接测量。例如，用伏安法测量电阻，是利用电压表和电流表分别测量出电阻两端的电压和通过该电阻的电流，然后根据欧姆定律计算出被测电阻的大小。间接测量方式广泛应用于科研、实验室及工程测量中。

3）组合测量：如果被测量有多个，虽然被测量（未知量）与某种中间量存在一定函数关系，但由于函数式有多个未知量，对中间量的一次测量是不可能求得被测量的值的。这时可以通过改变测量条件来获得某些可测量的不同组合，然后测出这些组合的数值，解联立方程求出未知的被测量。如图 1-1 所示，通过一个电流表、一个电压表和一个电位器 R_L 求取 R_x 和 U_e，通过建立方程组求得 R_x 和 U_e。

根据测量过程的实现手段，电气测量有直读法、比较法、零位法、替代法等。

1）直读法：用直接指示被测量大小的指示仪表进行测量，直接从仪表刻度盘上读取被测量数值的测量方法称为直读法。采用直读法测量时，度量器不直接参与测量过程，而是间接地参与测量过程。例如，用欧姆表测量电阻时，从指针在刻度尺上指示的刻度可以直接读出被测电阻的数值。这一读数被认为是可信的，因为欧姆表刻度尺的刻度事先用标准电阻进行了校验，标准电阻已将它的量值和单位传递给欧姆表，间接地参与了测量过程。直读法测量的过程简单，操作容易，读数迅速，但其测量的准确度不高。

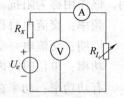

图 1-1　组合测量法

2）比较法：将被测量与度量器在比较仪器中直接比较，从而获得被测量数值的方法称为比较法。例如，用天平测量物体质量时，作为质量度量器的砝码始终都直接参与了测量过程。在电工测量中，比较法具有很高的测量准确度，可以达到 ±0.001%，但测量时操作比较麻烦，相应的测量设备也比较昂贵。

3）零值法：又称平衡法。利用被测量对仪器的作用，与标准量对仪器的作用相互抵消，由指零仪表做出判断的方法称为零值法。即当指零仪表指示为零时，表示两者的作用相等，仪器达到平衡状态，此时按一定的关系可计算出被测量的数值。显然，零值法测量的准确度主要取决于度量器的准确度和指零仪表的灵敏度。

4）替代法：分别把被测量和标准量接入同一测量仪器，在标准量替代被测量时，调节标准量，使仪器的工作状态在替代前后保持一致，然后根据标准量来确定被测量的数值。用替代法测量时，由于替代前后仪器的工作状态是一样的，因此仪器本身性能和外界因素对替代前后的影响几乎是相同的，有效地克服了所有外界因素对测量结果的影响。替代法测量的准确度主要取决于度量器的准确度和仪器的灵敏度。

1.3　电气测量仪表及其选择

电气测量仪表，常见的就有绝缘电阻表、万用表、电流表、示波器、互感器、指示仪表、记录仪表、数字仪表等等。电气测量仪表的形式和种类多种多样，根据不同的方式可以有多种不同的划分方法。

1）按照测量仪表的工作原理分，有电磁式、磁电式、电动式、电子式、数字式、智能式、软件式和网络式等。

2）按测量仪表的功能来分，有电流表、电压表、功率表、电阻表、电能表、功率因数表、频率表、万用表、磁强计等。

3）根据测量仪表的使用来分，有装置式（如交流稳压电源）、台式（如示波器、信号发生器、虚拟仪器等）和可携带式（如电笔、万用表、示波表）等。

4）根据测量仪表的工作电流分，有直流仪表、交流仪表、交直流两用仪表等。

5）按照测量数据显示方式分，有指针指示型、光柱指示型、数字显示型和屏幕显示型。

6）按准确度可分为 0.1、0.2、0.5、1.0、1.5、2.5 和 5.0 共 7 个等级。

还有一种分类，电学量测量基本上属于接触式测量，磁学量测量属于非接触式测量。如电弧光、雷电以及因电磁因素导致的热效应等，还能通过（特种）图像传感器测量，图像测量属于二维非接触测量。

在实际电气测量时，如何选择电气测量仪表、如何使用电气测量仪表、如何测量电学量和磁学量、如何获取测量数据以及如何处理测量数据，都涉及许多相关知识。表 1-2 列出的是常用电气测量仪表的符号及其意义。因此在进行电气测量时，要注意以下 6 个明确。

表 1-2　常用电气测量仪表的符号及其意义

分类	符号	名称	被测量的种类
电流种类	—	直流电表	直流电流、电压
	∼	交流电表	交流电流、电压、功率
	≃	交直流两用表	直流电量或交流电量
	≈ 或 3∼	三相交流电表	三相交流电流、电压、功率
测量对象	Ⓐ ⓜA ⓤA	安培表、毫安表、微安表	电流
	Ⓥ ⓚV	伏特表、千伏表	电压
	Ⓦ ⓚW	瓦特表、千瓦表	功率
	kW·h	千瓦时表	电能量
	φ	相位表	相位差
	f	频率表	频率
	Ω MΩ	欧姆表、兆欧表	电阻、绝缘电阻

1）明确测量对象。了解是电学量还是磁学量。特别是电学量，不同的参数有不同的测量方法，相同的参数也可能有不同的测量仪表。例如，直流电流，从纳安（nA）、微安（μA）、毫安（mA）到安培（A）、千安（kA）、兆安（MA）乃至更大；还有电流量限、电流接入方法、电流测量方法等，都需要清清楚楚。

2）明确精度要求。一旦测量展开，由于测量精度不符合测量要求，势必要从头再来，不仅造成极大的浪费，有些测量甚至是无法重复的。还有一些测量，仅仅定性测量，可以忽略精度要求，如检查一下市电 AC220V 是否正常，用最简单的电压测量工具都能胜任。

3）明确测量环境。测量环境包括两个方面：一个是环境干扰因素，由于电学和磁学的特殊关系，任何影响电磁测量的因素，或由电影响磁，或由磁影响电，都是干扰源，而环境电磁因素还会成为与电场或磁场成相关函数的电磁感应，直接影响到测量仪表；另一个是现场测量仪表的安装、运行和操作。

4）明确测量数据表达方式。测量的结果表达主要是显示方式，指针指示、数字显示、屏幕波形描述、虚拟仪器编程还是直接在智能仪表中保存，不同的表达方式也意味着测量仪器的成本规模、操作模式、性能价格比等。

5）明确测量标准。标准的体现有多种方式：一是测量值是否在正常范围，如市网电压不一定精确到 AC220V，可以有一个范围；二是误差处理要求，计算绝对误差、相对误差，甄别出是否有粗大误差；三是测量值的有效值位数等。

6）明确测量安全性。这是在整个测量过程中最重要，也是必须先解决的问题。它涉及测量内容是否清晰、测量方案是否科学、测量仪表是否合适、接线方式是否正确、测量步骤是否明确、安全保障是否到位等一系列安全问题，都不能掉以轻心，如表 1-3 中列出的"绝缘等级"。

表 1-3　常用电气测量仪表的功能及其操作意义

分类	符号	名称	被测量的种类
工作原理	⌐	磁电系仪表	电流、电压、电阻
	⌇	电磁系仪表	电流、电压
	⊏⊐	电动系仪表	电流、电压、电功率、功率因素、电能量
	⌐▷	整流式仪表	电流、电压
	⊙	感应式仪表	电功率、电能量
准确度等级	1.0	1.0 级电表	以标尺量限的百分数表示
	⑴.5	1.5 级电表	以指示值的百分数表示
绝缘等级	⚡2kV	绝缘强度试验电压	表示仪表绝缘经过 2kV 耐压试验
工作位置	→	仪表水平放置	
	↑	仪表垂直放置	
	∠60°	仪表倾斜 60° 放置	
端钮	+	正端钮	
	−	负端钮	
	± 或 ✕	公共端钮	
	⊥ 或 ⏚	接地端钮	

具体对应到某一款选择的电气测量仪表，也有以下 6 点注意事项。

1）准确度高、误差小，其数值应符合所属准确度的要求。

2）误差不应随时间、温度、湿度、外磁场等外界环境条件的影响而变化。

3）仪表本身消耗功率应越小越好，否则在测量小的功率时，会引起较大的误差。

4）仪表应有足够高的绝缘强度和耐压能力，有承受短时间过载的能力，以保证使用安全。

5）应有良好的读数装置，被测量的数值应能直接读出。

6）构造坚固，使用维护方便。

1.4　测量数据的表示和单位

测量的过程包括 3 个含义：①测的过程，也是辨识对象的过程；②量的过程，给对象确定一个量值，即能够描述对象的数值；③对象的特性表示，测量的结果就是给予对象的一个明确的数值和包含对象特征的单位。例如，1A，表明对象是电流，数值的大小是 1，单位是安培（A）。

在一种单位制中，基本量的主单位称为基本单位，它是构成单位制中其他单位的基础。1974 年，第十四届国际计量大会后确定了 7 个国际单位制（SI）的基本单位和 2 个辅助单位，包括米（m）、千克（kg）、秒（s）、安培（A）、开尔文（K）、摩尔（mol）、坎德拉（cd）以及平面角的弧度（rad）、立体角的球面度（sr）。

在选定了基本单位之后，由基本单位以相乘、相除的形式构成的单位称为导出单位。例如，面积单位"平方米"就是基本单位米的二次方构成的，速度单位"米/秒"就是由基本单位米除以基本单位秒构成的。

安培是电流的国际基本单位，是为了纪念法国物理学家安德烈·玛丽·安培（André-Marie Ampère，1775—1836）而命名的。对安培的定义，在 1948 年第九届国际计量大会上得到批准，在 1960 年第十一届国际计量大会上，被正式采用为国际单位制的基本单位之一。

安培简称安，符号为 A，定义为：在真空中相距为 1m 的两根无限长平行直导线，通以相等的恒定电流，当每米导线上所受作用力为 $2e-7N(2\times10^{-7}N)$ 时，各导线上的电流为 1 安培。导出单位可以是基本单位的数值换算，也可以是其他参量的单位，如比安培小的电流可以用毫安、微安等单位表示，即 1 安培 = 1000 毫安（mA）、1 毫安 = 1000 微安（μA）；在电池上常见的单位为 mA·h（毫安·时），如 500mA·h 代表这颗电池能够提供 500mA×1h = 1800C（库仑，简称"库"）的电子，即耗电量为 500mA 的电器使用 1h 的电量。表 1-4 中列出的都是导出单位。表 1-5 中列出的是数值换算后，在单位前冠以的前缀词（权值符号）。

表 1-4 具有专门名称的 SI 导出单位

量的名称	SI 导出单位		
	名称	符号	用 SI 基本单位和 SI 导出单位表示
频率	赫[兹]	Hz	$1Hz=1s^{-1}$
力/重力	牛[顿]	N	$1N=1kg\cdot m/s^2$
压力;压强;应力	帕[斯卡]	Pa	$1Pa=1N/m^2$
能(量);功;热量	焦[耳]	J	$1J=1N\cdot m$
功率;辐射通量	瓦[特]	W	$1W=1J/s$
电荷(量)	库[仑]	C	$1C=1A\cdot s$
电压;电动势;电势	伏[特]	V	$1V=1W/A$
电容量	法[拉]	F	$1F=1C/V$
电阻	欧[姆]	Ω	$1\Omega=1V/A$
电导	西[门子]	S	$1S=1\Omega^{-1}$
磁通(量)	韦[伯]	Wb	$1Wb=1V\cdot s$
磁通密度;磁感应强度	特[斯拉]	T	$1T=1Wb/m^2$
电感	亨[利]	H	$1H=1Wb/A$
摄氏温度	摄氏度	℃	$1℃=1K$
光通量	流[明]	lm	$1lm=1cd\cdot sr$
(光)照度	勒[克斯]	lx	$1lx=1lm/m^2$

表 1-5　数值换算的单位前缀表

词头	符号	英文	10 的指数值	十进制数	确认年代
yotta	Y	Septillion	24	1000 000 000 000 000 000 000 000	1991
zetta	Z	Sextillion	21	1000 000 000 000 000 000 000	1991
exa	E	Quintillion	18	1000 000 000 000 000 000	1975
peta	P	Quadrillion	15	1000 000 000 000 000	1975
tera	T	Trillion	12	1000 000 000 000	1960
giga	G	Billion	9	1000 000 000	1947
mega	M	Million	6	1000 000	1960
kilo	k	Thousand	3	1000	1795
		One	0	1	
milli	m	Thousandth	−3	0.001	1795
micro	μ	Millionth	−6	0.000 001	1795
nano	n	Billionth	−9	0.000 000 001	1960
pico	p	Trillionth	−12	0.000 000 000 001	1960
femto	f	Quadrillionth	−15	0.000 000 000 000 001	1964
atto	a	Quintillionth	−18	0.000 000 000 000 000 001	1964
zepto	z	Sextillionth	−21	0.000 000 000 000 000 000 001	1991
yocto	y	Septillionth	−24	0.000 000 000 000 000 000 000 001	1991

导出单位数量很多，一般可以分为 3 类：用国际基本单位表示的一部分 SI 导出单位、具有专门名称的 SI 导出单位和用 SI 辅助单位表示的一部分 SI 导出单位。其中，具有专门名称的 SI 导出单位总共有 19 个，几乎是以杰出科学家的名字命名的，以纪念他们在本学科领域里作出的贡献。表 1-4 列出的是与电磁学有关的具有专门名称的 SI 导出单位。

测量的结果，除了明确大小的数值外，单位的表示有严格的要求，不能随意书写。而在读的过程中，也必须遵守其规定。例如，长度的 2 次方和 3 次方是指面积和体积，相对应的名称是"平方"和"立方"，置于长度单位的名称之前，为"平方米"、"立方米"，但不能称为"米平方"、"米立方"。

1.5　电气基准及其标准器具

1.3 节已经提及"测量标准"，该标准如同标准秤的砝码，或者是标准量杯，测量的标准是能够被复制或传递的。复制"标准"的手段和工具（器具）有类似砝码的基准量具（器）、类似标准量杯的标准量具和工作量具。工作量具可以认为是比实际测量仪表的精度更高一级的标准表，或者是偏差可以忽略的标准仪表或器具。

"标准"的复制技术随着微观世界或量子工程领域的新发现，可以被真实的物理现象所表现。由于"物理现象"不是实物性质，不能作为标准器具和工作器具，因此只能作为基准。这种基准一般是通过可以复现的、严谨的物理实验而获得的。

　　因此测量工具若作为标准器具,可分为基准器具、标准器具和工作器具,3 种器具也反映了精度的等级差别,最高的就是基准。由物理现象所表现的基准称为自然基准,由具体实物实现的基准称为实物基准,也可以作为基准器(具)。

　　在电学基准中,可以用精度较高的元器件作为工作器具,标准电池、标准电阻(电容、电感)作为标准器具,而作为电学基准的,依照 1990 年执行的新的国际标准规定,采用自然基准。

1.5.1　电学基准

　　电学基准具有最高计量特性的电学标准。在国际单位制(SI)的 7 个基本单位中,电流单位"安培"是电学量的基本单位,因此直流电流基准是最重要的电学基准。原则上,其他电学基准、标准的量值均可由直流电流基准和基本单位(米、千克、秒)导出。

　　直流电流基准本身的量值需由绝对测定的实验来确定,如"电压除以电阻"。1990 年新的国际电学标准规定,采用约瑟夫森自然效应和冯·克利青自然效应复现"电压"和"电阻"。

1. 约瑟夫森效应和电压自然基准

　　布赖恩·戴维·约瑟夫森(Brian David Josephson,1940—)是英国的物理学家,因预言约瑟夫森效应,在固态电子学领域的理论上取得重大进步,而获得了 1973 年诺贝尔物理学奖。

　　1962 年约瑟夫森还是研究生时,他想计算在两种超导材料所组成的结处,电流通过时会出现什么情况。结果,他发现两种材料没有任何电压降时,隧道结仍有电流流过。他还提议,这种现象会受到磁场的影响。不久,他的预言在直流电情况下,得到安德森(P. C. Anderson)和罗威尔(J. M. Rowell)所证实,而在交流电情况为夏皮罗(S. Shapiro)所证实。由于他理论预言,人们用两种超导材料,中间用一绝缘材料隔开,而做成著名的约瑟夫森结。这种结在许多固体器件中有广泛的应用,如约瑟夫森结是测磁场高灵敏器件的关键元件。

　　两块超导体通过一绝缘薄层(厚度为 10Å(10^{-9}m 左右)连接起来,绝缘层对电子来说是一势垒,一块超导体中的电子可穿过势垒进入另一超导体中,这是特有的量子力学的隧道效应。当绝缘层太厚时隧道效应不明显,太薄时两块超导体实际上连成一块,这两种情形都不会发生约瑟夫森效应。绝缘层不太厚也不太薄时称为弱连接超导体。

　　两块超导体夹一层薄绝缘材料的组合称为 S-I-S 超导隧道结或约瑟夫森结,主要表现为:

　　(1)直流约瑟夫森效应　结两端的电压 $U=0$ 时,结中可存在超导电流,它是由超导体中的库珀对的隧道效应引起的。只要该超导电流小于某一临界电流 I_C,就始终保持此零电压现象,I_C 称为约瑟夫森临界电流。I_C 对外磁场十分敏感,甚至地磁场可明显地影响 I_C。

　　(2)交流约瑟夫森效应　结两端的直流电压 $V\neq0$ 时,通过结的电流是一个交变的振荡超导电流,振荡频率(称为约瑟夫森频率)f 与电压 V 成正比,即

$$V=\frac{h}{2e}f \tag{1-1}$$

式中,e 为电子电荷;h 为普朗克常数。这使超导隧道结具有辐射或吸收电磁波的能力,以微波辐照隧道结时可产生共振现象,连续改变所加的直流电压以改变交流振荡频率。

当约瑟夫森频率 f 等于微波频率的整数倍时，就发生共振，此时有直流成分的超导电流流过隧道结，在 I-V 特性曲线上可观察到一系列离散的阶梯式的恒定电流。测定约瑟夫森频率 f，就可从已知常量 e 和 h 精确测定 V。

f 的测定不确定度可达到 10^{-13} 量级。所以由约瑟夫森效应得到的结电压在原则上可达到与频率标准相近的稳定度和复现性。单个约瑟夫森结的结电压仅为毫伏量级，1984 年，原联邦德国及美国利用约 1500 个约瑟夫森结相串联，得到了约 1V 的结电压，可直接与标准电池的端电压相比较，监视直流电动势基准的稳定性。

2. 冯·克利青效应和电阻自然基准

冯·克利青（Klaus von Klitzing, 1943—）因发现量子霍尔效应，获得了 1985 年度诺贝尔物理学奖。

1980 年，原联邦德国科学家冯·克利青等从金属-氧化物-半导体场效应晶体管（MOSFET）发现了一种新的量子霍尔效应。在硅 MOSFET 上加两个电极，即在低于 4.2K 的低温和大于 10T 的强磁场中，半导体表面的二维电子气的朗道能级呈现分立效应。当电子填满某一能级时，发现霍尔电阻随栅压变化的曲线上出现了一系列平台，平台处的霍尔电阻 R_h 满足方程：

$$R_h = \frac{h}{ne^2} \qquad (1\text{-}2)$$

式中，n 为整数或有理分数。由普朗克常数 h 和 e^2 的比值即可决定霍尔电阻的数值，而且不包含频率因子。

也就是说，这些平台是精确给定的，是不以材料、器件尺寸的变化而转移的。它们只是由基本物理常数 h（普朗克常数）和 e（电子电荷）来确定的。因此，用量子化霍尔效应建立的电阻自然基准的复现性和稳定度原则上不受限制。

3. 核磁共振和磁场自然基准

当原子核在磁通密度为 B 的磁场中发生旋进时，旋进的角频率为

$$\omega = \gamma B \qquad (1\text{-}3)$$

式中，γ 为原子核的旋磁比，是一种基本物理常数。若原子核同时还受到角频率为 ω 的电磁波的辐射，就会发生共振吸收，这种现象称为核磁共振。利用此种效应可建立磁场的自然基准，即用 γ 和角频率值来决定磁通密度。

1.5.2　电学标准器具

1. 标准电池

标准电池是一种化学电池，由于其电动势比较稳定、复现性好，长期以来一直用作电压标准。它是复现电压单位"伏特"的标准器具。根据电池中电解溶液的浓度情况，标准电池分为饱和式和不饱和式两种。在 20℃ 时，饱和式标准电池的电动势在 1.0185～1.1868V 之间，不饱和式标准电池的电动势在 1.01860～1.01960V 之间。

饱和式标准电池的特点是电动势稳定、温度系数（温度对电动势变化）较大，一般用在测量和校准各种电池的电压。不饱和式标准电池的特点是温度系数较小、使用方便，可用作标准的辅助电池，一般供工业和实验室用。

我们国家规定，作为计量标准用的标准电池，按其在计量检定系统表中的位置分为计量

基准、计量标准和工作计量器具三档。按计量检定系统表的规定，较低档标准电池的量值由较高档传递。

直流电动势基准是最高档的标准电池，保存在国家计量技术机构，用于复现和保存法定电压单位。为了提高电动势基准量值的稳定性，通常用多个高质量标准电池组成基准组，取其电动势值的平均值作为所保存的电动势量值。直流电动势基准组的年变化为 10^{-7} 量级，其电动势值的绝对值需用绝对测定的方法来确定，绝对测定的不确定度为 10^{-6} 量级。

为了使用方便，标准电池的稳定度也常用级别来表示。例如，0.01 级标准电池，表示其年变化在规定的参考条件下小于 0.01%。中国的标准电池共分为 7 个级别：0.0002 级、0.0005 级、0.001 级、0.002 级、0.005 级、0.01 级、0.02 级。

饱和式标准电池和不饱和式标准电池的结构基本相同，正极为汞（Hg）、负极为镉汞齐（Hg-Cd 齐），二者的区别在于饱和电池的硫酸镉（$CdSO_4$）溶液饱和，并有适量的硫酸镉晶体，如图 1-2 所示。

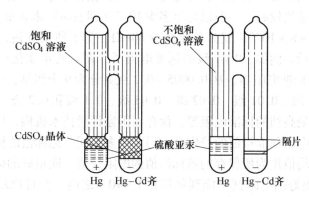

图 1-2　饱和式标准电池和不饱和式标准电池的结构

饱和式标准电池的内阻约为 700Ω，随时间的增加，内阻也稍有增大。若从标准电池中输出电流，则端电压要下降。因此，使用标准电池作为标准的电路时必须具有非常高的阻抗。质地优良的饱和式标准电池具有长期稳定的电动势，但会受机械冲击、热冲击或温度变化的影响。

根据标准电池的原理、结构和特征，在使用标准电池时一定要了解标准电池的使用规定和操作规程，同时必须注意以下 5 点。

1）标准电池放置不允许倾斜，严禁摇晃和倒置，否则会影响电动势值和稳定性，甚至被损坏。而运输后的标准电池必须静置足够时间后检验合格才能使用。

2）不能过载。标准电池不能作为输出电功率的原电池，在使用时通过标准电池的电流不能超过允许值，一般只允许不大于 $1\mu A$ 的电流，否则会因极化引起电动势不稳定；也不能用手同时触摸两个端钮，以防人体将两极短路；严禁用电压表或万用表去测量标准电池的电动势值，因为这种仪表的内阻不够大，会使电池放电电流过大。

3）标准电池的极性不能接反。由于齐纳二极管的端电压与反向电流在小范围内的波动几乎无关，也可将其作为电动势标准，用于仪器中代替标准电池。

4）使用和存放的温度、湿度必须符合规定。若两极间温度差为 0.1℃，则会有约 $30pV$ 的电动势偏差。若移动到新温度下，必须保持恒温一段时间后方可使用。

5) 不应受阳光、灯光直射。因为标准电池的去极化剂硫酸亚汞是一种光敏物质,受光照后会变质,将使极化和滞后都变得严重。

2. 标准电阻（器）

（1）简介　标准电阻是作为一个标准阻值,用来对其他电阻衡量的度量器,是复现电阻"欧姆"的实体器具,基本单位为 Ω（欧姆）。其产品具有电阻精度高、温度系数低、稳定度高的特点,在精密测量和计量检定部门作传递用。

国际公认的标准电阻是金属制的,它遵守欧姆定律,在给定的温度下,在两端加上电压 V,则必通过确定的电流 I,V 与 I 的比值是确定不变的值,它就是恒定值 $R = V/I$。请注意,标准电阻均为金属线材,电流线均为互相平行的线,它们必与终端平面互相垂直。

标准电阻的量值通常为十进制,其阻值范围一般为 $1\text{m}\Omega \sim 100\text{k}\Omega$,特殊情况下也可做成更小或更大的量值,或非十进制量值。

老化是标准电阻最重要的指标,也称稳定度。标准电阻的电阻值很少随时间而变化,这样标准电阻的稳定度就比较高,一般以每年多少 10^{-6}（即 ppm）来表示。例如,某 $10\text{k}\Omega$ 标准电阻的年老化率为 -8×10^{-6},就是每年减少 $80\text{m}\Omega$。为了使用方便,标准电阻器的稳定度也常常用级别来表示。例如,0.01 级的标准电阻器,表示其年变化在规定的参考条件下小于 0.01%。我国的标准电阻器,从 0.0005 ~ 0.2 级共分为 9 个级别,即 0.0005 级、0.001 级、0.002 级、0.005 级、0.01 级、0.02 级、0.05 级、0.1 级和 0.2 级。

直流电阻基准是最高档的标准电阻器,保存在国家计量技术机构,用于复现和保存法定电阻单位。为了提高电阻基准量值的稳定性,通常用多个同一标称值的标准电阻器组成基准组,取其电阻值的平均值作为所保存的该标称值的电阻量值。质量好的标准电阻,老化可以优于每年 1×10^{-6}。更好的电阻甚至能到每年 0.1×10^{-6} 之内,而且比较有规律。这样,校准一次后,可以在随后的好多年内保持很高的准确性。

电阻基准组的年变化为 10^{-8} 量级。其电阻值的绝对值需用绝对测定的方法来确定,绝对测定的不确定度为 10^{-7} 量级。

（2）类型　按照材料分,标准电阻有锰铜和镍铬系电阻合金两种。锰铜材料具有老化小、比铜材料热电动势小、容易加工、容易焊接等优势,是一种广泛使用的电阻材料,但具有温度系数偏高的弱点。镍铬系电阻合金具有硬度高、耐腐蚀、电阻率高、老化小、温度系数很小等优势,缺点是不太容易加工和焊接、成本较高。现代的标准电阻广泛采用镍铬系电阻合金材料。Fluke 公司生产的精密线绕电阻广泛使用镍铬系电阻合金材料。

按照使用方法分,标准电阻有油型和空气型两种。油型标准电阻是密封、双壁结构,使用中需要浸泡在装有矿物油的恒温油槽中,以便恒温、均热和散热。油的热容比较大,电阻在使用中的热量容易被吸收而不产生明显温升,另外油是流动的,可以很快把热量带走。锰铜做的标准电阻温度系数比较大,必须采用这种方式才能把温度控制到允许的范围内。由于油型很不便于携带和使用,随着镍铬系电阻合金等低温度系数电阻材料的开发,出现了温度系数非常低的电阻,如 SR104,Fluke 742A,这样就不用油浸标准电阻,用起来非常方便。

按照结构来分,标准电阻有双壁密封型、油罐密封型、普通密封型和非密封型 4 种。在大专院校等许多实验室,基本上锰铜型标准电阻较多。

（3）锰铜标准电阻结构　锰铜标准电阻器一般用温度系数低、稳定度高的锰铜合金丝（片）绕在黄铜或其他材料的骨架上,再套上铜制外壳制成,如图 1-3 所示。

外壳与骨架通常焊在一起，把电阻丝（锰铜合金丝）密封起来，以减少大气中的湿度等因素的影响。电阻器绕成后需进行退火处理，以消除绕制过程中产生的应力，改善其稳定性。电阻器的引线经密封的陶瓷绝缘子引出，与装在面板上的端钮相接。标准电阻器通常做成四端钮式，如图 1-4a 所示。C1、C2 为电流端，P1、P2 为电位端。测量和使用时从 C1、C2 两端通进电流，取出 P1、P2 两端的电压进行测量。此时需使电位端不流过电流，这样 P1、P2 两端钮的电位就分别等于 A、B 两点的电位，而标准电阻器的电阻值就被定义为 A、B 两个结点之间的电阻值。这样，C1A、P1A、C2B、P2B 四条引线的电阻的影响均被消除。

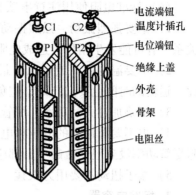

图 1-3　标准电阻器的结构示意图

电流端钮
温度计插孔
电位端钮
绝缘上盖
外壳
骨架
电阻丝

用电阻合金丝绕制的标准电阻器的自感及分布电容（如图 1-4b 所示）在使用时会引起一些影响。为了减少自感，可采用双线绕法。但对 100kΩ 的高值电阻器，所用的电阻丝很长，采用双线绕法会导致较大的分布电容，因而采用分段绕法，使自感和分布电容均较小。

对用于交流电路的标准电阻器，希望其自感和分布电容更小，因而需要采用一些特殊绕法；骨架也常使用云母、陶瓷等优质绝缘材料，以进一步减少分布电容和介质损耗。

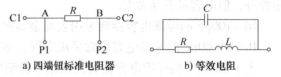

a) 四端钮标准电阻器　　　　b) 等效电阻

图 1-4　标准电阻器的四端钮接线

现在已有比锰铜材料性能更优良的新型电阻合金，在更宽的温度范围内具有很低的温度系数。用这些合金制成的标准电阻器可在一般室温条件下达到以前只能在恒温室中达到的测量准确度。在结构工艺方面，有高准确度的薄膜电阻器，其自感及分布电容均比线绕电阻小得多，特别适用于交流测量。

（4）标准电阻的 EIA 定义　EIA（Electronic Industries Association，美国电子工业协会）定义了几个系列的电阻值，分别是 E3（50% 精度，已不再使用）、E6（20% 精度）、E12（10% 精度）、E24（5% 精度）、E48（2% 精度）、E96（1% 精度）、E192（0.5%、0.25%、0.1% 和更高精度）。E 后面的数字代表从 100 ~ 1000 总共有几个阻值，其他电阻值按 10 的指数乘除得到，如 4.7Ω、4.7kΩ 等。

选用电阻的时候，应该尽量用兼容低精度系列的，如 E6、E12 等，这样可以方便采购，价格便宜，供货周期短。兼容低精度不是说一定要用 10% 或 20% 的精度，也可以选用 1%、5% 精度的，但最好从 E6、E12 等系列中有的阻值去选。有些网站可以在线计算，只要输入期望的电阻值和要哪个精度系列就可以自动计算出所要的标准电阻值。

（5）标准电阻的用途

1）保存电阻值/基准。作为一个实验室，应该有自身的一套主基准，代表着自身的最高基准，任何其他基准都要向其看齐。这基准起到向自己别的基准传递的作用，也是自己的基准向外部传递和对比的基础。

2）传递。一个是向外传递，另一个是把外界的基准传递过来。

3）校准。提供电阻基准校准仪。作为一个标准阻值，用来对其他电阻的衡量。

4）收藏。好的标准电阻通常具有一定的收藏价值。

（6）标准电阻使用注意事项

1）不要强烈振动。强烈振动会让标准电阻内部结构发生变化，如骨架、线以及其相对关系，有可能发生错位，造成电阻变动。所以，运输的包装要有良好的缓冲。

2）不要温度过高或过低，最好的温度是 10~30℃ 之间，否则也会产生永久变化。因此，运输的时间也要选择好，避免冬季或夏季运输。

3）不要加过大的功率。尽管有些电阻说明瞬间加了高压也不会损坏，但应严格避免。

4）也不要加过大的电压和电流。有时候，对于高阻尽管功率没到但电压超了，对于低阻尽管功率没到但电流超了，都应该避免。

5）端子扭动不要用力太猛。

3. 标准电容器

标准电容器所采用的电极形式及介质与其电容量值有关，标准电容器的量值通常是十进制的，特殊情况下也可以制成更小或更大的数值，或非十进制数值。

10pF 以下的小容量标准电容器常采用密封的空气、同轴圆柱形电极结构，其优点是稳定性好，但电容量不易做大。

10~100pF 的标准电容器常采用表面金属化的有机绝缘薄膜作介质，以减小体积。

100~1000pF 的标准电容器常采用空气、多层平板型电极结构。

大于 1000pF 的标准电容器若仍采用平板型空气结构，则相当笨重，因而常采用云母镀银工艺制作。

100pF 以上的标准电容器不易制作，常采用带有耦合变压器或运算放大器的等效大电容方式，等效电容量可高达数 F 以上。

标准电容器为了消除杂散电容的影响，常用金属屏蔽罩将电容器屏蔽起来，并在屏蔽罩上设一接线端钮，称为屏蔽端钮，这样电容器就有 3 个端钮，如图 1-5 所示。

标准电容器按准确度分级。我国标准电容器分为 5 个级别：0.01 级、0.02 级、0.05 级、0.1 级、0.2 级。EIA 对电容的标称值分为 E24、E12、E6 共 3 个系列。E24系列的取值为 1.0、1.1、1.2、1.3、1.5、

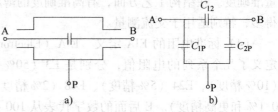

图 1-5　标准电容三端钮及其等效电路

1.6、1.8、2.0、2.2、2.4、2.7、3.0、3.3、3.6、3.9、4.3、4.7、5.1、5.6、6.2、6.8、7.5、8.2、9.1 乘以 10 的 n 次方；E12 系列的取值为 1.0、1.2、1.5、1.8、2.2、2.7、3.3、3.9、4.7、5.6、6.8、8.2 乘以 10 的 n 次方；E6 系列的取值为 1.0、1.5、2.2、3.3、4.7、6.8 乘以 10 的 n 次方。E24 系列为最常用的，E12 系列次之，E6 系列又次之。

4. 标准电感器

标准电感器是用于保存电磁单位制中电感单位"亨利"的量值的标准量具。其特点是电感量非常准确和稳定，常用作计量标准，或装在电测量仪器内作为标准电感元件。标准电感器分为标准自感器和标准互感器两种。标准互感器也常用作保存磁通（磁链）单位"韦伯"的标准量具。标准电感器的量值通常为十进制，其电感量范围一般为 $1\mu H~1H$，特殊情况下也可做成更小或更大的量值，或非十进制量值。

我国的自感基准包括一个高稳定的 100mH 自感器和一台谐振电桥，自感器的量值定期用谐振电桥从电容工作基准导出，不确定度为 5×10^{-6}。我国的互感基准是一个石英骨架的坎贝尔线圈，不确定度也是 5×10^{-6}。

电感基准（包括自感基准和互感基准）保存在国家计量技术机构，用于保存和复现法定电感单位。电感基准不能轻易动用，一般只用于定期向电感工作基准传递量值。电感工作基准是绕在绝缘骨架上的高稳定电感线圈，年变化为 10^{-5} 量级。

标准电感器的稳定度用级别来表示，如 0.01 级标准电感器，表示其年变化在规定的参考条件下小于 0.01%。我国的标准电感器分为 7 个级别：0.01 级、0.02 级、0.05 级、0.1 级、0.2 级、0.5 级、1.0 级。

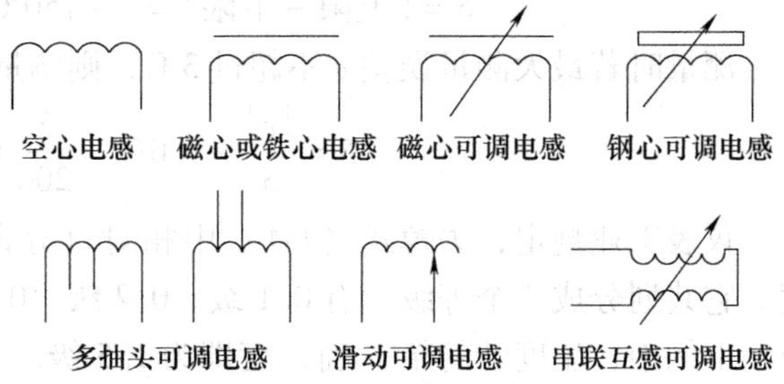

图 1-6　各种电感符号

图 1-6 所示为各种电感符号。使用标准电感器时应注意不要使其工作电流超过允许值；应和周围的铁磁和金属物体保持较远的距离，避免杂散磁场的影响；可用交换端钮接线的方法来消除寄生耦合引起的误差。标准电感器在用于交流电路时，分布电容等寄生参数会使电感量随着工作频率的不同而有所改变，所以其工作频率应尽量与检定时的频率一致。

1.6　电气测量仪表特性指标

电气测量仪表的性能指标，主要取决于误差的形成及其误差特性，由误差形成的维持时间以及影响效果可知，电气测量仪表的性能指标主要就是静态特性和动态特性。

仪表的静态特性是仪表在信号输入稳定运行后仪表输出信号与输入信号呈现的函数关系，直读式仪表的指针指示稳定后才能反映出电气测量仪表的输入信号。动态特性是仪表在信号输入时仪表输出信号的反应与输入信号呈现的函数关系，是仪表的输出跟随输入变化的能力，如示波器就具有很好的动态特性。

1.6.1　静态特性

仪表的静态特性反映了仪表在长期运行下的稳定性、精确性和可靠性，特别是仪表输出与输入特性的变化率。

1. 准确度

准确度也称精确度，是测量结果与真值的一致程度。任何仪表都有一定误差，因此在使用仪表前首先要了解仪表的精度，指示仪表就有指示精度，如表 1-3 中的"准确度等级"。

精确度一般简称"精度"，用仪表满程的最大绝对误差（测量值与真实值的差）与该仪表量程的比值来表示，这种比值称为相对（于满量程的）百分误差。相对误差是该点测量的绝对误差与该点的真实值之比。两者不能混为一谈，前者体现出每一个仪表在不同量程的误差情况，后者仅仅反映了仪表在某一点时的测量误差。

例如，对一个满量程为 100mA 的电流表，在测量零电流时，由于机械摩擦使表针的示数略偏离零位而得到 0.2mA 的读数。以相对误差的算法，那么该点的相对误差为无穷大，但从精度角度来看，这样的测量误差是很容易理解的。若该仪表全量程的最大绝对误差就是 0.2mA，则仪表的精度为 0.002，用百分比表示为 0.2%，或书写为 0.2 级。

再如，某温度计的刻度为 -50 ~ +150℃，其测量满量程 S 为测量上限与测量下限之差，即

$$S = (上限 - 下限) = (+150℃) - (-50℃) = 200℃$$

测量时若最大测量误差 e 不超过 3℃，则测量相对百分误差 δ 为

$$\delta = \frac{|e|}{S} \times 100\% = \frac{3}{200} \times 100\% = 1.5\% \tag{1-4}$$

仪表工业规定，去掉式（1-4）中相对百分误差的百分号"%"，称为仪表的精（确）度。它共划分成 7 个等级，有 0.1 级、0.2 级、0.5 级、1.0 级、1.5 级、2.5 级及 4.0 ~ 5.0 级。上例中，温度计的精（确）度即为 1.5 级。

2. 稳定性

稳定性是指在规定的工作条件保持恒定时，在规定时间内仪表性能保持不变的能力。它一般用精密度数值和观测时间长短表示。

3. 影响系数

影响系数是仪表性能的重要指标。由于仪表实际工作条件要比标准工作条件差很多，此时影响量的作用可以用影响系数来表示。它是示值变化与影响量变化之间的比值。

4. 仪表静态输入-输出特性

仪表的静态输入-输出特性包括灵敏度与灵敏限、线性度、时滞和重复性。

1.6.2　动态特性

电气测量仪表除静态特性外，在输入量随时间变化时，由于测量仪表的惯性和滞后，还存在动态误差。动态特性是仪表在动态工作中所呈现的特性，它决定仪表测量快变参数的精度，通常用稳定时间和极限频率来概括表示。即被测量随时间迅速变化时，仪表输出（如示波器的波形显示）随被测量变化的特性。它可以用微分方程和传递函数来描述，但通常以典型输入信号（阶跃、单位脉冲、正弦信号等）所产生相应的输出（阶跃响应、冲激响应、频率响应等）来表示。

1.6.3　误差的处理

任何检测都会存在测量误差，产生误差的原因很多。同一个对象，采用测量的原理、测量的方法、测量的技术手段、测量环境、参与测量的人员差异都会引起误差。例如，测量一个电阻器的阻值，采用欧姆定律还是全电路欧姆定律、有没有含有接触阻抗、测量仪表的精度如何、对测量技术是否熟练的人员等，只要有一个环节上存在差异，同一个电阻器必定会得到不同电阻值。指针式万用表和数字式万用表就肯定会出现数值差异。

要了解世间万物，必然要进行"测量"，用成熟的测量理论、测量手段、测量设备、在合适的环境中，由相关人员展开测量，并得到具体的量值。这个过程包括两个步骤：第一步，选用合适的仪表设备，借助一定的实验手段，对某个量进行测量，以便取得必要的实验数据；第二步，对实验数据进行误差分析与数据处理。这两个步骤都是很重要的，缺一不

可。误差自始至终存在于一切科学实验和测量之中，被测量的真值永远是难以得到的，这是误差公理。

为了得到要求的测试精度和可靠的测试结果，需要认识误差和误差规律，掌握误差分析和数据处理的方法。误差的分类方法很多，但在误差处理过程中，主要采用两种分类方法，即按照误差分析和按照误差计算处理来分析。用于误差计算及评价性能指标时，分为绝对误差和相对误差（含引用误差）。

1. 误差的定义

通常人们认为测量结果与被测量真值之间的差值称为误差，实际上这是一种测量误差。真正的定义是指用于测量的仪器仪表不绝对准确、测量原理的局限、测量方法的不完善、外界干扰的存在以及测量人员的个人因素等原因，使得测量值与被测值的真值之间存在的差值，即为误差。其中，量程是测量上限与测量下限之差，测量上限是仪表所能感知的对象最大变化量，测量下限是仪表所能感知的对象最小变化量。

2. 误差的分类

误差的分类如表 1-6 所示。

表 1-6　误差分类

类型	误 差 名 称
按数学表达式分类	绝对误差、相对误差、引用误差
按误差出现规律分类	系统误差、渐变误差、随机误差、粗大误差
按误差来源分类	工具误差、方法误差
按使用条件分类	基本误差、附加误差
按测量速度分类	静态误差、动态误差
按与被测量关系分类	定值误差、累计误差
按误差处理或计算分类	测试误差、范围误差、标准误差、算术平均误差、或然误差、正态误差
其他	零位误差（又称加和误差）、灵敏度误差（又称倍率误差）等

3. 误差的分析

分析误差规律和特性时，按系统误差、随机误差、粗大误差和渐变误差来分类。

4. 误差的计算

进行误差计算时，按绝对误差、相对误差和引用误差来分类。

（1）绝对误差

绝对误差是指测量值与其真值之差。设真值为 A_0，测量值为 x，则绝对误差 Δx 为

$$\Delta x = x - A_0 \tag{1-5}$$

由于真值 A_0 一般来说是未知的，在实际应用时，常用实际真值 A 来代表真值 A_0，并采用高一级标准仪表的示值作为实际真值，故通常用式（1-6）来表示绝对误差。

$$\Delta x = x - A \tag{1-6}$$

绝对误差一般只适用于标准量具或标准仪表的校准。在标准量具或标准仪表的校准工作中实际使用的是"修正值"，它的绝对值与 Δx 相等但符号相反，即

$$C = -\Delta x = A - x \tag{1-7}$$

对高准确度的仪表，常给出修正值，利用修正值可求出被测量的准确实际值，即

$$A = x + C \tag{1-8}$$

（2）相对误差

相对误差通常用于衡量测量的准确度，相对误差越小，准确度越高。相对误差分为实际相对误差和示值相对误差。

实际相对误差：实际相对误差是用绝对误差 Δx 与被测量的约定真值 A 的百分比来表示的相对误差，即

$$\delta_A = \frac{\Delta x}{A} \times 100\% \tag{1-9}$$

示值相对误差：示值相对误差是用绝对误差 Δx 与仪表示值 x 的百分比来表示的相对误差，即

$$\delta_x = \frac{\Delta x}{x} \times 100\% \tag{1-10}$$

（3）引用误差

引用（或满度）相对误差：引用相对误差用绝对误差 Δx 与仪表满度值 x_m 的百分比来表示的相对误差，即

$$\delta_m = \frac{\Delta x}{x_m} \times 100\% \tag{1-11}$$

对于多挡仪器仪表，其满刻度值应和量程范围相对应，即

$$\delta_m = \frac{Kx - A}{Kx_m} \times 100\% \tag{1-12}$$

式中，K 为不同量程时的比例系数。

例如，满刻度为 5mA 的电流表，在示值为 4mA 时的实际值为 4.02mA，此电流表在这一点的引用误差为 -0.4%。

由引用误差的定义可知，对于某一确定的仪器仪表，它的最大引用相对误差值也是确定的，这就为仪器仪表划分准确度等级提供了方便。

工业用仪表常用基本误差的引用误差作为判断准确度等级的尺度。例如，仪表在规定的使用条件下基本误差不超过量程的 ±0.5%，就用这个引用误差百分数的分子作为等级的标志，也就是说这个仪表的准确度是 0.5 级。

5. 误差的评价

在评价仪表的误差时，主要强调按照规定的参比工作条件下的误差进行比较，这种条件下的误差称为"基本误差"。与此对应，在不符合正常工作条件下所出现的误差，其中除了基本误差外，还含有"附加误差"。

基本误差是指仪表在标准条件下使用时所具有的误差。标准使用条件是指影响测量的各种因素人为作出的规定值。附加误差是当使用条件偏离标准条件后，仪表必然在基本误差的基础上所增加的新的系统误差。按具体条件分别定出相对误差数值。

6. 其他误差的成因

除了上述误差处理方式外，还有一些误差的认知和处理方法，由表 1-6 误差分类可知：

1）工具误差是由测量设备中各个环节的不完善而产生的误差。

2）方法误差是由于测量方法不完善或理论上的缺陷所引起的误差。

3）动态误差是指被测量在随时间而变化的过程中所产生的附加误差。它是由于仪表的动态品质所造成的。

4）静态误差是指被测量稳定、不随时间变化时的测量误差。

5）定值误差是指被测量变化而误差值不变的误差。它可以是系统误差，也可以是随机误差。

6）累计误差是指在仪表的量程范围内，其数值与被测量成正比例变化的误差值。它是仪表灵敏度变化及标准量变化所造成的误差。

7）按误差处理或计算分类，有测试误差、范围误差、标准误差、算术平均误差、或然误差、正态误差；根据使用方法或检测的实现手段，还有零位误差（又称加和误差）、灵敏度误差（又称倍率误差）等。

1.7　电气测量的发展趋势

电气测量的发展过程实际上就是社会、经济和科学技术的发展在电测行业的应用过程。随着测量技术的智能化程度越来越高，基于物联网的智能电网建设越来越呈现出"智慧"特征，电气测试技术也将越来越创新，电气测试仪表越来越"微型"、"智能"、"集成"、"低耗"、"软件"、"通信"、"网络"……

1）微型化。由新技术研制出新的微型传感器、微型执行器，配以专业集成电路、液晶显示和高能量电池形成微型化电测仪表，如现场检测、恶劣环境的随时监测、便携式仪表等。

2）智能化。尽管计算机问世至今近 70 多年，但集成电路规模越来越大，计算机发展极为迅猛，将计算机技术和集成电路应用于仪表中，给电测仪表带来了革命。采用"数字信号"的仪表功能强劲、覆盖面宽，往往一台"数字"仪表（如智能电表）可以完成电测仪表中的大部分工作。它可以完成检测、显示、控制工作，可以完成打印、记录工作，更可以完成对信号的转换、存储、发送和接收工作，特别是对信号可以进行判断、分析、运算，具备了"智能"的特点。目前利用先进的测量技术和单片机内核技术，配以灵活的面向对象的开发软件使电测仪表能够适用于多场合、多对象，并可以进行信号比较、运算、数据处理和信息传送等。

3）集成化。电测仪表内部功能电路的集成化，形成集传感器、检测、处理甚至显示等为一体的专用集成电路。在测量现场安装这种集成电路，就可以得到一个经过处理的标准信号。同时，专业的运算软件硬件化和集成化也成为趋势，完善的嵌入技术、新型功能电路和成熟的集成电路制作技术必将成为发展趋势之一。

4）节能化。光电供电、内嵌电池、高性能电池以及其他再生能源的仪表供电，必将彻底取代现场电测仪表的传统供电模式。低功耗技术也使得现场电测仪表能够在电池供电模式下连续运行较长时日，基于 MSP430 的智能电表已经给予了有力证明。

5）软件化。也可称为虚拟型电测仪表。人们在研制"智能仪表"时就已经发现，同一台智能仪表，改变其中的功能软件，也就改变了仪表的功能，甚至是性能指标。通过软件，它可以作为检测仪表、显示仪表或调节仪表，在输入的电信号为标准信号时，检测仪表可成为通用仪表。这样的事实使人们省去了许多硬件设计时间,从另一角度讲,软件设计的好坏,也反映了仪表的优劣。随着计算机芯片功能越来越完善、集成电路的种类越来越多、专用电路的不断问世,人们在硬件上所花的时间越来越少。"软件"就是仪表,已经成为不争的事实。

6)通信化。各种信号传递模式逐渐取代电流信号的传递模式和磁场信号的感应模式,在一定的监控区域内,通过有线和无线通信共同组合成局域的基于通信模式下的电测网络。

7)远程化。众所周知,只要能构成网络化电测系统,监测人员就可以在全球任何一个地方通过网络获得所有关注的电测对象运行状态和详细运行参数。

概括说电测仪表的发展趋势可用5个字包括。①微:由集成电路决定了芯片的小型、微型,使仪表越来越小,直至形成一个"元件"性仪表,极为容易地安装在任何场合。②特:为特殊要求研制的仪表,如强电流信号(雷电)、特高电压(远程送电线路)等。③低:仪表所耗能源越来越少,整机全负荷运行的功耗目前已经达到毫瓦级。④多:多功能或一表多用,如显示、存储、传送和打印等。⑤廉:制作工艺日趋成熟,制作成本日趋下降,仪表材料日趋低廉,集成电路日趋民用。

电测仪表的类型很多,发展可谓精彩纷呈。但对于用户来说,主要还是在应用过程中认识仪表,使用仪表,掌握仪表,直至发展仪表。

习题与思考

本章主要介绍了电学测量和磁学测量的基本知识,涉及内容如图1-7所示。对应到各节,有电学/磁学的部分专业词汇的定义、测量方法的分类、电测仪表的分类与选择、测量数值的表示及其基于的标准、特性分析和简单的误差理论。

1-1 用1.5级、量限为250V的电压表,分别测量220V和110V电压,计算其最大相对误差各为多少?并说明仪表量限选择的意义。

1-2 用量程为10A的电流表,测量一实际值为8A的电流。若读数为8.1A,求测量的绝对误差和相对误差? 若求得的绝对误差被视为最大绝对误差,问仪表的准确度等级为哪一级?

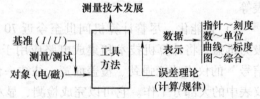

图1-7 电气测试技术的基本知识点

1-3 欲测量250V电压,要求测量的相对误差不大于±0.5%,如果选用量程为250V的电压表,其准确度为哪一级? 若选用量程为300V和500V的电压表,其准确度各为哪一级?

1-4 为什么引入引用误差的概念?

1-5 为测量稍低于100V的电压,现实验室中有0.5级的0~300V和1.0级的0~100V两只电压表,为使测量准确些,应选用哪一只?

1-6 用量限为0~100mA、准确度为0.5级的电流表,分别去测量100mA和50mA的电流,求测量结果的最大相对误差各为多少?

1-7 检定1只1.0级电流表。其量限为0~250mA,检定时发现在200mA处误差最大,为−3mA。问此量限是否合格?

第 2 章　直读式电测技术

2.1　概述

直读式电测技术包括两部分内容：对被测对象（电流）的直接测量和对采用指针指示的测量数据的直接读取。由于直接测量的对象都是电流，通过电阻串接完成电压测量，因此直读式电测技术介绍的是直读式、指针指示式电测仪表。

电测仪表中常用的指针式仪表有磁电式、电磁式、电动式 3 类，其结构原理相同（组件不同）、工作原理相同。电测仪表结构原理框图如图 2-1 所示。

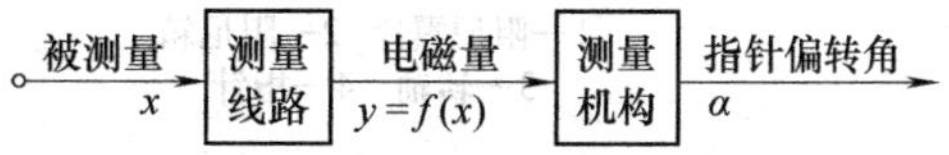

被测量 x → 测量线路 $y=f(x)$ → 电磁量 → 测量机构 → 指针偏转角 α

图 2-1　电测仪表结构原理框图

由图 2-1 可知，指针式仪表由测量机构和测量线路两部分组成。被测量 x（如电流、电压、电功率等）通过测量线路转换为测量机构可接受的过渡量 y（如转换为电场或磁场），再通过测量机构转换为指针的角位移 α。由于测量线路中的 x 和 y、测量机构中的 y 和 α，保持明确的函数关系，因此可根据角位移 α 的值，直接读出被测量 x 的值。测量机构是指针式仪表的核心，也是区分 3 类仪表的不同之处。

测量机构由固定部分和可动部分组成，固定部分包括磁路系统、固定线圈等，可动部分包括可动线圈、可动铁心、游丝、指针等。按测量机构各元件的功能，主要有：

1）产生转动力矩 M 的部件。要使指针偏转，测量机构必须产生一个转动力矩，转动力矩 M 与被测量 x（或过渡量 y）、偏转角 α 之间成函数关系。3 类电测仪表产生转动力矩的原理各不相同。

2）产生反作用力矩 M_a 的部件。没有反作用力矩，仪表的可动部分会在转动力矩的作用下偏转到尽头。反作用力矩一般是由游丝产生的。当可动部分偏转时，由于游丝被扭紧，因此游丝的反作用力矩相应增大。设 D 为反作用力矩系数，其由游丝的弹性、几何形状和尺寸所决定。则在游丝的弹性范围内，反作用力矩与偏转角 α 成线性关系，即

$$M_a = D\alpha \tag{2-1}$$

在指针式仪表中，产生反作用力矩除用游丝外，也可用张丝、吊丝等。

3）产生阻尼力矩 M_p 的部件。由于可动部分具有一定的转动惯量，因些，当 $M = M_a$ 时，可动部分不可能立即停止而是在平衡位置的左右来回摆动。阻尼装置是用来吸收这种振荡能量的装置，使可动部分尽快地静止，达到尽快读数的目的。这样总转动力矩 M 应该与游丝反作用力矩 M_a 加上阻尼力矩 M_p 的和相等，即

$$M = M_a + M_p \tag{2-2}$$

阻尼力矩装置有两种：空气阻尼器和磁感应阻尼器，如图 2-2 所示。图 2-2a 中，空气阻尼器的可动部分转动时带动翼片，使其在阻尼箱中的运动受空气的阻力，产生阻尼力矩。图 2-2b 中，磁感应阻尼器的可动部分转动时带动阻尼金属片，由于切割磁力线感生涡流，与

永久磁铁的磁场间产生制动力，制动力始终与运动方向相反，产生阻尼力矩。

4）读数部件，通常由指针、刻度尺组成。

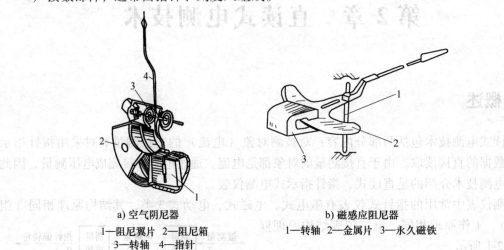

a) 空气阴尼器　　　　　　　　b) 磁感应阻尼器
1—阻尼翼片　2—阻尼箱　　　　1—转轴　2—金属片　3—永久磁铁
3—转轴　4—指针

图 2-2　电测仪表的阻尼器

2.2　磁电系仪表

可动部分的转动力矩由固定的永久磁（铁）场与可动的载流线圈产生的磁场相互作用产生，此类仪表称为磁电系仪表。

2.2.1　磁电系仪表的结构

按照磁电系仪表定义，固定磁场形成的磁路形式不同，分为外磁式、内磁式和内外磁结合 3 种结构。永久磁铁设置在可动线圈之外，称为磁电系外磁式电测仪表（简称磁电系仪表，也称动圈式仪表）。磁电系仪表结构示意图如图 2-3 所示，包括由固定磁场和可动线圈形成转动力矩的部件、产生反作用力矩的游丝、产生阻尼力矩的空气阻尼箱和读数指针。

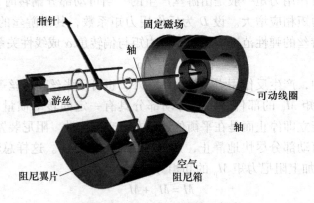

图 2-3　磁电系仪表功能原理图

磁电系内磁式电测仪表的结构与外磁式的最大区别是永久磁铁做成圆柱形，安置在可动线圈的内部，既作为永久磁场又是铁心；同时该磁场的方向处处与铁心的圆柱垂直，在磁铁外面压嵌一个扇形断面的磁极，在线圈外面设置一个导磁环，这样磁力线穿过工作气隙经导磁环闭合，形成工作气隙的一个均匀磁场。其结构如图 2-4 所示。

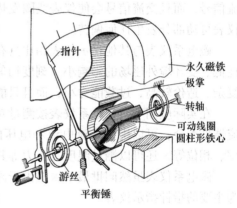

　　由于磁极和导磁环由磁导率很高的软磁材料制成，构成的闭合磁路漏磁少、磁感应强度大，抵御外磁场干扰能力增强，加上内磁式构建，使磁电系内磁式仪表结构紧凑，成本较低。与图 2-3 所示的外磁式相比，内磁式是一种较为先进的结构。

　　内外磁结合式仪表的结构特点是可动线圈的内外部都安置了永久磁铁，使得工作气隙的磁感应强度很强，其他方面与外磁式相同。

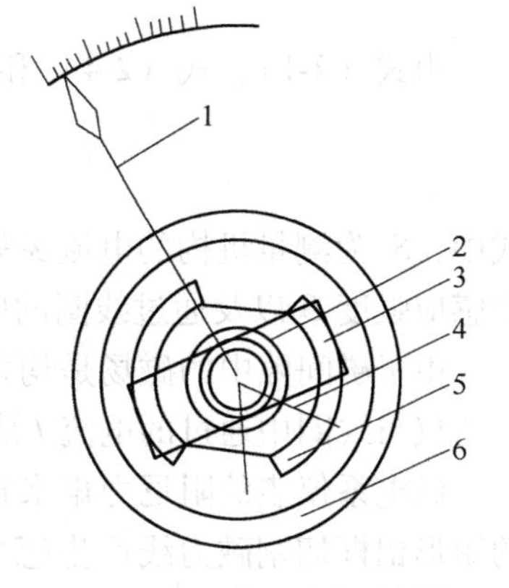

图 2-4　磁电系内磁式仪表结构图
1—指针　2—游丝　3—线圈
4—磁铁　5—磁极　6—导磁环

2.2.2　磁电系仪表的原理

　　磁电系仪表的原理讲解以应用较多的磁电系外磁式仪表为例，外磁式仪表的实际结构如图 2-5 所示。

　　在实现磁电系仪表实际功能时，固定部分由产生固定磁场的马蹄形永久磁铁、N-S 极掌和圆柱形铁心组成，安装在仪表基座上；在它们之间的空隙内，形成强辐射状的均匀磁场。可动部件由绕在矩形铝框架上的可动线圈、线圈两端的转轴、与转轴相连的指针、平衡锤（代替空气阻尼箱）和游丝组成，它们固定在转轴上，转轴支撑在轴承中。永久磁铁为硬磁材料，极掌与铁心为磁导率很高的软磁材料。

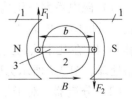

　　根据图 2-6 所示的磁电作用原理，直流电流 I 通过可动线圈时，线圈产生的磁场与永久磁铁间隙中的磁场相互作用，使线圈产生转动力矩 M，带动指针偏转。根据左手定理，在可动线圈的两个侧边上将产生如图 2-6 所示的作用力 F_1 和 F_2。

图 2-5　磁电系外磁式仪表结构图

$$F = F_1 = F_2 = BNIl \tag{2-3}$$

式中，B 为空气隙中的磁感应强度；N 为线圈的匝数；I 为通过线圈的电流；l 为线圈中受力边的长度。若在线圈上产生的转动力矩为 M，则

$$M = \frac{b}{2}F_1 + \frac{b}{2}F_2 = bF = bBNIl = SBNI \tag{2-4}$$

式中，b 为线圈非受力边的长度，即线圈的宽度；S 为线圈的有效面积，即 $S = bl$。

　　在转矩的作用下，使可动部分转动，带动指针偏转，此时仪表的游丝被扭转而产生一个反作用力矩 M_a。当偏转角随着测量电流 I 增大时，游丝的反作用力矩也增大。根据式（2-1），当转动力矩与反作用力矩相等时，表头指针就静止在稳定的偏

图 2-6　磁电作用原理
1—永久磁铁　2—圆柱形磁铁
3—可动线圈

转位置，此时有

$$M = M_a \tag{2-5}$$

由式（2-1）、式（2-4）和式（2-5），可得

$$\alpha = \frac{SBN}{D}I = S_i I \tag{2-6}$$

式中，S_i 为测量机构的电流灵敏度。可见，仪表线圈的偏转角 α 与线圈的面积 S、匝数 N、磁感应强度 B 以及通过线圈的电流 I 成正比，与游丝的反作用力矩系数 D 成反比。

由于磁间隙中的磁场是均匀辐射的，在工作范围内，B 值也是不变的。因此，线圈的偏转角仅与线圈中通过的电流 I 成线性正比关系，而且表盘刻度尺是均匀的。

磁电系仪表的阻尼力矩来自于绕制线圈的矩形铝框，当铝框随线圈在磁场运动时，闭合的矩形铝框切割磁力线产生感应电流，该电流与磁场相互作用产生一个电磁阻尼力矩 M_p，显然这个力矩的方向与铝框运动的方向相反，促使偏转指针较快停在测量值的读数位置。当然绕制在铝框上的线圈与外电路一起也能构成闭合回路，并产生阻尼力矩，最终完成式（2-2）所示的平衡测量状态。

磁电系仪表的可动部分受惯性影响，其偏转只能反映瞬时转矩的平均值。对于正弦波形的交流电来说，在一个周期内的转矩平均值为零，仪表无指示。因此磁电系仪表不能测量交流信号，而且交流信号会使仪表线圈发热，电流过大时甚至可能使仪表线圈烧毁，却不会使仪表可动部分发生任何偏转。

磁电系仪表与其他指示仪表相比具有的优点是灵敏度高、准确度高、工作稳定可靠、能耗低、受环境外磁场的影响小、刻度均匀，制成多量程的仪表比较容易实现。其缺点是结构复杂、造价较高、过载能力小，而且只能直接测量直流电流，不能测量交流电流。

在实际应用中，磁电系仪表按测量对象不同，可分为直流电流表和直流电压表。其与整流器件配合，可以用于交流电流和电压的测量；与交换电路配合，可以用于测量功率、频率、相位等，还可以测量温度、压力等其他非电量信号。

磁电系仪表虽然问世最早，但由于磁性测量的发展，不断提升仪表的性能，使之一直成为主要的指针指示仪表。

2.2.3　磁电系仪表的应用

1. 磁电系直流电流表

由于磁电系仪表能够直接测量直流电流，所以仪表本身就是直流电流表。由于直流电流是通过游丝再进入可动线圈的，所以磁电系仪表本身属于毫安表或微安表。

（1）磁电系测量机构　由于直流电流是通过游丝再进入可动线圈的，所以流经磁电系仪表测量机构（即表头）的电流 I_0 只有几十微安到几十毫安之间，整个表头的等效阻抗（内阻）R_0 在几十欧姆到几百欧姆之间。若要测量超出允许的电流（电压）时，需要进行电路处理。图 2-7 所示为磁电系表头的等效图。

（2）分流器　对于量程大于数十毫安的毫安表和安培表就必须采用分流电阻 R 来扩大量程，分流电阻 R 与测量机构电路并联，如图 2-8a 所示。

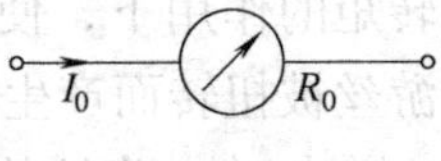

分流器有较多的型号，按标准型号分类，直接与分流器

图 2-7　磁电系测量机构等效图

的分流能力有关。按照国家规定，分流器的分流能力以直流 30A 为界，小于 30A 的分流器可以直接安置在磁电系直流电流表内，如图 2-8b 所示；大于 30A 的分流器必须安置在磁电系直流电流表的外部，不允许安置在表内，如图 2-8c 所示。

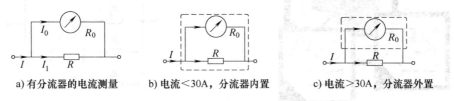

a) 有分流器的电流测量　　　b) 电流<30A，分流器内置　　　c) 电流>30A，分流器外置

图 2-8　具有分流器的磁电系直流电流表

当测量电流 I 时，被测电流中的大部分电流 I_1 从分流器中通过，极少一部分流过测量机构。以测量 DC1A 电流为例，设定 R_0 为 50Ω，I_0 为 $50mA$，则 I_1 为 $950mA$，即 R 约为 2.6Ω；若测量 DC10A，则 R 约为 0.25Ω。由于测量机构电路的内阻 R_0 和流过测量机构电路的电流 I_0 是已知的，根据 $I = I_0 + I_1$，$I_0R_0 = I_1R$，可知 I 越大，I_1 也越大，R 就越小。

分流器的电阻越小，分流器与测量机构连接接点的接触阻抗就不能忽略不计。按照上例，如果接触阻抗为 $10m\Omega$，2 个连接接点就有 $20m\Omega$，对于 DC10A 的测量，如果分流器电阻已经确定为 0.25Ω，则分流电路的总电阻 R' 为 0.27Ω，原流经分流电路的电流 $9950mA$ 因 R' 的增加而减小，流经测量机构的电流就会大于 $50mA$，就有可能损坏电流表。

接触电阻不能忽略时，连接接点就必须按照四端钮标准电阻器的要求接线，如图 1-4a 所示。真正的分流器也提供了四端钮接法的条件，图 2-9a 所示为某型号分流器，能分流电流 2000A。图 2-9b 所示为四端钮的电路接法，四端钮中，C1-C2 为电流端钮，P1-P2 为电压端钮。已知 P1-P2 端的最大电压为 $60mV$，就可以算出电阻 R 非常小。

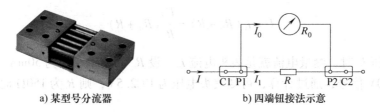

a) 某型号分流器　　　　　　b) 四端钮接法示意

图 2-9　具有分流器的磁电系电流表

一旦分流器电阻 R 明确，就能测量该分流器允许的分流能力 I_1 以内的电流，即 $I = I_0 + I_1$。这就是单量限 I 的磁电系直流电流表，如图 2-10 所示。这类电流表在实际应用中，往往是在某一个工艺点相对固定的电流回路中。

（3）磁电系电流表　在较多的测量领域，被测电流 I 的量限不是固定的，而如果分流器电阻 R 固定，就不能适用了。图 2-11 所示为多量限电流表的示意图，开关 S 切换到哪一挡，就测量哪一挡的电流。万用表中的多挡电流测量就是基于这种原理。

【例 2-1】　已知 R_0 为 50Ω，I_0 为 $50mA$，若测量 10A、50A、100A 三挡电流量限，试计算出 R_1、R_2、R_3 的电阻值。

解：由已知算得 $V_0 = I_0R_0 = 2500mV$。

S 切换到 1 挡——10A 量限，$I_1 = 10A - I_0 = 9950mA$，$R_1 = V_0/I_1 = 0.25\Omega$；

图 2-10 单量程仪表应用

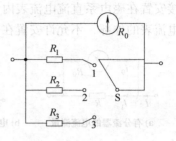

图 2-11 多量程电流表示意图

S 切换到 2 挡——50A 量限，$I_2 = 50A - I_0 = 49950mA$，$R_2 = V_0/I_2 = 0.05\Omega$；

S 切换到 3 挡——100A 量限，$I_3 = 10A - I_0 = 99950mA$，$R_3 = V_0/I_3 = 0.025\Omega$。

若按此题给定条件，选图 2-9a 中的 2000A 分流器，则分流器内阻为 0.0013Ω。

作为电流参数测量以及测量电路设计，根据计算出来的 3 个电阻和题目要求，必须能设计出图 2-11。

2. 磁电系直流电压表

（1）磁电系测量机构　由于磁电系仪表的测量机构必须流经直流小电流（微安或毫安）I_0，该电流的大小决定了磁电系测量机构所能测量直流电压时所串联电阻的大小，如图 2-12a 所示。

（2）磁电系电压表　磁电系电压表是在微安表或毫安表的基础上串联附加电阻而成的，电压 U 为

$$U = I_0(R_0 + R) = \frac{U_0}{R_0}(R_0 + R) \tag{2-7}$$

当测量电压 U 时，测量电流就是表头电流 I_0。设 R_0 为 50Ω，I_0 为 50mA，如图 2-12a 所示，测量 DC10V 信号，通过计算，可知表头电压为 DC2.5V，则 R 为 150Ω 时，满足电压 $U = 10V$ 的要求。

在较多的测量领域，被测电压 U 的量限不是固定的，要测量多量限的直流电压，按照图 2-12b 的方式接线，根据各挡与"*"之间量限的电压，选择电压测量量限。万用表中的多挡电压测量就是基于这种原理。

【例 2-2】　已知 R_0 为 50Ω，I_0 为 50mA，若测量 10V、100V、1000V 三挡电压量限，试计算出 R_1、R_2、R_3 的电阻值。

解：由已知得 $V_0 = I_0R_0 = 2500mV$，$I_0 = 50mA$。

1—*挡——DC10V 量限，$R_1 = (10V - U_0)/I_0 = 7.5V/I_0 = 150\Omega$；

2—*挡——DC100V 量限，$R_2 = (100V - U_1)/I_0 = 90V/I_0 = 1800\Omega$；

3—*挡——DC1000V 量限，$R_3 = (1000V - U_2)/I_0 = 900V/I_0 = 18000\Omega$。

作为电压参数测量以及测量电路设计，根据计算出来的 3 个电阻和题目要求，必须能设计出图 2-12b。

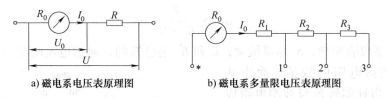

a) 磁电系电压表原理图   b) 磁电系多量限电压表原理图

图 2-12 磁电系直流电压表

3. 交流电流表和交流电压表

前面已经介绍，磁电系仪表不能测量交流信号。若要能够测量交流信号，就必须在上述的直流信号电路中增加整流电路。如果没有整流电路，磁电系仪表就不能测量交流信号。

如图 2-13 所示，在磁电系测量机构中接入整流二极管，就能测量交流信号了。

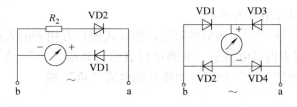

a) 半波整流式测量机构   b) 全波整流式测量机构

图 2-13 配置整流电路的磁电系交流仪表

将图 2-13 所示的磁电系测量机构替换到上述直流电流和直流电压的测量电路中，就能够测量交流信号了，测量机构通过指针指示出来的数值是交流信号的有效值。万用表测量交流电流和交流电压均依照这种原理。

4. 电阻测量

磁电系欧姆表实际上采用了磁电系的直流测量机构，内部电路基于全电路和局部电路的欧姆定律。图 2-14 所示为测量电阻的示意图。

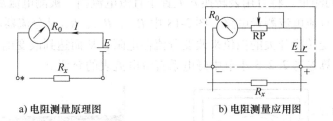

a) 电阻测量原理图   b) 电阻测量应用图

图 2-14 磁电系欧姆表测量图

磁电系欧姆表的测量原理按照图 2-14a 所示，可得

$$I = \frac{E}{R_0 + R_x + r} \tag{2-8}$$

式中，E 为电池电动势；r 为电池内阻；R_0 为磁电系测量机构内阻；I 为流经测量机构的电流，由测量机构表头读出。忽略电池内阻 r，根据式（2-6）和式（2-8），通过换算得到

$$\alpha = S_i \frac{E}{R_0 + R_x} \tag{2-9}$$

根据磁电系仪表原理，S_i 是灵敏度，E 和 R_0 是已知的，通过电流的变化，带动指针的偏移，进而获得电阻的数值。而由式 (2-9) 可知，指针偏转角与被测电阻成反比例函数，也就意味着，指针偏转所指示的数值刻度不是均匀刻度，如图 2-15 所示。

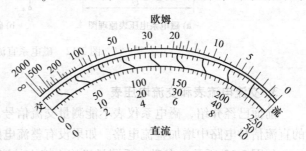

图 2-15　磁电系欧姆表指针刻度盘

对电阻的测量主要有两种测量方法：工具法和电路法。电路法即电桥法，将在第 3 章介绍；工具法即万用表，因此对电阻的测量应用，以万用表为例。

特别关注：如图 2-14 所示，测量电阻时，指针式模拟万用表的表内电动势 E 的电流从 "正" 端出来，流过仪表内部电路后，从测量仪表的公共端 "＊" 经 "黑色测量笔" 到被测电阻，再通过 "红色测量笔" 回到电动势 E 的电流 "负" 端。

2.2.4　万用表

万用表分指针式万用表和数字式万用表，二者从结构、原理、实现技术等方面都是不同的。指针式万用表基本的测量对象有直流电流、直流电压、交流信号和电阻，如图 2-16 所示。另外，其还能测量电感、电容、二极管、晶体管和音频等。

数字式万用表需要量化被测对象，将所有需要的测量对象参数转换成电压信号，然后经 A/D 转换后数字显示测量结果，如图 2-17 所示，其内容在第 5 章介绍。

指针式万用表可测量的参数较多，本小节主要针对图 2-16b 所示的功能图，介绍万用表的相关测量原理，如图 2-18 所示。

具体测量前，必须先确定测量对象，插好测量表笔，然后由大到小估值测量。

1) 直流电流的测量。将万用表转换开关置于直流电流挡，被测电流从 "＋"、"－" 两端接入，便构成了直流电流测量电路。图 2-18 中 R_{A1}、R_{A2}、R_{A3} 是分流器电阻，与表头构成闭合电路。通过改变转换开关的挡位来改变分流器电阻，从而达到改变电流量程的目的。

具体测量和计算参考 2.2.3 小节中磁电系直流电流表的介绍。

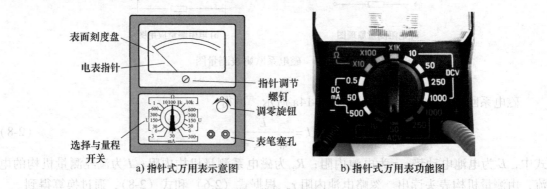

a) 指针式万用表示意图　　　　b) 指针式万用表功能图

图 2-16　指针式万用表

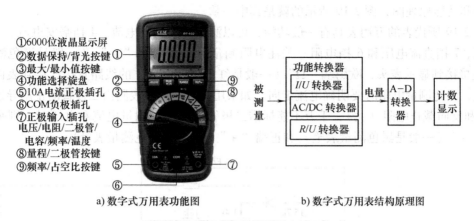

①6000位液晶显示屏
②数据保持/背光按键
③最大/最小值按键
④功能选择旋盘
⑤10A电流正极插孔
⑥COM负极插孔
⑦正极输入插孔
电压/电阻/二极管/
电容/频率/温度
⑧量程/二极管按键
⑨频率/占空比按键

a) 数字式万用表功能图　　　　b) 数字式万用表结构原理图

图 2-17　数字式万用表

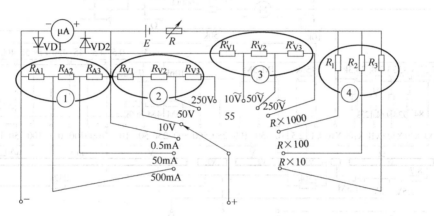

图 2-18　万用表功能简化图

2）直流电压的测量。将万用表转换开关置于直流电压挡，被测电压接在"＋"、"－"两端，便构成了直流电压测量电路。图 2-18 中 R_{V1}、R_{V2}、R_{V3} 是倍压器电阻，与表头构成闭合电路。通过改变转换开关的挡位来改变倍压器电阻，从而达到改变电压量程的目的。

具体测量和计算参考 2.2.3 小节中磁电系直流电压表的介绍。

3）交流电压的测量。将万用表转换开关置于交流电压挡，被测交流电压接在"＋"、"－"两端，便构成了交流电压测量电路。测量交流时必须加整流器，二极管 VD1 和 VD2 组成半波整流电路，表盘刻度反映的是交流电压的有效值。图 2-18 中 R'_{V1}、R'_{V2}、R'_{V3} 是倍压器电阻，电压量程的改变与测量直流电压时相同。

磁电系万用表的测量机构接入整流二极管（见图 2-13）后才能测量交流信号。

上述 3 个参数的测量都是基于磁电系电流表原理，所示指针指示刻度是非常均匀的，如图 2-15 扇形图下半刻度所示。

4）电阻的测量。将万用表转换开关置于电阻挡，被测电阻接在"＋"、"－"两端，便构成了电阻测量电路。电阻自身不带电源，因此接入电池 E。电阻的刻度与电流、电压的刻度方向相反，且标度尺的分度是不均匀的，如图 2-15 扇形图上半刻度所示。

具体的万用表功能电路，由于制作工艺、测量内容、显示精度等多方面因素，有非常多的型号和功能原理图，图 2-19 所示的就是其中一款。

　　图 2-19 所代表的万用表具有一般功能，可以测量 4 挡微安电流、4 挡毫安电流、4 挡交流电压、7 挡直流电压和 6 挡电阻。关注电阻测量时，公共端"＊"（一般是黑色测量表笔）直接接到显示表头，欧姆端"Ω"（一般是红色测量表笔）的线路直接连接到表内电池的负端，因此测量电阻时要明确电流走向。如果用指针式万用表测出二极管的正向导通电阻（小）和反向截止电阻（大），千万不能标错二极管的极性。测量电流和电压时，则采用公共端"＊"（一般是黑色测量表笔）和正端"＋"（一般是红色测量表笔）。

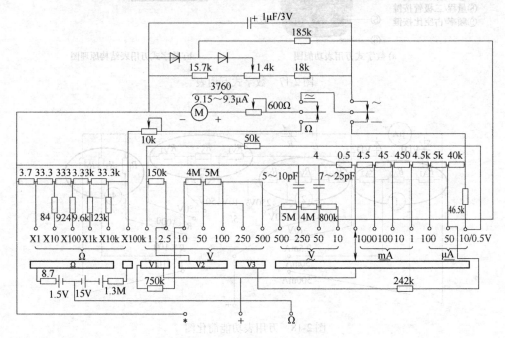

图 2-19　万用表内部电路图

　　图 2-20 所示为一款非常通用的由磁电系测量机构制作的万用表。图 2-20a 和 b 是磁电系仪表全部结构件的组装图，图 2-20c 是固定磁场与可动线圈的构成图，图 2-20d 是面板。

　　万用表是综合性仪表，其转换开关的接线较为复杂，必须要掌握其使用方法。

　　1）使用万用表前要校准机械零位和电气零位。测量电流或电压时，先调表指针的机械零位；测量电阻时，则先调表指针的电气零位，以防表内电池电压下降而产生测量误差。

　　2）测量前一定要选好挡位，即电压挡、电流挡或电阻挡，同时还要选对量程。初选时应从大到小，以免打坏指针。禁止带电切换量程。量程的选择原则是"U、I 在上半部分，R 在中间较准"，即测量电压、电流时指针在刻度盘的 1/2 以上处，测量电阻时指针指在刻度盘的中间处才准确。

　　3）测量直流时要注意表笔的极性。测量高压时，应把红、黑表笔插入"2500V"和"－"插孔内，把万用表放在绝缘支架上，然后用绝缘工具将表笔触及被测导体。

　　4）测量晶体管或集成件时，不得使用 $R \times 1\Omega$ 和 $R \times 10k\Omega$ 量程挡。

　　5）带电测量过程中应注意防止发生短路和触电事故。

　　6）不用时，切换开关不要停在欧姆挡，以防止表笔短接时将电池放电。

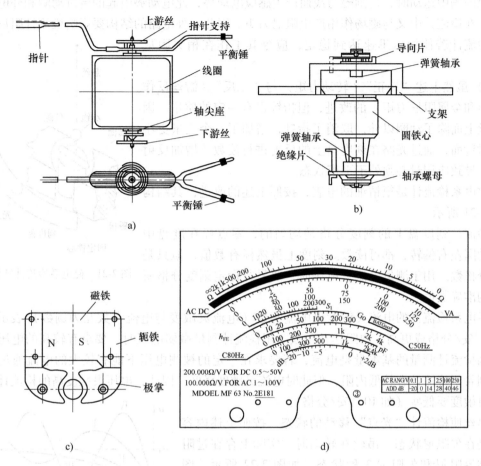

图 2-20　某款万用表构建图

2.2.5　检流计

检流计是检测微弱电量用的高灵敏度的机械式指示电表，常用于电桥、电位差计中作为指零仪表，也可用于测微弱电流、电压以及电荷等。其主要有磁电系检流计、光电放大式检流计、冲击检流计、生理电流检流计、光电流检流计、振动检流计和振子等。

检流计的工作原理与磁电系仪表一致，与磁电系实现转动力矩相比，检流计要求有更高的灵敏度，主要是电压灵敏度和电流灵敏度。为提高电流灵敏度，针对磁电系仪表的结构来分析，有以下几个方面的改动设想。

1) 加强磁场作用强度，即增加线圈匝数。限于外磁式气隙尺寸，须用很细的导线绕制动圈，但由此导致电流灵敏度高的检流计的动圈电阻（内阻）较高。

2) 减小游丝的反作用力矩。游丝为机械式仪表元件，减小反作用力矩与制作要求形成较大的矛盾，故目前采用吊丝（悬丝）代替游丝，吊丝在转动时产生较小的扭力，其反作用力矩很小。吊丝将动圈安置在永久磁铁的气隙中，为此检流计使用时一定要保持水平位置。

3) 为减小反作用力矩，检流计的动圈没有金属框架，阻尼力矩由动圈本身提供。动圈在气隙磁场中运动时，切割磁力线而产生感应电动势，此电动势引起的流过动圈和外电路的电流，在检流计中又与磁场作用产生阻尼力矩。因此，外电路的结构要影响检流计阻尼的强弱。检流计若使指示迅速达到稳定，应令其工作在稍欠阻尼状态。

4）虽然上述"一正"（转动力矩）与"二反"（游丝反作用力矩和金属阻尼力矩）的改进，但指针也有一定的质量。因此吊丝上面除了动圈以外，取消了指针，增加了一个质量更小的反射镜面，通过光路在刻度盘上的反射进行读数。增加反射镜面，导致应用时必须处于平衡状态。

磁电系检流计是很精细的电表，按照上述的改进，其结构如图 2-21 所示。

检流计刻度盘上的刻度分格是均匀的，零点标在度盘中心。动圈左右偏转，都可读数。刻度上虽然标有数值，但只是表示分格数。用于测量电流、电压时，要另行标定刻度分格所代表的准确数值。

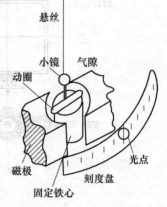

图 2-21　磁电系检流计结构图

磁电系检流计的电流灵敏度以电流常数（电流灵敏度与电流常数互为倒数）表示，可达 10^{-9} 安/分格或更高，内阻达几千欧。用检流计测量微弱电压时，要求有较高的电压灵敏度。因检流计测量的基本量是电流，若要求在一定的被测电压下能有较大的电流通过检流计，则希望检流计有较低内阻，但此时电流灵敏度降低。因此，电压灵敏度高的检流计，其电流灵敏度要低些（如 10^{-7} 安/分格）。

吊丝使检流计"光点"移动的状态，按照上述内容必须是在欠阻尼状态。吊丝在转动时，实际上存在过阻尼、临界阻尼和欠阻尼 3 种状态，如图 2-22 所示。图中，"Ⅰ"为欠阻尼，"Ⅱ"为临界阻尼，"Ⅲ"为过阻尼，"Ⅳ"为等幅振荡。检流计的动圈通电流后，除了受到电磁力矩和扭转力矩的作用外，还存在空气阻尼力

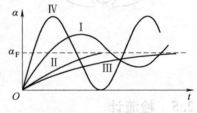

图 2-22　阻尼运动状态

矩 $\left(-D\dfrac{\mathrm{d}\alpha}{\mathrm{d}t}\right)$ 和电磁阻尼力矩 $\left(-\dfrac{G^2}{R_G+R}\dfrac{\mathrm{d}\alpha}{\mathrm{d}t}\right)$（$G$ 为检流计的结构常数，$G=NBS$），而悬丝是弹性材料制成的，若动圈的转动惯量为 J，根据力学第二定律，固体绕轴旋转时，它的转动惯量和角加速度的乘积等于所有作用于该轴上的力矩之和，则动圈运动状态为

$$\ddot{\alpha}+2\beta\dot{\alpha}+\omega_0^2 a=\frac{GI_G}{J}\qquad\qquad(2\text{-}10)$$

式中，β 为衰减系数，$\beta=\left(\dfrac{G^2}{R_G+R}+D\right)\Big/2J=A/2J$；$A$ 为阻尼系数，$A=\left(\dfrac{G^2}{R_G+R}+D\right)$；$\omega_0$ 为固有角频率，$\omega_0=\sqrt{W/J}$。根据 β 的不同，得到图 2-22 所示的阻尼状态。

由图 2-21 可知，当输入的信号很小时，镜子的转动角度很小，则在刻度上"光点"移动的距离就会不明显，这是由于镜面与刻度尺的距离较短造成的。为使"光点"移动明显，就需要"加长"镜面与刻度尺之间的距离，采取的实现方法是采用光线多次反射，如图 2-23 所示，使原来从圆形镜面到标尺的距离变长了。

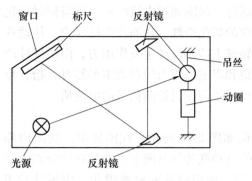

图 2-23 多次反射光路的检流计

2.3 电磁系仪表

可动部分的转动力矩是由载流线圈产生磁场并磁化可动铁片后产生磁场作用而产生的，此类仪表称为电磁系仪表。

2.3.1 电磁系仪表的结构

电磁系仪表除了指针外，核心部件与磁电系相反，即线圈固定，由此产生磁场可动，产生磁场的部件带动转轴、指针、游丝和阻尼件作偏转。按照由可动部件实现磁场作用而引起的偏转结构分类，电磁系仪表有扁线圈吸引型、圆线圈排斥型和排斥—吸引型三大类。

1. 扁线圈吸引型

扁线圈吸引型测量机构如图 2-24 所示，线圈固定，转轴上固定着偏心安装的可动软磁铁片以及游丝、指针和阻尼部件。线圈通过电流时产生磁场磁化铁片，同时将可动铁片吸入固定线圈，产生转动力矩使转轴转动；转轴上的游丝产生反作用力，阻尼部件产生阻尼效果。当反作用力矩和阻尼力矩与转动力矩平衡时，指针稳定在面板上某一个位置，指针指向就是被测信号的电流值。

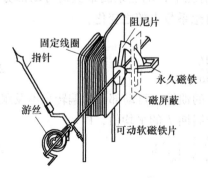

图 2-24 扁线圈吸引型

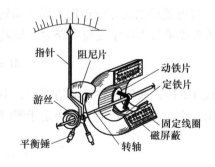

图 2-25 圆线圈排斥型

2. 圆线圈排斥型

圆线圈排斥型测量机构如图 2-25 所示，线圈固定，线圈内部有两片"楔形"铁片，一片固定在线圈内壁上，另一片由软磁材料制成，安装在转轴上，两铁片紧紧相邻，转轴上还固定着游丝、指针和阻尼部件。线圈通过电流时产生磁场同时磁化两铁片；两铁片在同一磁场中磁化，感应有相同方向的磁化极性，从而产生排斥力，使动铁片偏转，产生转动力矩；转轴上的游丝产生反作用力，阻尼部件产生阻尼效果。当反作用力矩和阻尼力矩与转动力矩平衡时，指针稳定在面板上某一个位置，指针指向就是被测信号的电流值。

3. 排斥—吸引型

排斥—吸引型测量机构如图 2-26 所示，线圈固定，线圈内部的固定铁片及与转轴相连的可动铁片均有两个，两组铁片分别位于轴心两侧。线圈通过电流时，两组铁片同时被磁化。固定铁片 B 与 A′分别与可动铁片 A 与 B′之间因磁化极性相同而相互排斥，而 B 与 B′、A′与 A 之间因磁化极性相异而相互吸引。随着可动部分的转动，排斥力逐渐减弱而吸引力逐渐增强。在这种结构中，转动力矩是由排斥力和吸引力共同作用而产生的。排斥—吸引型结构的转动力矩较大，因而可制成广角度指示仪表，但由于铁心结构（可动铁片、固定铁片）增多，磁滞误差较大，所以准确度不高，一般多用于安装式仪表中。

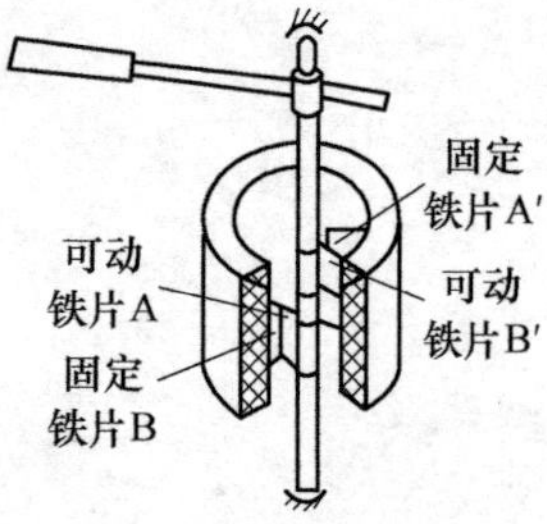

图 2-26　排斥—吸引型

2.3.2 电磁系仪表的原理

电磁系仪表的转动力矩是靠通以被测电流的线圈与铁片的吸引力产生的，由电工理论可知，线圈的磁场能量为

$$W = \begin{cases} \dfrac{1}{2}I^2L & I \text{ 表示直流电流} \\ \dfrac{1}{2}i^2L & i \text{ 表示交流电流} \end{cases} \tag{2-11}$$

式中，L 为线圈自感系数。由此若电磁系仪表用于直流电路时，则转矩为

$$M = \frac{dW}{d\alpha} = \frac{1}{2}I^2\frac{dL}{d\alpha} = K_0 I^2 \tag{2-12}$$

式中，K_0 为直流条件下仪表的系数。这表明在直流情况下，电磁系测量机构可动部分的偏转角 α 与电流的二次方成正比。随着偏转角增大，自感系数也随之变化。

若电磁系仪表用于交流电路时，则转矩为

$$M = \frac{dW}{dt} = \frac{1}{2}i^2\frac{dL}{d\alpha} \tag{2-13}$$

式（2-13）表明，在交流情况下，由于可动铁片的惯性，可动部分的偏转来不及跟着瞬时力矩变化，所以其转动力矩决定于瞬时转矩在一个周期 T 的平均值，即

$$M_p = \frac{1}{T}\int_0^T Mdt = \frac{1}{2}\frac{dL}{d\alpha}\frac{1}{T}\int_0^T i^2 dt \tag{2-14}$$

式中，$\dfrac{1}{T}\displaystyle\int_0^T i^2 dt = I^2$（$I$ 是交流电流的有效值）。因此，电磁系仪表的转动力矩为

$$M_p = \frac{1}{2}I^2\frac{dL}{d\alpha} = K_f I^2 \tag{2-15}$$

式中，K_f 表示交流信号频率为 f 时仪表的系数。

可见，测量交流的公式与测量直流的公式完全相同，只要将交流电流瞬时值换成交流有

效值即可，也就是说，可以用直流刻度测量交流有效值。

由游丝提供反作用力矩 $M_a = D\alpha$，当转动力矩平衡时，$M_p = M_a$，即

$$D\alpha = \frac{1}{2}I^2 \frac{dL}{d\alpha}$$

$$\alpha = \frac{1}{2D}I^2 \frac{dL}{d\alpha} \tag{2-16}$$

当 $dL/d\alpha$ 为常数时，偏转角与通过线圈的电流的二次方成正比，所以电磁系仪表的刻度特性是非线性的，即前密后疏。

2.3.3 电磁系仪表的应用

1. 电磁系交直流测量原理

从上述原理公式可以看到，电磁系仪表能够测量交直流信号，所以电磁系仪表是测量交流电压与交流电流的最常用的一种仪表。它具有结构简单、过载能力强、造价低廉以及交直流两用等一系列优点，在实验室及工程仪表中应用十分广泛。

为什么电磁系仪表能够测量交直流信号？

（1）扁线圈吸引型　扁线圈吸引型电磁系仪表在固定线圈产生磁场将可动铁片磁化后，对铁片产生吸引力。随着铁片被吸引，固定在同一转轴上的指针也随之偏转，同时游丝产生反作用力矩。如果流过线圈的电流方向改变（交流信号），则线圈所产生的磁场极性以及动铁片被磁化的极性都同时改变，所以它们之间的作用力仍然是相互吸引，其转动部分的转动力矩仍保持原来的方向，指针的偏转方向没有改变。因此，这种测量机构可以构成交、直流两用仪表。

如图 2-27 所示，电流方向的改变，导致铁片的磁场方向以及磁化的极性同时改变。

（2）圆线圈排斥型　圆线圈排斥型电磁系仪表测量交直流信号的原理与扁线圈吸引型的原理一样，如图 2-28 所示。当线圈中电流方向改变时，它所产生磁场的方向随之改变，因此动、静铁片磁化的极性也发生变化，两铁片仍然相互排斥，转动力矩方向不变。

（3）排斥—吸引型　该系仪表具有吸引型和排斥型电磁系仪表同样的原理。

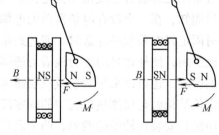

a）线圈中通有电流时铁片磁化方向　　b）线圈中电流方向改变后铁片磁化方向

图 2-27　扁线圈吸引型交直流信号时的磁化效应

由以上分析可知，电磁系测量机构的工作原理是将被测电流通过一固定线圈，由线圈产生的磁场磁化铁心，利用线圈与铁心（吸引型）或铁心与铁心（排斥型）相互作用产生一定方向的转矩，带动指针偏转而指示出被测电量的值。

2. 电磁系仪表的特点

1）电磁系仪表的输入电流直接接入固定线圈，不通过可动部分，所以电磁系测量机构结构简单、抗过载能力强。

2）能够交、直流两用，并且不存在极性问题。

3）当转动角度变化时，无论是吸引型还是排斥型，都存在磁化铁片的磁滞现象而影响

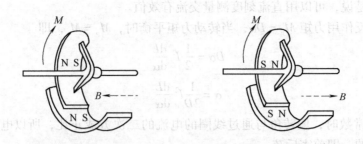

a) 线圈中通有电流时两铁片磁化方向　　　b) 线圈中电流方向改变后两铁片磁化方向

图 2-28　圆线圈排斥型交直流信号时的磁化效应

准确度，导致准确度较低。

4）灵敏度较低。由式（2-12）和式（2-15）可知，其仪表系数 K_0 或 K_f 是可变的，也随之影响灵敏度。

5）由于固定线圈的匝数较多，相应感抗较大，而线圈感抗随交流信号频率的变化将给测量带来影响，因此电磁系仪表不适宜用于频率高的电路中，一般用于 1000Hz 以下的电路中。所以，其工作频率范围不大。

6）由于电磁系仪表的结构特点是固定线圈在磁化铁片的外环，不考虑外界电磁环境因素，电磁系是非常理想的测量仪表。然而其固定线圈产生的磁场较弱，磁回路处在线圈周围的空间中，也就势必受到外界磁场的干扰或影响，也是导致灵敏度低、准确度低的主要原因之一。所以，外磁场的影响是造成电磁系仪表附加误差的主要原因。为减小外界磁场的影响，一般采用磁屏蔽方法或采用无定位结构。

众所周知，在一个没有电信覆盖的电梯中，手机信号无法与外界获得联系。同理，电磁系仪表对固定线圈采取磁屏蔽时，能起到很好的抗干扰效果。磁屏蔽是把测量机构装在导磁良好的磁屏内，使外磁场的磁力线沿着磁屏通过，而不进入测量机构。有时为了进一步减小外磁场的影响，还可以采用双层或三层磁屏。

无定位结构就是将测量机构中的固定线圈分为两部分，有如用两个电磁系仪表的测量机构反向串接，安装在转轴的两侧，两个测量机构的转动力矩相加。当外界磁场影响电磁系仪表，削弱一个测量机构的转动力矩时，势必会增强另一个转动力矩，这样始终保持电磁系仪表转动力矩代数和不变。

3. 电磁系电流表

电磁系仪表本身就是直接测量电流的，与磁电系仪表不同，被测电流直接进入电磁系仪表的固定线圈，由于线圈线缆对电流有一定的承载能力，所以可以测量较大的电流。一般单量限电流表，通常的电流量限为 30A；调整线缆的规格，最大可以直接测量到 200A。更大的电流需要配置电流互感器。

根据电磁系仪表的特点，电磁系仪表虽然交直流信号均能测量，但由于都是通过磁化铁片，而直流和交流电流产生的磁场对铁片的磁化速率不同，所以多用于交流信号的测量，或者应用于实验室。

图 2-29a 所示为电磁系电流表测量电流的接线图；图 2-29b 所示为一个固定线圈作为单量限的等效图，通常这种单量限电流表是固定安装在某应用点时的方式；图 2-29c 所示为电

磁系电流表多量限的等效图，多量限电流表的固定线圈是分成数段绕制的，借助仪表的接线柱可以改变固定线圈中各段线圈的连接方法来得到多量限。

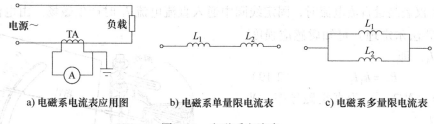

a) 电磁系电流表应用图　　　b) 电磁系单量限电流表　　　c) 电磁系多量限电流表

图 2-29　电磁系电流表

便携式电磁系电流表一般都制成多量限的。但它不能采用并联分流电阻的方法扩大量限，而是采用将固定线圈分段，然后利用分段线圈的串、并联来实现多量限。所以，要制造不同量限的电流表时，只要改变线圈的线径和匝数即可。

4. 电磁系电压表

图 2-30a 所示为单量限电压表原理接线图，通常这种单量限电压表是固定安装在某应用点时的方式，一般其量限达几百伏，若要测量更高电压，需要配置电压互感器。图 2-30b 所示为多量限电压表原理接线图。

电磁系电压表的测量接线方法与磁电系一样，电阻的计算方法也一样，但转动力矩以直流电压为例，由式（2-12）得

$$M = K_0 I^2 = K_0 \left(\frac{U}{R} \right)^2 \tag{2-17}$$

指针偏转角为

$$\alpha = \frac{1}{2W} I^2 \frac{\mathrm{d}L}{\mathrm{d}\alpha} = \frac{1}{2W} \left(\frac{U}{R} \right)^2 \frac{\mathrm{d}L}{\mathrm{d}\alpha} \tag{2-18}$$

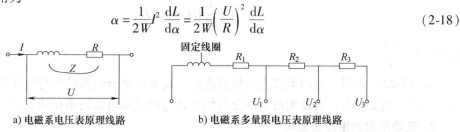

a) 电磁系电压表原理线路　　　b) 电磁系多量限电压表原理线路

图 2-30　电磁系电压表

2.4　电动系仪表

可动部分的转动力矩由一个固定线圈以及另一个可动线圈产生的磁场相互作用而产生，在结构上类似电动机，固此类仪表称为电动系仪表。

2.4.1　电动系仪表的结构

电动系仪表的结构主要由两个线圈组成：一个固定线圈，称为定子线圈；一个可动线圈，称为转子线圈。两个线圈在电流流经后所产生的磁场相互排斥，产生转动力矩，则连接转子线圈的转轴带动游丝、指针和阻尼部件一起偏转。其结构如图 2-31 所示。

2.4.2　电动系仪表的原理

电动系仪表也是交直流均能测量的仪表，关于电动系仪表的工作原理可以从直流电流测

量和交流电流测量两个方面来介绍。

1. 电动系直流电流表原理

电动系仪表测量直流电流时，固定线圈中通入直流电流 I_1 时产生磁场。由电流的磁效应（毕奥-萨法尔定理）可知磁感应强度 B_1 正比于 I_1。即

$$B_1 = k_1 I_1 \qquad (2-19)$$

式中，$k_1 = \mu_0 N / 2$，μ_0 为真空磁导率，N 为线圈匝数。

此时可动线圈通入直流电流 I_2，则可动线圈处在固定线圈产生的磁场中就要受到电磁力 F 的作用而带动指针偏转，电磁力 F 的大小与磁感应强度 B_1 和电流 I_2 成正比。直到转动力矩与游丝的反作用力矩相平衡时，指针才停止偏转。仪表指针的偏转角度与两线圈电流的乘积成正比。由式（2-4）得

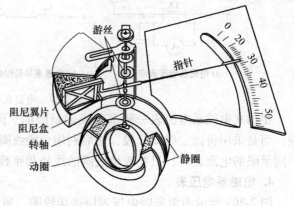

图 2-31　电动系仪表结构图

$$M = k_2 B_1 I_2 \qquad (2-20)$$

式中，$k_2 = SN$，N 为线圈匝数，S 为处于固定线圈产生的磁场中的可动线圈的有效面积 S。

游丝的反作用力矩为 $M_\alpha = D\alpha$，力矩平衡时，$M = M_\alpha$，则

$$M = k_1 k_2 I_1 I_2 = k I_1 I_2 = M_\alpha = D\alpha \qquad (2-21)$$

$$\alpha = \frac{k}{D} I_1 I_2 = K I_1 I_2 \qquad (2-22)$$

式中，$K = \dfrac{k_1 k_2}{D}$。

式（2-22）表明，电动系仪表测量直流时，其可动部分的偏转角与两线圈电流的乘积有关。同样，测交流时，可证明可动部分的偏转角与两线圈电流的乘积成比例。

2. 电动系交流电流表原理

设交流电流 $i_1 = I_{1m}\sin\omega t$，$i_2 = I_{2m}\sin(\omega t - \varphi)$，交流时转子线圈得到的转动力矩与游丝反作用力矩平衡后，得

$$\begin{aligned}
m &= k_1 k_2 i_1 i_2 = k i_1 i_2 = k I_{1m}\sin\omega t \cdot I_{2m}\sin(\omega t - \varphi) \\
&= k I_{1m} I_{2m} \cdot \frac{1}{2}\left[\cos\varphi - \cos(2\omega t - \varphi)\right] \\
&= k I_1 I_2 \cos\varphi - k I_1 I_2 \cos(2\omega t - \varphi)
\end{aligned}$$

第二项在一周内的平均值为零，因此 m 的平均值，即转动力矩 M 为

$$M = k I_1 I_2 \cos\varphi = D\alpha$$

$$\alpha = \frac{k}{D} I_1 I_2 \cos\varphi = K I_1 I_2 \cos\varphi \qquad (2-23)$$

线圈通入交流电时，由于两线圈中电流的方向均改变（如图 2-32 所示），因此产生的电

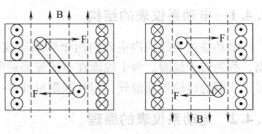

图 2-32　电动系仪表测量交流电流原理图

磁力 F 方向不变，这样可动线圈所受到转动力矩的方向就不会改变。设两线圈的电流分别为 i_1 和 i_2，则转动力矩的瞬时值与两个电流瞬时值的乘积成正比。而仪表可动部分的偏转程度取决于转动力矩的平均值，由于转动力矩的平均值不仅与 i_1 和 i_2 的有效值成正比，而且还与 i_1 和 i_2 相位差的余弦成正比，因此电动系仪表用于交流时，指针的偏转角与两个电流的有效值及两电流相位差的余弦成正比，见式（2-23）。

3. 电动系仪表的特点

电动系仪表的优点：准确度高、可测交直流信号，特别是可以测量功率、功率因数等。但其缺点：由式（2-22）和式（2-23）可知，电动系仪表的标度尺刻度不均匀，双线圈的功率消耗较大，且过载能力小，与电磁系一样，易受外磁场影响。

2.4.3   电动系仪表的应用

1. 电动系电流表

电动系仪表本身就是直接测量电流的，与磁电系仪表相同，被测电流通过游丝再进入可动线圈，因此对于输入电流的量限有所限制。

当输入电流小于 0.5A 时，电动系电流表的测量机构由可动线圈和固定线圈串联连接构成，如图 2-33a 所示，图中 R_L、R_g 串联。当输入电流大于 0.5A 时，就必须两个线圈并联，如图 2-33b 所示，图中 R、R_L 为串并联分流电阻。

从图 2-33 可以看到，通过可动线圈的分流电阻选择，能够调整通过可动线圈的电流在游丝允许的范围内。另外，定子线圈的电流容量与电磁系电流表一样，能够设置成多段绕组形成分流，保证经过电动系测量机构的电流在规定要求范围内。

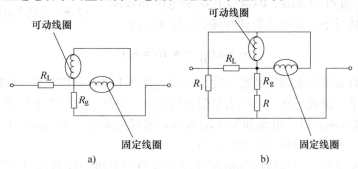

图 2-33   电动系测量机构连接法

2. 电动系电压表

电动系电压表的测量接线方法与磁电系和电磁系一样，电阻的计算方法也一样。构作电压表依据串联的电阻，所以一般采用小于 0.5A 的测量机构，如图 2-34 所示。

2.4.4   电功率表

电功率表是电动系仪表典型应用之一，通过双线圈对应的线路接法（如图 2-35a 所示），就可以测量线路中的功率。由功率计算公式 $P = UI$（V·A），如果电动系仪表的偏转角度是关于功率 P 的函数，则在仪表的刻度盘上标注相应的数字，就能实现电功率的测量。电功率测量电路如图 2-35b 所示。

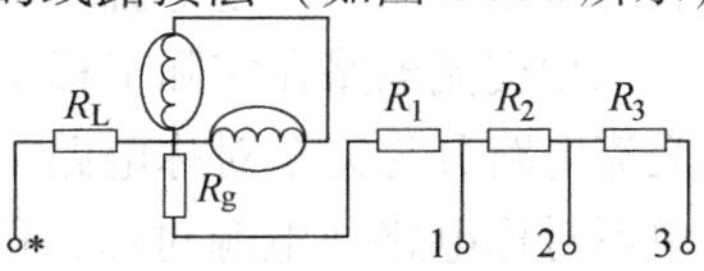

图 2-34   电动系多量程电压表

如图 2-35b 所示，忽略线圈的内阻，i_2 在电阻 R_g 上获取负载电压 u，i 为负载上消耗的电流，由式（2-23）推算得

$$\alpha = KI_1I_2\cos\varphi = Ki\frac{u}{R_g}\cos\varphi \tag{2-24}$$

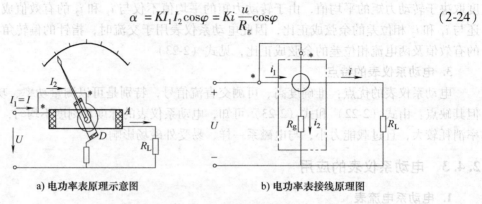

a) 电功率表原理示意图　　　　　　　b) 电功率表接线原理图

图 2-35　电动系电功率表原理图

如果功率表接在交流电路上，通过线圈 1 的电流就等于负载电流 i，通过可动线圈 2 的电流 i_2 因 R_g 为阻性电阻，与电压 u 同相。i 与 u 的相量关系如图 2-36 所示。

由式（2-24）得

$$\alpha = Ki\frac{u}{R_g}\cos\varphi = K'iu\cos\varphi = K'P \tag{2-25}$$

如果功率表接在直流电路上，通过线圈 1 的电流就等于负载电流 I，通过可动线圈 2 的电流在附加电阻和线圈电阻保持不变的情况下，正比于负载两端的电压 U，即

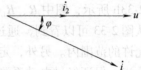

图 2-36　电功率电压与电流相量图

$$\alpha = KI\frac{U}{R_g} = K'IU = K'P \tag{2-26}$$

根据交流或直流功率表指针转动角度，在仪表盘面上进行对应刻度，就能测量直流功率和交流有功功率了。由此可知，功率表量限包括功率、电压、电流 3 个因素。功率表量限表示负载的功率因数 $\cos\varphi = 1$，电流和电压均为额定值时的乘积。若 $\cos\varphi < 1$，即使电压和电流均达到额定值，实际功率也达不到额定值。

应用时一定要注意，电压线圈和电流线圈要按照发电机的同名端 "＊" 方式接线，以保证功率表正常工作，避免发生表针反向偏转而损坏仪表。

同时还要注意，功率表按照 $\cos\varphi = 1$ 设计制作，在 $\cos\varphi < 1$ 时就要关注功率因数值。当 $\cos\varphi$ 较小，如 $\cos\varphi = 0.1$ 时，应该采用低功率因数表，此类仪表在磁学量测量时较为常用。

测量交流单相功率，还可以通过 3 个电压表或 3 个电流表来测量，如图 2-37 所示。图中的 R 是为了测量而串联（或并联）的阻性电阻，串联时阻值要小，并联时阻值要大。

在实际测量时为保护功率表，应接入电压表和电流表，以监视负载电压和电流不超过功率表的额定电压和额定电流。

三相交流电路在实际工程中应用很广，因此对三相交流电路进行功率测量尤为重要。三相交流电路分为完全对称电路（电源对称、负载对称）和不对称电路，不对称电路又分为简单不对称电路（电源对称，负载不对称）和复杂不对称电路（电源和负载都不对称）。根据三相交流电路的特点不同，其测量方法也不同。

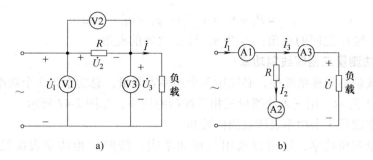

图 2-37　三表法测量电功率

1. 用一表法测量对称三相电路功率

一表法就是利用一只单相功率表直接测量三相完全对称电路中任意一相的功率，然后将其读数乘以 3，便可得出三相交流电路所消耗的功率。

三相完全对称的电路按照三相四线制丫（星形）联结，如图 2-38a 所示；若是△（三角形）联结，如图 2-38b 所示。这样用一个功率表就可以测量三相对称负载功率了。

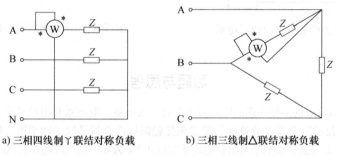

a) 三相四线制丫联结对称负载　　　**b) 三相三线制△联结对称负载**

图 2-38　一表法测量对称三相电路功率

在三相对称负载电路中，三相负载的总功率为任何一相负载功率的 3 倍，即

$$P_{总} = 3P \tag{2-27}$$

如果被测电路的中性点不便于接线，或负载不能断开时，可以设定人工中性点。即由两个与电压支路阻抗值相同的阻抗接成星形而形成的，如图 2-39 所示。

采用同样方式可以测量三相无功功率，电压与电流的相位角采用正弦计算即可，即

$$\alpha' = Ki\frac{u}{R_g}\cos(90° - \varphi) = K'ius\sin\varphi = K'Q \tag{2-28}$$

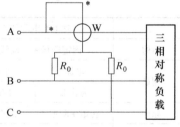

图 2-39　人工中性点实现法

2. 用二表法测量三相三线制功率

在三相三线制电路中，无论电路是否对称，也无论三相线路是星形（丫）联结还是三角形（△）联结，都能采用两个功率表来测量功率，如图 2-40 所示。

二表法只适用于三相三线制，特别适用于不对称三线制电路，但不适合三相四线制。其三相总功率等于两个功率表测量的功率的代数和，即

图 2-40　二表法测量三相功率

$$P_{总} = P_1 + P_2 = u_{AC}i_A\cos\varphi_1 + u_{BC}i_B\cos\varphi_2 \tag{2-29}$$

式中，φ_1 为 u_{AC} 与 i_A 之间的夹角；φ_2 为 u_{BC} 与 i_B 之间的夹角。

3. 用三表法测量三相四线制功率

在三相四线制不对称系统中，必须用 3 个功率表测量，总功率为 3 个功率表之和，其接线方式如图 2-41 所示。用三表法测量三相三线制的功率，如图 2-42 所示。

三相总功率就是 3 个功率表读数的代数和。

另外，测量三相功率，还可以选用三相功率表，按照三相功率表接线，示值就是测量值。

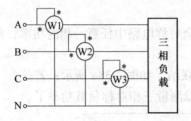

图 2-41　三表法测量三相四线制功率

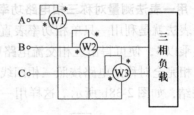

图 2-42　三表法测量三相三线制功率

习题与思考

表 2-1 是三类电磁仪表的主要知识点的异同分类表。磁电系、电磁系和电动系本身都是电流表，但磁电系的游丝引出"分流器"及其"分流器"要避免接触阻抗而必须采取"四端钮"接法；电磁系能测量 200A 以下信号，以并联方式扩大测量量限；电动系则以 0.5A 为界。但三者均有相似的电压表模式。

另外，按照三类仪表的结构组成，强调磁电系不能测交流信号，电磁系和电动系能够测量直流、交流信号。

比较典型的应用就是磁电系的万用表和电动系的功率表。

表 2-1　三类电磁仪表的知识点

	磁电系电测仪表		电磁系电测仪表		电动系电测仪表	
结构	固定磁场 + 可动线圈		固定线圈 + 磁化铁片		固定线圈 + 可动线圈	
测量	电流	小电流	电流	大电流	电流	大小电流
	为什么	四端钮	为什么			区分接法
原理	转矩 + 阻尼	线性特点	转矩 + 阻尼	二次方特点	转矩 + 阻尼	乘积特点
误差			不定机构			
应用	直流电流、电压测量		交直流电流、电压测量		交直流电流、电压测量	
	多量限电流、电压计算		多量限电流、电压计算		多量限电流、电压计算	
	检流计	万用表			电功率表	

2-1　磁电系、电磁系、电动系的测量机构有哪些异同点？

2-2　为什么分流器要采用四端钮结构？

2-3　磁电系万用表为什么能够测量交流电？

2-4　检流计的结构有什么特点？使用中应注意什么？

2-5　为什么外界磁场对电磁系测量机构有干扰？如何解决？

2-6　如何构成电动系电流表、电压表、功率表?

2-7　功率表的接线规则是什么，为什么要遵循这个接线规则?

2-8　有一磁电系表头，内阻为 150Ω，额定电压为 45mV。现将它改接为 150mA 量限的电流表，问应接多大的分流器? 若将它改接为 15V 的电压表，则应接多大的附加电阻?

2-9　有一磁电系毫伏表，其量限为 150mV，满偏电流为 5mA，求毫伏表的内阻。若将其量限扩大为 150V，其附加电阻及毫伏表总内阻为多大? 若将其改为量限为 3A 的电流表，则应装接多大的分流器? 装上分流器后，电流表的总内阻为多大?

2-10　两个电阻串联后，接到电压为 100V 的电源上，电源内阻可忽略不计，已知两电阻分别为 $R_1 = 40\text{k}\Omega$，$R_2 = 60\text{k}\Omega$。求: ①计算两个电阻上压降分别为多少? ②若用一内阻为 50kΩ 的电压表分别测量两个电阻上的电压，则其读数将为多少?

2-11　用一只内阻为 9.3Ω 的毫安表测量某电路电流，其读数为 8mA。若在毫安表电路内再串联一只 10Ω 电阻，毫安表读数为 7.2mA，问该电路不接毫安表时，实际电流为多少?

2-12　用内阻为 50kΩ 的直流电压表测量某直流电压时，电压表读数为 100V。若改用内阻为 100kΩ 的电压表测量，则电压表读数为 109V，问该电路的实际电压为多少?

2-13　有一量限为 100μA 的电流表，满偏时表头压降为 50mV，拟装成 10mA/50mA/100mA/500mA 的多量限电流表，画出其测量电路图，并计算各分流电阻。

2-14　一个微安表，量限为 100μA，内阻为 500Ω。问: ①用该表组成一个电压表，若电压表的量限分别为 10V 和 100V，求该电压表的测量电路及附加电阻的阻值; ②用该表组成一个量限为 100mA、10mA 和 1mA 的电流表，该用什么样的电路? 电路的电阻各是多少?

2-15　有一电炉，铭牌标明其功率 $P = 1\text{kW}$，电压 $U = 220\text{V}$。要测量它的功率，若功率表量限为 2.5A/5A、150V/300V，问测量时应选择什么量限比较合适?

2-16　有一个测量电路如图 2-43 所示。图中，$u_1 = 100\sin314t\,(\text{V})$，$U_2 = 35\text{V}$，分别用磁电系、电磁系和电动系电压表测量电压 $u_1 + U_2$，问仪表的指示各是多少?

2-17　某电动系电压表满偏电流为 40mA，若制成 150V/300V/450V 的三量限电压表，求各量限的内阻和电压灵敏度。

图 2-43　2-16 题图

第 3 章　比较式电测技术

3.1　概述

第 2 章直读式电测技术介绍的电测仪表，是电工量参数通过仪表面板上的指针指示直接读取的，是直接测量方法，测量过程中不要其他操作。其主要优点是测量速度快、结构简单、价格较为便宜，但也存在测量精度的限制。采取比较式电测技术，测量精度有较大提高。

比较式电测技术介绍的电测仪表在测量被测对象前，先调整标准元器件获得电路参数的已知量（称为标准量），此时指零仪表示值为 0。测量对象时，该标准量被改变，重新操作电路中相关元器件（如电位器），不断比较标准量和对象值，观察指零仪表。当指零仪表为零时，再度获得标准量，此时即可测得对象的大小。标准元器件有标准电压（标准电池、齐纳二极管稳压值等）、标准电阻、标准电容、标准电感等。

比较式电测仪表分为补偿式电测仪表和电桥式电测仪表。由再度获得的标准量测得对象的大小，称为全补偿法；通过从原标准量到再度恢复标准量的调整期间所对应的比较操作值求得对象的变化量，称为差值补偿法。

电桥式电测仪表是电桥电路中相邻两个桥臂的交点电压与另两个相邻桥臂的交点电压比较，比较值为 0 时，表明该电桥达到平衡。

比较式电测仪表在比较测量时，对电源要求也比较高。稳压过程是一种实时比较过程，比较差值的大小限制在某一较小的波动范围内，输出的电压认为是稳定的。

3.2　稳压电源

随着电子技术的发展，电子系统的应用领域越来越广泛，电子设备的种类也越来越多，对稳压电源的要求更加灵活多样。电子设备的小型化和低成本化，使稳压电源朝轻、薄、小和高效率的方向发展。在电路设计上，稳压电源也从传统的晶体管串联稳压电源向高效率、体积小、质量轻的开关型稳压电源迅速发展。

不稳定的电压会给设备造成致命伤害或误动作，会加速设备的老化，影响使用寿命甚至烧毁配件，严重者甚至发生安全事故，造成不可估量的损失。

稳压电源是能为负载提供稳定交流电源或直流电源的电子能源装置，当电网电压出现瞬间波动时，稳压电源会以 10 ~ 30ms 的响应速度对电压幅值进行补偿，使其稳定在 ±2% 以内。稳压器除了最基本的稳定电压功能以外，还应具有过电压保护（超过输出电压的 +10%）、欠电压保护（低于输出电压的 -10%）、断相保护、短路过载保护等功能。

在工程应用中，根据稳压电源中稳压器的稳定对象不同，把稳压电源分为直流稳压电源和交流稳压电源两种。交流稳压电源提供一个稳定电压和频率的交流电，常用的交流稳压电源主要有参数调整型稳压电源、自耦调整型稳压电源，大功率补偿型稳压电源、开关型稳压电源等。直流稳压电源输出直流电压，可分为化学电源与物理电源、线性稳压电源和开关型稳压电源等。

3.2.1　交流稳压电源

交流稳压电源又称交流稳压器。随着电子技术的发展，特别是电子计算机技术应用到各工业、科研领域后，各种电子设备都要求稳定的交流电源供电，电网直接供电已不能满足需要，交流稳压电源的出现解决了这一问题。常用的交流稳压电源有：①铁磁谐振式交流稳压器，由饱和扼流圈与相应的电容器组成，具有恒压伏安特性；②磁放大器式交流稳压器，由磁放大器和自耦变压器串联而成，利用电子线路改变磁放大器的阻抗以稳定输出电压；③滑动式交流稳压器，通过改变变压器滑动触点位置稳定输出电压；④感应式交流稳压器，靠改变变压器二次、一次电压的相位差，使输出交流电压稳定；⑤晶闸管交流稳压器，用晶闸管作为功率调整器件，稳定度高、反应快且无噪声，但对通信设备和电子设备造成一定干扰。

20 世纪 80 年代以后，又出现了 3 种新型交流稳压电源：补偿式交流稳压器、数控式和步进式交流稳压器、净化式交流稳压器。它们具有良好隔离作用，可消除来自电网的尖峰干扰。

3.2.1.1　交流稳压电源的性能指标

1. 稳态性能指标

1）源电压范围，是指除了源电压以外的其他量符合基准条件下输入电压范围。一般情况下要求输入电压在额定值的 −15% ~ 10% 范围内变化，也有的要求适应范围更大一些。

2）源电压效应，亦称电压调整率，定义为仅由输入电压的变化而引起输出量变化的效应。源电压效应通常表示为

$$S_U = \frac{\Delta U_{\max}}{U_{\mathrm{on}}} \times 100\% \tag{3-1}$$

式中，$\Delta U_{\max}$ 为输入电压往上（下）调节时输出电压变化的最大值；U_{on} 为输出电压额定值。

3）负载效应，亦称负载调整率，定义为仅由负载的变化引起输出量变化的效应。负载效应通常表示为

$$S_t = \frac{\Delta U_{\max}}{U_{\mathrm{on}}} \times 100\% \tag{3-2}$$

式中，$\Delta U_{\max}$ 为负载变化时输出电压变化的最大值。S_t 值越小越好，它是衡量交流稳压电源性能的一个重要指标。

4）输出电压相对谐波含量，亦称输出电压失真度，定义为谐波含量的总有效值与基波有效值之比。输出电压相对谐波含量通常用 δ_{THD} 表示：

$$\delta_{\mathrm{THD}} = \frac{\sqrt{\sum_{n=2}^{\infty} U_n^2}}{U_1} \tag{3-3}$$

式中，U_n 为 n 次谐波电压有效值；U_1 为基波电压有效值。

在实际测试时，基波有效值难以测量，而用输出电压的总有效值 U 代替 U_1，即

$$\delta_{\text{THD}} \approx \frac{\sqrt{\sum_{n=2}^{\infty} U_n^2}}{U} \tag{3-4}$$

当负载为额定值、电压的失真度满足基准条件时（一般应小于 3%），在源电压为最低值、额定值和最高值时测量输出电压失真度，取其最大者。该值越小越好。

5）效率，交流稳压电源的一项重要指标，是所有的影响量均在基准条件下，输出的有功功率 P_o 与输入的有功功率 P_i 之比，即

$$\eta = \frac{P_o}{P_i} \times 100\% \tag{3-5}$$

当输入和输出电压、电流均为正弦波时，也可定义为

$$\eta = \frac{U_o I_o \cos\varphi_o}{U_i I_i \cos\varphi_i} \times 100\% \tag{3-6}$$

式中，U_o、I_o、φ_o 为输出电压、电流（有效值）及二者的相位差；U_i、I_i、φ_i 为输入电压、电流（有效值）及二者的相位差。

必须指出，如果 U_o、I_o 或 U_i、I_i 中任何一个量是非正弦波，式（3-6）是不能直接使用的。同理，也不能按正弦波刻度的平均值检波式仪表进行测量，否则将产生较大的测量误差，这时必须选用专门的数字式仪表进行测量。

6）负载功率因数，是指输出电压与电流之间相位差的余弦值 $\cos\varphi$，这个指标反映了交流稳压电源带感性及容性负载的能力。一般的交流稳压电源，负载功率因数约为 0.8。

交流稳压电源的稳态指标还有输出功率、输入频率、源频率效应、温度效应、随机偏差（时间漂移）、空载输入功率、源功率因数、源电流相对谐波含量和音频噪声等。

2. 动态性能指标

交流稳压电源的动态指标主要是观察输出电压在源电压阶跃和负载阶跃情况下的最大过冲幅值和瞬态总恢复时间（亦称响应时间）。

源电压阶跃情况下输出电压的最大过冲幅值指的是突然改变源电压（一般由额定值突升 5% ~10% 和突降 5% ~10%），输出电压由额定值（一般观察峰值点）至上冲总量的差值（取绝对值）。此值越小越好，一般交流稳压电源不应超过 40V。

源电压阶跃情况下瞬态总恢复时间指的是从阶跃量作用时刻算起至输出电压峰值恢复到额定值的时间。此值越小越好，一般交流稳压电源不应超过 200ms。

动态性能指标还有起动冲击电流及开关机过冲电流等。

3. 抗干扰（电磁兼容）**性能指标**

一般情况下，多做重复脉冲敏感度（亦称尖峰干扰抑制能力）测试，测试仪器可用尖峰干扰模拟器。通常以 1kW 负载为测试条件（低于 1kW 的产品取标称功率），以叠加在输入电源上的电压为 400 ~500V、宽度为 10μs 的尖峰脉冲进行测试。观察被测电源设备输出端的残余脉冲电压，用对应输入尖峰脉冲的开路电压值（或衰减比）来表示。对于抗干扰型电源而言，当输入尖峰电压为 2kV 时，输出残余脉冲电压应小于 40V。

此外，还有电源瞬态敏感度、传导干扰、电源快速瞬变脉冲群（亦称脉冲串）敏感度以及电涌（亦称浪涌）敏感度等。

4. 其他指标

1）安全指标，一般有绝缘电阻、耐压和泄漏电流，还有爬电距离及电气间隙等。

2）可靠性指标，用平均无故障时间 MTBF（亦称平均故障间隔时间）来表示，它有专门的试验和计算方法。

3）环境指标，包括温度、湿度、振动、冲击、运输等。

3.2.1.2　交流稳压电源的原理

交流稳压电源种类较多，一般分为参数调整（谐振）型交流稳压电源、自耦（变比）调整型交流稳压电源、大功率补偿型交流稳压电源和开关型交流稳压电源。

始于 20 世纪 30 年代末的参数调整（谐振）型交流稳压电源主要有铁磁稳压器、稳压变压器及磁饱和型稳压器等几种基本类型，其中结合电力电子技术发展起来的有可控型稳压变压器、磁放大器式改进型（即精密型）及净化型交流稳压电源。

自耦调整型交流稳压电源的功率输出部分是一台可调式自耦变压器，将其配置合适的电子电路，使输出电压能自动调整到设定的范围内。通过借助电力电子器件来调整变压器一次侧抽头或者对变压器二次绕组进行分段组合，实现输出电压稳定的典型自耦变比调整型交流稳压电源，由于其控制电路都可以用数字逻辑电路或单片机来实现，故又属于数字控制型交流稳压电源。

大功率补偿型交流稳压电源在构成上采用了专用的补偿变压器，其常见的类型有柱式调压器型、单补偿变压器型及多补偿变压器组合型等。

开关型交流稳压电源是把先进的高频开关电源技术引入到交流稳压电源中，从而减小电源体积和质量，节省铜、铁材料，具有效率高、响应速度快等优点，是交流稳压电源的发展方向之一。

按照补偿的程度，开关型交流稳压电源可以分为部分功率补偿型和全功率补偿型两种结构。前者是通过一个工作于开关状态的受控交流变流器，将其输出电压与市电电压叠加后供电给负载，通过检测电路控制变流器输出电压的大小，以保持电源输出电压的稳定；后者主要用在不间断电源（UPS）中，当不考虑蓄电池及充电器时，UPS 就是一种高级交流稳压（稳频）电源。

1. 可控型稳压变压器

可控型稳压变压器是为了克服一般稳压变压器的缺点（如产品的输出电压不能调整、对电源频率敏感、负载调整能力差、铁心和线圈损耗大等）而发展起来的。稳压变压器输出电压能恒定不变，根本原因是二次铁心始终处于饱和磁化工作状态。图 3-1 所示为两个磁分路的可控稳压变压器电路结构图。它是在一般稳压变压器结构上又增加了一个磁分路 S_2、控制线圈 N_k、双向晶闸管 VTH 以及相应的反馈控制电路，通过 U_r 可以在一定范围内调节输出电压的大小。

假设控制线圈匝数 $N_k = N_2$，则输出电压半周期平均值为

$$\overline{U_o} = \frac{4N_2 \Phi_m f \times 10^{-8}}{1 - 2K(t_p f)} \tag{3-7}$$

式中，Φ_m 为磁分路 S_2 铁心中的饱和磁通值；f 为输入电压的频率；t_p 为控制线圈 N_k 的工作时间；$K = \dfrac{R_{S2}}{R_{S2} + R_k}$，$R_{S2}$ 和 R_k 分别为第二磁分路和控制线圈铁心的磁阻。

可控稳压变压器的优点是电路简单、稳定性好、可靠性高，但存在体积大、输出电压稳定精度不高、响应速度慢、调压范围窄等缺点。其适用场合主要是对可靠性及抗干扰性能有

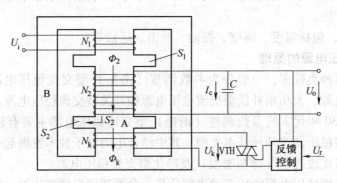

图 3-1　两个磁分路的可控稳压变压器电路结构图

特殊要求的场合。

2. 开关型交流稳压电源

等脉宽调制（Equal-Pulse Width Modulation，EPWM）斩波式交流稳压电源是一种新型部分功率补偿型交流稳压电源，图 3-2 所示为其简化电路原理图。主电路由 EPWM 桥式斩波器 VT1 ~ VT4 及其输出变压器 TR、直流整流电源 VD1 ~ VD4 和输出交流滤波器 $L_f C_f$ 组成。桥式斩波器通过其输出变压器 TR 的二次绕组串联在市电电源与负载之间，以便对市电电压的波动进行正、负补偿。桥式斩波器输出电压中的谐波，由滤波器 $L_f C_f$ 来滤除。桥式斩波器所需的直流电源，由稳压电源输出电压通过整流器 VD1 ~ VD4 来供给。

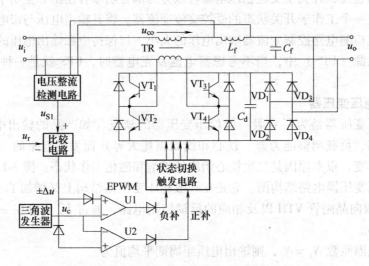

图 3-2　等脉宽调制斩波式交流稳压电源简化电路原理图

斩波式交流稳压电源的控制电路是由市电输入电压整流检测电路、比较电路、EPWM电路和桥式斩波器开关 VT1 ~ VT4 工作状态的切换和触发电路组成的。

整个电源的工作原理是当市电电压波动时，通过对市电输入电压 u_i 及滤波电感 L_f 上电压的整流检测电路，得到电压信号 u_{s1}，将 u_{s1} 与基准参考电压 u_r 进行比较，得到误差电压 Δu。当 $u_{s1} > u_r$ 时（市电电压上波动）得到 $+\Delta u$，$+\Delta u$ 使 EPWM 调制器中的比较器 U2 不能工作，只能使比较器 U1 工作，$+\Delta u$ 通过与三角波 u_c 在 U1 中进行比较，在 $+\Delta u$ 大于三角波的部分时产生出 EPWM 脉冲信号，此信号通过"状态切换触发电路"对桥式斩波器中的开关管 VT1～VT4 进行控制，在其输出变压器 TR 二次侧产生负补偿电压 $-u_{co}$，使负载电压 $u_o = u_i - u_{co}$；当 $u_{s1} < u_r$ 时（市电电压下波动）得到 $-\Delta u$，$-\Delta u$ 使 EPWM 调制器中的比较器 U1 不能工作，只能使比较器 U2 工作，$-\Delta u$ 通过反相器与三角波 u_c 在 U2 中进行比较，在 Δu 大于三角波部分时产生出 EPWM 脉冲信号，此信号通过"状态切换触发电路"对桥式斩波器中的开关管 VT1～VT4 进行控制，在其输出变压器 TR 二次侧产生正补偿电压 $+u_{co}$，使负载电压 $u_o = u_i + u_{co}$。

这种稳压电源的优点是体积小、质量轻、稳压精度高、反应速度快、电路简单，是无级补偿。当市电电压在 218～222V 时，稳压电源补偿控制环节不工作，电源损耗小、效率高。这种稳压电源的缺点是只能补偿市电电压的大小变化，不能补偿谐波。

3.2.2　直流稳压电源

直流稳压电源又称直流稳压器。它的供电电压大都是交流电压，当交流供电电压或输出负载变化时，稳压器的直接输出电压都能保持稳定。稳压器的参数有电压稳定度、纹波系数和响应速度等。电压稳定度表示输入电压的变化对输出电压的影响。纹波系数表示在额定工作情况下，输出电压中交流分量的大小。响应速度表示输入电压或负载急剧变化时，电压回到正常值所需时间。直流稳压电源分为连续导电式与开关式两类。前者由工频变压器把单相或三相交流电压变到适当值，然后经整流、滤波，获得不稳定的直流电源，再经稳压电路得到稳定电压（或电流）。这类电源线路简单、纹波小、相互干扰小，但体积大、耗材多、效率低（常低于 40%～60%）。后者以改变调整元件（或开关）的通断时间比来调节输出电压，从而达到稳压的目的。这类电源功耗小，效率可达 85% 左右，自 20 世纪 80 年代以来发展迅速。但缺点是纹波大、相互干扰大。

从工作方式上直流稳压电源可分为：①可控整流型，用改变晶闸管的导通时间来调整输出电压；②斩波型，输入是不稳定的直流电压，以改变开关电路的通断比得到单向脉动直流，再经滤波后得到稳定直流电压；③变换器型，不稳定直流电压先经逆变器变换成高频交流电，再经变压、整流、滤波后，从所得新的直流输出电压取样，反馈控制逆变器工作频率，达到稳定输出直流电压的目的。

3.2.2.1　直流稳压电源的性能指标

直流稳压电源的性能指标分为两种：一种是特性指标，另一种是质量指标。

1. 特性指标

1）输入电压及其变化范围。

2）输出电压 V_o 及其调节范围 $V_{omax} \sim V_{omin}$。

3）额定输出电流 I_{omax}（指电源正常工作时的最大输出电流）以及过电流保护值。在测量 V_o 的基础上，逐渐减小 R_L，直到 V_o 下降 5%，此时负载 R_L 中的电流即为 I_{omax}。

2. 质量指标

1）稳压系数 S_r。其是指在负载电流、环境温度不变的情况下，输入电压 V_i 变化 ±10% 时引起输出电压的相对变化，即

$$S_r = \left.\frac{\dfrac{\Delta V_o}{V_o}}{\dfrac{\Delta V_i}{V_i}}\right|_{I_o = 常数, T = 常数} \tag{3-8}$$

2）电流调整率 S_i。当输入电压及温度不变，输出电流 I_o 从零变化到最大时，输出电压的相对变化量称为电压调整率 S_i，即

$$S_i = \left.\frac{\Delta V_o}{V_o} \times 100\%\right|_{\Delta I_o = I_{omax}, \Delta T = 0} \tag{3-9}$$

有时它也定义为恒温条件下，负载电流变化 10% 时引起输出电压的变化量 ΔV_o，单位为 mV。S_i 或 ΔV_o 越小，输出电压受负载电路的影响越小。

3）输出电阻 R_o。当电压和温度不变时，因 R_L 变化，导致负载电流变化了 ΔI_o，相应的输出电压变化了 ΔV_o，两者比值的绝对值称为输出电阻 R_o，即

$$R_o = \left.\frac{\Delta V_o}{\Delta I_o}\right|_{\Delta V_i = 0, \Delta T = 0} \tag{3-10}$$

R_o 单位为 Ω。R_o 的大小反映了直流稳压电源带负载能力的大小，其值越小，带负载能力越强。

4）温度系数 S_T。输入电压 V_i 和负载电流 I_o 不变时，温度所引起的输出电压相对变化量 $\Delta V_o / V_o$ 与温度变化量 ΔT 之比，称为温度系数 S_T（S_T 单位为 $1/℃$），即

$$S_T = \left.\frac{\dfrac{\Delta V_o}{V_o}}{\Delta T}\right|_{\Delta V_i = 0, \Delta I_o = 0} \tag{3-11}$$

5）纹波电压和纹波抑制比。叠加在输出电压 V_o 上的交流分量称为纹波电压。采用示波器观测其峰-峰值，一般为毫伏级。也可以用交流电压表测量其有效值，这种方法存在一定误差。在电容滤波电路中，负载电流越大，纹波电压也越大，因此纹波电压应在额定输出电流情况下测出。纹波抑制比定义为稳压电路输入纹波电压峰值 V_{IPP} 与输出纹波电压峰值 V_{OPP} 之比，并用对数表示为 $20\lg\dfrac{V_{IPP}}{V_{OPP}}$（dB）。

纹波抑制比表示稳压器对其输入端引入的交流电压的抑制能力。

3. 2. 2. 2　直流稳压电源的原理

1. 化学电源

化学电源俗称电池，它是通过电化学反应将电池内活性物质的化学能直接转变为直流电能的装置。电池的分类有许多种，可以根据活性物质使用特点、电解液的性质、电池的结构形式、电池的用途、电池的容量等分类。其中最常用的也是人们最熟悉的分类方法是按电池活性物质使用特点来分，按照这一方法可以将化学电源分为以下 4 类。

1）一次电池或原电池。电池中的活性物质只使用一次。电池放电时活性物质不断发生变化，到一定程度后电池电压会快速下降，电池即停止工作，报废。

一般来说，原电池的自放电速度小，贮存寿命长，比能量较高，但比功率却较蓄电池要低。常用的一次电池有锌锰电池、锂二氧化锰电池、锌氧化汞电池、锌空气电池、镁二氧化锰电池、锌氧化银电池等。

2）二次电池或蓄电池。电池中的活性物质可以反复多次使用。电池放电后，极板上的

活性物质就发生了电化学变化；当用跟放电电流方向相反的电流给电池充电时，又可以使活性物质恢复到原来的状态，可再次放电。

蓄电池具有高比功率、高放电率、放电曲线平稳、低温性能好等优点；但它的比能量一般却低于原电池，荷电保持能力也比多数原电池差。常用的二次电池是铅酸蓄电池，此外还有镉镍蓄电池、铁镍蓄电池、锌银蓄电池、氢镍电池、钠硫电池、锂离子电池等。

锂电池可以分为一次锂电池与二次锂电池。它们的主要特征就是以金属锂或锂的化合物作活性物质，其负极材料是锂金属，正极材料是碳材。

锂离子电池是由锂电池发展而来的，主要特征是正极采用了锂的化合物（氧化钴锂），负极采用了能使锂离子嵌入与脱嵌的碳材料，电解质液为混合电解液。广义上定义的锂电池也包括了锂离子电池。锂电池的种类有锂离子电池、锂锰电池、锂氩柱电池、锂动力电池、锂扣式电池、聚合物锂电池、磷酸铁锂电池、一次锂电池及其他。

目前人们熟悉的"锂电池"实际上是锂离子电池，是广泛应用的一种电池，它具有无记忆效应、容量大、质量轻、能量密度很高、自放电率低等特点。

3）燃料电池。燃料电池是一种不受卡诺循环限制的、将燃料及氧化剂的化学能直接连续转化为电能的装置。这种电池的活性物质并不贮存在电极上。电池工作时，活性物质是连续不断地从外部供给电池的，在电极上进行电化学反应，产生电能，好像将燃料送入"热机"似的，产生机械能或电能，故称为燃料电池。这种电池在放电时，电极本身并不发生化学变化，只起到电化学催化作用，而由燃料和氧化剂产生电化学反应。因而，燃料电池的电极不同于蓄电池的电极，它通常是多层结构的电极。

当前研制得比较成熟而且性能非常优异的燃料电池，就是质子交换膜氢氧燃料电池。它是以碱性电解液为电解质，直接使用氢氧燃料进行电化学反应的在常温下工作的燃料电池。

4）贮备电池。电池的活性物质在电池贮存时不与电解质直接接触，或者电解质是不导电的，即不能发生电池反应，使用时临时加入电解液，或用某种方法使电解质导电（激活，如采用加热方法，使电解质熔融导电，则称热激活）发生电池反应，电池才开始工作，这种电池称为贮备电池。

贮备电池设计用来满足贮存时间极长或贮存环境恶劣的要求，而按同样性能进行设计的普通电池满足不了这样贮存的要求。普通电池主要用于相当短时间内释放出高功率电能的场所。贮备电池通常是为了某一特殊用途而设计的，每种设计都根据该用途的需要使之最佳化。

2. 物理电源

把物理过程的能量转换成电能的装置和将热能直接转化为电能的热电装置在产生电能的同时没有发生物质的化学反应，通常称为物理电源或物理电池。其中把光能转换成电能的装置称为光伏电池，光源为太阳光的装置称为太阳电池，利用温差发电的体系称为温差电池，把热能转换成光能进而转换成电能的体系称为热光伏系统。

（1）太阳电池　太阳电池的工作原理是基于半导体的光生伏特效应将太阳光直接转换为电能。目前大部分太阳电池结构中都包含 PN 结，太阳电池的光-电转换原理如图 3-3 所示。

当太阳光照射到太阳电池上时，电池内吸收光能后将产生电子-空穴对，在 PN 结内电场的作用下, 光生电子-空穴对分开, 在 PN 结两边出现异性电荷的积累, 从而产生光生电动势, 即光生电压, 这就是半导体的 "光生伏特效应"。若在 PN 结的两侧引出电极并接上负载, 则在负载中就有 "光生电流" 通过, 从而获得功率输出, 这样太阳能就转换成电能了。

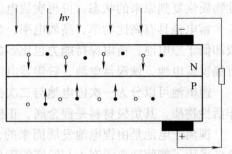

图 3-3 太阳电池工作原理示意图

随着太阳电池研制和应用的发展, 太阳电池按电池应用、材料、结构、材料晶形等可以分成很多种类型, 归纳如下。

按太阳电池的应用场合可分为空间电池和地面电池两大类。空间电池要求效率高、质量轻、可靠性高、耐辐照性能好, 因此在材料、制造工艺、质量控制上均很严格。地面电池侧重于低成本、高效率, 适合市场需求, 具有竞争力。

按材料分类主要是根据太阳电池中吸收光的材料来分类, 可分为硅太阳电池和化合物太阳电池, 包括 Ⅲ-Ⅴ 族和 Ⅱ-Ⅵ 族、多元化合物 (GaAlAs/GaAs、InP、CdS/Cu$_2$S、CuInSe$_2$ 等) 太阳电池, 以及染料敏化太阳电池等。

按 PN 结结构来分类, 有同质结、异质结、平面结、垂直结和背场电池等; 按 PN 结数量分类又可分为单结电池、双结电池、三结电池、多结电池等。

按材料晶形分类可分为单晶太阳电池、多晶太阳电池、非晶太阳电池和微晶太阳电池。

通常实际的电池是上述几种分类的组合, 如单晶硅太阳电池、多晶硅太阳电池、非晶硅太阳电池、非晶硅多结电池、GaAs 单结电池、GaInP$_2$/GaAs/Ge 三结太阳电池等。

(2) 温差电池 温差发电器是利用塞贝克效应, 将热能直接转换成电能的一种发电器。它不需要那些由燃烧的热能通过机械能再转换为电能的复杂中间过程, 因此装置十分简单。

按使用的热源分类, 温差发电器可分为放射性同位素温差发电器、核反应堆温差发电器、烃燃料温差发电器、低级热温差发电器等。

3. 线性稳压电源

线性稳压电源是指在稳压电源电路中的调整功率晶体管工作于线性放大区的稳压电源。其工作过程可简述为: 将 220V/50Hz 的工频电网电压经过线性变压器降压以后, 再经过整流、滤波和线性稳压, 最后输出一个纹波电压和稳定性能均符合要求的直流电压。其原理框图如图 3-4 所示。

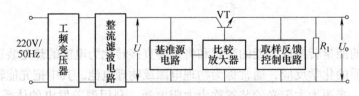

图 3-4 线性稳压电源原理框图

线性稳压电源的优点: ①电源稳定度及负载稳定度较高; ②输出纹波电压较小; ③瞬态响应速度较快; ④线路结构简单, 便于理解和维修; ⑤无高频开关噪声; ⑥成本低。

线性稳压电源的缺点: ①内部功耗大, 转换效率低, 其转换效率一般只有 45%; ②体积大、质量重，不便于微型化和小型化；③必须具有较大的输入和输出滤波电容；④输入电压动态范围小，线性调整率低；⑤输出电压不能高于输入电压。

4. 直流开关稳压电源

直流开关稳压电源按照输出是否与调整元件（开关元件）等构成的其他部分隔离，分为非隔离型和隔离型两种类型；按照开关元件的激励方式，分为自激励和他激励两种类型；按照输出电压的方式，分为脉宽调制（PWM）式、频率调制式和脉宽-频率混合调制式 3 种类型；按照电源的输入，分为 AC/DC 和 DC/DC 两种类型；按照开关元件的连接形式，分为串联型和并联型两种类型。直流开关稳压电源还可按其他方式分成不同类型。

图 3-5 所示为直流开关稳压电源的原理框图和波形图。在图 3-5a 所示的电路中，直流开关稳压电源由开关元件、控制电路和滤波电路三部分组成，开关串联在电源的输入和负载之间，构成串联型的电源电路。实际开关元件通常是功率晶体管或 MOS 场效应晶体管，它在控制电路的控制之下，或者饱和导通，或者截止。开关导通时，$U_D = U_{in}$，输入电压 U_{in} 通过滤波器加在负载电阻上。开关截止时，$U_D = 0$。开关交替通断，则在滤波器的输入端产生矩形脉冲波。此矩形脉冲波再经滤波电路滤波，即可在负载两端产生平滑的直流电压 U_o。很明显，直流电压 U_o 的大小与一个周期中开关管接通的时间 t_{on} 成正比，t_{on} 越长，U_o 越大。因为开关管截止时，从扼流圈流过的电流不能立即降到零，故增设了一只续流二极管，为此电流提供一条返回通路。

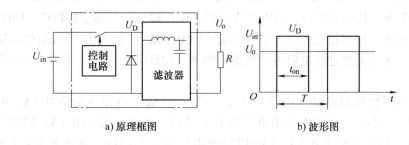

a) 原理框图　　　　　　　　b) 波形图

图 3-5　直流开关稳压电源的原理框图和波形图

5. 集成稳压电源

集成稳压器按输出端子多少和使用情况大致可以分为多端可调式、三端固定式、三端可调式和单片开关式等几种类型。多端可调式是早期集成稳压器产品，其输出功率小，输出端多，使用不太方便，但精度较高，价格便宜。三端固定式集成稳压器是将取样电阻、补偿电容、保护电路和大功率调整晶体管等都集成在同一芯片上，使整个集成电路块只有输入、输出和公共 3 个引线端，使用非常方便，因此应用广泛。开关式集成稳压器是最近几年发展起来的一种稳压电源，其效率特别高。它是由直流变交流（高频）再变直流的变换器，通常有脉宽调制和脉冲调制两种，输出电压也可调，目前广泛应用在电视机和测量仪器等设备中。

集成稳压电源按输出电压分为固定式和可调式。最简单的集成稳压电源只有 3 个引线端，即输入端、输出端和公共地端，称为"三端集成稳压器"。

三端固定式集成稳压器主要有 W7800 正稳压及 W7900 负稳压系列，型号中最后两位数字表示输出电压的稳定值，有 5V、6V、9V、12V、15V、18V 和 24V 等几个等级。例如，W7805 表示输出电压的稳定值为 +5V，W7915 表示输出电压的稳定值为 -15V。输出电流均为 1.5A。

三端固定式集成稳压器的外形如图 3-6a 和 b 所示，W7800 系列的框图如图 3-6c 所示，W7900 系列的引脚位置与 W7800 不同。在使用时只须从产品手册查到与该型号对应的有关参数、性能指标和外形尺寸，再配上适当的散热片，就可以按所需的输出直流电压组成电路。

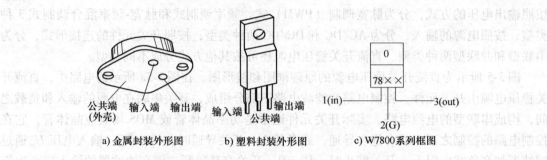

公共端　输入端　输出端　　输入端　　输出端　　1(in)　　　　　3(out)
（外壳）　　　　　　　　　　公共端　　　　　　　2(G)

a) 金属封装外形图　　　b) 塑料封装外形图　　　c) W7800系列框图

图 3-6　三端固定式集成稳压器的外形及框图

可调式集成稳压器是实现输出电压可调的稳压电源。三端可调式集成稳压器只须外接两只电阻即可获得各种输出电压。三端可调式集成稳压器的输出电压可调，稳压精度高，输出纹波小，一般输出电压为 1.2 ~ 37V 或 -1.2 ~ -37V。典型的产品有 LM317、LM117 和 LM337、LM137 等，其中 LM317、LM117 为可调正电压输出稳压器，LM337、LM137 为可调负电压输出稳压器。这种稳压器有 3 个引线端，即电压输入端、电压输出端和调节端，它没有公共接地端，接地端通过接电阻再接到地。例如，LM317 的封装、引脚及其应用如图 3-7 所示。

三端输出可调稳压器的输出电压为 1.2 ~ 37V，其输出电流又分为 0.1A、0.5A、1A、1.5A 和 10A 等。例如，LM317L 输出电压为 1.2 ~ 37V，输出电流为 0.1A；LM317H 输出电压为 1.2 ~ 37V，输出电流为 0.5A；LM317 输出电压为 1.2 ~ 37V，输出电流为 1.5A。

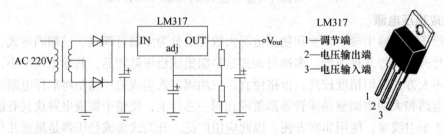

LM317
IN　OUT
adj

AC 220V　　　　　　　　　　　　　　　Vout

LM317
1—调节端
2—电压输出端
3—电压输入端

图 3-7　LM317 封装和引脚图

3.3　直流电位差计

直流电位差计是按照补偿法原理制作的直流电压仪器。用电位差计测量电压，是将未知电压与电位差计上的已知电压相比较。它的测量结果只依赖准确度极高的标准电池、标准电阻和高灵敏度的检流计。它的准确度依照标准电阻可以达到 0.002%，依照标准电池则可达 0.0002%，是精密测量中应用最广泛的仪器。它不但可以精确测定电压、电动势、电流和电阻等，还可以用来校准电表和直流电桥等直读式仪表，在非电参量（如温度、压力、位移和速度等）的电测法中也占有重要地位。

3.3.1　直流电位差计的工作原理

直流电位差计是采用补偿法测量电压的。在图 3-8 所示的电路中，移动滑线变阻器上滑动头 A 的位置，可以找到一处使指零仪表（检流计）G 中电流为零。此时，AB 两点的电压 $V_{AB} = E_x$（如图 3-9 所示），与未知电动势相互补偿。若滑线变阻器上的电压分布事先标定，则可求出 E_x，这种测量电动势的方法称为补偿法。

要精确测出 E_x，必须要求分压器（滑线变阻器）上的电压标定稳定而且准确。为此，使用电位差计在电源回路中接入一个可变电阻 R 作为工作电流调节电阻，如图 3-10 所示。E_a 与 R 串联后向分压器供电，若 E_a 发生改变，则可调节 R，使得分压器两端电压不变从而保证分压器上电压标定不变。

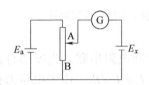

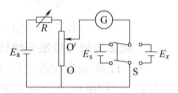

图 3-8　直流电位差计的测压图　　图 3-9　直流电位差计的补偿原理　　图 3-10　实用直流电位差计

为了校准分压器上的电压标定，需要一个已知标准电动势 E_s，将它接入待测电压位置，然后将分压器调到标度等于 E_s 的 O′ 处，此时若检流计中没有电流，说明电压 $V_{oo'}$ 与 E_s 相等，分压器上电压标度值准确；若检流计中有电流，说明标度改变了，需要调节 R 使检流计中电流为零。经过校准后，电位差计就可以按标度值进行测量了，这个过程称为电位差计的标准化。经过标准化后，就可以使用电位差计测量未知电压了。为了避免由于工作电源 E_a 不稳定造成影响，在每次测量前或在连续测量过程中，要经常接通校准回路进行标准化工作。

由此可知，电位差计测量电压具有以下两大优点。

1）电位差计是一个电阻分压装置，可用来产生准确、已知、又有一定调节范围的电压，用它与被测电压比较，可以得到被测电压值，使得被测电压的测量值仅取决于电阻和标准电动势，因而可以达到较高的测量准确度。

2）在"校准"和"测量"中检流计两次都指示为零，表明测量时既不从标准回路内的标准电动势（通常是标准电池）中，也不从测量回路中分出电流。因此不改变被测回路的原有状态，同时避免了测量回路导线电阻、标准电池内阻以及被测回路等效内阻等对测量准确度的影响，这是补偿法测量准确度较高的另一原因。

3.3.2　电位差计的应用

直流电位差计具有的优点使得它在各种测量中得到广泛应用。例如，测量各种电动势，特别是微小电动势；测量热电偶的温差电动势，各种电解液、电极组成的化学电池电动势，霍尔元件的霍尔电动势等。因此直流电位差计测量电动势，有高电动势型和低电动势型。

根据实际应用条件，直流电位差计有实验室型和携带型，有单量限型和多量限型。测量电阻时，有高阻直流电位差计和低阻直流电位差计。从直流电位差计测量电路的结构分类，有简单分压电路型、串联替换电路型和并联分路型三类。

1. 测量电阻

图 3-11 所示为精确测量电阻的电路，标准电阻 R_s 与未知电阻 R_x 串联，用电位差计分别测得 U_s 与 U_x，则

$$R_x = \frac{U_x}{I} = \frac{U_x}{U_s/R_s} = R_s \frac{U_x}{U_s} \tag{3-12}$$

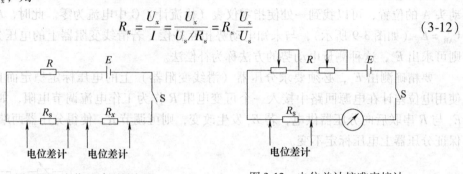

图 3-11　电位差计测量电阻　　　　　　图 3-12　电位差计校准安培计

2. 测量电流与校准安培计

图 3-12 所示为校准安培计的电路，将待校准的安培计与一标准电阻串联，当安培计读数为 I 时，用电位差计测出 R_s 上电压 U_s，则流经 R_s 上的电流为 $I_s = U_s/R_s$。由于电位差计对电路无分流作用，所以 I_s 为流过安培计的电流，$\Delta = \frac{I_x - I}{I_s}$ 即为安培计的测量误差。

实际测量时，一定要注意：①标准电阻的额定电流应大于被测电流；②标准电阻上的压降不能超过电位差计的测量上限。

3. 测量电压与校准伏特计

图 3-13 所示为校准伏特计的电路，U 为待校准的伏特计，调节分压盒输出，同时记录伏特计与电位差计的读数 U_x 和 U_s，则 $U_x \sim U_s$ 曲线即为伏特计的校正曲线。

直流电位差计的电压测量量限较小，一般仅仅几伏，如果测量对象的电压值超出电位差计的上限，就必须配置分压盒，如图 3-14 所示。分压盒也作为校准伏特计的必要配件。

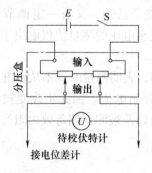
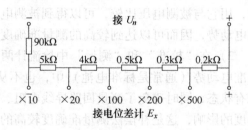

图 3-13　电位差计校准伏特计　　　　　　图 3-14　分压盒

4. 工程测量

上述测量一般都在直流电位差计的测量量限内，在实际工程应用中，对象的参数变化都超出电位差计的量程，如测量高电压、大电流、电阻等。

按照补偿原理，将图 3-8 改接成如图 3-15 所示的高电压测量电路，考虑到电位差计的

测量量限，图中接电位差计的电阻上的分压值必须在电位差计的测量量限内，这样通过两个电阻和电位差计的示值，就能得到 E_x 参数，即

$$E_x = U_x = \frac{R_A + R_B}{R_B} U_s \tag{3-13}$$

若将图 3-15 中的 R_A 改为 R_L，R_B 为已知标准电阻，考虑到负载支路中负载电流不变，就可以测量负载电流，即

$$I_x = \frac{U_s}{R_B} \tag{3-14}$$

由式（3-13）得到的对象电压和式（3-14）得到的对象电流，就可算得对象功率，即

$$P_x = U_x I_x \tag{3-15}$$

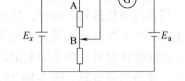

图 3-15 电位差计工程测量高电压

同理，利用电压和电流，计算电阻。即

$$R_x = \frac{U_x}{I_x} \tag{3-16}$$

切记，实际工程测量电路参数都是直流信号，另外一定要注意直流电位差计的测量量限，通常直流电位差计的最高测量量限仅为 2V。测量时必须事先设定好串联/并联的电阻，或选用合适的分压盒。

3.4 电桥

电桥的作用是将电感、电容、电阻等参数的变化转换为电压或电流信号，以便于显示或经放大后显示。电桥是电感类传感器、电容类传感器及电阻应变式传感器等参量式传感器使用最多的信号处理电路。按供桥电源的不同分，有直流电桥和交流电桥两大类。

3.4.1 直流电桥

直流电桥的基本形式如图 3-16 所示。电阻 R_1、R_2、R_3、R_4 组成 4 个桥臂，从 a、c 端接入直流电源，从 b、d 两端输出电压。

当电桥输出端连接输入阻抗较大的仪表放大器时，可视为开路（$R_L \approx \infty$），输出电流 $I_L \approx 0$。桥路电流 I_1、I_2 为

$$\begin{cases} I_1 = \dfrac{U_i}{R_1 + R_2} \\ I_2 = \dfrac{U_i}{R_3 + R_4} \end{cases} \tag{3-17}$$

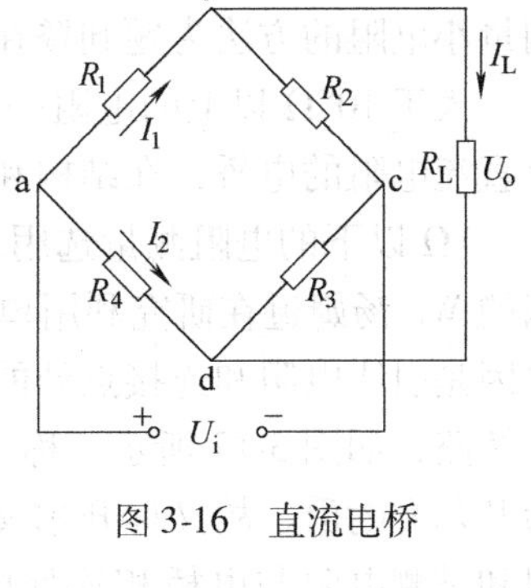

桥臂 a、b 和 a、d 之间的电压分别为

图 3-16 直流电桥

$$U_{ab} = I_1 R_1 = \frac{R_1}{R_1 + R_2} U_i \tag{3-18}$$

$$U_{ad} = I_2 R_4 = \frac{R_4}{R_3 + R_4} U_i \tag{3-19}$$

输出电压 U_o 为

$$U_o = U_{ab} - U_{ad} = \left(\frac{R_1}{R_1 + R_2} - \frac{R_4}{R_3 + R_4} \right) U_i = \frac{R_1 R_3 - R_2 R_4}{(R_1 + R_2)(R_3 + R_4)} U_i \tag{3-20}$$

由式（3-20）可知，要使电桥处于平衡状态（输出电压为0），应满足以下条件：

$$R_1 R_3 = R_2 R_4 \tag{3-21}$$

式（3-21）表明，当直流电桥的4个桥臂上的阻值满足平衡条件时，就能保证 b 端的电压与 d 端的电压相等，即 I_L 为 0。

当直流电桥达到平衡时，四臂电阻满足式（3-21）给出的关系，该关系与电桥电源的大小无关，与工作电流无关，仅仅是 4 个电阻之间的关系。若式（3-21）中有 3 个电阻值已知，就能够算得另一个未知电阻的阻值。因此，电桥通过比较 b 端电压和 d 端电压，并使之相等，就能测量电阻。图 3-16 所示的电桥结构称为直流单臂电桥，也称为直流单比电桥，即测量一个桥臂上的电阻。改写式（3-21）为式（3-22），式（3-22）两端均为相邻桥臂电阻之比，通过一个已知比例臂的数值得知另一个比例臂数值，由此算得未知电阻。

$$\frac{R_1}{R_2} = \frac{R_4}{R_3} \tag{3-22}$$

为什么用直流单臂电桥测量电阻比用伏安法或万用表的电阻挡测量电阻更准确？因为直流单臂电桥测电阻时，电桥平衡条件是一对相对桥臂电阻的乘积等于另外一对相对桥臂电阻的乘积，其灵敏度和电桥的电压和电流无关，影响到电桥测量精度的只是电阻的误差，由于直流电桥中各桥臂电阻可选精密级，所以这个误差是很小很小的，几乎可以忽略不计。

另外，用伏安法或者万用表测电阻时，因为伏安法中的电压表和电流表本身都有基本误差，包括万用表，它们都有内阻，不可忽略，对测量结果造成影响，这个影响比直流电桥要大得多，因此用直流电桥测电阻是最精确的。

万用表测电阻的优点是显示直观，使用方便；缺点是会输出一定的电流。电桥测电阻的优点是测量精度较高，输出电流极小（甚至为0）；缺点是测量过程麻烦，读数不直观，体积较大。

图 3-16 所示的电路结构也称为惠斯顿（Wheatstone）电桥，这种电桥一般测量中值电阻（$10^0 \sim 10^6 \Omega$）。这种测量方法首先由 S. H. Christie 于 1833 年提出，并由惠斯顿于 1858 年以测量小电阻的方法为题刊登在皇家学会（London）的报告中。

大于 $10^6 \Omega$ 以上的电阻一般采用高电阻电桥或兆欧表测量。高电阻电桥是测量 1MΩ 以上直流电阻的电桥，在结构和线路上采取了屏蔽措施，以减小泄漏电流对测量结果的影响。

1Ω 以下的电阻测量选用双臂电桥（或称为双比电桥，也称为开尔文电桥）。1862 年英国的 W. 汤姆逊在研究利用单臂电桥测量小电阻遇到困难时，发现引起测量产生较大误差的原因是引线电阻和连接点处的接触电阻，这些电阻值可能远大于被测电阻值。因此他提出一种桥路，如图 3-17 所示，称为汤姆逊电桥，后因他晋封为开尔文勋爵，故又称开尔文电桥。它可以消除接线电阻和被测电阻与电桥相连处的接触电阻所引起的误差，因而可以测量低电阻，即测量 1Ω 以下的电阻。

图 3-17 中，R_1、R_2、R_3、R_4 为 4 个桥臂电阻，R_b 为标准精密电阻，R_x 为被测小电阻。

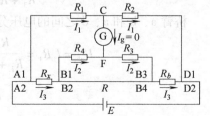

图 3-17　汤姆逊电桥

$$
\begin{cases}
I_3 R_x + I_2 R_4 = I_1 R_1 & (1) \\
I_2 R_3 + I_3 R_b = I_1 R_2 & (2) \\
I_2 (R_3 + R_4) = (I_3 - I_2) R & (3)
\end{cases} \tag{3-23}
$$

消除式（3-23）中的电流项，即（1）/（2）、整理（3）得

$$
\begin{cases}
\dfrac{I_3 R_x + I_2 R_4}{I_2 R_3 + I_3 R_b} = \dfrac{R_1}{R_2} & (4) \\
I_2 = \dfrac{R I_3}{R_3 + R_4 + R} & (5)
\end{cases} \tag{3-24}
$$

整理式（3-24）中的（4）得

$$
I_2 = \frac{I_3 (R_2 R_x - R_1 R_b)}{R_1 R_3 - R_2 R_4} \tag{3-25}
$$

令式（3-24）中的（5）等于式（3-25）得

$$
R_x = \frac{R_1}{R_2} R_b + \frac{R (R_1 R_3 - R_2 R_4)}{R_2 (R_2 + R_3 + R)} \tag{3-26}
$$

根据式（3-21），则式（3-26）为

$$
R_x = \frac{R_1}{R_2} R_b \quad \text{或} \quad R_x = \frac{R_4}{R_3} R_b \tag{3-27}
$$

由于 R_x 的测量，可以依据 R_1 与 R_2 的比值，也可以依据 R_3 与 R_4 的比值，可谓双比电桥。

图 3-17 中有一个关键点，就是"跨接导线电阻 R"，如果不要，能否测量小电阻 R_x？从图中可以清晰地看到，如果不要"跨接导线电阻 R"，即 R_x 与 R_4 串联，R_b 与 R_3 串联，形成单比电桥。

3.4.2 交流电桥

电阻类传感器可以用上述直流电桥进行信号的调理，对于电感类传感器和电容类传感器则需要用交流电桥。交流电桥的电源是交流电，电桥的桥臂不是纯电阻，还包括电感或电容，因而 4 个桥臂是由阻抗 Z_1、Z_2、Z_3、Z_4 组成的，如图 3-18 所示。

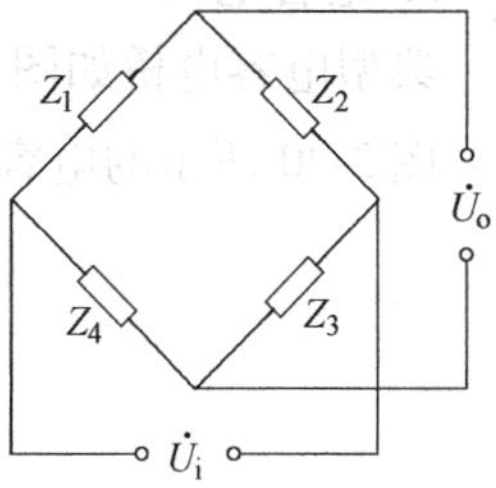

1. 交流电桥的平衡条件

根据图 3-16，以复阻抗 Z 代替电阻 R，且电源电压和输出电压分别用复数 $\dot{U}_i$、$\dot{U}_o$ 表示，就可以用直流电桥分析方法得到

$$
\dot{U}_o = \frac{Z_1 Z_3 - Z_2 Z_4}{(Z_1 + Z_2)(Z_3 + Z_4)} \dot{U}_i \tag{3-28}
$$

图 3-18 交流电桥

于是，交流电桥的平衡条件为

$$
Z_1 Z_3 = Z_2 Z_4 \tag{3-29}
$$

将复阻抗用指数形式 $Z = |Z| \mathrm{e}^{\mathrm{j}\varphi}$ 表示，则式（3-29）可表示为

$$
|Z_1| |Z_3| \mathrm{e}^{\mathrm{j}(\varphi_1 + \varphi_3)} = |Z_2| |Z_4| \mathrm{e}^{\mathrm{j}(\varphi_2 + \varphi_4)} \tag{3-30}
$$

因此，交流电桥处于平衡状态的条件为

$$
|Z_1| |Z_3| = |Z_2| |Z_4| \tag{3-31}
$$

$$\varphi_1 + \varphi_3 = \varphi_2 + \varphi_4 \tag{3-32}$$

式（3-31）和式（3-32）表示了交流电桥平衡条件是相对两臂阻抗模的乘积相等，同时相对两臂阻抗的相位之和相等。

按照交流电桥的平衡条件可知，不是所有交流电桥都能实现平衡，如仅仅一个桥臂上有感抗元件或容抗元件。换而言之，桥臂元件也可以是纯电阻。

2. 电感电桥

典型电感电桥如图 3-19 所示，其中 R_1、R_4 可看成是电感线圈的有功电阻。实际上，传感器及测量电路具有分布电容，但很小，在此将分布电容忽略。

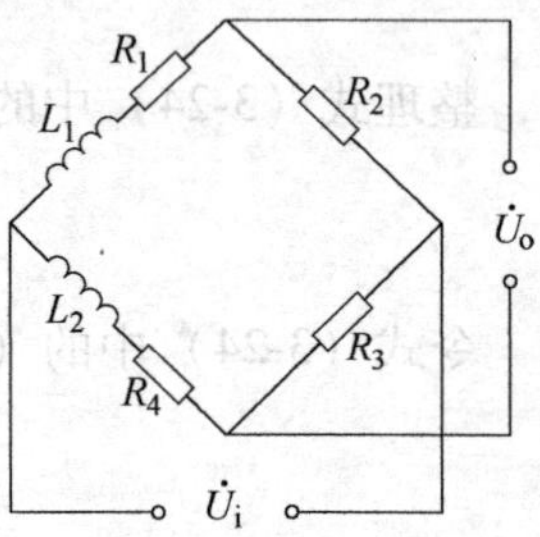

图 3-19 所示的电感电桥 4 个桥臂的阻抗分别为

$$Z_1 = R_1 + j\omega L_1$$

$$Z_2 = R_2$$

$$Z_3 = R_3$$

$$Z_4 = R_4 + j\omega L_2$$

根据交流电桥的平衡条件有

$$(R_1 + j\omega L_1)R_3 = (R_4 + j\omega L_2)R_2 \tag{3-33}$$

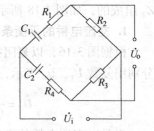

图 3-19　电感交流电桥

式（3-33）整理后得

$$R_1R_3 + j\omega L_1R_3 = R_2R_4 + j\omega L_2R_2 \tag{3-34}$$

两复数相等，其实部、虚部及复角均相等，由此，电感电桥的平衡条件为

$$R_1R_3 = R_2R_4 \tag{3-35}$$

$$L_1R_3 = L_2R_2 \quad 或 \quad \frac{L_1}{L_2} = \frac{R_2}{R_3} \tag{3-36}$$

由于 Z_2、Z_3 为纯电阻，$\varphi_2 = \varphi_3 = 0$，因此 Z_1、Z_4 两桥臂为性质相同的电感（$\varphi_1 = \varphi_4$），即满足相位平衡条件。

由上述分析可知，电感电桥除满足电阻平衡条件外，还需满足电感平衡条件。

3. 电容电桥

典型电容电桥如图 3-20 所示，其中 R_1、R_4 可看成是电容介质的损耗电阻。

图 3-20 所示的电容电桥 4 个桥臂的阻抗分别为

$$Z_1 = R_1 + \frac{1}{j\omega C_1}$$

$$Z_2 = R_2$$

$$Z_3 = R_3$$

$$Z_4 = R_4 + \frac{1}{j\omega C_2}$$

根据交流电桥的平衡条件有

$$\left(R_1 + \frac{1}{j\omega C_1}\right)R_3 = \left(R_4 + \frac{1}{j\omega C_2}\right)R_2 \tag{3-37}$$

图 3-20　电容交流桥路

式（3-37）整理后得

$$R_1 R_3 + \frac{R_3}{j\omega C_1} = R_2 R_4 + \frac{R_2}{j\omega C_2} \tag{3-38}$$

因此，电容电桥的平衡条件为

$$R_1 R_3 = R_2 R_4 \tag{3-39}$$

$$\frac{R_3}{C_1} = \frac{R_2}{C_2} \quad 或 \quad \frac{C_2}{C_1} = \frac{R_2}{R_3} \tag{3-40}$$

由于 Z_2、Z_3 为纯电阻，$\varphi_2 = \varphi_3 = 0$，因此 Z_1、Z_4 两桥臂为性质相同的电容（$\varphi_1 = \varphi_4$），即满足相位平衡条件。

由上述分析可知，电容电桥除满足电阻平衡条件外，还需满足电容平衡条件。

4. 交流电桥的分类

交流电桥在分析平衡条件时，要求交流电桥的电源应具有良好的电压和频率的稳定性，否则，当电源电压波形畸变（包含了高次谐波成分）时，电桥对基波达到了平衡，但对高次谐波而言，电桥则处于非平衡状态，即高次谐波使电桥有电压输出，会造成测量误差。

由上述交流电桥的分析可知，构成桥臂阻抗 Z 的元件可以是电阻、电感、电容，或是二者、三者的组合，组合模式有串联或并联，所以可以将交流电桥分成实比型、虚比型、实积型和虚积型，如图 3-21 所示。

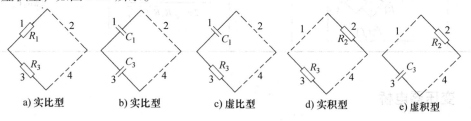

|a) 实比型|b) 实比型|c) 虚比型|d) 实积型|e) 虚积型|

图 3-21　交流桥路的分类

5. 交流桥路的应用

由上述可知，交流桥路的种类较多，本小节仅仅略举一二，如表 3-1 所示。

表 3-1　交流电桥应用

电桥名称	电桥电路	电桥类型	平衡条件	应用
西林电桥		虚积电桥	$R_x = \dfrac{C_4}{C_3} R_2$ $C_x = \dfrac{R_4}{R_2} C_3$	电容损耗因数 $\tan\delta_x = \omega C_4 R_4$
麦氏电桥		实积电桥	$R_x = \dfrac{R_2}{R_4} R_3$ $L_x = R_2 R_3 C_4$	线圈品质因数 $Q_x = \omega C_4 R_4$

（续）

电桥名称	电桥电路	电桥类型	平衡条件	应用
海氏电桥	R_x L_x R_2 R_3 R_4 C_4	实积电桥	$R_x = R_3 R_4 \dfrac{R_2(\omega C_4)^2}{1+(\omega C_4 R_4)^2}$ $L_x = \dfrac{R_2 R_3 C_4}{1+(\omega C_4 R_4)^2}$	线圈品质因数 $Q_x = \dfrac{1}{\omega C_4 R_4}$
欧文电桥	R_1 R_x L_x R_2 R_3 C_3 C_4	虚比电桥	$R_x = \dfrac{C_4}{C_3} R_2 - R_1$ $L_x = R_2 R_3 C_4$	线圈品质因数 $Q = \dfrac{\omega C_3 C_4 R_2 R_3}{C_4 R_2 - C_3 R_1}$
文氏电桥	R_1 R_2 G R_4 C_3 R_3 C_4 $\dot U_s(f)$	实比电桥	$\dfrac{R_1}{R_2} = \dfrac{C_4}{C_3} + \dfrac{R_3}{R_4}$ $f = \dfrac{1}{2\pi}\dfrac{1}{\sqrt{R_3 R_4 C_3 C_4}}$	正弦电源频率测量 $f = \dfrac{1}{2\pi R_4 C_4}$

3.4.3　变压器电桥

变压器电桥实际上就是一种电感式电桥，它将变压器的绕组作为电桥的桥臂。变压器电桥有图 3-22 所示的两种形式。

1. 一次绕组为桥臂的变压器电桥

如图 3-22a 所示，变压器一次绕组 W1、W2 接入电桥，其阻抗分别为 Z_1、Z_2，与阻抗 Z_3、Z_4 组成 4 个桥臂。电桥处于平衡状态时，W1、W2 产生的感应电动势大小相等、方向相反，互相抵消使二次绕组无感应电动势，其输出为 0。当变压器铁心随被测量改变而上下移动时，电桥失去平衡，使二次绕组产生感应电动势，并输出与铁心移动量相对应的电压。

上述电桥中的变压器，就是差动变压器式传感器，通过其铁心随被测量的移动转换为绕组互感（桥臂感抗）的变化，并通过电桥转换为电压或电流输出。

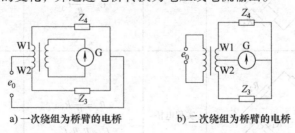

a) 一次绕组为桥臂的电桥　　　　　b) 二次绕组为桥臂的电桥

图 3-22　变压器电桥

变压器电桥的特点是精度和灵敏度较高，性能较为稳定，频率范围较宽。

2. 二次绕组为桥臂的变压器电桥

如图 3-22b 所示，变压器的二次绕组 W1、W2 接入电桥，其阻抗分别为 Z_1、Z_2，与阻抗 Z_3、Z_4 组成 4 个桥臂。电桥处于平衡状态（$Z_1Z_2 = Z_3Z_4$）时，输出电压为 0。Z_3、Z_4 通常设为相等且恒定不变，而变压器的二次绕组 W1、W2 的阻抗 Z_1、Z_2 则会随变压器铁心的移动而改变。比如，当变压器铁心随被测量改变而上移时，W1、W2 的互感发生改变，使 $Z_1' \rightarrow Z_1 + \Delta Z$，$Z_2' \rightarrow Z_2 - \Delta Z$，电桥失去平衡而有电压输出。

3.4.4　平衡式电桥

上述电桥均是在电桥失去平衡时才有输出，也就是说，电桥是在不平衡的状态下工作的。这种非平衡式电桥的共同缺点是当电源电压不稳定、环境温度有变化时，会引起电桥输出电压的变化，从而造成测量误差。

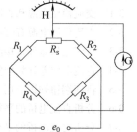

平衡式电桥的原理如图 3-23 所示。在测量前，电桥处于平衡状态。测量过程中，当电桥的某桥臂电阻随被测量改变时，电桥失去平衡，通过调节电位器，使电桥重新回到平衡状态。电位器上的标度与电桥电阻的变化成正比，其指示值即反映了被测量数值。

图 3-23　平衡式电桥

平衡式电桥是在电桥处于平衡状态时读数的，其测量误差取决于电位器本身的精度以及与被测量之间的线性度，而与电桥电源的电压无关。因此，与非平衡式电桥相比，平衡式电桥的测量精度较高。

平衡式电桥适用于静态测量，常以手动方式调平衡，也有由控制电路通过伺服电动机驱动电位器的方式实现自动调平衡。

3.4.5　数字电桥

数字电桥是一种以微处理技术为基础，采用数字技术测量阻抗参数的电桥。它将传统的模拟量转换为数字量，再进行数字运算、传递和处理等。

1972 年，国际上首次出现带微处理器的数字电容电桥，它将模拟电路、数字电路与计算机技术结合在一起，为阻抗测量仪器开辟了一条新路。

数字电桥的测量对象为阻抗元件的参数，包括电感量 L、电容量 C、电阻值 R 及其品质因数 Q、损耗因数 D 等，以数字的形式直接显示测量的结果。因此，又常称数字电桥为数字式 LCR 测量仪。其测量用频率自工频到约 100kHz，基本测量误差为 0.02%，一般均在 0.1% 左右。

数字电桥原理如图 3-24 所示。图中 DUT 为被测件，其阻抗用 Z_x 表示，R_r 为标准电阻器，切换开关分别测出两者的电压 U_x 与 U_r，按照式（3-41）计算。

$$Z_x = \frac{U_x}{I_x} = R_r \frac{U_x}{U_r} \qquad (3-41)$$

由图 3-24 中的线路及工作原理可见，数字电桥只是继承了电桥传统的称呼。实际上，它已失去传统经典交流电桥的组成形式，而是在更高的水平上回到以欧姆定律为基础的测量阻抗的电流表、电压表的线路和原

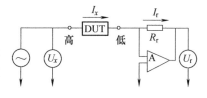

图 3-24　数字电桥

理中。

　　数字电桥可用于计量测试部门对阻抗量具的检定与传递，以及在一般部门中对阻抗元件的常规测量。很多数字电桥带有标准接口，可根据被测值的准确度对被测元件进行自动分挡；也可直接连接到自动测试系统，用于元件生产线上对产品的自动检验，以实现生产过程的质量控制。目前，数字电桥正朝着更高准确度、更多功能、高速、集成化以及智能化程度方面发展，数字电桥中涉及的相关知识点，在下面章节中均有介绍。

习题与思考

　　本章以"对象—比较—显示"的知识点介绍稳压电源、直流电位差计和电桥，可以围绕定义、原理、特点及其应用等来出题。

3-1　交流稳压电源和直流稳压电源有哪些性能指标？

3-2　直流稳压电源有哪些类型？各自原理是什么？

3-3　直流电位差计直接测量电压有什么优点？

3-4　直流电位差计如何实现工程测量？

3-5　将四端钮知识应用于电桥可以测量什么？为什么？

3-6　分析直流电桥的平衡条件。

3-7　分析交流电桥的平衡条件。

3-8　为什么交流电桥不能保证都能实现平衡条件？

3-9　分析电感电桥的平衡条件。

3-10　分析电容电桥的平衡条件。

3-11　简单介绍数字电桥原理。

第4章 电子式测试技术

4.1 概述

对于任何一个电信号，只要能转换到电压模式，就能够采用示波器等电子仪表将该信号测量出来，并采用与直读式仪表显示方式不同的形式显示出来。因此广义的电子测量仪器是指利用电子技术进行测量分析的仪器，是测量仪器的一大类别。

按照测量仪器的功能，电子测量仪器可分为专用和通用两大类。专用电子测量仪器是为特定的目的而专门设计制作的，适用于特定对象的测量，如光纤测试仪器、通信测试仪器等。通用电子测量仪器主要就是测量某一个或某一些基本电参量，适用于多种电子测量。按其功能分类，电子测量仪器包括以下几种：

1）信号发生器：用来提供各种测量所需的信号，根据用途不同，又有不同波形、不同频率范围和各种功率的信号发生器，如低频信号发生器、高频信号发生器、函数信号发生器、脉冲信号发生器、任意波形信号发生器和射频合成信号发生器。

2）稳压电源：有交流稳压电源和直流稳压电源，特别是直流稳压电源还包括光伏电源、蓄电池、可充电电池、消耗性电池等。

3）电参量测量仪器：用来测量电信号的电压、电流、电平等参量，如电流表、电压表（包括模拟电压表和数字电压表）、电平表、多用表等。

4）频率、时间测量仪器：用来测量电信号的频率、时间间隔和相位等参量，如各种频率计、相位计、波长表等。

5）信号分析仪器：用来观测、分析和记录各种电信号的变化，如示波器、波形分析仪、失真度分析仪、谐波分析仪、频谱分析仪和逻辑分析仪等。

6）电子元器件测试仪器：用来测量各种电子元器件的电参数，检测其是否符合要求。根据测试对象的不同，可分为晶体管测试仪（如晶体管特性图示仪）、集成电路（模拟、数字）测试仪和电路元件（如电阻、电感、电容）测试仪（如万用电桥和高频 Q 表）等。

7）电波特性测试仪器：用来测量电波传播、干扰强度等参量，如测试接收机、场强计、干扰测试仪等。

8）网络特性测试仪器：用来测量电气网络的频率特性、阻抗特性、功率特性等，如阻抗测试仪、频率特性测试仪（又称扫描仪）、网络分析仪和噪声系数分析仪等。

9）辅助仪器：与上述各种仪器配合使用的仪器，如各类放大器、衰减器、滤波器、记录器等。

然而较多的电子仪器在示波器和 DSP 技术不断发展的今天，其测量功能组合和一机多功能化已经成为常态。通过虚拟仪器和计算机技术，电子测试仪器的全面数字化、智能化和网络化更是必然趋势，数字示波器就是其中最为典型的现代化电子测试仪器。

4.2　信号发生器

函数信号发生器简称信号源,其功能是产生不同波形、频率和幅度的电压信号,是为电子线路提供符合一定技术指标要求的电信号仪器。信号发生器有数百种不同的应用,但在电子测量中,主要用于检验、检定和测试。

函数信号发生器实际上是一种多波形信号源,可以输出正弦波、方波、三角波、脉冲波、锯齿波等。由于其输出波形均可用数学函数描述,故命名为函数信号发生器。目前,函数信号发生器输出信号的频率低端可至微赫兹量级,高端可达几吉赫兹(GHz)(如射频);一般还具有调频、调幅等调制功能和压控频率(VCF)特性。因此信号发生器的特征包括:①幅度。幅度是衡量波形电压"强度"的指标。幅度在 AC 信号中交替变化。信号发生器可以设置电压范围,如 $-3 \sim +3\text{V}$,这将生成在两个电压值之间波动的信号,变动速率取决于波形和频率。②频率。频率是指整个波形周期发生的速率。频率的单位是赫兹(Hz),原来称为每秒周期数。频率与波形周期(或波长)成反比,后者是衡量相邻波上两个类似波峰之间距离的指标。频率越高,周期越短。③相位。在理论上,相位是波形周期相对于 0°点的位置。在实践中,相位是周期相对于参考波形或时点的位置。对于矩形波来说,还有上升时间/下降时间、脉宽和占空比等。图 4-1 所示的是基本脉冲特点图。

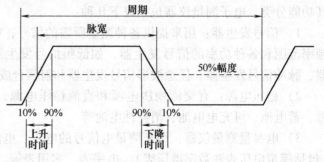

图 4-1　基本脉冲特点图

函数信号发生器分为模拟信号发生器、数字信号发生器、任意波形发生器等,在进行生产、测试、仪器维修和实验时可作为信号源使用。

4.2.1　模拟信号发生器

基于模拟电路的信号发生器根据信号来源分成两类:采用振荡器的信号发生器和采用稳态触发路的信号发生器。

采用振荡器的信号发生器工作原理如图 4-2 所示。其核心是一个由模拟电路组成的频率可调的振荡器,输出正弦波信号。振荡器可通过文氏桥振荡器、相移网络振荡器、双 T 桥振荡器、双积分振荡器、全通网络振荡器,以及频率合成技术等实现,其频率可由可变电阻或可变电容等调节。振荡器输出的正弦波信号,再经过比较器、积分器等变换电路,产生方波、三角波、锯齿波、脉冲波等信号,最后经过放大器、可调衰减器输出。

采用稳态触发电路的信号发生器工作原理如图 4-3 所示。图中由双稳态触发器、比较器 1、比较器 2 和积分器构成方波和三角波振荡电路,三角波由二极管整形网络整形成正弦波。

开始工作时,双稳态触发电路 $\overline{Q}$ 输出端电压为 $-E$,经过电位器 RP 分压$\Bigg($设分压系数 α $= \dfrac{R_2}{R_1 + R_2}\Bigg)$,积分器输出端 D 点电位随时间 t 正比上升,$u_\text{D} = \dfrac{\alpha E}{RC}t$。当经过时间 T_1,u_D 上升

到 U_m 时，比较器 1 输出触发脉冲使双稳态电路翻转，$\overline{Q}$ 端输出电压为 E 并使积分器输出端

D 点电位 $u_D = -\dfrac{\alpha E}{RC}t$。再经过时间 T_2，u_D 下降到 $-U_m$ 时，比较器 2 输出触发脉冲使双稳态电路再次翻转，$\overline{Q}$ 端重新输出 $-E$，如此周而复始，在 $\overline{Q}$ 端产生周期性方波，在积分器输出端产生三角波。如果比较器 1、2 正负比较电平完全一样，则得到的将是完全对称的方波和三角波。如果改变积分器正向、反向积分时间常数，如用二极管代替电阻 R，将产生锯齿波和不对称的方波，上述情况下函数信号发生器的波形如图 4-4 所示。

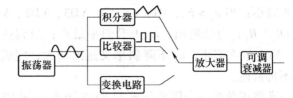

图 4-2　采用振荡器的信号发生器原理图

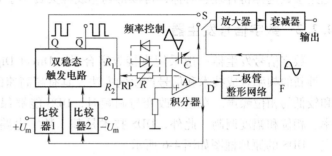

图 4-3　采用稳态触发电路的信号发生器原理图

将对称三角波转换为正弦波的原理如图 4-5a 所示。正弦波可看成是由许多斜率不同的直线段组成的，只要直线段足够多，由折线构成的波形就可以相当好地近似正弦波形，斜率不同的直线段可由三角波经电阻分压得到（各段相应的分压系数不同）。因此，只要将三角波 u_i 通过一个分压网络，根据 u_i 的大小改变分压网络的分压系数，便可得到近似的正弦波输出。二极管整形网络（如图 4-5b 所示）就可实现这种功能。

图 4-5b 中 E_1、E_2、E_3 及 $-E_1$、$-E_2$、$-E_3$ 为由正负电源 $+E$ 和 $-E$ 通过分压电阻 $R_7 \sim R_{14}$ 分压得到的不同电位，和各二极管串联的电阻 $R_1 \sim R_6$ 及 R_0 都比 $R_7 \sim R_{14}$ 大得多，因而它们的接入不会影响 E_1、E_2 等值。开始 $t < t_1$ 阶段，$u_i < E_1$，二极管 VD1 ~ VD6 全部截止，输出电压 u_o 等于输入电压 u_i；$t_1 < t < t_2$ 阶段，$E_1 < u_i < E_2$，二极管 VD3 导通，此阶段 u_o 约等于 u_i，经 R_0 和 R_3 分压输出，u_o 上升斜率减小；在 $t_2 < t < t_3$ 阶段，E_2

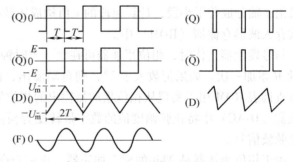

图 4-4　函数信号波形

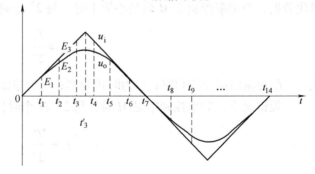

a) 正弦波的折线近似

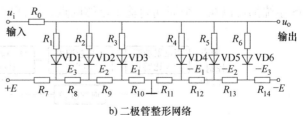

b) 二极管整形网络

图 4-5　由三角形整形的正弦波

$< u_i < E_3$，此时 VD3、VD2 导通，u_o 约等于 u_i，经 R_0 和 $(R_2 /\!/ R_3)$ 分压输出，u_o 上升斜率进一步减小；当 $u_i > E_3$，即 $t > t_3$ 后，VD3、VD2、VD1 全部导通，u_o 约等于 u_i，经 R_0 和 $(R_3 /\!/ R_2 /\!/ R_1)$ 分压输出，u_o 上升斜率最小；当到达 $t = t_3'$ 后，u_i 逐渐减小，二极管 VD1、VD2、VD3 依次截止，u_o 下降斜率又逐渐增大，完成正弦波的正半周近似。负半周情况类似。不再赘述。

通常将正弦波一个周期分成 22 段或 26 段，用 10 个或 12 个二极管组成整形网络，只要电路参数选择得合理、对称，可以得到非线性失真小于 0.5% 的波形良好的正弦波。

4.2.2　数字信号发生器

数字信号发生器一般采用直接数字合成（Direct Digital Synthesis，DDS）技术。DDS 是一种新的频率合成技术和信号产生的方法，具有超高速的频率转换时间、极高的频率分辨率和较低的相位噪声。在频率改变与调频时，DDS 能够保持相位的连续，因此很容易实现频率、相位和幅度调制。此外，DDS 技术是基于数字电路技术的，具有可编程控制的突出优点。DDS 的原理框图如图 4-6 所示。

对于一个正弦波信号，信号发生器首先按照 $y = \sin x$ 函数关系进行数字量化处理，即将函数沿 x 轴分成若干小段，计算每段的 y 值构成正弦查询表。再以 x 为地址，y 为量化数据，依次存入波形存储器（ROM）中。

信号发生器工作时，相位累加器可在每一个时钟周期来临时将频率控制字所决定的相位增量 M 累加一次，如果记数大于 2^N，则自动溢出，而只保留后面的 N 位数字于累加器中。正弦查询表 ROM 用于实现从相位累加器输出的相位值到正弦幅度值的转换，然后送到数-模转换器（D-AC）中将正弦幅度值的数字量转变为模拟量，最后通过滤波器输出一个很纯净的正弦波信号。

由于相位累加器是 Nbit 的模 2 加法器，正弦查询表 ROM 中存储一个周期的正弦波幅度量化数据，当频率控制字 M 取最小值 1 时，每 2^N 个时钟周期输出一个周期的正弦波，则

$$f_o = \frac{f_c}{2^N} \tag{4-1}$$

式中，f_o 为输出信号的频率；f_c 为时钟频率；N 为累加器的位数。

一般情况下，频率控制字是 M 时，每 $2^N / M$ 个时钟周期输出一个周期的正弦波，则

$$f_o = \frac{M f_c}{2^N} \tag{4-2}$$

由此可以通过控制 M 值来改变输出频率，当 N 比较大时，对于很大范围内的 M 值，DDS 系统都可以在一个周期内输出足够的点，保证输出波形失真很小。

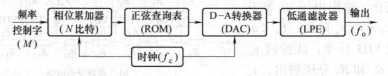

图 4-6　DDS 原理框图

4.2.3　任意信号发生器

一个信号可表示为

$$x(t) = \sum_i a_i g(t - iT_p) \tag{4-3}$$

式中，T_p 为信号的脉冲重复周期；$\{a_i\}$ 为一个 M 进制的数值序列，对于二进制情况，$a_i = 0$ 或 1；$g(t)$ 为信号的单元脉冲，常见的有矩形、三角形、锯齿形等。有时，为达到均衡、测量等效果，也可能要求单元脉冲具有某种特定的形状。

式（4-3）也是任意信号的一般表示式。例如，当 $\{a_i\}$ 为一常数序列，即 $a_i = 1, i = \cdots, -2, -1, 0, 1, 2, \cdots$ 时，式（4-3）表示一个周期信号；同样，当

$$\begin{cases} a_i = 1 & i = 0 \\ a_i = 0 & \text{其他} \end{cases}$$

时，式（4-3）表示一个任意单脉冲波形信号。在通信中，$\{a_i\}$ 常是一个随机序列或编码序列。为满足实用需要，一个理想的任意信号源其波形数据和序列数据都应能根据测试需要任意的设定或改变。

随着智能芯片的发展，任意波形信号的发生已不再有较高的技术难度。任意信号发生器主要涉及的性能指标包括存储深度（记录长度）、采样（时钟）速率、带宽、垂直（幅度）

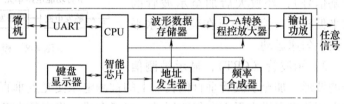

图 4-7　某款任意波形发生器

分辨率、水平（定时）分辨率、区域位移、输出通道数量、数字输出、滤波、排序、集成编辑器等，而数据导入功能可以使用在信号发生器外面创建的波形文件中，图 4-7 是其中的实现方法之一。

4.3　示波器

4.3.1　简介

示波器是将电信号以波谱形式通过屏幕显示器显示出来的一种用途非常广泛的电子测量仪器，它以图像形式直观地将各种电现象的变化过程展现出来，是最基础的时域分析仪器。它不仅能观察信号瞬时幅度随时间变化的波形曲线，而且可定量地测试信号的多种电参数，如电压、电流、频率、相位差、调幅度等。

示波器还是构成其他显示仪器的基础。例如，频谱分析仪用来分析信号中包含的频率分量及分量之间的关系，成为频域示波器；而在数据域测量领域中，逻辑分析仪能显示多路信号的逻辑状态（高、低电压）以及各路信号之间的逻辑关系，是一种常用的逻辑示波器。

示波器测量的是电压信号，但与电压表不同，它们的主要区别如下：

1）电压表测出被测信号的数值，是有效值，也能测出信号的峰值电压和频率，但不能测出有关信号形状的信息。示波器能以图形的方式显示被测信号随时间变化的历史情况。

2）一台电压表只能测量一个信号，示波器能同时显示两个或多个信号。

3）电压表测量电压的频率范围最高到 kHz 量级，而示波器至少可达 MHz 量级。

随着示波器的发展，经历了模拟示波器、数字示波器（仍采用模拟显示器）以及全智能型数字记忆示波器 3 个阶段，用于波谱信号的处理能力越来越强，在一个有限的显示屏幕上，不仅能显示被测对象的随时间变化曲线，而且能实时显示变化曲线的量化数据，必要时与计算机连接，将信号传送到计算机，做进一步的分析研究。

4.3.2　模拟示波器

模拟示波器的功能原理框图如图 4-8 所示，其主要由以下 5 个部分组成。

1）Y 轴输入通道，被测信号由 Y 输入端送至垂直系统，经内部放大电路放大后加至示波管的垂直偏转板，控制光点在荧光屏垂直方向上移动。

2）X 轴扫描电路，水平系统中扫描信号发生器产生锯齿波电压（亦称时基信号），经放大后加至示波管的水平偏转板，控制光点在荧光屏水平方向上匀速运动。

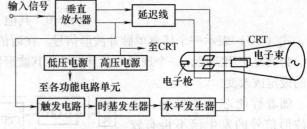

图 4-8　模拟示波器功能原理框图

3）示波管（CRT），显示被测信号的波形。加至示波管垂直偏转板上的被测电压使光点垂直运动，加至水平偏转板上的锯齿波电压使光点沿水平方向匀速运动，二者合成，光点便在荧光屏上描绘出被测电压随时间变化的规律，即被测电压波形。

4）同步触发电路，调节电路使波形稳定。

5）电源电路，为以上电路提供工作电压和电流。

图 4-8 中，垂直放大器能使示波器具有观测微弱信号的能力，具有稳定的增益、较高的输入阻抗、足够宽的频带和对称输出的输出级。延迟线的作用是使加到垂直偏转板的脉冲信号延迟一段时间，使信号出现的时间滞后于扫描开始时间，这样就能保证在屏幕上扫描包括上升时间在内的脉冲全过程。

触发电路用来产生周期与被测信号有关的触发脉冲。这个脉冲被加至扫描发生器环，它的幅度和波形均应达到一定的要求。示波器都有触发电路，并能选择内触发和外触发。现代示波器通常用扫描发生器环产生扫描锯齿波信号，扫描发生器环又称为时基电路，常由扫描门、积分器及比较和释抑电路组成。它们组成一个环形自动控制系统，使示波器既可连续扫描，又可触发扫描，且不管哪种扫描都可以与外加信号自动同步。水平放大电路的作用是将产生的扫描电压放大到足以使光点在水平方向达到满偏的程度。

模拟示波器基本上采用具有静电偏转的阴极射线示波管（CRT），它主要由电子枪、偏转系统和荧光屏三部分组成，是示波器观察电信号波形的关键器件。CRT 的结构示意图如图 4-9 所示。从图中看到的显示方式已经不再是现在示波器所采用的显示技术（本文不再赘述），新型的数字式示波器已全面使用平

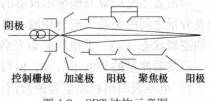

图 4-9　CRT 结构示意图

板显示技术。

4.3.3 数字示波器

1. 数字示波器的发展

数字存储示波器（Digital Storage Oscilloscope，DSO）问世于 20 世纪 70 年代，跟随着数字技术的不断发展演变到现在全智能、多功能的真正意义上的数字示波器。数字示波器可以方便地实现对模拟信号波形数字化，并进行长期存储，而且能利用机内微处理器系统对存储的信号做进一步的处理，如对被测波形的频率、幅值、前后沿时间、平均值等参数的自动测量及多种复杂处理。

早期典型的数字示波器基本结构框图如图 4-10 所示。当信号进入 DSO 以后，在到达 CRT 的偏转电路之前，示波器将按一定的时间间隔对电压信号进行采样，获得的二进制数值存储在存储器中。示波器根据存储器中储存的数据在屏幕上重建信号波形。从图 4-10 的显示方式来看，显示器仍然是 CRT，属于具有数字采集和代码存储的模拟示波器（本文不再赘述）。

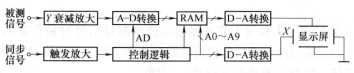

图 4-10 早期数字示波器结构原理图

FPGA 功能强劲，用于示波器的智能化发挥了极好的作用，图 4-11 所示的就是采用 FPGA 的新一代数字示波器。图中，FPGA 已经呈现出较强的功能优势和很好的应用背景。采用 FPGA 技术，使早期的数字示波器蕴含了现代气息。然而，FPGA 虽然先进，但由于显示器仍然是 CRT（本文不再赘述），这还是有模拟示波器的技术成分。

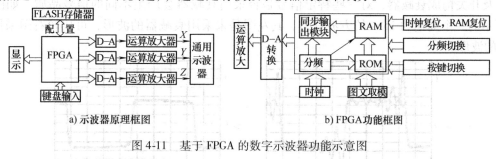

图 4-11 基于 FPGA 的数字示波器功能示意图

将 FPGA 与数字信号处理器（DSP）结合在一起，再运用 DSP 的软件算法能力和速度，构成的新型数字示波器的功能实现如图 4-12 所示。此类示波器真正意义上采用了智能芯片（DSP）完成示波器的所有工作，并且软件编程更增加了这类示波器的功能，尤其是时域分析和频域分析；另外，具备可选的通信接口也使示波器不仅仅局限在被测参数的就地化，而且通过网络可以远程获取试验数据，增加了示波器的适用面。

2. 数字示波器的结构

图 4-12 所示的是功能示意图，信号流程基于 DSP 和 FPGA，在人机界面完成设定后完成

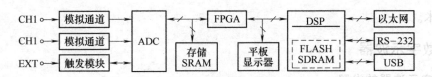

图 4-12　基于 FPGA 和 DSP 的现代数字示波器功能示意图

信号采集、量化、存储、平板显示、波形参数显示，以及数字信号的进一步计算、分析、传输，能够就地信号处理，还可以通过网络接口实现数据远传。

按照信号的流程以及信号显示和处理的过程，数字示波器的结构如图 4-13 所示，模拟通道包括探头、输入衰减器和信号调理电路。

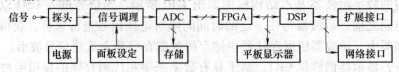

图 4-13　数字示波器结构示意图

（1）探头　示波器的探头和输入衰减器是示波器测量信号时最重要的部分。探头的作用不仅使被测信号经探头电路处理后加到输入端，还为了便于直接在被测源上探测信号和提高示波器的输入阻抗，展宽示波器的实际使用频带。输入衰减器是为测量不同幅度被测信号而设置的，幅度较大的被测信号经衰减后，在显示屏上显示的波形就不至于因幅度过大而失真。

图 4-14 所示为示波器探头结构图。内部 R 及开关构成衰减器，对一些特定信号是否采用衰减器会产生不同的信号品质。如图 4-15 所示的一个周期约 15ns 的方波信号，其左图是未采用衰减器的波形，可比较右图采用衰减器的波形。

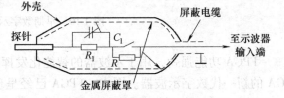

图 4-14　示波器探头结构图

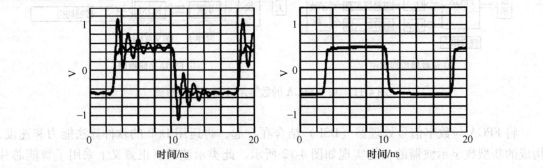

图 4-15　示波器探头和衰减器的作用

（2）信号调理　示波器的信号调理是将输入信号通过滤波、放大等转换，使之能适合 ADC 的量化条件。假设 ADC 的电压输入信号范围是 DC0 ~ 3V，电流输入信号是 DC0 ~ 100mV，则调理电路将输入信号电平放大 30 倍，转换到 ADC 的输入量限范围。

（3）A-D 转换器　A-D 转换器（ADC）是将连续变化的模拟电信号转换成以指定数字代码或权值形式的功能电路，其实现的电路模式较多，将在第 5 章介绍。

（4）现场可编程门阵列　现场可编程门阵列（FPGA）采用了逻辑单元阵列（Logic Cell Array，LCA）这样一个概念，内部包括可配置逻辑模块（Configurable Logic Block，CLB）、输出输入模块（Input Output Block，IOB）和内部连线（Interconnect）三部分，并具有以下特点。

1）采用 FPGA 设计 ASIC 电路（专用集成电路），用户不需要投片生产，就能得到适用的芯片。

2）FPGA 可做其他全定制或半定制 ASIC 电路中的试样片。

3）FPGA 内部有丰富的触发器和 I/O 引脚。

4）FPGA 是 ASIC 电路中设计周期最短、开发费用最低、风险最小的器件之一。

5）FPGA 采用高速 HCMOS 工艺，功耗低，可以与 CMOS、TTL 电平兼容。

由图 4-11 中就能了解 FPGA 在数字示波器中的功能。

（5）数字信号处理器　数字信号处理器（Digital Signal Processor，DSP）是数字示波器的核心，它是一种独特的微处理器，是以数字信号来处理大量信息的器件。其工作原理是接收模拟信号，转换为 0 或 1 的数字信号，再对数字信号进行修改、删除、强化，并在其他系统芯片中把数字数据解译回模拟数据或实际环境格式。它不仅具有可编程性，而且其实时运行速度可达每秒数以千万条复杂指令程序，远远超过通用微处理器，是数字化电子世界中日益重要的智能芯片。

DSP 最大特色是强大数据处理能力和高运行速度，如纳秒级的指令执行周期和特定的硬件保障，完成 1024 点 FFT 运算只需几毫秒。

（6）平板显示器　2004 年问世了液晶显示屏（LCD），至今未满 10 年，但这种已经纳入"平板显示技术"的新型屏幕显示器，不仅最终取代了 CRT，而且还延续着强劲的发展势头。从家电市场已经几乎看不到"CRT"电视机，都是屏幕式显示器。新型示波器，特别是全智能型数字示波器已经全部是屏幕化显示，彻底改变了屏幕显示的原理。

平板显示技术（Flat Panel Display，FPD）的显示器件取决于显示器面板，早期以玻璃基板为主，纯粹的平板面（纯平）显示，保证了显示内容没有变形和失真；到现在，已更加保证了显示的质量品质（高分辨率、高速度、宽视觉以及色彩逼真等），同时，平板显示器的"薄"、"轻"和"低功耗"等特征使其成为现在显示器的主要特征。

平板显示器的种类较多，这里仅简单介绍 LCD、PDP 和 OLED。

1）液晶显示器（Liquid Crystal Displays，LCD）。LCD 是一种低功耗的显示器件，应用广泛。它本身不发光，依靠对外界光线的不同反射呈现不同对比度，达到显示的目的；或者通过液晶的背面照光（背光）把显示内容显现出来。液晶还易于彩色化，显示时不会发射电磁场，不会对环境造成干扰，不会老化，只要在正常温度工作，寿命几乎是无限的。

液晶是一种粘稠状的混浊物体，是不同于固体、液体和气体的特殊的物质状态，在偏光镜下这种物质具有双折射性。因此，有人称液晶是物质的第四态。目前世界上，人工合成的液晶已多达数千种，但总体可分为两大类，即热致液晶与溶致液晶。热致液晶是在一定的温度范围才呈现液晶态的物质。溶致液晶是将某种物质溶于另一种物质时形成的液晶物质。根据 LCD 的显示内容，也分两大类，即字段型和点阵型。

　　液晶的分子都是刚性的棒状体，由于分子头尾所接分子团不同，使分子在长轴和短轴两个方向上具有不同的性质，其自然状态总是长轴相互平行。由于液晶分子是刚性的棒状体，在外电场、磁场和应力的作用下，极易发生变动，改变对光线反射的路程。液晶在显示器件上的应用正是基于这种基本原理，如图 4-16 所示。液晶的分子在电场的作用下，改变其初始排列状态，从而使液晶的光学性质发生变化。也就是说，通过电的作用，对液晶的光效应进行了调制，这就是液晶的电光效应。用不同的电光效应可以制成不同类型的液晶显示器件。

　　液晶的显示需要外加电场，直流电场会导致液晶材料的化学反应和电极老化，所以必须建立交流驱动电场，且直流分量愈小愈好，通常要求直流分量小于 50mV。

　　2）等离子体显示器（Plasma Display Pane，PDP）。PDP 基本上是由一个包含红、绿、蓝荧光粉的介质放电单元组成的介质网络，它被固定在两片薄玻璃基板之间，然后充以惰性气体密封后制成。在 PDP 屏的上下基板施加电脉冲来激励惰性气体使之放电，产生等离子体并发射紫外线，紫外线激励荧光粉而发光，由于 PDP 所有的像素都是同时被激发放电因此不会产生闪烁。其原理示意图如图 4-17 所示。

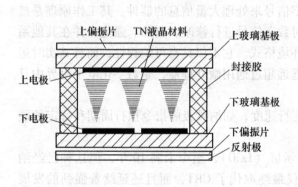

图 4-16　LCD 工作原理示意图

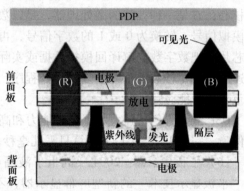

图 4-17　DPD 原理示意图

　　PDP 显示器的出现要比 LCD 晚很多，但作为大屏幕显示器 PDP 却比 TFT-LCD 早好几年。PDP 显示器的优点是对比度比 LCD 高，特别适用于做大屏幕电视显示器，但清晰度相对来说要比 LCD 低很多，因为 PDP 的工作电压比较高（约 160V），引线之间的距离以及点阵之间的距离就不能做得太小。

　　3）有机发光二极管（Organic Light-Emitting Diode，OLED）。OLED 基本显示单位由金属负极、透明阳极和有机薄膜组成。有机薄膜层夹在金属负极、透明阳极之间，该有机薄膜又分为电子传输层（或电子输导层）、有机发射层（或有机光层）和空穴注入层（也有分为空穴注入层和空穴输导层）。图 4-18 所示为 OLED 显示器基本原理示意图。当电场施加到 OLED 基本显示单位的两极上时，电子和空穴在有机发射层相

图 4-18　OLED 显示器基本原理示意图

结合产生出光，这一过程是电致发光的过程。所以，OLED 同 LCD 的显示机理是完全不同的，不需要外部光源的支持。

OLED 的有机薄膜很薄，仅仅为 500nm，而且其可以观察的视角很宽，达到 160°以上，同时电场的电压也低，仅为 2 ~ 10V。OLED 的温度特性、发光效率、功耗、发光颜色、响应时间和视角特性均超过了 TFT-LCD，因此 OLED 是 LCD 最强有力的竞争者。

作为平板显示，在平板上设置了许多 OLED，按照矩阵方式电气连接，如图 4-19 所示。按照该图示意，设计显示器显示控制电路，如图 4-20 所示。

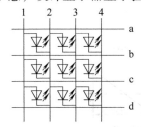 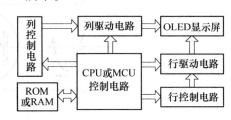

图 4-19　显示器 OLED 单元矩阵排列图　　　　图 4-20　显示器控制电路

3. 数字示波器的数字信号获取

数字示波器的关键技术之一是能够实时采集各种随时间变化的、可转换到电压模式的信号，同时能把该信号量化（ADC），并给予存储。图 4-21 所示的就是对一个连续变化的正弦波信号进行等间隔采样，然后转换成量化数据，以便于保存。

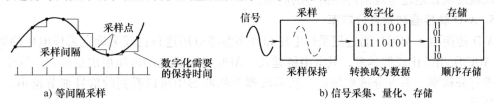

a) 等间隔采样　　　　　　　　　　　　b) 信号采集、量化、存储

图 4-21　数字信号获取过程

4. 数字示波器波形显示原理

示波器显示信号波形的过程与绘图的过程类似：白纸对应荧光屏，画笔对应光点，控制画笔做上下左右运动的手对应控制光点上下左右运动的待测信号与扫描信号。所不同的是示波器显示出来的波形仅仅是光点在待测信号与扫描信号的控制之下的运动轨迹，只要光点的运动速度足够快，由于人眼的视觉暂留和荧光屏的余辉效应，看到光点的运动轨迹呈现为一完整的待测信号波形。图 4-22 所示为正弦波形显示过程。

1）光点在竖直方向的运动。光点在竖直方向的运动受到待测信号的控制，待测信号的电压瞬时值越大，光点在竖直方向上的位移就越大。光点在竖直方向的位移的大小反映了待测信号电压瞬时值的大小。

2）光点在水平方向的运动。光点在水平方向的运动受到由机器内部产生的扫描信号的控制，其运动规律为：光点起于荧光屏的最左端，按照扫描速度的设定进行水平扫描，扫描至荧光屏的最右端，接着开始第二行扫描，当扫描速度足够快时，看到的就是一条水平扫描线。因为扫描是匀速进行的，所以光点在水平方向上的位移可以反映时间的长短。

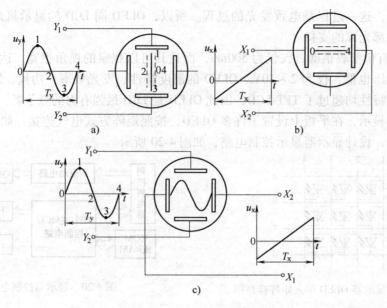

图 4-22 示波器波形显示过程

3）光点的合成运动。在待测信号和扫描信号的共同控制之下，光点的运动将是前述两种运动的合成。只要保证光点在水平方向上的扫描运动与竖直方向上的运动同步，那么光点的运动轨迹就稳定地呈现出待测信号的波形。

5. A-D 转换器和垂直分辨率

A-D 转换器（ADC）通过把采样电压和许多参考电压进行比较来确定采样电压的幅度。构成 ADC 所用的比较器越多，其电阻链越长，ADC 可以识别的电压层次也越多。这个特性称为垂直分辨率。垂直分辨率越高，从示波器上的波形中可以看到的信号细节越小，如图 4-23 所示。

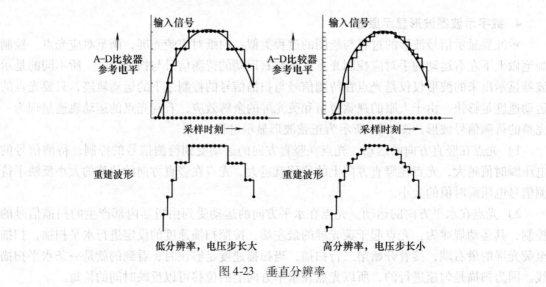

图 4-23 垂直分辨率

在现实当中，增加垂直分辨率的限制因素之一是成本问题。在制造 ADC 时，输出每增加一个比特，就需要将所用的比较器数增加一倍并使用更大的编码变换器，这样一来就使得 ADC 电路在电路板上多占据一倍的芯片空间，并消耗多一倍的功率（这又将进一步影响周围电路）结果。同时，增加垂直分辨率带来了价格的提高。

6. 时基和水平分辨率

数字示波器水平系统的作用是确保对输入信号采集足够数量的采样值，并且每个采样值取自正确的时刻。一个示波器可以储存的采样点数称为记录长度或采集长度，记录长度用字节或千字节来表示，对 8 位垂直分辨率的示波器来说，1 千字节（1KB）等于 1024 个采样点。通常，示波器沿着水平轴显示 512 个采样点，为了便于使用，这些采样点以每格 50 个采样点的水平分辨率来进行显示，这就是说水平轴的长为 512/50 = 10.24 格。据此，两个采样点之间的时间间隔为

$$采样间隔 = 时基设置（s/div）/采样点数 \tag{4-4}$$

若时基设置为 1ms/div，且每格有 50 个采样点，则可以计算出采样间隔为

$$采样间隔 = 1ms/50 = 20\mu s \tag{4-5}$$

采样速率是采样间隔的倒数，即

$$采样速率 = 1/采样间隔 \tag{4-6}$$

通常示波器可以显示的采样点数是固定的，时基设置的改变是通过改变采样速率来实现的，因此一台特定的示波器所给出的采样速率只有在某一特定的时基设置之下才是有效的。在较低的时基设置之下，示波器使用的采样速率也比较低。

设有一台示波器，其最大采样速率为 100MS/s，那么示波器实际使用这一采样速率的时基设置值应为

$$时基设置值 = 50 采样点 \times 采样间隔 = 50/采样速率 = 50/(10^0 \times 10^6) = 500ns/div \tag{4-7}$$

了解这一时基设置值是非常重要的，因为这个值是示波器采集非重复性信号时最快的时基设置，使用这个时基设置，示波器能给出其可能的最好的时间分辨率。

时基设置值称为最大单次扫描实际设置值，在这个设置值之下示波器使用最大实时采样速率进行工作。这个采样速率也就是在示波器的技术指标中所给出的采样速率。

7. 数字示波器的特点

1）波形的采样、存储与波形的显示可以分离。在存储工作阶段，对快速信号采用较高的采样速率进行采样与存储，对慢速信号采用较低速率进行采样与存储，但在显示工作阶段，其读出速度可以采取一个固定的速率，并不受采样速率的限制，因而可以获得清晰而稳定的波形。这样，就可以无闪烁地观察极慢信号，这是模拟示波器无能为力的地方。

2）能长时间地保存信号。这对观察单次出现的瞬变信号尤为有利，类似冲击波、放电现象等都是在短暂的一瞬间产生的。

3）具有先进的触发功能。数字示波器不仅能显示触发后的信号，而且能显示触发前的信号，并且可以任意选择超前或滞后的时间，这为材料强度研究、地震研究、生物机能实验提供了有利的工具。除此之外，数字示波器还可以向用户提供电平触发、边沿触发、组合触发、状态触发、延迟触发等多种方式。

4）测量精度高。数字示波器使用晶振做高稳定时钟，有很高的测时精度；采用多位 A/D 转换器使幅度测量精度大大提高。尤其是能够自动测量直接读数，有效地克服了示波管

对测量精度的影响。

5）具有很强的数据处理能力。数字示波器内含有微处理器（DSP），能自动实现多种波形参数的测量与显示，如上升时间、下降时间、脉宽、频率、峰-峰值等参数的测量与显示；能对波形实现多种复杂的处理，如取平均值、取上下限值、频谱分析，以及对两波形进行加、减、乘等运算处理。同时，还能使示波器具有许多自动操作功能，如自检与自校等功能，使仪器使用很方便。

6）具有数字信号的输入/输出功能。它能方便地将存储的数据送到计算机或其他外部设备，进行更复杂的数据运算或分析处理。同时，还可以通过网络接口与远程计算机一起构成强有力的网络测试系统。

目前，高档数字示波器不断提高采样速率，以消除 A/D 转换器转换时带来的速率限制，图 4-15 所示的就是能捕捉小于纳秒的信号。

8. 数字示波器的性能指标

示波器有较多的性能指标，下面介绍在实际使用时的几个主要指标。

（1）采样速率 f_s　采样速率是指单位时间内对模拟输入信号的采样次数，单位为 MS/s 或 MSa/s（兆次/秒）等。数字示波器给出的采样速率指标是指示波器所能达到的最高采样速率，由 A/D 转换器的最高转换速率决定。最高采样速率表示了示波器在时间轴上捕捉信号细节的能力。

示波器不能总以最高采样速率工作，为了能在屏幕上清晰地观测不同频率的信号，数字示波器设置了多挡扫描速度（亦称扫描时间因数），以提供多种采样速率。

（2）数据记录长度 L　数据记录长度又称存储容量或存储深度，用记录一帧波形数据所占有的最大存储容量来表示，单位为 KB 或 MB 等。记录长度表示数字示波器能够连续存入采样点的最大字节数。记录长度越长，水平分辨率就越高，用户就能捕捉记录长度内的细节事件。一般来说，记录长度越长越好，这也是区分数字示波器档次的指标之一。

（3）频带宽度 B_W　当示波器输入不同频率的等幅正弦信号时，屏幕上显示的信号幅度下降 3dB 时所对应的输入信号上、下限频率之差，称为示波器的频带宽度，单位为 MHz 或 GHz。数字示波器的频带宽度有模拟带宽和存储带宽两种表达方式。

模拟带宽：数字示波器的模拟带宽是指采样电路以前模拟信号通道电路的频带宽度，主要由 Y 通道电路的幅频特性决定。如不特别说明，数字示波器的频带宽度是指其模拟带宽。

存储带宽：存储带宽按采样方式的不同分为实时带宽与等效带宽两种。实时带宽是指数字示波器采用实时采样方式时所具有的存储带宽，主要取决于 A-D 转换器的采样速率 f_s 和显示所采用的内插技术。对于一个周期的正弦信号来说，若每个周期的采样点数为 k，则其实时带宽为

$$B_W = \frac{f_s}{k} \tag{4-8}$$

等效带宽是指数字示波器工作在等效采样工作方式下，测量周期信号时所表现出来的频带宽度。在等效采样工作方式下，要求信号必须是周期重复的，示波器一般要经过多个采样周期，并对采集到的样品进行重新组合，才能精确地显示被测波形。等效带宽可以做得很宽，有的数字示波器的等效带宽可达到几十吉赫兹以上。

（4）分辨率　分辨率是指示信号波形细节的综合指标，它包括垂直分辨率和水平分

辨率。

垂直分辨率又称电压分辨率，由 A-D 转换器的分辨率来决定，常以 A-D 转换器的位数来表示，单位为 bit。例如，某示波器采用了 8 位的 A-D 转换器，则称该示波器的垂直分辨率为 8bit。需要说明的是，受噪声、带宽等因素的影响，A-D 转换器的实际比特分辨率会有所下降，如转换速率为 200MS/s 的 8 位 A-D 转换器，当输入 100MHz 满刻度信号时，它的实际比特分辨率仅为 5bit。垂直分辨率还可以用每格分级数（级数/div）来表示。设某 DSO 采用 8 位的 A-D 转换器，屏幕垂直方向的刻度为 8div，则该 DSO 的垂直分辨率为 32 级/div。

数字示波器的水平分辨率也称为时间间隔分辨率，常以示波器在进行 ΔT 测量时所能分辨的最小时间间隔值来表示。如果不加内插，当采样速率为 f 时，定义示波器的时间间隔分辨率为 $1/f$；如果加了内插算法，且内插器的增益为 N，定义 DSO 的时间间隔分辨率为 $1/Nf$。

示波器也常用每格的点数（点/div）表示水平分辨率。例如，某示波器的记录长度为 1KB，屏幕水平方向的刻度有 10div，则该示波器的水平分辨率为 100 点/div。分辨率与测量准确度紧密相关，但分辨率并非等于测量准确度，而是在理想情况下测量准确度的上限。

（5）垂直灵敏度及其误差　　垂直灵敏度是指示波器显示的垂直方向（y 轴）每格所代表的电压幅度值，单位为 V/div、MV/div 等。根据模拟示波器的习惯，DSO 也按 1/2/5 步进方式进行垂直灵敏度分挡，每挡也可以细调。垂直灵敏度参数表明了示波器测量最大和最小信号幅度的能力。

垂直灵敏度误差是指 DSO 测量信号幅度的准确度，一般用规定频率的标准幅度脉冲信号作校验信号，其计算公式为

$$e = \frac{V_1/D - V_2}{V_2} \times 100\% \qquad (4-9)$$

式中，e 为垂直灵敏度误差；V_1 为测量读数值，单位为 V；V_2 为校准信号每格电压值，单位为 V；D 为校准信号幅度，单位为 div。

（6）扫描速度及其误差　　扫描速度（又称扫描时间因数）是指示波器光点在屏幕水平方向上移动一格所占用的时间，单位为 s/div、ms/div、μs/div、ns/div、ps/div 等。数字示波器也按 1/2/5 步进方式分挡，每挡也能细调。扫描速度表明了示波器能测量信号频率的范围。扫描速度取决于 A/D 转换器的转换速率及实际记录长度，其值为相邻两个采样点的时间间隔与每格（div）采样点数 N 的乘积，即

$$t/\mathrm{div} = \frac{N}{f_s} \qquad (4-10)$$

扫描速度误差主要是衡量示波器测量时间间隔的准确度，一般用具有标准周期时间的脉冲信号作为校准信号，其计算公式为

$$e = \frac{\Delta t - T_0}{T_0} \times 100\% \qquad (4-11)$$

式中，e 为扫描速度误差；T_0 为校准信号周期时间值；Δt 为测量校准信号周期时间的读数值。

（7）触发灵敏度及触发抖动　　触发灵敏度是指示波器能够同步而稳定地显示被测信号波形所需要触发信号的最小幅度，常以屏幕垂直方向的格数（div）为单位来表示。受触发

通道频率特性限制，示波器在不同频段常规定不同的触发灵敏度指标。

触发抖动是指示波器在测量信号时，波形沿水平方向抖动的最大时间值，用以表明触发同步的良好程度。校验触发抖动时，触发信号选用快沿脉冲，示波器扫描速度设置到最快挡，在无限长余辉方式下使波形水平抖动积累规定的时间（如 3min），然后用 ΔT 光标测量脉冲边沿与水平中心刻度线相交的摆幅，即为示波器的触发抖动。

（8）屏幕刷新率　屏幕刷新率也称为波形捕获率，是指示波器的屏幕每秒钟刷新波形的最高次数。波形捕获率高就能组织更大数据量的信息，并予以显示，尤其是在动态复杂信号和隐藏在波形信号下异常信号的捕捉方面，有着特别的作用。屏幕刷新率实际上反映的是数字示波器从采集、存储到显示的综合速度指标，是数字示波器能力的一个重要特征。

4.3.4　示波器的测量技术

1. 电压测量

示波器可以方便地作为电压表使用。把灵敏度开关"VOL TS/DIV"的微调旋至"校准"位置，这样可按"V/div"指标值直接计算被测信号的电压值。由于被测信号一般含有交、直流两种成分，因此在测量时要加以区别。

（1）直流电压测量　测量直流电压时，首先置"自动"触发方式使屏幕出现扫描线，选择通道 CH1 或 CH2后，耦合选择开关置"GND"，调整垂直移位使扫描基线光迹移到中间或其他适当位置上，并把它作为零电平线的位置，如图 4-24 中所示的"测量前"。

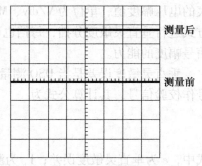
测量后
测量前

图 4-24　示波器直流电压测量

耦合选择开关置"DC"，从输入口引入被测直流电压，此时基线光迹会在垂直方向移动，向上移动则被测电压为正，向下移动则被测电压为负。时基线移动的格数 H 和垂直偏转因数 V/div 的乘积则为被测的直流电压值，即所测电压值应为 $U = \text{V/div} \times H$。如果使用探头，则要把探头衰减量计算在内。例如，使用 10:1 探头时，则 $U = \text{V/div} \times H \times 10$。

【例 4-1】　某示波器垂直灵敏度开关"VOL TS/DIV"位于"0.5"挡，"微调"处于校准位置，此时被测信号使时基线光迹向上移动幅度 H 为 2.7div，则被测电压为

$$U = \text{V/div} \times H = 0.5\text{V/div} \times 2.7\text{div} = 1.35\text{V}$$

若经探头（10:1）测量，面板上各开关位置不变，时基线光迹向上移动幅度 H 仍为 3div，被测信号电压则为

$$U = \text{V/div} \times H \times 10 = 0.5\text{V/div} \times 2.7\text{div} \times 10 = 13.5\text{V}$$

（2）交流电压测量　测量交流电压时，首先使选定通道的示波器输入端短路，置示波器"自动"扫描方式，使屏幕上出现一条扫描基线，如图 4-24 中所示的"测量前"。示波器的耦合开关放在"AC"位置，触发源选择"内触发 INT"，接入被测信号，如图 4-25a所示。

（3）含有直流分量的正弦电压测量　测量含有直流分量的正弦电压时，如同测量直流电压一样，首先设定零电平基线，在"DC"耦合位置，接入被测信号，根据屏上显示的波形，测量任意点相对于零电平基线的电压值，可得直流和任意点电压值。

在交流电压测量时，关注 3 个电压值，即振幅值 U_m、峰-峰值 U_{pp} 和有效值 U，其中 $U = U_m/\sqrt{2}$。U_m、U_{pp} 的含义如图 4-25b 所示。

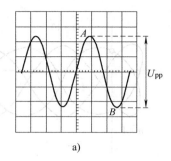 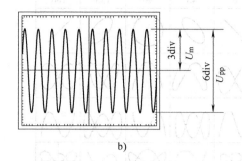

图 4-25　示波器交流电压测量

【例 4-2】　如图 4-25b 所示，显示波形振幅高度为 3div，而峰-峰值高度为 6div。如果垂直偏转因数即电压灵敏度为 1V/div，分别计算电压的峰-峰值 U_{pp}、振幅值 U_m、有效值 U。

解： $U_m = 1V/div \times 3div = 3V$；$U_{pp} = 1V/div \times 6div = 6V$；$U = U_m/\sqrt{2} = 3V/\sqrt{2} \approx 2.12V$。测试时如果使用了探头（10:1），则 $U_m = 30V$、$U_{pp} = 60V$、$U = 21.2V$。

2. 时间测量

时间的测量一般指一个波形中任意两点间间隔的测量。采用测量正弦电压相同的单踪法接入被测信号，适当调节垂直偏转因数和扫描时间因数（时间灵敏度）开关，使荧光屏显示稳定的被测波形，根据两点之间水平距离 D 与扫描时间因数 t/div，计算被测时间间隔 T。

时间测量时，需要将示波器扫描时基校准旋钮旋至校准位置。距离 D 为波形所占的水平格数，如图 4-26 所示，则两点间的时间间隔 $T = t/div \times D$。当 D 是某一波形一个周期的距离时，计算出的 T 为该波形的周期。当 D 是某一脉冲宽度时，计算出的 T 为该脉冲的脉宽。

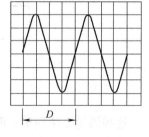

时间的测量很重要，通过时间测量，可以得到信号相关的时间、周期或时间间隔。如果两个脉冲接入示波器，代表事件发生状态的脉冲间隔就能反映出相关的物理意义。

图 4-26　示波器时间测量

3. 频率测量

按照时间测量方法得到时间值，求取其倒数就是频率。另外，可以采用李沙育图形法测量频率，李沙育图形法只适用于测量频率稳定度较高的低频频率。

由于李沙育图形的形状与两个输入信号的频率有关，因此可利用李沙育图形与频率的关系来进行准确的频率测量。将已知频率的信号送 X 通道，未知频率的信号送 Y 通道，示波器工作在 X—Y 方式。当两个信号频率相同时，李沙育图形为一条直线、一个圆或椭圆。当两个信号频率不同时，可产生不同的图形，如图 4-27 所示。如果频率比不是简单的整数比时，屏幕上不能形成一个简单清楚的图形。

在李沙育图形的水平和垂直方向上做两条互相垂直的直线，如图 4-28 所示。水平线与李沙育图形的交点数 m 和垂直线与李沙育图形的交点数 n 之比即为频率比

$$\frac{f_Y}{f_X}=\frac{m}{n}\text{或}f_Y=\frac{m}{n}f_X \tag{4-12}$$

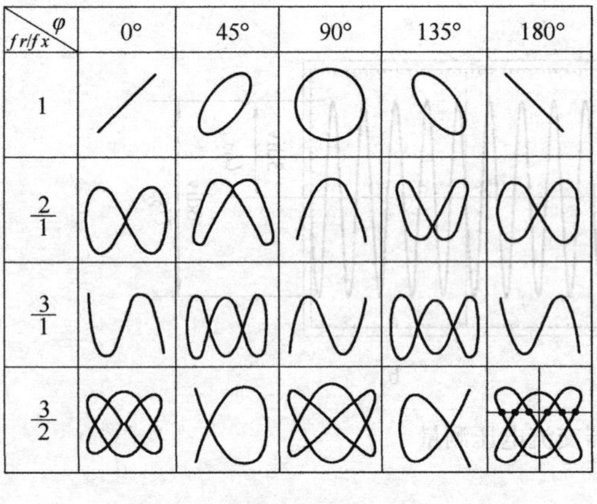

φ
fr/fx
0°
45°
90°
135°
180°
1
2/1
3/1
3/2

图 4-27　示波器李沙育法测量频率

m = 10
n = 4
5:2

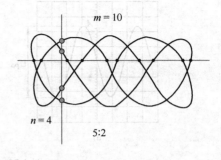

图 4-28　李沙育图形交点法

4. 相位测量

采用测量时间的方法测量出图 4-29a 中两个同频率信号之间 x_i 的时间值，通过计算得到两个信号之间的相位为

$$\varphi_x=(x_i/X)\times 360° \tag{4-13}$$

Y1
Y2
xi
x
a)
a
b
b)

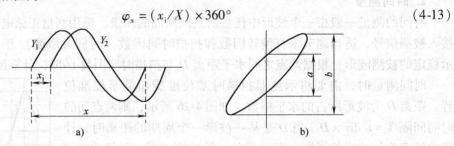

图 4-29　示波器测量相位

这种测量方法简单，但精度较低，误差的主要来源是两个通道相移不一致、图形分辨率和视差等。为了减小两通道不一致产生的系统误差，可先把一个信号送入两个通道，测量出系统误差，然后对测量结果进行修正；也可用置换法减小这个系统误差。

图 4-29b 所示为同频、等幅、不同相位时的李沙育图形。图中，a 为李沙育图形与通过图形中心的 Y 轴的两个交点间的距离，b 为李沙育图形的最大高度，则有

$$u_x=U_m x\sin\omega t$$

$$u_y=U_m y\sin(\omega t+\varphi)$$

$$\varphi=\arcsin(a/b)$$

操作方法：将一个正弦波送入 Y 输入端，而另一个正弦波接到 X 输入端，置时基开关（时间灵敏度 TIME/DIV）到 X—Y 状态（或 X 选择置“外”）。调节 Y 和 X 通道增益，即可在屏幕上得到合适的李沙育图形。

5. 单音调幅系数的测量

单音调制时，调幅系数可表示为

$$u = U_m (1 + m \sin \Omega t) \sin \omega t \qquad (4\text{-}14)$$

式中，U_m 为载波振荡的振幅；ω 为载波振荡的频率；Ω 为低频调制信号频率；m 为调幅系数。可以将调幅波信号直接加至示波器予以观察，如图 4-30 所示。调幅系数为

$$m = \frac{\Delta U}{U_m} = \frac{A - B}{A + B} \times 100\% \qquad (4\text{-}15)$$

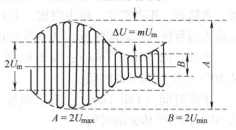

　　理想的调制应是无失真的调制，即包络没有失真，上、下幅的系数相同。实际上，由于低频调制信号不可能做到本身不存在失真，而调制器又不可能做到理想的线性，因而载波振荡受调制后波形会产生失真，随着失真的增加，参考电平（载波电平）也随之变化，从而使上、下峰值的差别随失真的增加而增大。当存在失真时，应分别测量上、下调幅系数，对应于上、下峰值分别用 $m_上$、$m_下$ 表示，即

图 4-30　调幅波波形图

$$\begin{cases} m_上 = \dfrac{U_{max} - U_m}{U_m} = \dfrac{\Delta U_上}{U_m} \times 100\% \\[3mm] m_下 = \dfrac{U_m - U_{min}}{U_m} = \dfrac{\Delta U_下}{U_m} \times 100\% \end{cases} \qquad (4\text{-}16)$$

式中，$\Delta U_上$、$\Delta U_下$ 分别为调幅信号电平离平均值的最大偏移和最小偏移。

4.3.5　示波器的应用

1. 测量电压

　　对于信号单一电压的测量，是所有示波器都具有的功能。但是对于一个信号波形，能在一个波形曲线中测量多个电压参数，并同时显示出来，这就是智能型数字示波器的优势了。如图 4-31 所示，对输入信号进行多电压测量，其中各点电压的物理意义为：

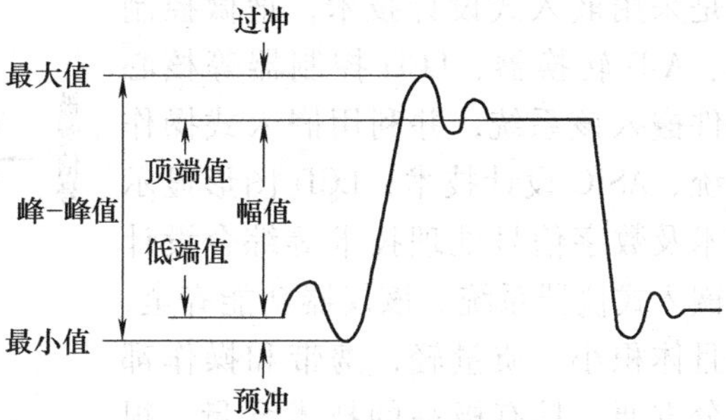

　　峰-峰值（V_{pp}）：波形最高点和最低点之间的电压值。

　　最大值（V_{max}）：波形最高点对 GND（地）的电压值。

　　最小值（V_{min}）：波形最低点对 GND（地）的电压值。

图 4-31　示波器多电压测量示意图

　　幅值（V_{amp}）：波形顶部与底部之间的电压值。

　　顶端值（V_{top}）：波形顶部对 GND（地）的电压值。

　　底端值（V_{base}）：波形底部对 GND（地）的电压值。

　　过冲（Overshoot）：波形最大值与顶端值之差与幅值之比。

　　预冲（Preshoot）：波形最小值与底端值之差与幅值之比。

　　平均值（$V_{average}$）：信号的平均值。

均方根值（V_{rms}）：信号的有效值。

2. 测量时间

对单一信号参数进行多时间参数的测量，包括频率、周期、上升时间、下降时间、正脉宽、负脉宽、正占空比、负占空比、上升沿延迟时间和下降沿延迟时间等。如图 4-32 所示，对输入信号进行多时间测量，其中各点时间的物理意义为：

上升时间（Rise Time）：波形幅度从 10% 上升至 90% 的时间。

下降时间（Fall Time）：波形幅度从 90% 下降至 10% 的时间。

正脉宽（Positive Width）：正脉冲在 50% 幅度时脉冲宽度。

负脉宽（Negative Width）：负脉冲在 50% 幅度时脉冲宽度。

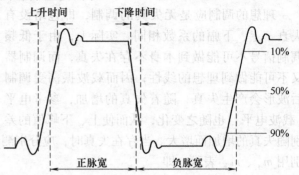

图 4-32　示波器多时间测量示意图

上升沿延时时间：通道 1、2 相对于上升沿的延时。

下降沿延时时间：通道 1、2 相对于下降沿的延时。

正占空比：正脉冲与周期的比值。

负占空比：负脉冲与周期的比值。

3. 示波表

手持式数字示波表集数字存储示波器、数字万用表、数字频率计三者功能于一体，采用电池供电，图形液晶显示，是电子测量领域里一类新型的实用仪器。示波表是采用嵌入式设计技术，把微控制器、A-D 转换器、LCD 控制器等核心部件嵌入该系统，并利用嵌入式操作系统、ASIC 设计技术、LCD 图形显示技术及数字信号处理技术等综合设计的嵌入式仪器系统。该仪器功能齐全，并且体积小、质量轻，携带和操作都十分方便，具有极高的技术含量、很

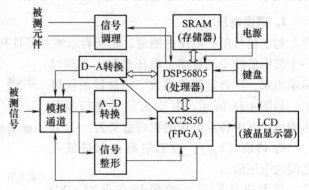

图 4-33　示波表结构原理图

强的实用性和巨大的市场潜力，代表了当代电子测量仪器的一种发展趋势。图 4-33 所示为示波表的结构原理图。

下面所列的是某型号手持式数字示波表的主要技术指标：

1）模拟带宽：10MHz；单次带宽：5MHz；采样速率：50MS/s。

2）记录长度：2KB，单通道。

3）水平扫描：50ns/div ~ 10s/div；垂直扫描：5mV/div ~ 5V/div。

4）测量信号参数：周期、频率、占空比、平均值、有效值、峰-峰值。

5）测量电阻：100Ω、1kΩ、10kΩ、100kΩ、1MΩ。

6）测量电压：10mV、30mV、1V、3V、10V、30V。

7）二极管测量、通断测量。

8）频率计：10（1±5%）MHz。

9）测量精度：示波器精度±5%，万用表精度±3%。

10）校准信号：1kHz/0.3V。

11）LCD：320 点×240 点，92mm×72mm，对比度可调，有背景光。

12）其他：电池供电时间≥2h，RS2。

习题与思考

本章以电子测量为主，介绍了两大类（并可以此拓展到更多领域）仪表"信号发生器"和"示波器"的原理，主要习题可以从"信号发生器"和"示波器"展开。

4-1　电子测量仪器有哪些？

4-2　简单介绍函数信号发生器的分类。

4-3　脉冲信号有哪些基本特点？

4-4　模拟型函数信号发生器如何实现正弦波？

4-5　数字型函数信号发生器如何实现正弦波？

4-6　按照示波器的功能分类，其由哪些部分组成？

4-7　介绍数字示波器的结构。

4-8　简单介绍液晶显示器的工作原理。

4-9　简单介绍等离子体显示器的工作原理。

4-10　简单介绍有机发光二极管显示器的工作原理。

4-11　数字示波器的特点由哪些？

4-12　学习利用示波器测量波形参数，包括频率、周期、频率比、时间间隔、相位差等；观察李沙育波形。

第5章 智能化电测技术

5.1 概述

随着数字化技术的发展，原先各类基于模拟电路的测量方式及其测量仪表也在不断地提升，不仅采用数字技术，还逐渐采用嵌入式技术，通过微处理器/微控制器及其相关智能芯片（单片机），构成真正意义上的智能化电气测量仪表。

在自动化、信息化社会中，要求测量精度高、速度快，要求实现测量自动化。同时，被测对象范围也在不断扩大，由单一物理量扩展为多个物理量，由静态量扩展为动态量。对于这样的测量任务，传统的模拟指针式仪表是无法完成的，数字化测量技术正是适应这一需要而发展起来的。

在前面章节已经引出的"数字电桥"、"数字示波器"等就已经体现出智能化测量的必要和趋势。在实际智能化测量过程中，首先要分清楚电学量参数和磁学量参数呈现的是数字量还是模拟量。模拟量就是随时间延续，在数值上连续变化的参数；而数字量指的是人们熟悉的以 10 为"权"的数字，如工频 50Hz。对于这样的数字量，可选用数字电路技术获取对象变化，用 A-D 转换技术对模拟量进行数字化，用智能芯片对获得的数据进行处理、存储、显示和传递；另外，还能采用专门的软件算法分析对象的内涵特征，使电气测试技术实现了智能化。

智能化测量技术的发展与电子技术、计算机技术的发展密切相关，自 1952 年世界上第一台数字电压表问世以来，数字仪表所用的器件经历了由电子管、晶体管、集成电路到大规模集成电路、专用集成电路的演变历程。20 世纪 70 年代，由于微处理器和微型计算机的问世而出现了智能仪器。智能仪器的不断发展，在电测技术中，越来越智能化。本章介绍的智能化电测技术主要包括数字式参数测量（电子计数器技术）、数字化转换（A-D 转换技术）、智能芯片和软件处理技术。

智能化测量的发展具有显著的优点，可以归纳为以下几点。

1）电测技术的提高：①输入阻抗高，吸收被测量功率很少。现代数字电压表中，基本量限的输入阻抗高达 $10^{10} \sim 10^{12} \, \Omega$。②准确度高。现代数字电压表测量直流的准确度可以达到满刻度的 0.001%，甚至更高；数字式频率计的准确度可以达到 1×10^{-9}。③测量速度快。数字电压表的最高测量速度可达每秒几万到几十万次，高速频率计可计几十吉赫兹的频率。④如同"数字电桥"，测量对象可以灵活选择，测量功能多。例如，电子计数器可测量频率、频率比、周期、时间间隔、累加计数等。⑤灵敏度高。现代积分式数字电压表的分辨率可达 $0.01 \mu V$。

2）数据处理技术的提高：①测量结果直接以数字形式给出，测量数据读出方便，没有读数误差。②测量数据能够根据对象特征选择相应的数字滤波方法，无需硬件更改。③测量数据能够较长时间存储，有利于对象变化模型的深入研究。④利用相关函数、算法以及对应的功能软件分析测量的数据。⑤自动量程切换，测量过程自动化，可以自动地判断极性、切换量限。目前，带有微处理器的数字仪表具有自动校零、自动校准、补偿非线性和提供自动打印及数码输出等功能。

3）工艺技术的提高：①制作工艺从繁杂的多学科领域（如仪表元件、弹性元件、磁性元件、结构元件、指示元件等）转换到相对单一的电子领域，制作部件减少、精细元件减少、配合环节减少、安装调试减少。②电测仪表功能选择明确，显示直观，操作简单。③接口功能增强，如测量数据可以随时调用，必要时可以随时打印。④仪表尺寸小巧，工艺造型美观。⑤安装方便，环境适用能力加强。

4）测试系统技术的提高：电测技术的智能化，使得数据传送方式从有线到无线、从局域网到广域网，从而构成了无形的智能电测网络系统，测量数据能够多级共享。

5.2　数字量参数测量

以"数字"形式呈现的数字量电气参数，有时间、周期、频率、相位等，对于这些数字量参数的测量，需要进行信号处理、标准时基给定、"门控"电路实现，以及计数、数字显示，其核心内容是"电子计数器"。

5.2.1　电子计数器的原理结构

电子计数器是对时间、周期、频率、相位、相位差等数字量电气参数测量中最基本和最主要的测量仪表。电工仪表中的频率计、相位表等都可以基于电子计数器技术。按照电子计数器的功能来分类，有：①通用计数器，可测量频率、频率比、周期、时间间隔、累加计数等，其测量功能可扩展；②频率计数器，其功能限于测频和计数，但测频范围往往很宽；③时间计数器，以时间测量为基础，可测量周期、脉冲参数等，其测时分辨率和准确度很高；④特种计数器，具有特殊功能的计数器，包括可逆计数器、序列计数器、预置计数器等，用于工业测控。

电子计数器的主要性能指标，包括：①测量范围，毫赫至几十吉赫；②准确度，可达10^{-9}以上；③输入特性，包括耦合方式（DC、AC）、触发电平（可调）、灵敏度（10～100mV）、输入阻抗（50Ω低阻和1MΩ//25pF高阻）等；④显示，包括显示位数及显示方式等；⑤其他特性包括振荡频率及其稳定度、时钟基准和闸门时间等，这些特性都有所提高，在下面也有相关介绍。

电子计数器的结构如图5-1所示。

1. 时钟基准

"时钟基准"也称"时标"或"时基"，主要是在时间参数、周期参数测量时，提供标准

图 5-1　电子计数器结构图

的、已知最小时钟值的功能电路或器件，根据测量要求，最小时钟基准还可以通过"分频器"切换定时值。

时钟基准在电子计数器中是非常重要的，直接涉及到数字量参数测量的准确度和误差。如果选择1ms基准脉冲测量实际电网工频周期，理论上，计数器在门控信号下打开一个周期的时间长度中，计数到20个，即20ms；换算到频率为50Hz。在实际测量中，被打开的一

个周期长度如果仅仅比 20ms 慢了 0.1ms，即 19.9ms，但计数器只能计数到 19 个，算得 19ms，那么直接产生 4.52% 的测量误差。

电子计数器中的时钟基准一般由晶体振荡器提供，在通用的测试仪器（如示波器、函数信号发生器、频谱仪）中，采用的就是这种时基。晶体振荡器作为电子计数器的内部基准，一般要求高于所要求的测量准确度的一个数量级（10 倍）。例如，输出频率为 1MHz、2.5MHz、5MHz、10MHz 等，测量周期时提供时钟基准为 10ns、100ns、1ms、10ms 等。

但晶体振荡器随着环境温度的改变，频率输出能变化 5×10^{-6} 或更高。对于 1MHz 信号为 ±5Hz，因此是测量中必须考虑的重要因素。

对于重要的或者是高速信号的测量，如有些无线基站的时基要求 $0.1 \sim 0.01 \times 10^{-6}$ 的稳定性，若仍以晶体振荡器为时基，则必须增加温度补偿器，如恒温晶体振荡器的稳定度可达 $10^{-7} \sim 10^{-9}$，但最好选用更高稳定性的时基。

时钟基准具有最高准确度（可达 10^{-14}），且校准（比对）方便，因而时频测量可达到很高的准确度。作为时钟基准，除了晶体振荡器外，更好的还有以下几种。

（1）天文时钟基准　天文时钟基准具有宏观标准（基于天文观测）和微观标准（基于量子电子学，更稳定、更准确），如世界时（Universal Time，UT），以地球自转周期（1d）确定的时间，其误差约为 10^{-7} 量级，即

$$1s = \frac{1d}{24h \times 60min \times 60s} = \frac{1}{86400}d \tag{5-1}$$

（2）原子时钟基准　原子时钟基准基于量子电子学基础，即电子在能级跃迁中将吸收（低能级到高能级）或辐射（高能级到低能级）电磁波，其频率是恒定的，即

$$hf_{n-m} = E_n - E_m \tag{5-2}$$

式中，$h = 6.6252 \times 10^{-27}$ 为普朗克常数；E_n、E_m 为受激态的两个能级；f_{n-m} 为吸收或辐射的电磁波频率。

1967 年 10 月，第 13 届国际计量大会正式通过了"秒"的新定义：秒是铯（Cs^{133}）原子基态的两个超精细结构能级之间跃迁频率相应的射线束持续 9 192 631 770 个周期的时间。自 1972 年起实行，为全世界所接受。秒的定义由天文实物标准过渡到原子自然标准，准确度提高了 4～5 个量级，达 5×10^{-14}（相当于 62 万年 ±1s），并仍在提高。

原子钟就是原子时钟基准的实物仪器，可用于时间、频率标准的发布和比对。例如，铯（Cs）原子钟，准确度达 $10^{-13} \sim 10^{-14}$，分为大铯钟（专用实验室高稳定度频率基准）和小铯钟（频率工作基准）；铷原子钟，准确度达 10^{-11}，体积小、质量轻，便于携带，可作为工作基准；氢原子钟，短期稳定度高，达 $10^{-14} \sim 10^{-15}$，但准确度较低（10^{-12}）。

目前，比较常用的稳定度高一点的原子钟是铷原子钟，一般情况下还是晶体振荡器。图 5-2a 所示为采用晶体振荡器及其分频器和倍频器的实现框图。其中，分频器时，"时标选择"有 0 分频、2 分频、4 分频等；倍频器时，有 0 倍频、2 倍频、4 倍频等。分频和倍频根据实际应用选择和确定，为下文描述方便，图 5-2a 改画为图 5-2b，一般晶体振荡器频率较高，图中只标注"分频"，"时标选择"后得到的"时基信号"输出定为 f_s。

2. 信号处理

"信号处理"主要包括滤波、整形、放大，使之信号电平达到门控电路的输入要求。由于电学量/磁学量信号进入电测仪表时，不是一个单纯的对象信号，必夹带着高频干扰的混

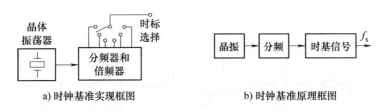

a) 时钟基准实现框图　　　　　　　b) 时钟基准原理框图

图 5-2　时钟基准

合波形，这需要进行滤波，然后通过运算放大器和比较器实现整形、放大。

（1）电子计数器的误差分析　对于携带各种干扰噪声的计数信号，放大时，有效信号与噪声信号同时放大。如图 5-3 所示，两个周期的具有噪声的信号经过信号处理（滤波）和整形，得到理想的可以计数的矩形信号（或脉冲信号）。

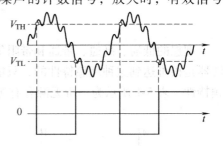

在实际测量过程中，经过信号处理后，不一定能够将噪声滤除得很干净，多出一个噪声波形，就会带来计数误差。这种情况下就需要对计数方式和计数数据作出相应处理。对于高频信号，多出个别噪声波形，只要不影响测量精度，可以采取频率测量的方法；对于中低频信号，可以采取周期测量的方法，通过智能手段甄别并剔除噪声干扰，提高测量精度。

图 5-3　具有噪声的信号和整形后的波形图

整形、放大较易实现，主要在于"滤波"。为下文描述方便，在后续的电子计数器功能图中，用"整形放大"表述。

（2）滤波器设计　按照频谱分析的观点，任何信号都是一些不同幅度和不同频率的正弦信号的组合。在输入信号中，除了有用的频率成分之外，往往不可避免地含有一些不需要的频率成分如干扰信号等。通常有用的频率成分属于整个频率范围即全频带的某一部分，而无用的频率成分则属于另一部分。滤波器的功能就是利用其频率特性来保留有用的频率成分，削弱或消除无用的频率成分。滤波器是仪表信号调理电路中的重要组成部分，依据其作用的不同，可分为低通、高通、带通和带阻等不同滤波器。图 5-4 所示为含有噪声的正弦波形以及通过滤波后的正弦波形。

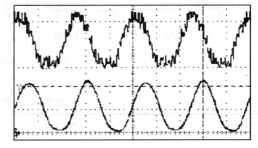

滤波电路分为无源滤波电路和有源滤波电路。图 5-5 所示为有源滤波基本电路。基本放大电路中采用电感和电容等储能元件，将涉及电路中的过渡过程和频域特性。利用电路中的

图 5-4　噪声波形的滤波效果

过渡过程形成积分电路和微分电路，利用其频域特性则形成各种滤波电路。

在滤波器的分析和设计中，必须采用频域的概念来分析滤波器的频谱特性。频域分析就是将指定的频率输入被研究的滤波器电路，采用交流电路的分析方法来分析其对不同频率的响应。将全频带中的不同频率输入电路，并将其在幅度和相位上的响应绘成图形，即伯德图，从而可以了解滤波器的频率特性。

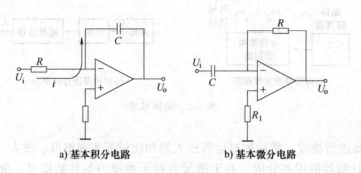

a) 基本积分电路　　　　　　b) 基本微分电路

图 5-5　基本有源电路

　　理想的低通、高通、带通和带阻等滤波器的伯德图中的幅频特性如图 5-6 所示。模拟滤波器是很难达到这种理想特性的，只能在一定程度上逼近它们。图 5-7 所示为实际滤波器幅频特性。表 5-1 所示为一阶无源和有源滤波电路例图。

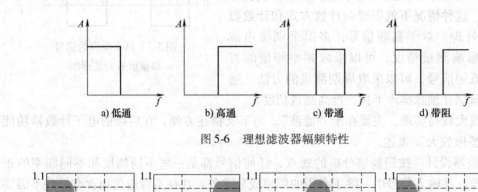

a) 低通　　　　　　b) 高通　　　　　　c) 带通　　　　　　d) 带阻

图 5-6　理想滤波器幅频特性

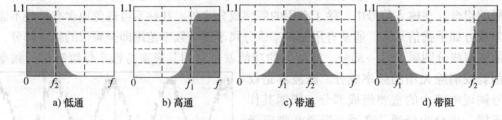

a) 低通　　　　　　b) 高通　　　　　　c) 带通　　　　　　d) 带阻

图 5-7　实际滤波器幅频特性

表 5-1　无源和有源滤波电路

	无源滤波器	有源滤波器
低通		

（续）

	无源滤波器	有源滤波器
高通	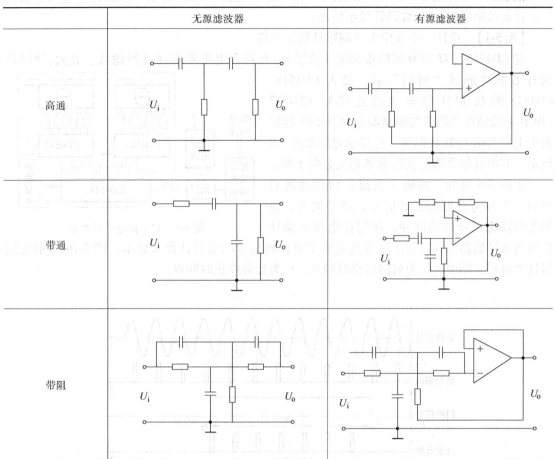	
带通		
带阻		

3. 门控电路

"门控电路"主要包括门控开关信号和信号通道，在门控开关打开时，信号通道保证信号畅通，不发生漏检。在后续介绍中，用"门控电路"和"闸门"表述，如图 5-8 所示。图中，S_t 为启动命令，S_e 为停止命令。

4. 计数电路

"计数电路"主要就是对通过信号通道的脉冲信号计数，不强调计数权值，如二进制计数、十进制计数或 BCD 码计数等，关键是根据选用什么显示方式来确定。例如，选用七段 LED 数码管显示器，则选用二-十进制（BCD 码）计数器。

图 5-8 门控电路

所有计数器电路在数字电路中有较多的选择，根据计数触发方式，计数器分同步计数器和异步计数器；根据递增或递减计数方式，计数器分加法计数器和减法计数器；按照输出的编码形式，计数器分二进制计数器、二-十进制（BCD 码）和循环码计数器等；按照计数的权值，计数器分十进制计数器、十六进制计数器、六十进制计数器等。

5. 显示电路

"显示电路"就是将计数得到的计数值以数字形式显示出来，目前主要显示器件是液晶显示器和发光二极管型数码管显示器。

一般在电子计数器中，"计数电路"和"显示电路"组合起来，计数脉冲进入计数器后，计数结果通过 LED 数码管显示出来。

【例 5-1】　设计一个双位十进制数计数显示器。

选 CD4518（双 BCD 码同步加法计数器），在符合电平要求（已经滤波、放大、整形）的计数脉冲通过"闸门"后，接入 CD4518，CD4518 的双 BCD 码输出端连接到 CD4543（BCD 七段锁存译码器与驱动器），CD4543 连接两个七段共阴 LED 数码管，连接示意图如图 5-9 所示，其中具体管脚的接法参考相关数据手册。

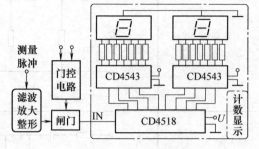

图 5-9　双十位电子计数器

由图 5-9 可知，被测（交流）信号滤波后得到一个较为理想的有效信号，经过放大、整形等转换为可计数的脉冲，在门控电路启动计数时进入计数器计数并显示，由此完成了对被测信号的实时计数和显示。图 5-10 所示为信号计数流程。图中，t_1 为闸门启动时间点，t_2 为计数停止时间点。

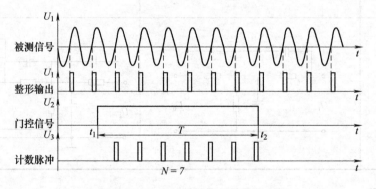

图 5-10　电子计数器信号计数流程

图 5-9 中"CD4518"的双 BCD 码输出如果直接接入单片机等智能芯片，便能成为智能计数器，计数数据能够存储、计算以及传送、通信。本节主要基于电子计数器测量时间、周期、频率、相位、相位差等，其中涉及"计数电路"和"显示电路"简化为图 5-9 中右下角所示的"计数显示"。

5.2.2　时间值测量

时间值的测量包括 3 个方面的测量内容：时间测量、周期测量和时间间隔测量。3 个内容都需要"时钟基准"，但是允许"时钟基准"接入计数器后的"门控"信号是不相同的。简单地说，时间测量基本上就是时钟基准直接接入计数器，不用"门控"；周期测量是由产生频率的信号自身产生"计数启动"和"计数停止"；而时间间隔的测量则取决于产生这个时间间隔的事件来决定"门控"。

1. 测量时间

时间测量的电路原理图如图 5-11 所示。图中，晶体振荡器给出时钟基准（如 1ms），按照时间测量的量限和精度要求选择分频器，如果最小时钟测量单位是秒，那么可以选择 10

分频，产生的时钟基准为 10ms，以 10ms 的定时长度进行时间测量。

时间测量不一定需要闸门控制，在计数电路中计数 100 次得 1s，再以两个六十进制电路实现"分"、"时"，然后按 24h 为循环。在时间测量时读取即时的时间值（如图 5-10 中的 t_1 时刻），时间测量完毕后读取第 2 个时间值（如图 5-10 中的 t_2 时刻），两者的差值就是所测量的时间（见式（5-3））。设定时长度为 10ms（0.01s），则定时误差最多就是 1 个 ±10ms。

$$T = t_1 - t_2 \tag{5-3}$$

图 5-11 中，除去显示功能，"电源"改为芯片内置电源，就可以理解为专用的定时集成电路芯片了。

2. 测量周期

周期测量的电路原理图如图 5-12 所示。

图 5-12 中，晶体振荡器给出时钟基准按照周期的长短选择分频后，产生的时基信号 T_0 作为计数器的计数脉冲（如设定基本脉冲为 $T_0 = 1ms$）。被测信号经过"放大整形"后，周期起始点作为"门控"的启动信号，周期结束点作为"门控"的停止信号，在"闸门"打开的时间段 T_x 内，计数器得到了 N 个计数脉冲（如果 $N = 10$，则周期 $T_x = 10ms$）。

$$T_x = NT_0 \tag{5-4}$$

3. 测量时间间隔

时间间隔测量的电路原理图如图 5-13 所示。

图 5-13 中，晶体振荡器给出时钟基准按照周期的长短选择分频后，产生的时基信号 T_0 作为计数器的计数脉冲（如设定基本脉冲为 $T_0 = 1ms$）。被测时间间隔的前后两个"事件"信号经过"放大整形"后，分别作为"门控"的启动信号和停止信号，在"闸门"打开的时间段 T_x 内，计数器得到了 N 个计数脉冲（如果 $N = 10$，则时间间隔 $T_x = 10ms$）。

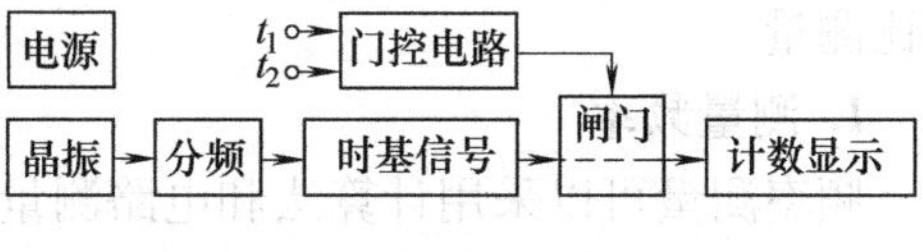

图 5-11 时间测量电路原理图

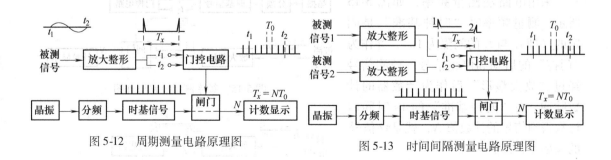

图 5-12 周期测量电路原理图   图 5-13 时间间隔测量电路原理图

与时间间隔相关的"事件"或能描述的"物理"含义较多，如图 5-14 所示，可以是两个事件发生的间隔时间，可以是一个事件开始到第二个事件结束的时间间隔，可以是一个信号从开始到结束的时间间隔，可以是某个波形上升或下降的时间间隔。另外，还可以测量脉冲宽度、占空比、延时时间等。

为保证前后一致，时间间隔测量计算按照式（5-4）进行。

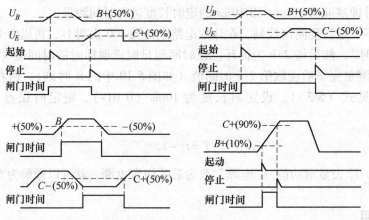

图 5-14　时间间隔事件事例

5.2.3　频率值测量

电子计数器测量频率时也称为频率计，一般频率计分为通用频率计、射频频率计（3GHz 或更高频率）和微波频率计（40GHz 或更高频率）；也可以按照被测信号频率的快慢分为慢速频率计（10MHz 及以下）、中速频率计（10 ~ 100MHz）、高速频率计（100 ~ 1000MHz）和超高速频率计（1 ~ 80GHz），其中超高速频率计采用微波法计数，其余 3 类频率计的工作原理一样。

频率值的测量包括两个方面的测量内容：单一信号的频率测量和两个不同频率信号的频率比测量。

1. 测量频率

频率测量可以采用计算法和电路测量法。如上述已经测量了频率信号的周期，就可以直接采取计算法计算频率。由式（5-4）计算频率 f_x 为

$$f_x = 1/T_x \tag{5-5}$$

采用电路法测量频率，如图 5-15 所示。测量频率时"时钟基准"是固定的（即 t_1 与 t_2 的间隔为 1s），并作为"门控"的启动和停止信号。被测信号经过"放大整形"后作为计数器的计数脉冲。在"时钟基准"的 1s 时间内计数得到信号的计数值 N，就是该信号的频率值，即 $f_x = N$。

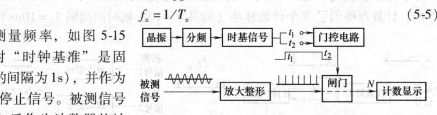

图 5-15　频率测量电路原理图

2. 测量频率比

两个不同频率信号进行频率比较，可以通过电路来测量实现，如图 5-16 所示。两个频率信号中，选取一个频率较低的信号，经过"放大整形"后作为"时间基准"，即 t_1 与 t_2 的间隔为一个周期，也可

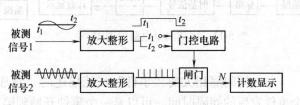

图 5-16　频率比测量电路原理图

以理解选定低频信号的频率比较单位为 1，即 $f_1 = 1$。计数器计数得到的较快频率信号的值 N 就是较快频率信号在低频信号变化一周时所计数到的频率数 f_2。则两个不同频率信号的频率比为

$$k = f_2/f_1 = N \tag{5-6}$$

通过图 5-16 所示的电路测量频率比，理想状况是两个频率成为整数倍关系，不然会产生测量误差。解决的方法是低频信号在"放大整形"时多选几个周期作为一个整体，然后作为"时钟基准"，如 $f_1 = 2$ 或 $f_1 = 5$。此时计数器的计数值需要 $N/2$ 或 $N/5$ 后得到频率比。

5.2.4 相位测量

相位的测量实际上是两个同频率（不一定幅值相同）不重叠的信号 Y_1 和 Y_2 之间的相位差 X_i，如图 5-17 所示。测量过程中要求确定信号的过"0"鉴相，如图 5-17 中选取的都是正过"0 电平"时，然后测量相位。

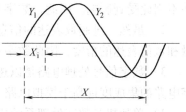

图 5-17 相位测量波形图

两个同频率信号的相位测量，若已知该频率的周期值 X，则采取测量时间间隔的方法得到 X_i。根据一个交流信号变化一周的相位变化是 $360°$，就可算得相位：

$$\varphi = \frac{X_i}{X} 360° \tag{5-7}$$

如果被测信号的频率或周期不知道，就较难通过常规电路来测得相位了。但可通过测量周期得到 X，通过测量时间间隔得到 X_i，然后按照式（5-7）计算相位。

5.2.5 智能计数器

众所周知，按照式（5-7）计算相位，还需要在测量电路中增加乘法器或除法器，但随着智能化计数的发展，简单的一条乘法指令或除法指令就能完成式（5-7）的计算。

在电子计数器测量时间、周期、时间间隔、频率、频率比和相位的电路中，把经过"闸门"后的计数脉冲信号直接接入单片机芯片，后续工作（包括显示）由单片机来完成，这就是智能计数器。该计数器的功能就能够组合在一起，通过面板选择测量对象信号，由此完成智能计数器的功能，实现智能化测量。

5.3 模拟量参数测量

本节介绍的是采用数字化技术对模拟电工量和磁学量参数进行数字化测量，数字化测量的关键点在于模拟量到数字量的转换，即选用 A-D 转换器（ADC）及其配套电路。ADC 的输入信号是直流电压信号，所以采用 ADC 构成的测量仪表自身就是直流电压表。

5.3.1 数字化测量的意义

ADC 是一种将模拟信号转换成相应数字信号的装置或器件。模拟信号是指在时间上和数值上都是连续变化的信号。在电气测量领域，除了上述数字式参数（时间、周期、频率、相位等）外，基本上都是模拟量信号，而最基本的电气模拟量就是电流和电压。电压和电

流信号具有及其广泛的意义，自然界中的声、光、力、热等，在时间上和量的大小上也都是连续变化的，但通过对应传感器后得到的电信号，就是电压、电流信号。

这种连续变化的电压、电流信号属于模拟信号。模拟信号在传递过程中对外界电磁干扰、环境温度的变化、电子元器件的参数变化都是比较敏感的，也容易携带各种干扰。

数字信号是指用 0、1、2 等数字方式来表达的信号，在信号的幅度和时间上都是离散的。当今大多数的数字信号系统是二进制数字系统，在二进制系统中只有 1 和 0 两个数码，当构成二进制系统时，常用电平的高、低来表示数字 1 和 0。这样的数字系统具有以下明显的特点：

1）数字信号电平只有高、低之分，在高、低电平之间有相当大的抗干扰容限。在信号传输过程中，虽然信号电压的幅度和波形可能产生一定程度的失真，但其表达的信号 1、0 并不因此受到影响。因此，数字系统的稳定性、抗干扰能力等方面都优于模拟信号系统。

2）虽然二进制数表达的信息量很小，但只要简单地增加二进制位数就能大大提高信息量和数值表达的精度，因此数字系统的数值处理精度是其他非数字处理系统都无法达到的。

3）数字信号处理电路是以逻辑电路为基础的，电路结构简单、易于集成化。目前，数字电路的集成度远高于模拟电路，而制造成本却很低。

4）单片机是数字处理系统中的典型芯片，并随之带来硬件和软件技术日新月异。

由于上述原因，数字技术得到了飞速发展，数字技术渗透到各个技术领域，各种以数字技术为基础的装置、系统层出不穷，数字电压表就是非常典型的应用体现。

数字电压表就是把模拟电压信号线性地转换成数字信号，然后用数字显示相应的模拟电压值。它具有读数分辨率高、直观、精度高等优点，目前普通数字电压表的读数分辨率可达到 3～6 位十进制数，精度可高达几万分之一，这是模拟电压表无法达到的。其中的关键技术就是 ADC。随着数字技术的不断进步，A-D 转换的应用领域越来越宽广，对 ADC 的要求也越来越高，促使新型的 A-D 转换器件不断涌现。

5.3.2 ADC 的性能指标

ADC 在实际转换过程中，要尽可能保持被转换对象的数值大小和时间特征，特别是交流的高速信号，因此 ADC 具有的性能指标决定了 A-D 转换的品质。

ADC 的主要性能指标如下：

1）分辨率，表示对输入模拟信号的分辨能力。为保证 ADC 输入信号的品质，在被测对象与 ADC 之间需要配置输入信号"处理"电路。一般把被测信号转换到符合 ADC 输入要求的电路称为"调理电路"。调理电路中有两个主要单元电路：信号滤波和电平放大。

另外，ADC 的转换位数多少也决定了对输入信号的分辨能力。对于 DC2V 信号，8 位（bit）ADC 的分辨能力是 7.8125mV，但对于 10bit ADC 则为 1.96 mV。

2）量化误差，用数字编码最低位的 1/2 表示相对于最小模拟量变化的误差，通常用 1/2LSB 表示。对于二进制代码来说，实际上就是最低位 D0 的"0"状态到"1"状态的变化。例如，对于 DC0～2V 模拟量信号，A-D 转换到 8bit 二进制数码输出为 00000000～11111111B，用十六进制表示，为 00H～0FFH。

从物理意义上讲，二进制数字量 00000000B（00H）到 11111111B（0FFH）的变化，相当于把 DC2V 进行了 256 等分，每个等分为 7.8125mV。当输入信号为 DC0V 时，8bit ADC

的输出为 00H，那么 01H 对应的输入信号是 7.8125mV，02H 对应的是 15.625mV。然而，在两个电压值中间呢？所以量化误差就选用最低数字位（D0）的变化（1/2LSB）来表示，即二进制（B）量限（S）中的最低位（L）对应输入的一半（1/2），即 3.90625mV。

3）转换时间，从发出对输入信号量化开始，到 ADC 转换完毕并有效获得转换好的数字码为止的一段时间，也称孔径时间。由于整个孔径时间中，主要是 A/D 转换时间，其余的时间基本上可以忽略。

转换时间是所有 A-D 转换过程中最重要的性能指标，是真正意义上反映对象信号特征的性能指标，也是反映动态特性的关键所在。传统的采样定理（也称香农定理）只能知道交流信号的交变特征，不能获取对象的变化过程。

提高 ADC 的转换时间实际上就是较为大幅地提高硬件成本。例如，输入信号为 1MHz 的正弦波信号，采样定理规定的最低采样频率为 2MHz，而常规，对于连续变化的交流信号，至少要 10 倍于被测信号频率，这就需要 10MHz 的采样频率，转换时间不得大于 0.1μs。一般 ADC 的转换时间为 10 ~ 20μs。

4）精度，ADC 的转换精度实际上就是量化误差，也可以用分辨率来反映。如上述，对于 DC2V 信号，8bit ADC 的分辨能力是 7.8125mV，考虑是线性 A-D 转换，等效到精度就是 0.39%；10bit ADC 为 1.96 mV；12bit ADC 约为 0.5 mV；16bit ADC 则约为 0.03mV，此时的精度为 0.0015%。因此，ADC 的采样精度由转换的位数决定，目前较为普及地选用串行 ADC，转换位数都比较高。

在智能化测量中，要求尽可能保持对象特性，所以建议选用位数高一些的 ADC，考虑到大于 8bit 的 ADC，均需要双字节数据运算，可选 10bit、12bit ADC，转换精度优于 0.1% 和 0.025%。

5）漏码。在 ADC 中，当输入模拟信号值连续变化时，数字输出如果不是连续变化，而出现越过某个值的现象时，就是出现了漏码。

5.3.3　ADC

ADC 是所有数据采集系统的核心，在 ADC 中的核心电路是 D-A 转换器 DAC。ADC 中的控制电路不断地按照某种约定（如递增）提供内定代码，然后经 DAC 转换成电压信号，再与输入电压信号比较，两者不相等时改变内码再重复比较；一旦与输入信号相等，内定代码就是 ADC 的输出。

由于内定代码的生成方式不一样，内部 DAC 的实现方式也不一样，导致实际 ADC 的类型比较多，而且不同类型的结构和特性差异甚远，但基本转换方式都是基于"比较"，所以基于 ADC 的电测仪表都是比较式仪表。

本小节介绍几种典型的 ADC。

1. 跟踪计数型 ADC

跟踪计数型 ADC 如图 5-18 所示。ADC 内部采用一个可逆计数器，时钟信号 CLK 作为可逆计数器的计数脉冲，计数器不停地计数；计数器输出加到 DAC 的数字输入端，DAC 输出 V_o 与模拟输入电压 V_i 比较，比较结果 V_c 控制了可逆计数器的计数方向，U/$\overline{D}$ 为加/减控制端。当 $V_o - V_i \leq 0$，U/$\overline{D} = V_c = 1$ 时，可逆计数器在时钟作用下加 1 计数，于是 DAC 输出 V_o 不断增加，直到 $V_o - V_i > 0$；当 $V_o - V_i > 0$ 时，U/$\overline{D} = V_c = 0$，可逆计数器作减 1 计数，V_o

将不断减小，直到 $V_o - V_i \leqslant 0$。由此可见，可逆计数器能不停地跟踪模拟输入电压 V_i，当 V_i 不变时，计数器的值会在两个相邻的数值之间摆动。这时计数器的值就是模数转换结果，存在 1 LSB 的量化误差。

在读出数据时，用 OE 打开三态门，OE 同时封锁了计数器的时钟信号，以便在读数时数值稳定不变。

跟踪计数型 ADC 中的 V_o 变化曲线如图 5-19 所示，此类 ADC 适用于电压变化比较缓慢的被测对象。

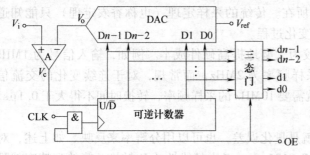
图 5-18　跟踪计数型 ADC 原理图

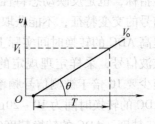
图 5-19　跟踪计数型 ADC 工作曲线图

2. 积分型 ADC

积分型 ADC 是通过积分电路把线性模拟电压转换成时间信号，在这段时间内通过计数器对标准时钟脉冲计数，计数值反映了模拟电压的大小。由此可见，这种转换是把时间作为中间变量，因此是一种间接转换。根据一次转换中积分斜率变化的次数，积分型 ADC 又分成单积分、双积分和四积分等类型。

（1）单积分型 ADC　图 5-20 所示为单积分型 ADC 原理图。图中 A1、R、C 组成积分器，A2 是电压比较器。启动脉冲 START 把计数器清零，同时使开关 SA 闭合，积分电容放电至零。在 START 信号结束后，开关 SA 打开，积分器输出电压 V_o 和模拟输入电压 V_i 分别加到电压比较器的两个输入端。与门 DA1 输出脉宽 T 与 V_i 成正比，在 T 时

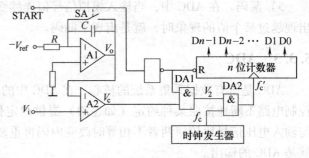
图 5-20　单积分型 ADC 原理图

间内与门 DA2 打开，计数器对时钟脉冲计数，计数终值 D_N 为 A-D 转换结果。转换关系推导如下：

$$V_o = -\frac{1}{RC}\int_0^t (-V_{ref})\,dt = \frac{V_{ref}}{RC}t \tag{5-8}$$

比较器在临界翻转时，$V_o = V_i$，积分时间为 T，因此

$$V_i = V_o = \frac{V_{ref}}{RC}T \tag{5-9}$$

$$T = \frac{RC}{V_{\mathrm{ref}}} V_{\mathrm{i}} \qquad (5\text{-}10)$$

$$D_N = \mathrm{int}\left(\frac{T}{T_C}\right) = \mathrm{int}\left(\frac{f_c RC}{V_{\mathrm{ref}}} V_{\mathrm{i}}\right) \qquad (5\text{-}11)$$

式中，V_{i} 为模拟输入电压；D_N 为计数终值，即 A-D 转换结果；f_c 为时钟发生器输出频率；RC 为积分器时间常数；int 为取整函数。

单积分型 ADC 电路简单，成本低，D_N 和 V_{i} 之间呈线性关系，但影响转换精度的因素比较多，与 f_c、V_{ref}、R、C 的误差和稳定性都有关。

（2）双积分型 ADC 图 5-21 和图 5-22 分别是双积分型 ADC 的原理图和工作波形图。双积分型 ADC 与单积分型不同之处是模拟输入电压也加到积分器输入端，由积分换向开关切换，分别对模拟输入电压 V_{i} 和参考电压 V_{ref} 进行积分。

工作过程如下：启动脉冲 START 把计数器清零，SA1 接通，积分电容 C 放电，同时清除换向触发器 AF，使积分换向开关 SA2 接通 V_{i}。当 START 信号结束后，SA1 打开，积分器开始对模拟输入电压 V_{i} 积分，反向积分使 $V_{\mathrm{o}} < 0$，所以零位

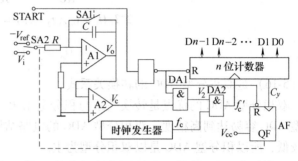

图 5-21 双积分型 ADC 原理图

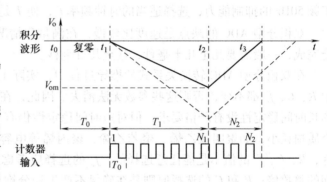

图 5-22 双积分型 ADC 工作波形图

比较器输出为高电平，于是与门 DA1 打开，计数器开始计数。当 n 位计数器计到第 2^n 个脉冲时，计数器回到零值，这段时间为 T_1。由于此段时间计数长度不变，所以不管 V_{i} 的大小，T_1 时间是固定不变的。

计数器回到零值的同时产生进位脉冲 C_y，C_y 使换向触发器置 1，使 SA2 换向到 V_{ref}，积分器转为对参考电压 $-V_{\mathrm{ref}}$ 积分。由于参考电压与 V_{i} 极性相反，因此积分反向。此时计数器从零开始重新计数，直到反向积分至 V_{o} 从负重新越过零，比较器输出 V_c 翻转，于是与门 DA1 关闭，计数停止。此段时间长度 T_2 取决于 V_{i} 的大小，但放电斜率固定不变。一次转换结束，最终的计数值即为 A-D 转换的结果。

从上面分析已知，在一次转换中存在两种不同斜率的积分，因此得名双斜率积分型 ADC，简称双积分型 ADC。双积分型 ADC 的转换关系分析如下：

在第一阶段积分中，积分时间固定为 T_1，第一阶段积分结束时的积分器输出电压为

$$V_{\mathrm{om}} = -\frac{1}{C}\int_0^{t_1} \frac{V_{\mathrm{i}} - V_{\mathrm{o}}}{R}\,\mathrm{d}t = -\frac{1}{RC}\int_0^{t_1} V_{\mathrm{i}}\,\mathrm{d}t = -\frac{V_{\mathrm{i}}}{RC} T_1 = -\frac{2^n T_0 U_{\mathrm{i}}}{RC} \qquad (5\text{-}12)$$

式中，U_{i} 为输入 V_{i} 在 T_1 期间的平均值。这里之所以用平均值 U_{i} 来表示 V_{i} 是考虑了干扰的存在，在实际输入积分器的电压中，除被测直流电压外还叠加有交流干扰成分。

在第二阶段反向积分中,积分斜率固定为 V_{ref}/RC,积分器输出为

$$V_o = V_{om} - \frac{1}{C}\int_{t_1}^{t} \frac{-V_{ref} - U_i}{R}dt = -\frac{2^n T_0 U_i}{RC} + \frac{V_{ref}(t - t_1)}{RC} \tag{5-13}$$

第二阶段反向积分结束发生在 V_o 过零的时刻,即 $t = t_2$ 时,$V_o = 0V$,所以

$$0 = -\frac{2^n T_0 U_i}{RC} + \frac{V_{ref}(t_2 - t_1)}{RC} \tag{5-14}$$

$$2^n T_0 U_i = V_{ref}(t_2 - t_1) = V_{ref} T_0 D_N \tag{5-15}$$

$$D_N = \frac{2^n}{V_{ref}} U_i \tag{5-16}$$

式(5-16)是双积分型 ADC 的转换关系式。

双积分型 ADC 的优点是转换关系与积分电阻 R、电容 C、时钟频率 f_c 无关,因此双积分型 ADC 容易达到高精度。双积分型 ADC 的电路结构与单积分型相比稍复杂一些,成本仍比较低,所以积分型 ADC 是以双积分型为主。

双积分型 ADC 的另一个优势是抗干扰能力强,积分本身有低通滤波作用。为了提高对工频 50Hz 的抑制能力,选择适当的时钟频率 f_c,使 T 是工频周期(20ms)的整数倍。

双积分型 ADC 的缺点是速度比较慢,在满量程情况下,转换要经历 2^{n+1} 个时钟脉冲才能完成,一般需要几至几十毫秒,甚至几百毫秒。

在双积分型 ADC 转换关系式的推导过程中,实际上默认了在正向积分和反向积分过程中 R、C、f_c 都不变,否则这些参数无法消去。因此,在实际应用中虽然对 R、C、f_c 的精度和长时间稳定性没有严格要求,但对短时间稳定性仍有要求,尤其积分电容必须性能稳定、介质损耗小,如聚四氟乙烯、聚苯乙烯、聚丙烯等电容,否则非线性误差会明显增大。此外,R、C、f_c 的值不是能任意选择的。f_c 的选择应考虑对工频的抑制能力,T_1 应取工频周期的整数倍;R 和 C 的选择原则是在确保不产生积分饱和的前提下,积分幅度(V_{om})尽量大一些。

(3)三积分型 ADC 从图 5-22 中可以明显看出,电容充电时间 T_1 固定,但随着 V_i 的大小,放电时间及计数时间是变化的。以 8bit ADC 为例,如果 V_i 取满值 DC5V,计数器就要从 0 开始计数到 0FFH,计数 255 次,耗时较长。

三积分实际上对计数器进行了改进,分成高位计数器和低位计数器,如图 5-23 所示。仍以 V_i 取满值 DC5V 为例,高 4 位先计数,计 15 次就成为 0FH,然后低 4 位计数,计 15 次成为 0FH,二者合成为 0FFH,但计数次数仅为 30 次。

(4)四积分型 ADC 在双积分型 A-D 转换关系式的推导中,把积分器和比较器看成是由理想运算放大器组成的,但是实际运算放大器存在输入偏

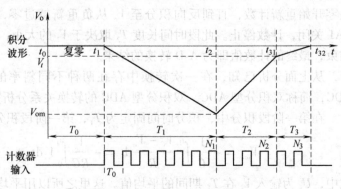

图 5-23 三积分型 ADC 工作波形图

置、输入失调。如何把积分型 A-D 转换的精度进一步提高呢？基本方法是增加两个阶段的积分，测出失调误差，以便对测量结果进行修正，于是就出现了四斜率积分，简称四积分。

3. 逐次逼近型 ADC

逐次逼近型 ADC 也称为逐位比较型 ADC、逐次比较型 ADC 等。这种逐步逼近的方法在科研、生产活动以及日常生活中常常用到，典型例子是用天平和砝码称一个未知质量的物体。

一般操作过程如下：把待称的物体放在天平的一个秤盘上，把一大砝码放在另一个秤盘上，观察天平的平衡情况。如果这个大砝码比被称物体重，就把这个大砝码取下来，换一个次大的砝码；如果这大砝码比被称物体轻，则保留这个大砝码，然后再加上一个次大砝码，再次观察天平的平衡情况，确定这个次大砝码是否需要保留……如此进行下去，留在天平秤盘上的砝码的质量总和一次比一次更逼近被称物体的质量。直到用最小砝码试称后，就得到了被称物体的近似质量，这个结果是离散的数字量，量化单位是最小砝码的质量。

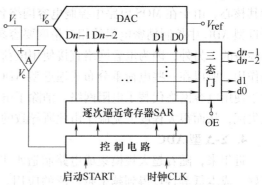

以上逐次逼近的方法用于 ADC。图 5-24 所示为逐次逼近型 ADC 原理框图。

比较器相当于天平，比较器两个输入端就是天平的两个秤盘，比较器输出是天平的平衡指针。n 位 DAC 相当于 n 个砝码，最高位（MSB）是最大砝码，最低位（LSB）是最小砝码，每一位的权就相当于各个砝码的质量，因此可称为权重，其大小为

图 5-24　逐次逼近型 ADC 原理图

$$V_j = \frac{2^j}{2^n} V_{\text{ref}} \tag{5-17}$$

式中，n 为 DAC 分辨率；j 为位的编号，取值为 $0 \sim n-1$；V_j 为第 j 位的权重，即第 j 位等于 1 时 DAC 的输出电压；V_{ref} 为 DAC 参考电压，控制电路决定了称量过程和判断平衡情况。逐次逼近寄存器，在控制电路的指挥下，操作 DAC 的各位，起到放、取和记忆砝码作用。三态门在比较结束后打开，用来读取结果。

下面以一个实例来表述逐次逼近型 ADC 的转换原理。设输入信号 V_i 为 DC3.5V，参考电压 V_{ref} 为 DC5V，试用逐次逼近法转换成 8bit 数据量。

00 步：启动脉冲 START 开始，使控制电路开始定时工作，时序控制电路在时钟信号作用下逐次发出一系列控制信号，并使逐次逼近寄存器清零，即 SAR = D7D6D5D4D3D2D1D0 = 00000000B。

01 步：SAR = 10000000B。经 DAC，$V_o = 2.5$V，$V_o - V_i < 0$，$V_c > 0$，D7 = 1。

02 步：SAR = 11000000B。经 DAC，$V_o = 3.75$V，$V_o - V_i > 0$，$V_c < 0$，D6 = 0。

03 步：SAR = 10100000B。经 DAC，$V_o = 3.125$V，$V_o - V_i < 0$，$V_c > 0$，D5 = 1。

04 步：SAR = 10110000B。经 DAC，$V_o = 3.4375$V，$V_o - V_i < 0$，$V_c > 0$，D4 = 1。

05 步：SAR = 10111000B。经 DAC，$V_o = 3.59375$V，$V_o - V_i > 0$，$V_c < 0$，D3 = 0。

06 步：SAR = 10110100B。经 DAC，$V_o = 3.515625$V，$V_o - V_i > 0$，$V_c < 0$，D2 = 0。

07 步：SAR = 10110010B。经 DAC，$V_o = 3.4765625$V，$V_o - V_i < 0$，$V_c > 0$，D1 = 1。

08 步：SAR $= 10110011B$。经 DAC，$V_o = 3.49609375V$，$V_o - V_i < 0$，$V_c > 0$，D0 $= 1$。

09 步：SAR $=$ D7D6D5D4D3D2D1D0 $= 10110011B = 0B3H$。OE 有效，允许取数。

传统逐次逼近型 ADC 的核心部分是 DAC，其线性度也主要取决于该 DAC。在集成电路制造工艺中，制作 DAC 中的精密电阻网络通常是复杂和低效的。为确保精密电阻网络达到规定的精度，一般需要对其进行激光修调，而修调不当则是导致转换器非线性误差的主要原因之一。

随着 MOS 技术的不断发展，一种以电荷为转换辅助量的新型逐次逼近型 ADC 越来越多地被采用。由于在 MOS 电路中可以较容易地制造出小容量的精密电容，而且 MOS 电路中的电容损耗极小，因此从集成电路制造工艺的角度来看，以电容阵列为基础的采用电荷重分布技术的逼近型 ADC 是高效和经济的。

电荷重分布式逼近型 ADC 的结构比传统逼近型 ADC 要简单，不再需要完整的 DAC 作为其核心。由于在 MOS 电路中控制电容网络各电容的相对精度（即各电容之比）要比传统逼近型 ADC 中控制精密电阻的相对精度要容易，因此电荷重分布式逼近型 ADC 的实现是较为经济的。另外，因为电容网络直接使用电荷作为转换参量，这些电容已经起到了采样电容的作用，所以在一些电荷重分布式逼近型 ADC 的应用中可以不必另加采样保持器。特别是由于使用电容网络代替了电阻网络，消除了电阻网络中因温度变化及激光修调不当引起的阻值失配，从而很大程度上克服了由此所导致的线性误差。

4. Σ-Δ 型 ADC

近年来，随着超大规模集成电路制造水平的提高，Σ-Δ 型 ADC 正以其分辨率高、线性度好、成本低等特点得到越来越广泛的应用。随着 $1\mu m$ 技术的成熟及更小的 CMOS 几何尺寸，Σ-Δ 结构的 ADC 将会越来越多地出现在一些特定的应用领域中，待别是在混合信号集成电路（指在单一芯片中集成有 ADC、DAC 以及数字信号处理器功能的集成电路芯片）中。目前，Σ-Δ 型 ADC 主要用于高分辨率的中、低频（直至直流）测量和数字音频电路。随着设计和工艺水平的提高，目前已经出现了高速 Σ-Δ 型 ADC 产品。

串行方式的 ADC，与串行方式的 DAC 一样，克服了 8bit 或 8bit 以上数据总线的制约，8bit 及 8bit 以上的 A-D 转换不涉及任何硬件工作；其次，串行 ADC 具有低功耗功能，允许在低电压条件下运行，而 A-D 转换的线性度也有较大提高。由于采用 ADC 与单片机之间的串行通信，简化了信号采集时的前向通道，增加了系统的可靠性。

串行 ADC 的基本工作原理如图 5-25 所示。这是一种 Σ-Δ A-D 转换方式。

Σ-ΔADC 由两个主要模块组成，一个是 Σ-Δ 调制器，一个是数字低通滤波器和分样器。Σ-Δ 调制器是基于过采样的一位编码技术，Δ 意为增

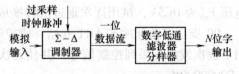

图 5-25　Σ-ΔADC 内部结构图

量，Σ 意为积分，在基本 Δ 调制器中加入一个积分器（或模拟低通滤波器）就构成了 Σ-Δ 调制器。它输出的是一位编码数据流，反映了输入信号的幅度。通常，调制器以大于奈奎斯特速率许多倍的速率采样模拟输入信号（过采样），对模拟信号的样值进行调制，输出一位编码的数据流。经分样（用小于过采样速率的采样速率对数字信号进行再采样）和数字低通滤波处理，除去噪声，得到 N 位编码输出。例如，在 AD7703 中，过采样速率最大为 16kHz，在 $0 \sim 10Hz$ 带宽内，获得 20 位分辨率。而相应高精度高位数的 Σ-ΔA-D 转换基本上

基于这种转换原理。

图 5-26 所示为一阶 Σ-Δ 调制器框图。由采样保持（S/H）放大器采来的模拟值与一位 DAC 的输出同时送到减法器，得到误差电压 $e(t)$，再经模拟低通滤波器除去噪声，由比较器（一位 ADC）进行比较判决，输出一位编码。当 $e(t) > 0$ 时，输出"1"码；当 $e(t) < 0$ 时，输出"0"码。所以，一位 ADC 实际上是一个零位比较器。比较器的输出一路送到数字滤波和分样器，另一路送到一位 DAC，形成 D-A 转换输出信号，它比上一次的输出延迟了一个码元，故代表前一个采样点上的量化电平。D-A 转换的输出送至减法器后，又一次与采样值相减，经滤波和比较判别，输出一位编码。依次进行，便可完成 Σ-Δ 调制（或 A-D 转换）。

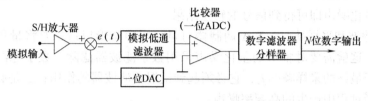

图 5-26　一阶 Σ-Δ 调制器（及 ADC）

Σ-ΔADC 的基本思想是采用过采样技术，把更多的量化噪声压缩到基本频带外边的高频区，并由数字低通滤波器滤除这些带外噪声。因此，过采样 Σ-ΔA-D 转换技术有 3 个重要的优点：一是由于采用一位编码技术，故模拟电路少；二是 ADC 前面的抗混滤波器设计容易；三是能提高信噪比。

从结构上分析，Σ-Δ 型 ADC 含有非常简单的模拟电路（一个比较器、一个开关、一个或几个积分器及模拟求和电路）和十分复杂的数字信号处理电路。分析 Σ-Δ 型 ADC 的工作原理，还必须要了解过采样、噪声整形、数字滤波和采样抽取等基本概念。

（1）过采样　如果对理想 ADC 加一恒定直流输入电压，多次采样得到的数字输出值总是相同的，而且分辨率受量化误差的限制。如果在这个直流输入信号上叠加一个交流（抖动）信号，并用比该交流信号频率高得多的采样频率进行采样，此时得到的数字输出值将是变化的，用这些采样结果的平均值表示 ADC 的转换结果，便能得到比用同样 ADC 高得多的采样分辨率，这种方法称为过采样。

如果模拟输入电压本身就是交流的，则不必另叠加一个交流，采用过采样技术（采样频率远高于输入信号频率）也同样可提高 ADC 的分辨率。

由于过采样的采样速率高于输入信号最高频率许多倍，这有利于简化抗混叠滤波器的设计，提高信噪比并改善动态范围。

（2）Σ-Δ 调制器量化噪声整形　跟踪计数型 ADC 本质上是一个增量调制器（即 Δ 调制器）。增量调制器的工作原理基于这样一个基本事实：信号采样值是互相有联系、相关的。

对于一个连续信号，如果采样间隔很小，相邻采样之间的信号幅度不会变化太大，若将前后两点的差值进行量化同样可以代表连续信号所含的信息。增量调制器中的量化器用来对两次采样点之间的差值进行量化，积分器则对量化的差值进行求和，以形成最终采样值。

增量调制器的量化噪声由两部分构成，即普通量化噪声和过载量化噪声。当采样间隔足够小，信号幅度变化不超过量化台阶 Δ 时，量化噪声为普通量化噪声。而在一个采样间隔内，信号幅度变化超过量化台阶 Δ，积分器无法跟踪信号的变化时，量化噪声为过载噪声。显然，对一特定信号来说，只能通过提高增量调制器的采样频率、减小采样间隔才能避免产生过载噪声。

显然，信号的斜率过载是影响增量调制器性能的主要原因。为克服这一缺点，提出了改进的增量调制器，即 Σ-Δ 调制器（也称 Δ-Σ 调制器、总和增量调制器）。Σ-Δ 调制器与简单增量调制器的主要区别是，将信号先进行一次积分（相当于低通滤波），使信号高频分量幅度下降，减小信号的斜率，然后再进行增量调制。在最终结果输出之前必然要进行一次微分以补偿积分引起的频率损失。由此可见，Σ-Δ 调制器输出的调制脉冲中已经包含信号幅度的全部信息，表现为调制脉冲的占空比。只要对调制脉冲译码并在数字低通滤波环节滤除有用频带外的高频量化噪声即可得到信号的转换结果。

（3）数字滤波和采样抽取　Σ-Δ 调制器对量化噪声整形以后，要将量化噪声移出所关心的频带以外，这就需要对整形的量化噪声采用数字滤波器滤除。数字滤波器的作用有两个：一是相对于最终的采样频率 f_s，它必须起到抗混叠滤波器的作用；二是必须滤除 Σ-Δ 调制器在噪声整形过程中产生的高频率噪声。

因为数字滤波器降低了带宽，所以输出数据速率应低于原始采样速率，直至满足奈奎斯特定理，以去除输出数据中的多余信息。如果采样速率不满足奈奎斯特定理，信号将发生混叠，但如果输出数据速率（即系统实际的采样速率）远大于 $2f_s$，会增加系统处理数据的负担，对系统的硬件、软件要求就更高，无谓地增加了系统的成本。

降低输出数据速率是通过对滤波器输出以原始采样速率的 $1/M$ 进行重采样来完成的，这种方法称为采样速率降为 $1/M$ 的抽取，一般 M 小于等于过采样倍率 K。M=4 的采样抽取如图 5-27 所示，其中输入信号 $X(n)$ 的重采样速率已被降到原来采样速率的 1/4。这种抽取率不会使信息产生任何损失，它实际上是去除过采样过程中产生的多余信号的一种方法。

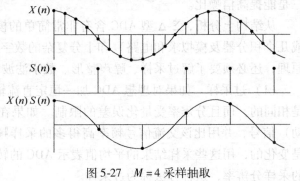

图 5-27　M=4 采样抽取

在 Σ-Δ 型 ADC 中，常常将抽取与数字滤波结合在一起，这样做可以提高计算效率。众所周知，有限冲击响应滤波器简单地对输入采样值进行流动加权平均计算（权值大小分别由滤波器的各个系数决定）。在通常情况下，每一个输入采样值应对应一个滤波器输出。然而，如果希望对滤波器输出进行抽取，即用较低的频率对滤波器输出进行重采样，就没有必要对每一次采样输入都进行滤波输出计算。在这种情况下，只需按抽取的速率进行计算即可，这样可以大大提高计算过程的效率。

串行 ADC 的转换数据位数比较常用的有 8 位、12 位、16 位、18 位、20 位以及 24 位。串行 ADC 的转换时间以 18 位 Σ-Δ 型 ADC 为例，采样次数 5000/s，功耗小，体积小，低电压供电模式。与传统的 LPCM 型 ADC 相比，Σ-Δ 型 ADC 实际上是一种用高采样速率来换取高位量化，即以速率换分辨率的方案；另外，Σ-Δ 型 ADC 具有非常优秀的微分线性和积分线性性能。

5. 并行比较型（闪烁型）ADC

并行比较型 ADC 是目前可以见到的速度最快的 ADC，最高采样速率可以达到 500MS/s，全功率带宽大于 300MHz。

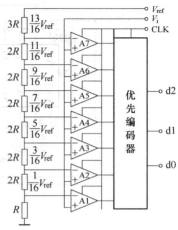

图 5-28　并行比较型 ADC 原理图

并行比较型 ADC 的结构和原理是比较简单的，它由分压电阻网络、比较器阵列和优先编码器组成。图 5-28 所示为一个经过简化的 3 位并行比较型 ADC 的原理图，电阻网络把参考电压 V_{ref} 分压，分压点的值分别是 $\frac{1}{16}V_{\text{ref}}$，$\frac{3}{16}V_{\text{ref}}$，…，$\frac{13}{16}V_{\text{ref}}$，正好是理想 ADC 变换关系曲线中发生阶跃的模拟电压值。这 7 个分压点分别接到比较器 A1，…，A7 的反相输入端，作为比较基准。模拟输入电压同时加到 7 个比较器的同相输入端，当 $V_{\text{i}} <$（1/16）V_{ref}时，所有比较器输出为 0；当（1/16）$V_{\text{ref}} \le v_1 <$（3/16）V_{ref}时，比较器 A1 输出为 1，其余输出仍为 0；当（3/16）$V_{\text{ref}} \le V_{\text{i}} <$（5/16）$V_{\text{ref}}$时，A1 和 A2 输出都为 1，其余输出仍为 0；依次类推。不同的输入电压，可得到不同的比较器输出状态。

比较器的输出经过一个优先编码器得到 3 位二进制数。

从以上分析可以看到，几个比较器的工作是同时进行的，因此得到并行比较之名。A-D 转换的速度取决于一级比较器的延迟时间以及优先编码器和辅助电路中逻辑门的延迟时间，与比较器的数量无关。当采用高速比较器和高速数字电路时，就可以获得很高的 A-D 转换速度，因此，又有闪烁型 ADC 之称。

典型的并行比较型 ADC 通常受采样时钟 CLK 控制。并行比较型 ADC 在采样时钟控制下有两种状态，即跟踪状态和保持状态。在跟踪状态下，比较器输出随输入信号变化，编码器输出无效；在保持状态下，比较器保持输出不变。

并行比较型 ADC 的原理和结构是简单的，但重复单元电路的数量很多，对一个 n 位 ADC 来说，分压电阻有 2^n 个，比较器有 2^{n-1} 个。为了获得较高的转换速度，各个电压比较器必须工作在相对较高的工作电压下，这样使并行比较型 ADC 功耗较大，从而进一步限制了集成度的提高。另外，为了给高速比较器的输入端以足够的偏置电流，分压电阻网络中的各个电阻的阻值必须选得较小，从而又使电压参考源的输出电流相当大（大于 10mA）。因此，用集成工艺制造高分辨率的并行比较型 ADC 成本较高。

6. LED 数码输出 ADC

上述 ADC 均输出常规的二进制数码，然后需要进一步应用处理和转换。LED 数码输出就是能将输入的直流电压信号直接转换到能够显示的数码形式，这样接入 LED 数码管，就能够直接数字显示了。

图 5-29 所示的就是 LED 数码输出 ADC，配上 LED 数码管，构成了数字电压表。图中，测量电流信号从 A-IN 输入，测量量限为 ±200mA；测量电压信号从 V-IN 接入，测量量限为 ±200mV。如果在输入端前接入信号转换电路，就能扩大输入量限。

数字显示位数为三位半，显示范围为 0 ~ ±1999。

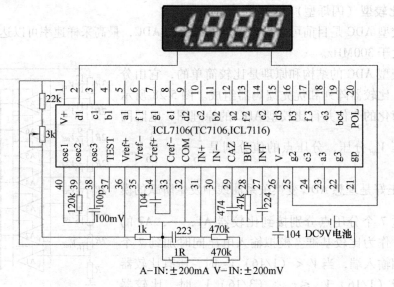

图 5-29　基于 ICL71X6 数字电压表电路图

图 5-29 所示的电路在许多功能电路中作为数字显示器而广为应用。

5.3.4　模拟量的数字化测量

在合理选择 ADC 芯片后，还必须根据测量对象正确设计 ADC 外围的应用电路，通常包括模拟电路、数字接口电路、电源电路等部分。

1. 电压的数字化测量

电压测量包括直流电压测量和交流电压测量，上述 A-D 转换电路的功能实现实际上也完成了直流电压的测量工作，后续电路就是接显示器或接入单片机系统了。

由于 ADC 只能辨识 $0 \sim V_{\text{ref}}$ 之间的电压，交流电压信号的数字化测量，就必须对交流信号进行处理，最简单的办法就是将被测交流信号的电压峰-峰值 $V_{\text{p-p}}$ 按照 ADC 输入的实际量限转换。例如，ADC 的输入量限为 DC0 ~ 5V，则交流信号的 $V_{\text{p-p}} = \pm 2.5V$，通过电路对交流信号中加入 2.5V 的直流分量，ADC 就能测量"交流信号"了。图 5-30 所示的仅仅是一种通过增加 V_{ref} 直流分量抬高交流信号的双极性到单极性电路，如 V_{ref} 为 DC2.5V，U_{i} 为 AC $\pm$ 2.5V，4 个电阻均取一样的阻值，这样 U_{o} 为 DC0 ~ 2.5V。电路中的运算放大器选择一定要考虑到交流信号的频带。

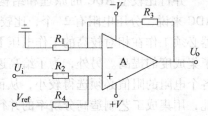

图 5-30　双极性到单极性转换电路

A-D 转换后的数码信号一定要注意，信号是交流信号，进一步计算、处理和转换不能改变实际的交流信号特征。

2. 电流的数字化测量

被测电流流过一个已知阻值的精密电阻，通过测量电阻两端的电压，就能换算出电流。

3. 电阻的数字化测量

电阻的测量方法较多，如采用有源运算放大器，将被测电阻作为反馈电阻，分别测出与两个输入电阻构成放大电路时的电压输出，然后计算得出被测电阻。

按照比较式仪表测量电阻的方法，选用电桥法。惠斯顿电桥测量 1Ω 以上电阻，开尔文电桥测量 1Ω 以下电阻，电桥的输出直接接数字电压表。

如果选择无源电路，而被测电阻不是小电阻，则可以按照如图 5-31 所示的电路测量。这种方法需要读取两个电压值 U_1 和 U_2，U_1 与 R_s 计算出电流 I_s，再通过 U_2 计算出被测电阻 R_x。这种方法操作简单，容易实现。

$$R_x = \frac{U_2}{I_s} = \frac{U_2}{U_1} R_s \tag{5-18}$$

4. 电容的数字化测量

电容的测量主要根据电容在电路中的容抗来计算，如图 5-32 所示。电路的输出为交流信号，再转换到直流模式。

$$X_C = \frac{1}{2\pi f C} \tag{5-19}$$

$$\dot{U}_O = -\frac{R_s}{X_C} \dot{U}_i \tag{5-20}$$

$$\dot{U}_O = 2\pi f R_s \dot{U}_i C = KC \tag{5-21}$$

式中，K 为已知量，测出输出电压后计算得到 C。

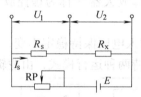

图 5-31　用数字电压表测量电阻

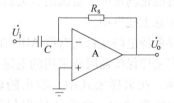

图 5-32　用数字电压表测量电容

5. 电功率的数字化测量

瞬时功率为瞬时电压与瞬时电流的乘积，在一个周期内取瞬时功率的平均值就得到平均功率 P。所以，测量功率需要求出电压和电流的乘积。电功率的数字化测量瞬时功率要比电动系电功率表显现出明显的优势，后者只能测量平均功率。

电功率的测量涉及到电压和电流两个参数，可以采用两组测量电路。由于数字化测量具有较快的采样速度，因此瞬时信号、直流信号均能测量。结合上述介绍，将电动系电功率表数字化，就能完成电功率的数字化测量。

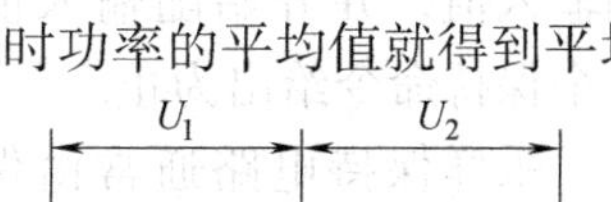

图 5-33　电功率
测量示意图

电功率测量可以按照图 5-33 所示的电路来理解。内置电路通过标准电阻测得支路电流 I_s，然后与负载电阻上的压降 U_2 相乘得到电功率，即

$$P = I_s U_2 = \frac{U_1 U_2}{R_s} \tag{5-22}$$

5.3.5　A-D 转换应用电路设计要点

上述数字化测量中，特别是需要多次测量的数字化测量中，ADC 的输出数据基本上由单片机来处理，已经属于智能化测量范畴了。智能化测量构成的仪表绝大多数是一表多用，一台表基本上能够显示许多电学或磁学参数。为此大多数单片机都集成了 ADC，这样配合数字电路、网络电路、显示电路等完成智能化的全面测量。

为保证 ADC 的测量精度，前向通道的设计成为关键，主要器件是运算放大器、采样保持器、多路开关等。

大多数 ADC 的模拟输入电压范围在 1～10V 之间，而多数 A/D 转换系统的模拟输入信号是比较小的，因此模拟放大器是最基本的外围模拟电路之一。通常可以选用集成运放作为模拟放大器，在某些精密的数字仪表系统中则可以选用仪表放大器和隔离放大器。选择放大器时主要考虑放大器的带宽和精度，由于放大器的满度误差和零位误差多半是可调的，因此这里精度主要指温漂和噪声。ADC 芯片通常是系统中的核心器件。为了充分发挥 ADC 的转换速度和转换精度的潜力，所选择的放大器的带宽和精度应优于所选的 ADC。

模拟放大器除了对模拟输入信号放大外，通常也起到了阻抗变换的作用。某些 ADC 的模拟输入端输入电阻比较小，而模拟信号源的内阻常常比较大，这时选用高输入电阻、低输出电阻的放大器是必要的。在采用集成运放时，应注意连接方法，必要时加电压跟随器，以提高输入阻抗。

在智能化测量中，也选用放大倍数能够自动设定的运算放大器（称为程控放大器），但仍必须注意上述事项。

采样保持电路是针对有些 ADC 在转换期间要求模拟输入电压保持稳定不变，而 ADC 本身不带有采样保持器时要采用的电路。该电路有采样和保持两种运行模式，由逻辑控制输入端来选择。在采样模式中，输出随输入变化；在保持模式中，电路的输出保持在命令发出时的输入值，直到逻辑控制输入端送入采样命令为止。此时，输出立即跳变到输入值，并开始随输入值变化，直到下一个保持命令给出为止。

采样保持电路通常由保持电容器、模拟开关和运算放大器等组成，如图 5-34 所

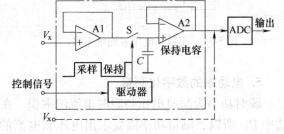

图 5-34　采样保持电路

示。采样期间，由控制信号控制模拟开关 S 闭合，输入信号通过跟随器 A1 和 S 对电容器 C 快速充电；保持期间 S 断开，由于运算放大器 A2 输入阻抗很高，理想情况下，电容器将保持充电值。

对于模拟输入电压变化很缓慢的系统，可以不使用采样保持器。原则上讲，在 ADC 转换期间，模拟输入电压的变化不超过 ±（1/2）LSB 时，就没有必要使用采样保持器。

例如，当模拟输入电压是一个幅值为 1V、频率为 1Hz 的正弦波电压时，模拟电压的最大变化率为 2πV/s（约 6.3V/s）。如果使用的 ADC 的分辨率为 12 位，输入电压范围为

±5V,转换时间为100μs，那么在转换期间模拟电压最大变化幅度为0.63mv，相当于（1/4）LSB，因此可以省去采样保持器。

当多个测量对象需要数字化测量且对采样时间要求不高时，可选用一个 ADC，在ADC 前配置多路开关，构成多通道测量系统，如图 5-35 所示。

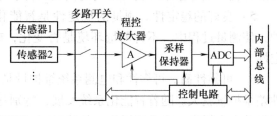

图 5-35　多通道测量系统示意图

传感器的数量可以根据测量对象来确定，由于每个对象的信号特性不一样，所以在选择输入时，需要"程控放大器"进行滤波和电平匹配，然后由采样保持器和 ADC 完成该参数的数字化测量。记住：在切换到另一个参数测量前，必须保存已采样的参数数据。

5.4　智能电测硬件技术

智能电测技术主要是围绕智能芯片与智能电路而言，如图 5-36 所示。

从图 5-36 中可以看到，上述数字化测量技术（前向通道ADC）的全面介绍，是电学量/磁学量智能化测量的信号输入环节；总线接口主要包括 RS 系列接口、USB 接口、现场总线等；显示器由智能芯片负责控制；通信接口包括有线通信和无线通信，无线通信更是未来发展的主要通信手段（包括红外通信、蓝牙通信、射频通信等）。

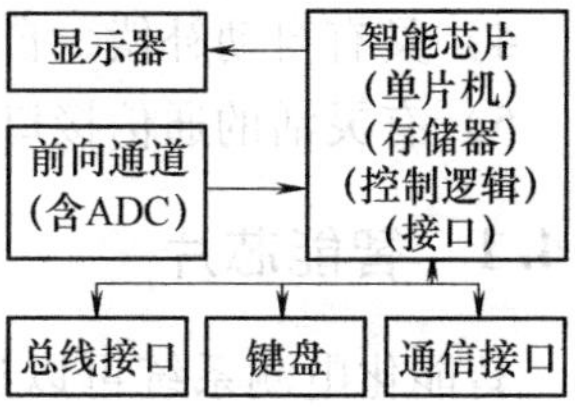

图 5-36　智能化
电测结构框图

由智能芯片实现的智能化电测系统，有以下显著优点：

1）测量精度高。由于采用了单片机，工作频率都在 6MHz以上（甚至达到几百兆赫），可以在短时间内对一个模拟量进行几千次测量（更新的芯片出现，其采样、存储的时间还可以大量减少）。利用这一点，可以进行快速多次等精度测量，然后进行数字滤波等处理，排除一些偶然的误差与干扰。

2）能够自动校准。一般电气测量工作开始前，测量仪表都要进行刻度校准，如数字电压表要进行 0V 和 1V 的校准，以保证测量显示数字的正确性。1V 的校准采用一个标准电池1.00186V，0V 的校准采用接地。但是在使用中随着仪表温度的不同，元件参数往往会发生变化，原来校准好的状态受到破坏，导致前后测量的数据不一致。智能化测量就能自动校准，而且还可在测量过程中定期进行校准，从而减少了误差。

3）具有自诊断能力。智能系统在运行中发现故障，可以自检出来，并诊断发生故障的根源。在自诊断过程中，发现不正确的信号就以明显的警报形式提供给使用者。测量系统的自检不单是在一开始启动时进行，在运行过程中自检例行程序也在被执行，一旦发现出现故障，面板指示灯就会闪光，通知使用者。

4）允许灵活地改变电测仪表的功能。智能系统是由硬件模块和软件模块组成的。硬件部分可以做成模块或板卡，更换一块模块时，就能更改仪表的功能，或者完全变成了另外一台电测仪表。同样，通过改变软件模块也会达到上述效果。例如，更换软件的监控程序，而硬件不变，则所按的各种键都可以改变功能，或达到一键两用、三用的效果。随着存储技术的发展，EEPROM、FLASH 技术的出现，存储空间已经不是问题。只要在程序存储器上配置解释程序或专家系统就可以实现仪表的自学习、实现自己的功能。

5）良好的稳定性。测量的稳定性是智能化系统的重要指标。智能系统能做到良好防护，使测量过程中，不管测量环境是否变化，或者介质温度是否变化，都能保证测量的稳定性。

6）可靠性高。可靠性和电测系统维护量是相反相成的，可靠性高说明维护量小，可靠性差维护量就大。随着智能化系统发展，特别是微电子技术引入制造行业，使智能化系统的可靠性大大提高。通常用平均无故障时间 MTBF 来描述仪表的可靠性，一台全智能变送器的 MTBF 比一般非智能仪表（如 DDZ—Ⅲ型变送器）要高 10 倍左右，而目前有些智能模块的 MTBF 高达几十年以上。

智能化电测系统不仅具有上述优点，还具有以下功能：

1）保持指针式电测仪表的操作、使用特点，对不熟悉智能系统的操作人员，可按常规测量仪表的习惯进行操作，如手动/自动切换等。

2）具有可编程特性。

3）功能切换方便，演算功能强，运算精度高。

4）具有自动补偿、自选量程、自校正、自诊断、进行巡检等功能。

5）有灵活的通信接口。

5.4.1　智能芯片

智能化电测系统可以选用的智能芯片（单片机）很多，本小节介绍几种较为通用的、典型的和功能较强的单片机。

1. MCS51 系列单片机

MCS51 系列单片机的应用技术比较成熟，应用领域也很宽。Intel 公司自推出 5V 供电的 8051 系列后，已经陆续衍生出 10 个种类 50 多个型号的芯片。Philips 公司、Siemens 公司等已生产出几十个系列、百余种类的芯片。目前 MCS51 系列的单片机还在发展，其新一代芯片的指令运行时间可达 $1/6\mu s$。

MCS51 系列单片机除了双列直插式 DIP40 引脚封装外，还有方形封装结构。单片机内部主要包括 CPU、存储器结构和基本功能电路，如图 5-37 所示。MCS51 系列单片机有 4 种型号，即 8031、8051、8751 和 8951。由图 5-37 可知，MCS51 系列单片机有并行 I/O 接口、串行 I/O 接口、定时器/计数器、中断控制及复位功能等。

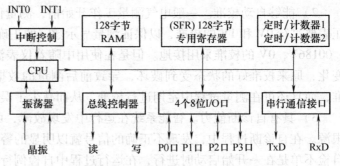

图 5-37　MCS51 单片机系列内部框图

MCS51 系列单片机指令执行时间为 $1\sim4\mu s$，指令系统功能比较强，除了常规的运算指令、逻辑操作指令、移位及转跳指令外，还有：

1）数据交换指令，如 XCH、ZCHD、SWAP，用于数据的代码转换；

2）布尔指令集，可以直接按"位"操作，使 I/O 操作更为简练，如 SETB/CLR P$i.j$（i = 0 ~ 3，j = 0 ~ 7）等；

3）灵活的转跳指令，特别是 CJNE，将比较、转跳和状态位设置于一体。

2. 飞思卡尔系列单片机

飞思卡尔系列单片机主要包括 MC68HC05、MC68HC08 系列以及增强型 8 位单片机 MC68HC11、MC68HC13 系列。

MC68HC05 系列单片机中以 MC68HC05B6 功能最强，主要有以下三大特点：

1）绝大多数 MC68HC05 单片机的内部总线不对外部开放，它们都具有内部 ROM，并且不能以并行总线方式来外接存储器和 I/O 接口芯片。其内部电路采用模块结构设计，有 ROM、RAM、EPROM、EEPROM、定时器、串行口、A-D、显示驱动器以及其他片内 I/O 功能模块，可以与相关的外围电路构成一个最小微机系统，具有系统构成规模小、可靠性高等特点。

2）MC68HC05 的存储器采用统一编址方式，即程序存储器、数据存储器、各种特殊功能寄存器及其 I/O 都处于同一个统一编址的存储空间。不同型号芯片的内部寄存器和片内存储器的地址空间分配相对固定。

3）MC68HC05 的复位功能，有上电、外部和内部 3 种复位方式，内部复位又分为时钟频率检测和 COP（程序运行监视器）溢出两种方式。而复位后程序计数器（PC 指针）中的内容是一个地址向量，向量指向就是系统程序的起始地址，换句话说，系统程序的起始地址是可以由用户自己在芯片允许的地址空间任意确定的。另外还具有 LED 或 LCD 显示驱动电路和信号发生电路等，并有芯片自检和保密功能。

MC68HC05 系列单片机的指令系统有 65 条指令，机器周期为 0.5μs（4MHz），除乘法指令需 5.5μs 外，其余指令的执行时间为 1 ~ 3μs。

MC68HC11 系列单片机是 MC68HC05 系列单片机的增强型，具有两个 8 位累加器（可连成一个 16 位累加器）、两个 16 位变址寄存器和一个 16 位堆栈指针。其指令系统增加了 16 位/16 位的整数和小数除法、移位、加 1 和减 1 等 16 位运算指令及位处理指令等 96 条新指令。MC68HC11 系列具有丰富的 I/O 功能，包括 2 ~ 8 个并行 I/O 口、9 功能 16 位定时器系统、输入捕捉电路和输出比较电路、（异步）串行通信接口 SCI、（同步）串行外围设备接口 SPI、8 路 8 位或 10 位 A-D 和 D-A、高速多功能 I/O、脉宽调制 PMW、可编程片选、计算机工作正常监视系统（即程序运行监视器 COP）、实时中断电路（具有 22 个硬件中断源和一条软件中断指令 SWI）和看门狗等。内部还有 4 ~ 24KB ROM、512B EEPROM 和 256 ~ 1024 B RAM。有些型号具有编程保密位，根据需要可以工作在单片模式（同 MC68HC05 系列）或可扩展至 64KB 寻址范围（同 MCS51 系列），工作时还具有休眠（STOP）和等待（WAIT）两种节电功能。

3. PIC 系列单片机

PIC 系列单片机种类较多，如 PIC16C5X 系列、PIC16C6X 系列、PIC16C7X 系列以及 PIC16C8X 系列等。下面以 PIC16C5X 为例说明其特点。

1）采用 CMOS 工艺制造的 8 位单片机，低功耗工作模式（Standby Mode）；具有睡眠功能，通过内部"看门狗"电路唤醒或 RTCC 输入端的电平变化唤醒；掉电数据保护时，仅需电流 3μA。

2）工作频率为 DC ~ 20MHz，可提供 4 种可选振荡方式：低成本的阻容（RC）振荡、标准晶体/陶瓷（XT）振荡、高速晶体/陶瓷（HS）振荡，以及低功耗、低频晶体（LP）振荡。

3）单片机工作电源有 3 个级别：商用级为 2.5 ~ 6.25V，工业级为 2.5 ~ 6.25V，军工级为 2.5 ~ 6.0V。

4）引脚封装方式为 18 和 28DIP，具有 12 ~ 20 线双向可独立编程三态 I/O，每根 I/O 口线都可由程序来决定其输入/输出方向；其输出驱动能力强，可以直接驱动 LED 显示。

5）系统采用哈佛结构，"流水线"取指方式；指令精简（33 条指令），字长 12 位，全部为单字节指令；除涉及 PC 值改变的指令外（如跳转指令等），其余指令都是单周期指令；指令运行快，20MHz 时，指令周期为 200ns。

6）系统内带一个 8 位定时器/计数器（RTCC），具有自振式看门狗功能（WDT）和内部复位电路。系统复位时，指令计数器 PC 为全"1"，"看门狗"电路清零，所有 I/O 口呈高阻状态。

7）系统提供 2 级子程序堆栈，在程序设计时，子程序嵌套只能一次；若具有中断功能，每次只能调用子程序一次，在子程序执行完毕返回主程序后才能再次调用。

4. MSP430 系列单片机

TI 开发出的 MSP430 微控制器采用 16 位 RISC 结构，包括灵活的时钟系统，具有多种低功耗模式，内置包括 ADC、DAC、比较器、电源电压监视器和 LCD 驱动器等部件。MSP430 系列芯片引脚多，内部资源多（具有硬件乘法器），指令执行速度较快，并且在超低功耗嵌入式实时时钟功能处于工作状态时，该系列正常待机的耗流量可低至 $0.8\mu A$，因此非常适用于低功耗电池供电系统的设计。MSP430 系列芯片是支持 JTAG 接口的单片机，TI 公司称该 JTAG 接口装置为 FET，通过 FET 就可以对该系列单片机进行编程与仿真，开发较为方便。

在电气测量及其较多的智能电工仪表中选用 MSP430 系列单片机。

5. ARM 系列单片机

ARM 体系结构采用 32 位嵌入式 RISC 微处理器结构，具有以下特点：①体积小、低功耗、低成本、高性能；②支持 Thumb（16 位）/ARM（32 位）双指令集，能很好地兼容 8 位/16 位器件；③大多数数据操作都在寄存器中完成；④寻址方式灵活简单，执行效率高；⑤指令长度固定。

ARM 处理器核当前有 6 个系列产品：ARM7、ARM9、ARM9E、ARM10E、SecurCore 以及最新的 ARM11 系列。ARM 处理器的生产厂商很多，他们仅需向 ARM 公司购买 ARM 核的 License 便可进行生产。目前市场上常用到的 ARM 芯片有 Samsung 公司的 $ 3C2410、$ 3C440BX 和 S3C4510，Atmel 公司的 AT91 系列，Cirrus Logic 公司的 EP7311/12 系列，Hyundai 公司的 GMS30C720I/02 系列，Philips 公司的 LPC2100/2200 系列芯片等。

6. DSP

DSP（Digital Signal Processor）是一种独特的微处理器，是以数字信号来处理大量信息的器件。其工作原理是接收模拟信号，转换为 0 或 1 的数字信号，再对数字信号进行修改、删除、强化，并在其他系统芯片中把数字数据解译回模拟数据或实际环境格式。它不仅具有可编程性，而且其实时运行速度可达每秒数以千万条复杂指令程序，远远超过通用微处理器，是数字化电子世界中日益重要的智能芯片。

DSP 最大特色是强大数据处理能力和高运行速度，其显著特点如下：

1）具有 3 个运算单元：算术逻辑单元（ALU）、乘法器/累加器（MAC）和桶形移位器，通过结果总线连接 3 个单元，使任意单元的输出寄存器直接作为其他单元的输入而被处理。

2）具有两个独立的数据地址发生器，一个作为从程序存储器中提取数据的地址，一个作为数据存储器数据存取的地址，即可以在单指令周期内独立完成两个不同存储空间存取两个操作数。同时，当一个地址被送到地址总线上时，地址发生器可将该地址进行码位倒置，为 FFT 提供了零开销的码位倒置。

3）具有功能很强的程序定序器，对于处理"循环执行"和处理"循环和移位"，DSP 利用计数堆栈、循环堆栈和循环比较器确定是否应终止一个循环，并转至下一条指令。其中若有中断或子程序调用，其处理器状态能够自动保存，无须"保护现场"。

4）快速的指令执行周期，如 AD 公司的 ADSP2105 为 100ns，ADSP2181 为 30ns，完成 1024 点 FFT 运算只需几毫秒。

5）DSP 片内具有程序存储器和数据存储器。其内部程序存储器具有能自动引导片外单字节宽的外部存储器中的内容，即 DSP 具有与单字节宽 EPROM 的直接接口，能有效地引导加载程序，被引导的存储空间由一个外部 32KB 的空间组成，并被等分成 8 页，复位时零页被自动引导送入片内数据存储器（RAM），在程序控制下，任一页的内容均可加载到片内或片外 RAM 中。

6）串行口能以该处理器的速度全速操作，其发送字和接收字的宽度可编程（3~6B 之间），能支持 A-律和 μ-律压缩扩展，并且允许自动缓冲。当每个字通过串行口发送或接收时，数据能自动读出或写入寄存器，无须产生中断。

当然，与通用单片机相比，DSP 微处理器（芯片）的其他通用功能相对较弱些。

7. 其他

还有其他系列的单片机，如 AVR 单片机、HPC（High Performance Controller）系列单片机、EM 系列单片机和 4 位单片机系列等，在此不一一介绍了。在选择单片机时，应该注意以下几个问题：①依据数据处理的要求选择 4 位、8 位或 16 位数据长度的单片机；②估计程序容量和数据容量，确定寻址范围及寻址方式；③单片机指令的运行速度；④单片机的工作电压范围及其功耗；⑤中断能力；⑥硬件与软件的支持能力，尽可能选择功能全、符合使用要求的单片机，减少硬件设计、投入和开发周期。

5.4.2　控制逻辑接口

控制逻辑接口实际上就是逻辑器件，外表似乎就是一片集成电路，但其内涵是可以编程的。逻辑器件有两类：固定逻辑器件和可编程逻辑器件。固定逻辑器件中的电路是永久性的，它们完成一种或一组功能，一旦制造完成，就无法改变了。而用户在选用后如果应用要求发生了变化，就必须重新选择和开发设计。可编程逻辑器件（PLD）是能够为客户提供范围广泛的多种逻辑能力、特性、速度和电压特性的标准成品部件，而且此类器件可在任何时间改变，从而完成许多种不同的功能。设计人员可利用价格低廉的软件工具快速开发、仿真和测试其设计，然后可快速将设计编程到器件中，并立即在实际运行的电路中对设计进行测试。

采用 PLD 的一个关键优点是在设计阶段客户可根据需要修改电路，直到对设计工作感到满意为止。这是因为 PLD 基于可重写的存储器技术，要改变设计，只需要简单地对器件进行重新编程。一旦设计完成，客户可立即投入生产，只需要利用最终软件设计文件简单地编程所需要数量的 PLD 就可以了。

早期的可编程逻辑器件只有可编程只读存储器（PROM）、紫外线可擦除只读存储器（EPROM）和电可擦除只读存储器（EEPROM）3 种。由于结构的限制，它们只能完成简单的数字逻辑功能。其后出现了一类结构上稍复杂的可编程芯片，即可编程逻辑器件（PLD），它能够完成各种数字逻辑功能。典型的 PLD 由一个"与"门和一个"或"门阵列组成，而任意一个组合逻辑都可以用"与-或"表达式来描述，所以 PLD 能以"乘"和"和"的形式完成大量组合逻辑功能。这一阶段的产品主要有 PAL（可编程阵列逻辑）和 GAL（通用阵列逻辑）。

20 世纪 80 年代中期，又出现了类似于 PAL 结构的扩展型复杂可编程逻辑器件（Complex Programmable Logic Dvice，CPLD）和与标准门阵列类似的现场可编程门阵列（Field Programmable Gate Array，FPGA），它们都具有体系结构和逻辑单元灵活、集成度高以及适用范围宽等特点。这两种器件兼容了 PLD 和通用门阵列的优点，可实现较大规模的电路，编程也很灵活。与门阵列等其他 ASIC（Application Specific IC）相比，它们又具有设计开发周期短、设计制造成本低、开发工具先进、标准产品无需测试、质量稳定以及可实时在线检验等优点，因此被广泛应用于产品的原型设计和产品生产（一般在 10 000 件以下）之中。几乎所有应用门阵列、PLD 和中小规模通用数字集成电路的场合均可应用 CPLD 和 FPGA 器件。

CPLD 的集成度在千门/每片以上，使用 EPROM、E^2PROM 和 Flash 等编程工艺，其基本结构与 GAL 并无本质的区别，依然是由与阵列、或阵列、输入缓冲电路、输出宏单元组成。其余阵列比 GAL 大得多，但并非靠简单地增大阵列的输入、输出端口达到，这是因为阵列占用硅片的面积随其输入端数的增加而急剧增加，而芯片面积的增大不仅使芯片的成本增大，还因信号在阵列中传输延迟加大而影响其运行速度，所以在 CPLD 中，通常将整个逻辑分为几个区。CPLD 中普遍设有多个时钟输入端，并可以利用芯片中产生的乘积项作为时钟。有的 CPLD 中还设有专门的控制电路对时钟进行管理。

FPGA 的特点在 4.3.3 节已有介绍，它是由存放在片内 RAM 中的程序来设置其工作状态的，因此，工作时需要对片内的 RAM 进行编程。用户可以根据不同的配置模式，采用不同的编程方式。可以说，FPGA 芯片是小批量系统提高系统集成度、可靠性的最佳选择之一。

FPGA 是现场可编程门阵列。由于门阵列中每个节点的基本器件是门，用门来组成触发器进而构成电路和系统，其互连远比 PLD 的与、或加触发器的结构复杂，所以在构造 FPGA 时改用了单元结构。即在阵列的各个节点上放的不再是一个单独的门，而是用门、触发器等做成的逻辑单元，或称逻辑元胞（Cell），并在各个单元之间预先制作了许多连线。所谓编程，就是安排逻辑单元与这些连线之间的连接关系，依靠连接点的合适配置，实现各逻辑单元之间的互连。所以严格地说，FPGA 不是门阵列，而是逻辑单元阵列，它与门阵列只是在阵列结构上相似而已。

在实际设计时，FPGA 可提供最多的多功能引脚、I/O 标准、端接方案和差分对，FPGA

在信号分配方面也具有最复杂的设计指导原则。

CPLD 和 FPGA 都是由逻辑单元、I/O 单元和互连三部分组成的。I/O 单元的功能基本一致，逻辑单元、互连以及编程工艺则各不相同，而它们的区别又决定了它们应用范围的差别。

从逻辑单元分析，小单元的 FPGA 较适合数据型系统，这种系统所需的触发器数多，但逻辑相对简单；大单元的 CPLD 较适合逻辑型系统，如控制器等，这种系统逻辑复杂，输入变量多，但对触发器的需求量相对较少。

从互连分析，CPLD 因为单元大，功能强，使用的是集总总线，所以其特点是总线上任意一对输入端与输出端之间的延时相等，且是可预测的；对 FPGA 而言，延时是不等的，一般情况下比 CPLD 大，所以用 FPGA 开发时，除了逻辑设计外，还要进行延时设计，通常需经数次设计，方可找出最佳方案。

5.4.3　前向通道

在智能化测量系统中，ADC 仅仅是一个转换环节，必须与"信号调理电路"组合，形成"前向通道"，完成现场信号的采集任务。

所谓"前向通道"，就是对某一个被测量的模拟信号，经过滤波、运算放大器、采样保持电路和 ADC，最终以数字形式输出的信号调理和转换通道。它是单片机获取外界参数的前置环节，

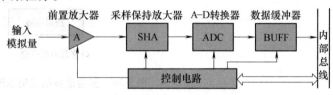

图 5-38　单通道数据采集系统

也称"数据采集"或"数据采样系统"。对于一个被测量信号而言，前向通道为单通道模式；在被测量信号多于两个以上时，前向通道中按照信号的要求增设多路开关（MUX），形成多通道模式。图 5-38 所示为单通道数据采集系统，图 5-39 所示为多通道数据采集系统。

构成智能化测量系统中的前向通道是一个通道结构比较复杂的硬件体系。

5.4.4　显示器

电测参数的显示是一个非常重要的、必不可少的功能，显示的方式以及显示的类型也随着应用场合而有所不同。

测量数据的显示可以分为两种方式：实时过程显示和测试结果的显示。对于连续变化的对象，或在实时被测对象的现场进行测量，如果仅仅反映被测对象在工艺设定工作点的工作状态，那么以定性测量为主、结果显示为辅，表示出工作是否正常、合理，可以采取测试结果的显示方式，这种方式可以作为离线模式对测量系统进行评估或评价。另外，还有一种是属于阶段性"结果显示"，如累计数据（每小时输出一次）、计量过程中以一个时间段为标尺获得的数据，均属于阶段性结果显示。

如果要时刻跟踪被测对象的变化，就需要实时过程显示。能够实时显示的显示器（或仪表）必能够显示离线的测试结果。本小节主要介绍实时过程显示中的 4 种显示方式。

1. 状态显示

实时状态显示主要表明测量电路、测量仪表或测量系统正在正常工作，一般直接以

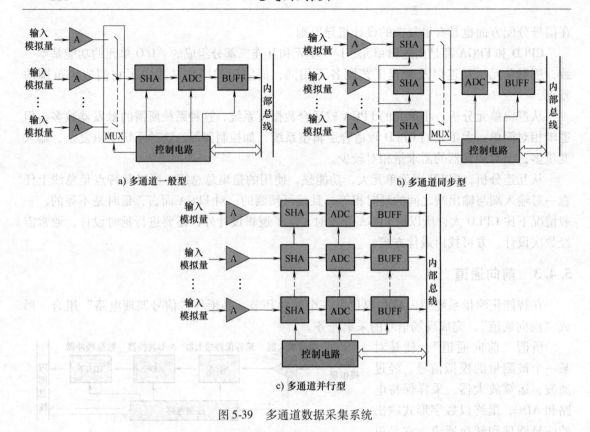

a) 多通道一般型　　　　　b) 多通道同步型

c) 多通道并行型

图 5-39　多通道数据采集系统

"灯光"闪烁方式表示。现在电测系统通过发光二极管电路有规则的闪烁显示,由于有规则的显示是在测量正常过程中才能实现的,一旦出现故障,就会无闪烁、闪烁无规则,甚至没有显示,所以实时状态显示能反映测量过程的正常状态。

一般发光二极管(LED)的显示方式较为简单,图 5-40 所示的就是 LED 灯亮电路。根据 LED 工作电流计算电阻 R 值,由前端电路给出电压 U,LED 灯亮。如果定时发出电压 U,LED 灯就会闪烁。

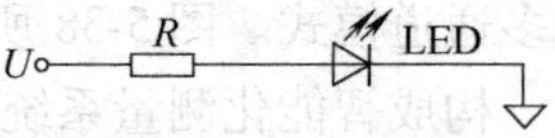

图 5-40　发光二极管
灯亮电路

LED 灯有多种颜色,根据实际应用要求选择合适的色彩,如绿色为正常、红色为故障。

2. 指针指示

在较多场合,对于工作状态中的有些参数显示,并不要求非常精确,如市网电压 AC220V,只要表明电压稳定在规定范围内即可,采用指针指示仪就非常合适。图 5-41 所示为交流电压表,只要指针偏转到刻度盘中间偏下一点的区域,即表示正常,这就是一种区域性状态显示。现场工作人员在较远的地方辨识出在中间区域附近就行。至于显示仪表的类型如前面描述的有磁电系仪表、电磁系仪表或电动系仪表。

指针指示仪的应用非常重要,不是用数字显示或屏幕显示就算先进,一定要根据工艺要求来选择。好比汽车司机驾驶车辆,司机的眼睛始终是看着行驶前方,同时兼顾汽车两侧,这样汽车前端的汽车仪表盘就采用了指针指示方式反映行驶过程中的行驶状态,司机用眼神瞥一下表盘,指针所在的表盘区域即刻就能使司机知道车况;如果改用数字显示,司机必须注视到表盘并读数,才能知道车况,这就使司机分神了。同样道理,图 5-41 所示的交流电压表，只要操作人员判断表针的位置，而不用去追求精确的电压值。

图 5-41　指针式交流电压表

3. 数字显示

数字显示器种类较多，最具代表的显示器件和装置是 LED 显示器系列（包括 LED 数码管、LED 点阵式显示器和 LED 光柱式显示器）、液晶显示器（LCD）（包括字符型和点阵型）以及屏幕显示器。LCD 也可以作为平板显示器。

（1）LED 显示器

LED 作为显示器，共有 3 种应用方式：状态显示、数码显示和点阵式平板显示。在实际应用过程中，由于 LED 是自发型发光器件，显示的内容清晰，可视距离较远，非常适合工业环境和较多适用领域。本节主要介绍 LED 数码管、点阵式平板显示接口技术。

LED 数码管在结构上分共阴和共阳两种。图 5-42 所示为 LED 数码管共阴结构、共阳结构和 8 段数码管的外观和数据格式。若数码管显示 0 或 1，共阴型数据为 3FH 和 06H，共阳型数据为 COH 和 F9H。

数码管的数字显示分静态显示和动态显示两种，静态显示是把显示数据转换为共阴或共阳数据格式直接输入到图 5-43 中数码管的输入端，在数码管外观就能看到显示的数据。静态显示电路比较简单。如果显示位数较多时，每一个数码管的输入端就要消耗一个数据端口，如图 5-43a 所示，一般不采用。图 5-43b 所示为动态显示，通过分时选通 COM1 和 COM2，完成动态显示。对于数码管，动态显示涉及到选通扫描和数码管的驱动。

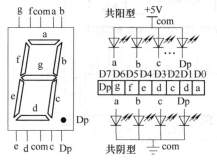

图 5-42　LED 外观与结构

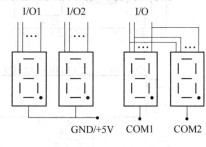

图 5-43　数码管数据显示方式

数码管按照驱动电流大小分为一般亮度和高亮度显示，在动态显示时驱动电流要比静态显示时大，为保证显示功能长期稳定、可靠运行，需要在选通 COM1 和 COM2 时增加驱动电路，第一种方法是采用 75 系列逻辑电路，第二种方法是通过晶体管（如图 5-44 所示），第三种方法是采用达林顿管，将图 5-44 中的晶体管换接成达林顿管（如 MC1413）。

点阵式 LED 显示器有两种结构：一种是点阵式 LED，电路结构如图 5-45 所示；另一种是光柱式显示器。目前 LED 光柱显示器，有竖式单光柱和双光柱型，有 90°圆弧型的双光柱式、带指示灯的单光柱式以及带 4 位 LED 数码管的单光柱式等。LED 光柱式显示器内部结构采用的是矩阵式，如图 5-46 所示，分别对列向共阳端 Ai 和横向共阴端 Kj 选通，同步给出显示数据 D0 ~ D7，就可以完成 64 段（8×8）光柱式显示。

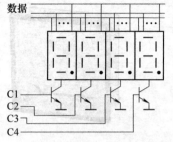

图 5-44　晶体管驱动
数码管动态显示

光柱显示器显示的是在整个变化过程中的比例度，反映了被控对象的特定工况点。因此，光柱显示器虽不能像数字型数码管那样能准确地显示具体参数值，但具有定性显示的特色。

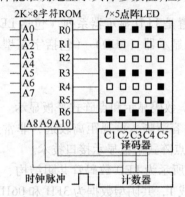

图 5-45　点阵 LED 显示器

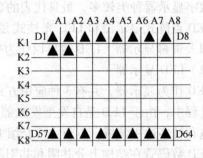

图 5-46　8×8（64 段）光柱显示元件

上述电路都是由智能芯片发出相应的控制信号和数据收发，也可以直接通过芯片实现数字显示，如图 5-47 所示。

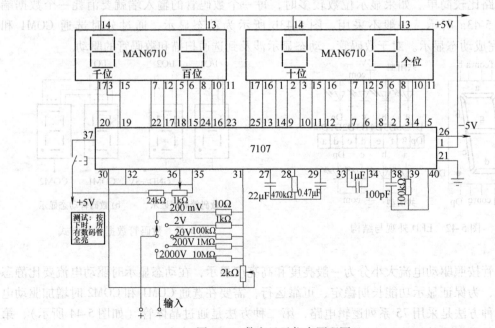

图 5-47　数字显示仪表原理图

（2）LCD LCD（Liquid Crystal Display）应用广泛。它本身不发光，依靠对外界光线的不同反射呈现不同对比度，达到显示的目的；或者通过液晶的背面照光（背光）把显示内容显现出来。液晶还易于彩色化。

液晶的显示需要外加电场，直流电场将导致液晶材料的化学反应和电极老化。所以，必须建立交流驱动电场，且直流分量愈小愈好。LCD的显示驱动有多种方式，按照驱动方式分为静态驱动和动态驱动两种方法。

静态驱动法适用于字段型液晶显示器件，但每个字段都要引出电极，若字段显示数达 10～12 位，则相对引出线很多。图 5-48 所示为 LCD 显示驱动电路。图中的 MC14543 是 LCD 七段锁存/译码/驱动专用芯片。

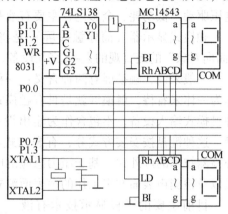

图 5-48　字符型 LCD 显示电路

目前 LCD 显示器种类非常多，图 5-48 所示的显示电路已有不少改进型，大多数将 LCD 显示器的驱动电路构成模块，甚至还嵌入了字库，与 LCD 显示器一起成为显示装置，提供软件程序，使 LCD 显示器的连接极为便利，图 5-49 就是单片机与 LCD 显示器的连接示意图。

动态驱动法多用于点阵式液晶显示器。点阵式液晶显示器显示的像素众多，为节省硬件驱动电路，采用矩阵式结构。在这种结构中，把水平一组像素的背电极连在一起，称行电极；把垂直方向的段电极连在一起，称列电极。在显示器件上的每一

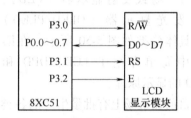

图 5-49　单片机与 LCD 连接示意图

个像素，都由所在的行列来选择。动态驱动法循环地给选择点或非选择点以驱动脉冲。显示某一像素是由行、列选择电压合成实现的。例如，扫描至某点显示，就需要同时在相应列和行上施加选择电压，以使该点的电场超过显示的阈值强度。这种扫描法周期很短，使得在显示屏上呈现稳定的图形，因此称为动态驱动法，也称时间分割驱动、动态扫描或矩阵寻址等。

4. 平板显示

平板显示（Flat Penel Display，FPD）技术，最初基于其显示屏面板（主要为玻璃基板）成平面式，不同于 CRT，自 20 世纪 90 年代迅速发展，并逐步走向成熟。由于具有清晰度高、图像色彩好、环保、省电、轻薄、便于携带等优点，以及平板显示屏真正实现了纯平显示，没有失真，接近于人眼的视觉习惯，目前已被广泛应用于家用电器、计算机和通信产品等，具有广阔的市场前景。

平板显示器（FPD）可分为直视型和反射型，直视型使用辅助的背光源模组；反射型无需背光源模组，包括数字微镜显示器（如投影仪）和反射型液晶显示技术。FPD 显示器又可分为主动发光型和被动型（受光）两大类。主动发光型显示是指显示器的各像素在电压或电流的驱动下，像素自身发光，从而获得明暗显示。通过发光材料的选择，可以无需使用彩色滤光片，即可实现全彩色显示。因而器件结构简单，生产成本低廉。主动发光型显示器

的特点是宽视角、高对比度、高速响应、结构简单、质量轻、显示屏薄，主要有有机发光二极管（OLED）、发光二极管（LED）、场致发光显示器（FED）、平板型阴极射线管（CRT）和等离子体显示器（PDP）。被动型（受光）显示是指器件本身不发光，用外电路控制它对外来光的反射率和透射率，借助于太阳光或照明光实现显示的显示技术。其特点是轻薄、低电压驱动、低功耗、全彩色，主要有液晶显示器（LCD）和数字微反射器（DMD）等。

触摸式显示器（简称触摸屏）是将触摸式输入设备与显示器相组合而成的，是一种"面向对象"的最直观的人-机交互设备，最具"人情味"。

一般来说，触摸屏有两种含义：一种含义是指把触摸式输入设备与输出设备（显示器）作为一体来看待，触摸屏就是具有触摸式输入功能的显示屏；而另一种常见的含义是单指这种触摸式输入设备，不包含作为输出设备的显示器。"触摸式输入设备"是一种特殊的键盘，这种键盘按安装方式分，有嵌入式和外挂式两种；按"键盘扫描方式"分，有基于红外检测技术的红外式、基于压力感应的电阻式、利用导电物体对电场的影响进行检测的电容式以及检测声表面波来工作的声表面波式等几种。

目前主要的平板显示技术有液晶显示器（LCD）、等离子体显示器（PDP）、场致发射显示器（FED）、有机发光显示器（OLED/PLED）等，具体分类如图 5-50 所示。在第 4 章中简单介绍了 LCD、DPD 和 OLED 的显示原理。

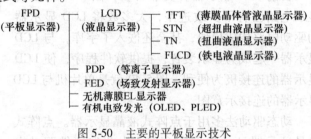

图 5-50　主要的平板显示技术

目前在市场上有批量生产的各类电子显示器，发挥各自的特点，在不同领域占有各自的地位。市场追求的是价廉物美，性能好但是价格下不来不利于产品推广。在平板显示技术中 LCD 是最主要的产品，应用面最广，产量和产值也最高，但是因为是非主动发光，限制了 LCD 在某些领域中的应用。

5.4.5　总线接口

通信是将需要传递的信息以一种非电量（非可连续变化的电流或电压信号）模式的电信号或频率信号按照事先约定的代码模式在特定的信号通道中进行应答式的"互通"传输过程。特定的信号通道简称为总线。

总线（Bus）是仪表之间，特别是智能仪表中各种功能部件之间传送信息的公共通信干线，它是由导线组成的传输线束。总线包括两个方面：构作总线的信道技术指标（如电气特性）和通信内容。不同的总线具有不同的技术指标，如 I^2C 总线电气特性、RS 系列电气特性、现场总线电气特性等。总线之间能够兼容，表示总线的技术指标一致。

根据传输的信息种类，总线可以分为地址总线（Address Bus，AB）、数据总线（Data Bus，DB）、控制总线（Control Bus，CB）、电源总线（Power Bus，PB）和时序总线（Time Bus，TB），表明为保证总线两侧的仪表或功能部件之间的无阻碍通信，提供了可共享的电源和时钟基准，以完成传输数据、数据地址和控制信号。

按照数据传输的方式划分，可以分为串行总线和并行总线。并行总线的数据线通常超过两根，每次可以传送字节以上容量的信号。串行总线中，二进制数据逐位通过一根数据线发送到目的器件，每次只能传送 1bit 的信号，常见的串行总线有 SPI、I²C、USB 及 RS-232 等。串行通道在表示通道中对每一个信道规定了明确定义和严格的应答顺序。

智能化电测系统的各项功能可以通过"总线拓展"方式实现。也就是说，在系统中配置标准的总线接口，该总线接口与具有特定功能的模块连接，就意味着增加了特定模块，如显示模块等。标准的总线接口较多，如 RS 系列的串行总线接口、IEEE-488（GPIB）仪器标准接口总线、VXI 系统总线（在数字计算机环境中适用的 VME 总线）和 USB 总线等。

5.4.6　通信接口

智能化的电测系统，基于各种通信载体的通信技术已经成为智能化的必备功能之一；而通信功能的选用，取决于电测系统的通信模式。

基于智能化电测系统的常规通信方式，分为有线通信和无线通信，也可以分为近距离通信和远程通信。在构作系统化的测试体系，彼此之间的通信模式有较多的选择，如上述总线中的 RS 系列串行通信、近距离的 USB 总线通信、现场总线通信以及以太网通信等。

为使读者系统性了解总线功能和通信功能，本节在第 8 章中有进一步的详细介绍。

5.5　智能电测软件技术

智能化测量系统的最重要标志就是软件技术，软件使测量系统越来越智能化。

5.5.1　通用软件

1. 初始化程序

初始化程序包括实现单片机内特殊功能寄存器的初始化、外围芯片初始化、全局变量和数据的初始化、全局标志初始化、系统时钟初始化、数据缓冲区初始化、各模块变量与数据初始化等。该程序是任何系统必须实施的，它为任何一个智能系统建立一个确定的初始状态。

2. A-D 转换程序

模拟输入通道的信号需要经过 A-D 转换变成数字量才能被单片机接收。A-D 转换程序实现采集系统运行所需的外部信息的功能，包括各种传感器输出的模拟量信息和开关量信息，然后按预定的算法将采集到的信息进行加工处理，得到所要求的结果，这一部分是智能系统与常规仪表不同的优势功能，可以包含各种数据处理的方法，使测量过程得到升华。A-D 转换模块就是将模拟量转换为数字量的接口环节。这个模拟量泛指电压、电阻、电流、时间等参量，但在一般情况下，模拟量是对电压而言的。

目前较多选用的是串行 ADC。串行 A-D 转换基本操作方法如下：

设置 I/O 连接和片选$\overline{CS}$，然后启动 A-D 转换，输出一个低脉冲，至少数微秒后再输出一个 CLOCK 实现同步，最后开始逐位读取"bit"（如 16 位）转换值。如果考虑到信号干扰，为了有效抑制误差，这里采用平均滤波法，即连续采集 64 个数据，然后取其平均值作为最后采样值。

3. LCD 显示

LCD 显示是智能化系统软件的主要组成部分，要显示实时数据、历史数据曲线、报警数据曲线、实时时钟、通道组态以及一系列与人机交互等有关的显示。对于低功耗要求的智能化系统，多采用液晶显示器 LCD。

LCD 是一种被动式显示器，它本身并不发光，依靠对外界光线的不同反射呈现出不同的对比度，达到显示目的。其优点是体积小、质量轻、功耗小、寿命长、显示信息量大、无电磁辐射，在电池供电的便携式仪表中是必选的显示器件。液晶显示器从其显示内容来分类，可分为字段式、点阵字符式和点阵图形式 3 种。点阵字符式有 102 种内置字符，包括数字、字母和常用标点符号等，另外使用者可自定义若干个 5×7 点阵字符或 5×11 点阵字符。点阵字符式显示器显示行数为 1 行、2 行和 4 行 3 种，每行可显示 8 个、16 个、20 个、24 个、32 个或 40 个字符。点阵图形式显示器除可显示字符外，还可显示各种图形信息、汉字符，显示自由度大，常见的模块点阵从 80×32 ~ 64×480 不等。

4. 其他模块

功能程序较多，本小节不再一一列举。检验功能程序的方法以实现功能为准。

5.5.2　算法程序

1. 校正算法

校正算法主要是针对系统存在的系统误差或输出输入函数关系中的非理想因素进行校正的计算处理算法。一般测量校准方法有：①模型校正法，在某些情况下，对仪表的系统误差进行理论分析和数学处理，可以建立仪表的系统误差模型，从而可以确定校正系统误差的算法和表达式；②表格校正法，通过实际校准求得测量的校准曲线，然后将曲线上各校准点的数据存入存储器的校准表格中，在以后的实际测量中，通过查表求得修正了的测量结果；③非线性校正法，非线性校正又称线性化过程，线性化的关键是找出校正函数。

2. 线性变换

线性变换算法是最常用的标度变换方式，前提条件是传感器的输出信号与被测参数之间呈线性关系。在读入被测模拟信号并转换成数字量后，必须把它转换成带有量纲的数值后才能运算、显示或打印输出。其通用算法公式为

$$Y_k = (Y_m - Y_0)\frac{X_k - X_0}{X_m + X_0} + Y_0 \tag{5-23}$$

式中，Y_0 为一次测量仪表的下限（测量范围最小值）；Y_m 为一次测量仪表的上限（测量范围最大值）；Y_k 为实际测量值（工程量）；X_0 为仪表下限所对应的数字量；X_m 为仪表上限所对应的数字量；X_k 为实际测量值所对应的数字量。

3. 非线性变换

如果传感器的输出信号与被测参数之间呈非线性关系，上面的线性变换式均不适用，需要建立新的标度变换公式。由于非线性参数的变化规律各不相同，故应根据不同的情况建立不同的非线性变换式，但前提是它们的函数关系可用解析式来表示。

4. 数字滤波

对采集到的被控对象参数进行有效的数字滤波是智能化测量系统的一个突出优点，上述采用运算放大器构成的硬件滤波器同样存在的问题是较难更改滤波性质，即便通过程控放大器或数字电位器调整截止频率，但滤波器的性质不会改变。

数字滤波器几乎是一个滤波数据库，库里存放着许多滤波算法，当一个对象采用某种滤

波不能达到理想效果时，可以再选择一种进行试验，或者是几种滤波法顺序使用，以达到最佳效果，比较常用的就是算数平均滤波。数字滤波主要是针对耦合随机误差的信号。

5.5.3　功能程序

功能程序实际上也是算法程序，但达到的效果往往直接反映出软件处理后的对象特征。

1. 频谱分析（仪）

在研究信号时，可以把信号作为时间的函数进行分析，即对信号进行时域分析；也可以把信号作为频率的函数进行分析，即对信号进行频域分析。频谱分析是最重要的、精度较高的频域分析方法，主要用来研究信号的频谱结构。

在实际测量中，绝对纯的正弦信号是不存在的。对于周期函数，傅里叶用 ω 作为变量，证实几乎每个正弦信号都是由基波和各次谐波组成的，非正弦波也可分解为频率不同的正弦波。通常将合成信号的所有正弦波的幅度按频率的高低依次排列所得到的图形称为频谱。频谱分析（仪）就是在频域内对信号及其特性进行描述。

一般来说，确定性信号存在着傅里叶变换，由它可获得确定的频谱。随机信号只能就某些样本函数的统计特征值做出估算，如均值、方差等，这类信号不存在傅里叶变换，对它们的频谱分析指的是它们的功率谱分析。

傅里叶变换把时间信号分解成正弦或余弦曲线的叠加，完成信号由时域转换到频域的过程，变换的结果即为幅度频谱或相位频谱，一个在时域看来是复杂波形的信号，它的频谱可能是简单的。图 5-51 所示的波形，是两个频率信号混合叠加后的波形，要分析时域上的变化，就要分解混频信号。如果是噪声就得滤除，时域上处理相对

图 5-51　两种频率信号
混合后的波形图

繁杂。假设图中波形宽度为 1s，则频率低一些的波形为 2Hz，频率高一点的波形为 20Hz。在横坐标为频率的频谱坐标中，只有 2Hz 和 20Hz。

微型计算机的普及，更使得快速傅里叶变换（FFT）技术在信号的频谱分析、相位谱分析中得到了广泛应用，为频域测试提供了广阔的前景。

频谱分析（仪）的方法繁多，按信号处理方式可分为模拟式、数字式、模拟数字混合式；按工作频带不同可分为高频频谱仪、低频频谱仪；按工作原理不同大致可分为滤波法和计算法两大类。

频谱分析仪简称频谱仪，一般具有以下性能指标：

1）频率范围。频率范围是指能达到频谱分析仪规定性能的工作频率区间。

2）扫频宽度。扫频宽度是指频谱分析仪在一次分析过程中所显示的频率范围，也称分析宽度。扫频宽度与分析时间之比就是扫频速度。

3）扫描时间。扫描时间是指扫描一次整个频率量程并完成测量所需要的时间，也称分析时间。一般都希望测量越快越好，即扫描时间越短越好。但是，频谱分析仪的扫描时间是和频率量程、分辨带宽和视频滤波等因素有关联的。为了保证测量的准确性，扫描时间不可能任意地缩短，也就是说，扫描时间必须兼顾相关因素的影响，适当设置。

4）测量范围。测量范围是指在任何环境下可以测量的最大信号与最小信号的比值。可

以测量的信号的上限由安全输入电平决定，大多数频谱分析仪的安全输入电平为 +30dBm（1W）；可以测量的信号的下限由灵敏度决定，并且和频谱分析仪的最小分辨带宽有关，灵敏度一般在 −135 ~ −115dBm 之间，由此可知，测量范围在 145 ~ 165dB 之间。

5）灵敏度。灵敏度是指频谱分析仪测量微弱信号的能力，定义为显示幅度为满刻度时，输入信号的最小电平值。灵敏度与扫速有关，扫速越快，动态幅频特性峰值越低，灵敏度越低。

6）分辨率。分辨率是指频谱分析仪能把靠得很近的两个频谱分量分辨出来的能力。由于屏幕显示的谱线实际上是窄带滤波器的动态特性，因而频谱分析仪的分辨率主要取决于窄带滤波器的通频带宽度，因此定义窄带滤波器幅频特性的 3dB 带宽为频谱仪的分辨率。很明显，若窄带滤波器的 3dB 带宽过宽，可能两条谱线都落入滤波器的通带内，此时频谱分析仪无法分辨这两个频率分量。

7）动态范围。频谱分析仪的动态范围定义为：分析仪能以给定精度测量、分析输入端同时出现的两个信号的最大功率比（用 dB 表示）。它实际上表示频谱分析仪显示大信号和小信号的频谱的能力。其上限受到非线性失真的制约，一般在 60dB 以上，有的可达 90dB。

频谱分析仪具有以下特性：①覆盖频带宽（30Hz ~ 325GHz）；②幅值范围宽（156 ~ +30dBm）；③有供标量测量用的跟踪发生器；④对小信号检测的灵敏度极高；⑤具有极好的频率稳定性；⑥频率和幅值分辨率高；⑦具有数字解调能力。

频谱分析仪的应用范围包括微波通信线路、雷达、电信设备、有线电视系统以及广播设备、移动通信系统、电磁干扰的诊断测试、元件测试、光波测量和信号监视等的生产和维护。频谱分析仪不仅在电子测量领域，而且在生物学、水声、振动、医学、雷达、导航、电子对抗、通信、核子科学等领域都有广泛的用途。

2. 逻辑分析（仪）

逻辑分析仪是数字电路调试中常用的一种仪器。它可以采集、存储多路数字信号，并将这些信号的时序波形在显示器上直观地显示出来进行分析。数字电路的开发和测试人员可以用逻辑分析仪对自己的电路进行精确的状态、时序分析，以检测、分析电路设计（硬件设计和软件设计）中的错误，从而迅速地定位、解决问题。逻辑分析仪最早由 HP 在 20 世纪 70 年代发明，当时是与 IBM 合作的一个项目，后来作为通用仪器逐渐推广起来。

逻辑分析仪主要由探头和主机部分构成。主机部分又由输入比较器、存储器、时钟电路、触发电路、控制部分，以及键盘、鼠标、显示器等部分组成。根据需要同时测试的信号数量可以选择不同通道数的主机和探头，根据需要测试信号的快慢可以选择不同采样速率的主机和不同带宽的探头。逻辑分析仪的主要结构如图 5-52 所示。

1）探头：用于连接被测信号和逻辑分析仪主机，根据具体应用可以配备不同的探头连接器形式。典型的探头有飞线探头、Mictor 探头、Soft touch 等。另外，还有单端探头、差分探头。探头通过电缆连接到逻辑分析仪主机。

2）输入比较器：用于和输入信号比较，产生数字 0、1 的比较结果。输入比较器的比较阈值可调，因此可以适应不同电平标准的电路。

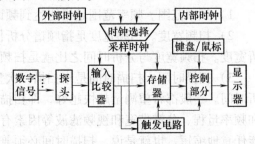

图 5-52　逻辑分析仪结构图

3）存储器：用于存储比较器的比较结果，并送给控制部分做数据处理和显示。存储器越深，一次记录的波形时间越长。存储器的深度通常用点数来表示，一般指每通道的存储点数，也有些厂家指所有通道总共的存储点数。

4）时钟电路：根据需要选择外部时钟或者内部时钟对输入信号进行采集和存储。根据采样时钟的来源不同，逻辑分析仪有两种工作模式：使用内时钟时叫 Timing 模式，也叫异步分析，通常用于电路的时序关系分析，Timing 模式通常要求采样时钟是被测信号速率的 5 ~10 倍才有比较好的显示效果；使用外时钟时叫 State 模式，也叫同步采样，采样时钟一般来源于被测电路的工作时钟，通常用于电路的功能性分析，State 模式下采样时钟一般和被测信号的数据速率一样（也可以双边沿采样）。

5）触发电路：触发电路跟据输入数据的特定信息进行触发，控制数据采集、处理、显示过程的开始和结束。逻辑分析仪的触发可以设置得非常复杂，可以分为很多步，每步可以有分支，步与步之间还可以相互跳转，因此可以做非常复杂的数字电路的调试。

6）控制部分：主要由 CPU 系统构成，用于对采集到的数据进行分析、处理和显示。

7）键盘/鼠标：用于操作和控制逻辑分析仪。

8）显示器：用于显示采集到的原始数据和分析结果。

逻辑分析仪有逻辑状态分析仪（Logic State Analyzer, LSA）和逻辑定时分析仪（Logic Timing Analyzer, LTA），这两类分析仪的基本结构是相似的，主要区别表现在显示方式和定时方式上。

LSA 用字符 0、1 或助记符显示被检测的逻辑状态，显示直观，可以从大量数码中迅速发现错码，便于进行功能分析。LSA 用来对系统进行实时状态分析，检查在系统时钟作用下总线上的信息状态。它的内部没有时钟发生器，用被测系统时钟来控制记录，与被测系统同步工作，主要用来分析数字系统的软件，是跟踪、调试程序、分析软件故障的有力工具。

LTA 用来考查两个系统时钟之间的数字信号的传输情况和时间关系，它的内部装有时钟发生器，在内时钟控制下记录数据，与被测系统异步工作，主要用于数字设备硬件的分析、调试和维修。

逻辑分析仪的作用是利用便于观察的形式显示出数字系统的运行情况，对数字系统进行分析和故障判断。其主要特点如下：

1）有足够多的输入通道。

2）具有多种灵活的触发方式，确保对被观察的数据流准确定位（对软件而言可以跟踪系统运行中的任意程序段，对硬件而言可以检测并显示系统中存在的毛刺干扰）。

3）具有记忆功能，可以观测单次及非周期性数据信息，并可诊断随机性故障。

4）具有延迟能力，用以分析故障产生的原因。

5）具有限定功能，实现对欲获取的数据进行挑选，并删除无关数据。

6）具有多种显示方式，可用字符、助记符、汇编语言显示程序，用二进制、八进制、十进制、十六进制等显示数据，用定时图显示信息之间的时序关系。

7）具有驱动时域仪器的能力，以便复显待测信号的真实波形及有利于故障定位。

8）具有可靠的毛刺检测能力。

逻辑分析仪与示波器相同，采集指定信号，采用图形化方式显示。尽管图形化的显示已经给开发人员带来不少的方便，但是人工将一串串信号分析出来不仅麻烦而且极易出错。

协议分析是在某个应用领域充分利用逻辑分析仪资源的统一体，在科技高速发展的今天，各种测试仪器的协议分析功能也出现并发展起来。目前大多数开发人员通过逻辑分析仪等测试工具的协议分析功能可以很轻松地发现错误、调试硬件、加快开发进度，为高速度、高质量完成工程提供保障。

5.5.4　平台软件

1. 组态软件

组态一词源于 Configuration，"组态软件"作为一个专业术语，到目前为止并没有一个统一的定义。一般认为组态软件是"应用程序生成器"，即用户根据应用对象及控制任务的要求，以"搭积木式"的方式灵活配置、组合各功能模块，构成用户应用软件。组态软件的设计思想是面向对象（Object Oriented），它模拟控制工程师在进行过程控制时的思路，围绕被控对象及控制系统的要求构造"对象"，从而生成适用于不同应用系统的用户程序。

组态软件的原理是将系统软件的基本部分和工具固定，而将与应用有关的部分变成数据文件，这些数据文件由组态工具在屏幕上编辑而成。组态软件具有通用性强、灵活性好和良好的再现性特点，其画面丰富、操作简单，集多种功能于一体。组态软件具有工业产品和软件产品的共同特点，因为需要在工业现场使用，可靠性始终被列为第一位，工程业绩成为衡量软件的决定性因素。由于工业现场检验认同的时间一般较长，一个组态软件被市场认可也需要一个较长的过程。

组态软件作为单独行业的出现是历史的必然，现场总线技术的成熟更加促进了组态软件的应用，能够同时兼容多种操作系统平台是组态软件的发展方向之一，组态软件在嵌入式整体方案中将发挥更大作用，组态软件在 CIMS 应用中将起到重要作用。

一般的组态软件都由图形界面系统、实时数据库系统、第三方程序接口组件、控制功能组件组成。

在图形画面生成方面，构成现场各过程图形的画面被分成三类简单的对象：线、填充形状和文本。每个简单的对象均有影响其外观的属性。对象的基本属性包括线的颜色、填充颜色、高度、宽度、取向、位置移动等。这些属性可以是静态的，也可以是动态的。静态属性在系统投入运行后保持不变，与原来组态时一致。而动态属性则与表达式的值有关，表达式可以是来自 I/O 设备的变量，也可以是由变量和运算符组成的数学表达式。这种对象的动态属性随表达式值的变化而实时改变。例如，用一个矩形填充体模拟现场的液位，在组态这个矩形的填充属性时，指定代表液位的工位号名称、液位的上下限及对应的填充高度，就完成了液位的图形组态。这个组态过程通常叫做动画连接。在图形界面上还具备报警通知及确认、报表组态及打印、历史数据查询与显示等功能。各种报警、报表、趋势都是动画连接的对象，其数据源都可以通过组态来指定。这样每个画面的内容就可以根据实际情况由工程技术人员灵活设计，每幅画面中的对象数量均不受限制。

在图形界面中，各类组态软件普遍提供了一种类 Basic 语言的编程工具——脚本语言来扩充其功能。用脚本语言编写的程序段可由事件驱动或周期性地执行，是与对象密切相关的。例如，当按下某个按钮时可指定执行一段脚本语言程序，完成特定的控制功能；也可以指定当某一变量的值变化到关键值以下时，马上起动一段脚本语言程序，完成特定的控制功能。

实时数据库是更为重要的一个组件。依靠 PC 的处理能力，实时数据库更加充分地表现出组态软件的长处。实时数据库可以存储每个工艺点的多年数据，用户既可浏览工厂当前的生产情况，又可回顾过去的生产情况。可以说，实时数据库对于工厂来说就如同飞机上的"黑匣子"。工厂的历史数据是很有价值的，实时数据库具备数据档案管理功能。工厂的实践告诉人们，现在很难知道将来进行分析时哪些数据是必需的。因此，保存所有的数据是防止丢失信息的最好方法。

2. 虚拟仪器

虚拟仪器（Virtual Instrument，VI）的概念最早是由美国国家仪器公司（National Instruments Corporation，NI）首先提出的，它认为虚拟仪器是由计算机硬件资源、模块化仪表硬件和用于数据分析、过程通信及图形用户界面的软件组成的测控系统，是一种由计算机操纵的模块化仪表系统。如果再作进一步说明，那么虚拟仪器是一种以计算机作为仪表统一硬件平台，充分利用计算机独具的运算、存储、回放、调用、显示以及文件管理等基本智能化功能，同时把传统仪表的专业化功能和面板控件软件化，使之与计算机结合起来融为一体，这样便构成了一台从外观到功能都完全与传统硬件仪表一致，同时又充分享用计算机智能资源的全新的仪表系统。由于仪表的专业化功能和面板控件都是由软件形成的，因此国际上把这类新型的仪表称为"虚拟仪器"。虚拟仪器技术强调软件的作用，提出了"软件就是仪表"的概念。虚拟仪器的出现代表着智能自动化仪器仪表的最新方向和潮流。

作为一种新的仪表模式与传统的硬件化仪表比较，虚拟仪器主要有以下特点：功能软件化、功能软件模块化、模块控件化、仪表控件模块化、硬件接口标准化、系统集成化、程序设计图形化、计算可视化、硬件接口软件驱动化等。

虚拟仪器的核心思想是利用计算机的硬件和软件资源，使本来由硬件实现的功能软件化（虚拟化），以便最大限度地降低系统成本，增强系统的功能与灵活性。软件是虚拟仪器的关键，"软件即仪表"正是基于软件在虚拟仪器系统中的重要作用而提出的。VPP（VXI Plug &Play）系统联盟提出了系统框架、驱动程序、VISA、软面板、部件知识库等一系列 VPP 软件标准，推动了软件标准化的进程。虚拟仪器的软件框架从低层到顶层包括三部分：VISA 库、仪表驱动程序、仪表开发软件（应用软件）。

虚拟仪器具有以下特点：

1）性价比高。规模经济效益使通用个人计算机具有很高的性价比，而且基于个人计算机的虚拟仪器和仪器系统可共享计算机硬件资源，从而大大增强仪器功能和降低仪器的成本。传统仪器小而全，而且各仪器的资源不能共享。虚拟仪器把传统仪器的公共部分如显示、存储、控制、打印、通信等都由计算机来完成，即无论任何功能的仪器都可利用或共享这些公共资源，而无需重复设置。

2）开放性好。具有开放性的模块化设计，便于用户能根据测试任务随心所欲地组建仪器或系统，仪器扩充、连网和升级十分方便，可重新配置测试功能模板，甚至无须改变硬件，只需应用模块化的软件包的重新搭配，便可构成新的虚拟仪器，提高资源的可再用性。

3）智能化程度高。虚拟仪器是基于计算机的仪器，其软件又有强大的分析、计算、逻辑判断等功能，可以在计算机上建立一个普通的智能仪器到智能专家系统。

4）界面友好，使用方便。采用图形界面，在屏幕上虚拟出仪器面板，用鼠标操作，简单快捷，仪器功能选择、参数设置、数据处理、结果显示均能通过友好的人机对话来进行。

虚拟仪器是计算机技术与仪器技术深层次结合产生的全新概念的仪器，是计算机资源（处理器、存储器、显示器）和仪器硬件（DAC、ADC、数字输入输出、定时和信号处理等）与用于数据分析、过程通信及图形用户界面的软件之间的有效结合。它充分地利用了计算机的存储和计算功能，通过软件实现对输入信号的分析处理。

虚拟仪器实现了测量仪器的智能化、多样化、模块化、网络化，体现出多功能、低成本、应用灵活、操作方便等优点。同传统仪器相比，虚拟仪器功能更强，使用更灵活，在很多领域大有取代传统仪器的趋势，成为当代仪器发展的一个重要方向，并受到各国业界的高度重视。通过编程来设计、组建自己的仪器系统，虚拟仪器由用户自行设计、自行定义，彻底打破了传统仪器只能由生产厂家定义、用户无法改变的模式。在硬件平台确立之后，是由软件而不是硬件来决定仪器的功能，虚拟仪器可通过改变软件的方法来适应不同的需求，它的功能灵活、开放，容易与其他外设、网络相连，构成更大的系统，技术更新周期短，可随着计算机技术的发展和用户的需求进行仪器与系统的升级，在性能维护和灵活组态等多个方面都有着传统仪器无法比拟的优点，且投入少、收效大。

5.5.5　工具软件

1. 仿真器

仿真器就是通过仿真头用软件来代替了在目标板上的单片机芯片（下以51系列单片机为例），关键是不用反复地烧写，不满意随时可以改，可以单步运行，指定端点停止等等，调试极为方便。仿真器内部的P口等硬件资源和51系列单片机基本是完全兼容的。仿真主控程序被存储在仿真器芯片特殊的指定空间内，有一段特殊的地址段用来存储仿真主控程序，仿真主控程序就像一台计算机的操作系统一样控制仿真器的正确运转。

仿真器和计算机的上位机软件（即KEIL）是通过串口相连的，通过仿真器芯片的RxD和TxD端口和计算机的串行口做联机通信，RxD负责接收计算机主机发来的控制数据，TxD负责给计算机主机发送反馈信息。控制指令由KEIL发出，由仿真器内部的仿真主控程序负责执行接收到的数据，并且进行正确的处理，进而驱动相应的硬件工作。这其中也包括把接收到的BIN或者其他格式的程序存放到仿真器芯片内部用来存储可执行程序的存储单元（这个过程和把程序烧写到51芯片里面是类似的，只是仿真器的擦写是以覆盖形式来做的），这样就实现了类似编程器反复烧写来试验的功能。

不同的是，通过仿真主控程序可以让这些目标程序做特定的运行，如单步、指定端点、指定地址等，并且通过KEIL可以时时观察到单片机内部各个存储单元的状态。仿真器和计算机主机联机后就像是两个精密的齿轮互相咬合的关系，一旦强行中断这种联系（如强行给仿真器手动复位或者拔去联机线等），计算机就会提示联机出现问题，这也体现了硬件仿真的鲜明特性，即"所见即所得"。这些都是编程器无法做到的。这些给调试、修改、以及生成最终程序创造了比较有力的保证，从而实现较高的效率。

仿真器的可靠性非常依赖于其设计者的水平。随着电子设备的复杂化，仿真器的用户越来越难以辨别开发所遇到的问题出于何处。因此，仿真器的用户不能过度信赖仿真器。

2. 开发工具

开发工具包括软件和硬件两部分。硬件开发工具包括在线仿真器和系统开发板。在线仿真器通常是JTAG周边扫描接口板，可以对设计的智能仪表、功能模块等硬件进行在线调试；在硬件系统完成之前，在开发板上实时运行用户设计的软件，可以提高开发效率；甚至在有的数量小的产品中，直接将开发板作为产品。

软件开发工具主要包括 C 语言编译器、汇编器、链接器、程序库、软件仿真器等。编写的程序代码通过软件仿真器进行仿真运行，来确定必要的性能指标。

1）C 语言编译器（C Compiler）。一般厂家为了开发系统方便、减小编写汇编程序的难度，都提供了高级语言设计方法，一般是 C 语言。开发系统针对库函数、头文件及编写的 C 程序，自动生成单片机对应的汇编语言，这一步称为 C 编译。C 编译器通常符合 ANSI C 标准，可以对编写的程序进行不同等级的优化，以产生高效的汇编代码；C 编译器还具有对存储器的配置、分配及部分链接功能，并具有灵活的汇编语言接口等多种功能。

C 编程方法易学易用，但编译出的汇编程序比手工汇编程序长得多，因而效率一般只有 20% ~ 40%。为了克服 C 编译器效率低，在提供标准 C 库函数同时，开发系统也提供了许多高效库函数，如针对 DSP 运算的高效库函数：FFT、FIR、IIR、矩阵运算等，它们都是手工汇编的，带有高级语言调用/返回接口。一般为了得到高效编程，在系统软件开发中，关键的运算程序都是自行手工用汇编语言编写的，按照规定的接口约定，由 C 程序进行调用，这样极大提高了编程效率。

2）汇编器（Assembler）。它将汇编语言原文件转变为基于公用目标文件格式的机器语言目标文件。

3）链接器（Linker）。它将主程序、库函数和子程序等与由汇编器产生的目标文件链接在一起，产生一个可执行的模块，形成 DSP 目标代码。

4）软件仿真器（Simulator）。它是脱离硬件的纯软件仿真工具。它将程序代码加载后，在一个窗口工作环境中，可以模拟单片机的运行程序，同时对程序进行单步执行、设置断点，对寄存器/存储器进行观察、修改，统计某段程序的执行时间等。通常程序编写完后都会在软件仿真器上进行调试，以初步确定程序的可运行性。软件仿真器的主要欠缺是对外部接口的仿真不够完善。

5）硬件仿真器（Emulator）。它是在线仿真工具。它用 JTAG 接口电缆把 DSP 硬件目标系统和装有仿真软件/仿真卡的 PC 接口板连接起来，用 PC 平台对实际硬件目标系统进行调试，能真实地仿真在实际硬件环境下的功能。

3. 主要开发软件

1）Keil C51。Keil C51 是美国 Keil Software 公司出品的 51 系列兼容单片机 C 语言软件开发系统。与汇编相比，C 语言在功能上、结构性、可读性、可维护性上有明显的优势，因而易学易用。Keil C51 生成的目标代码效率非常之高，多数语句生成的汇编代码很紧凑，容易理解，在开发大型软件时更能体现高级语言的优势。用过汇编语言后再使用 C 来开发，体会更加深刻。

2）Proteus。Proteus 软件是英国 Labcenter Electronics 公司出版的 EDA 工具软件（该软件的中国总代理为广州风标电子技术有限公司）。它不仅具有其他 EDA 工具软件的仿真功能，还能仿真单片机及外围器件。它是目前最好的仿真单片机及外围器件的工具。虽然目前国内推广刚起步，但已受到单片机爱好者、从事单片机教学的教师、致力于单片机开发应用的科技工作者的青睐。Proteus 是世界上著名的 EDA 工具（仿真软件），从原理图布图、代码调试到单片机与外围电路协同仿真，一键切换到 PCB 设计，真正实现了从概念到产品的完整设计。它是目前世界上唯一将电路仿真软件、PCB 设计软件和虚拟模型仿真软件三合一的设计平台，其处理器模型支持 8051、HC11、PIC10/12/16/18/24/30/DsPIC33、AVR、ARM、8086 和 MSP430 等，2010 年增加了 Cortex 和 DSP 系列处理器，并持续增加其他系列处理器模型。在编译方面，它也支持 IAR、Keil 和 MPLAB 等多种编译器。

3）TMS320 系列 DSP 开发系统。TMS320 系列 DSP 开发系统着重介绍了 TI XDS560 专用硬件开发工具和 TI DSP 开发板，具体内容包括 TI 数字信号处理解决方案——硬件仿真基础、XDS560 硬件仿真器简介和技术参考、TMS320VC5416/C5510/C6713 DSK 开发套件，提供 IEKC64X 用户手册、TMS320DM642 评估板技术手册和 Code Composer Studio 实用手册。

4）CodeTest 集成测试工具。CodeTest 是一款采用硬件辅助软件的系统构架和专利的源代码插装技术，用适配器或探针直接连接到被测试系统，从目标板总线获取信号，为跟踪嵌入式应用程序、分析软件性能、测试软件的覆盖率以及内存的动态分配等提供了一个实时在线的高效率解决方案。它能支持所有的 32/16 位 CPU 和 MCU，支持总线频率高达 166MHz。它可通过 PCI/VME/CPCI/VME 总线，MICTOR 插头或 CPU 插座对嵌入式系统进行在线测试，无需改动用户的 PCB，与用户系统的连接极为方便。

习题与思考

本章介绍了能够实现智能化测量的较为系统化的知识，尤其增加了由智能芯片为主的结合各类接口的测量技术。由于智能化知识对于本科学生来说提前了一些，但本章设置的目的是要求学生了解到本课程的学习不是单一的，还有更为发展的测量技术。

本章用较大篇幅介绍了数字化测量，包括测量对象的数字化转换和数字显示，本课程主要介绍对象数字量信号的测量和模拟量信号的 A-D 转换技术。

5-1　什么是智能化测量？有什么优点？

5-2　设计出电子计数器的功能结构，介绍电子计数器工作原理。

5-3　请简单介绍滤波器的作用。

5-4　分析表 5-1 所示的电路。

5-5　描述电子计数器测量时间的原理。

5-6　描述电子计数器测量周期的原理。

5-7　描述电子计数器测量时间间隔的原理。

5-8　描述电子计数器测量频率的原理。

5-9　描述电子计数器测量频率比的原理。

5-10　描述电子计数器测量相位的原理。

5-11　ADC 的转换原理是什么？ADC 有哪些类型？

5-12　为什么并行比较型 ADC 能实现快速 A-D 转换？

5-13　设计电路，将输入信号为 4～20mA 转换成 DC1～5V。

5-14　设计出智能化电测系统的结构，介绍其优点

5-15　CPLD 和 FPGA 有什么功能？

5-16　若要同时测量多个电信号，如何设计采样通道？

5-17　什么是平板显示？

5-18　简单介绍频谱分析功能。

5-19　简单介绍逻辑分析功能。

第6章 磁学量测试技术

6.1 基本概念

现代科学表明，物质的磁性来源于物质原子中的电子。众所周知，物质是由原子组成的，而原子又是由原子核和位于原子核外的电子组成。原子核如同太阳，而核外电子就仿佛是围绕太阳运转的行星。另外，电子除了绕着原子核公转以外，自身还有自转（叫做自旋），跟地球的情况差不多。一个原子就像一个小小的"太阳系"。

另外，如果一个原子的核外电子数量多，那么电子会分层，每一层有不同数量的电子。第一层为1s，第二层有两个亚层2s和2p，第三层有三个亚层3s、3p和3d，依此类推。如果不分层，这么多的电子混乱地绕原子核公转，是不是要撞到一起呢？

在原子中，核外电子带有负电荷，是一种带电粒子。电子的自转会使电子本身具有磁性，成为一个小小的磁铁，具有N极和S极。也就是说，电子就好像很多小小的磁铁绕原子核在旋转。这种情况实际上类似于电流产生磁场的情况。

既然电子的自转会使它成为小磁铁，那么原子乃至整个物体会不会就自然而然地也成为一个磁铁了呢？

电子的自转方向总共有上下两种。在一些物质中，具有向上自转和向下自转的电子数目一样多，如图6-1a所示，它们产生的磁极会互相抵消，整个原子，以至于整个物体对外没有磁性。而对于大多数自转方向不同的电子数目不同的情况来说，虽然这些电子产生的磁矩不能相互抵消，导致整个原子具有一定的总磁矩。但是这些原子磁矩之间没有相互作用，它们是混乱排列的，所以整个物体没有强磁性。

只有少数物质（如铁、钴、镍），它们的原子内部电子在不同自转方向上的数量不一样，这样，在自转相反的电子磁极互相抵消以后，还剩余一部分电子的磁矩没有被抵消，如图6-1b所示，这样整个原子具有总的磁矩。同时，由于一种称为"交换作用"的机理，这些原子磁矩之间被整齐地排列起来，整个物体也就有了磁性。当剩余的电子数量不同时，物体显示的磁性强弱也不同。例如，铁的原子中没有被抵消的电子磁极数最多，原子的总剩余磁性最强。而镍原子中自转没有被抵消的电子数量很少，所以它的磁性比较弱。

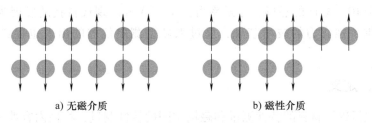

a) 无磁介质   b) 磁性介质

图6-1 磁性产生机理

6.1.1 概述

磁场的测量除直接利用磁的力效应外，常通过物理规律将磁学量转换成电学量来间接测量。电磁现象是自然界中最普遍的物理现象之一。在人们还没有揭示出电和磁之间的关系之前，仅能根据它们本身的力效应制作简单仪器，分别观察电和磁的现象。

磁场是广泛存在的，地球、恒星（如太阳）、星系（如银河系）、行星、卫星以及星际空间和星系际空间，都存在着磁场。在现代科学技术和人类生活中，处处可遇到磁场，发电机、电动机、变压器、电报、电话、收音机，以至加速器、热核聚变装置、电磁测量仪表等无不与磁现象有关。甚至在人体内，伴随着生命活动，一些组织和器官内也会产生微弱的磁场。

磁现象是最早被人类认识的物理现象之一，指南针是中国古代一大发明。磁测量仪器的出现远在电测量仪器之前。最早的磁测量仪器是中国的司南，它实际是一台磁性罗盘。西方有关磁测量仪器的最早记载，出现于 16 世纪末。W. 吉伯在他的专著《论磁性、磁体和巨大地磁体》中介绍了一种名为 Versorium 的测磁仪器，此仪器是将一根箭形铁针支承在尖端上，用以观察磁性的吸引现象。1820 年，H. C. 奥斯特发现电流的磁效应；1831 年，M. 法拉第发现电磁感应现象；1864 年，麦克斯韦从理论上总结出电磁相互作用和相互转化的普遍规律——麦克斯韦电磁场理论；1879 年，E. H. Hall 发现霍尔效应；1946 年，F. Block 和 E. M. Purcell 发现核磁共振现象。这些发现使得科学家掌握了动电、磁和机械力，以及动磁与电之间的关系，促使电与磁的测量和有关仪表的发展产生了跃变，出现了利用磁与电相互作用产生机械力矩并以指针或光点进行指示的各系机械式指示电表和记录仪表，以及在特殊设计的电路（如电桥、电位差计等）中将待测的未知量与标准量进行比较的比较测量仪器（简称较量仪器）。

随着生产的发展和科学技术的进步，磁测量技术也不断向前发展。新的科学理论、新的磁性材料和磁器件的出现，促使新的测量技术和新的测量仪器的出现，并被广泛用于工业、电子、仪器、通信、冶金、医学、国防等部门。特别近几十年来，由于现代尖端技术的发展，如宇宙航行、高能加速器、可控热核聚变工程、计算机、自动控制以及磁流体发电等，使磁测量技术获得了前所未有的发展和提高。不仅如此，磁测量技术还与不同学科相结合，形成一些边缘学科，如地质中的磁法勘探、地球物理中的地磁学、生物中的生物磁学、医学中的磁法医疗以及强磁场中的物理学等。

20 世纪 70 年代以来，电子技术的广泛应用，不仅使磁学量测量范围扩大，准确度也进一步提高。利用物质量子态变化原理设计的核磁共振测场仪，能以 10^{-5} 准确度对磁场进行绝对测量；光泵磁强计可测量小于 10^{-3} A/m 的磁场，其分辨率可达 10^{-7} A/m；超导量子磁强计可测量小于 10^{-3} A/m 的磁场，分辨率可达 10^{-9} A/m。现代科技的发展为新型高精测磁仪器的研制提供了强有力的技术基础，反过来新型测磁仪器的出现也促进了现代科技的进步。

6.1.2 术语、定义

磁学测量包括磁性材料的特性测量和磁场空间的特性测量，特性内容涉及较多的参数和测试条件，因此先要了解相关的术语。

1）磁场：电流、运动电荷、磁体或变化电场周围空间存在的一种特殊形态的物质。由于磁体的磁性来源于电流，电流是电荷的运动，因而概括地说，磁场是由运动电荷或变化电场产生的。磁场的基本特征是对处于其中的磁体、电流、运动电荷有力的作用，即磁场对电流、对磁体的作用力或力矩皆源于此。图 6-2 所示为几种常见磁场的描述方法。

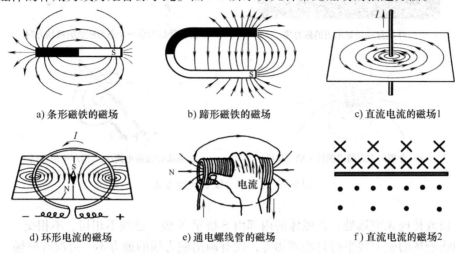

a) 条形磁铁的磁场　　　　　　b) 蹄形磁铁的磁场　　　　　　c) 直流电流的磁场1

d) 环形电流的磁场　　　　　　e) 通电螺线管的磁场　　　　　　f) 直流电流的磁场2

图 6-2　几种常见磁场的描述方法

对于电场，磁场只对移动中的电荷 q 施加作用力 F，而且作用力的方向垂直于磁场本身 B 和电荷速度 v。此作用力称为洛伦兹力，以方程表示为

$$F = qvB \tag{6-1}$$

式中，F 为作用力，单位为 N；q 为电荷量，单位为 C；v 为电荷 q 的速度，单位为 m/s。

另外一种对于磁场的定义是由处于磁场的磁偶极子所感受到的力矩给出，以方程表示为

$$\tau = \mu B \tag{6-2}$$

式中，τ 为力矩，单位为 N·m；μ 为磁偶极子的磁偶极矩，单位为 m²·A。

在电磁学里，磁石、磁铁、电流、含磁电场，都会产生磁场。磁场中的磁性物质或电流，会因为磁场的作用而感受到磁力，因而显示出磁场的存在。磁场是一种矢量场，磁场在空间里的任意位置都具有方向和数值大小，可以由磁力线、磁感应强度和磁场强度来表示。

2）磁现象的电本质：所有磁现象都可归结为运动电荷之间通过磁场而发生的相互作用。

3）磁力线：为了描述磁场的强弱与方向，人们想象在磁场中画出的一组有方向的曲线。图 6-3 所示的是常见的磁力线描述示意图。

磁力线表示的内容包括：

①疏密表示磁场的强弱。磁力线密集，则磁性强，稀疏则弱。

②每一点切线方向表示该点磁场的方向，也就是磁感应强度的方向；规定 N 极所指的方向为磁力线的方向。

③磁力线是闭合的曲线簇，不中断，不交叉。换言之，在磁场中磁力线没有初始点，也没有终结点，会形成闭合回路。磁力线闭合表明沿磁力线的环路积分不为零，即磁场是有旋场而不是势场（保守场），不存在类似于电势那样的标量函数。磁力线在磁体外部从 N 极出

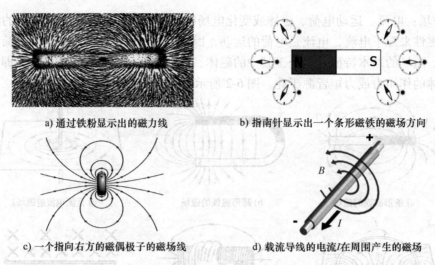

a) 通过铁粉显示出的磁力线　　　　b) 指南针显示出一个条形磁铁的磁场方向

c) 一个指向右方的磁偶极子的磁场线　　d) 载流导线的电流 I 在周围产生的磁场

图 6-3　几种磁力线的描述方式

来进入 S 极或传向无穷远处，在磁体的内部由 S 极至 N 极，磁线不相切、不相交。

④匀强磁场的磁力线平行且距离相等，没有画出磁力线的地方不一定没有磁场。

⑤安培定则：拇指指向电流方向，四指指向磁场的方向。注意这里的磁力线是一个个同心圆，每点磁场方向是在该点切线方向。

通过磁铁磁力线分布的描述能够清晰地分析和了解磁场及磁场之间的变化规律，如图 6-4 所示。

4）磁感应强度 B：在磁场中垂直于磁场方向的通电导线受到的磁场力 F 跟电流 I 和导线长度 l 的乘积（Il）的比值，叫做通电导线所在处的磁感应强度。它是磁场最基本的性质，对放入其中的电流或磁极有力的作用，电流垂直于磁场时受磁场力最大，电流与磁场方向平行时磁场力为零。磁感应强度也叫磁通密度，是垂直磁场方向穿过单位面积的磁力线条数。其具体含义包括：

①表示磁场强弱的物理量，是矢量。

②大小：$B = F/Il$（电流方向与磁力线垂直时的公式）。

③方向：左手定则：是磁力线的切线方向，是小磁针 N 极受力方向，也是小磁针静止时 N 极的指向；不是导线受力方向，不是正电荷受力方向，也不是电流方向。

④单位：牛/安米，也叫特斯拉，国际单位制单位符号为 T。

⑤点定 B 定：就是说磁场中某一点定了，则该点磁感应强度的大小与方向都是定值。

⑥匀强磁场的磁感应强度处处相等。

⑦磁场的叠加：空间某点如果同时存在两个以上电流或磁体激发的磁场，则该点的磁感应强度是各电流或磁体在该点激发的磁场的磁感应强度的矢量和，满足矢量运算法则。

磁感应强度还包括：

①饱和磁感应强度（饱和磁通密度）：磁性体被磁化到饱和状态时的磁感应强度。在实际应用中，主要是指某一指定磁场（基本上达到磁饱和时的磁场）下的磁感应强度。

②剩磁感应强度：从磁性体的饱和状态，把磁场（包括自退磁场）单调减小到 0 的磁感应强度。

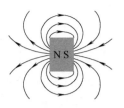

a) 单块磁铁的磁力线分布

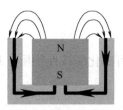

b) 附加铁壳的吸引磁铁的磁力线分布

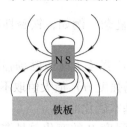

c) 附近有铁磁性物体时单块磁铁的磁力线分布

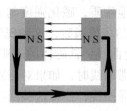

d) 附加铁壳的两块磁铁不同极性面对的磁力线分布

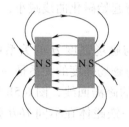

e) 两块磁铁不同极性面对的磁力线分布

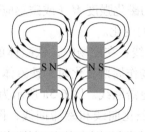

f) 两块磁铁相同极性面对的磁力线分布

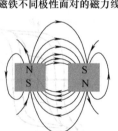

g) 两块磁铁不同极性并列时的磁力线分布

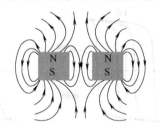

h) 两块磁铁相同极性并列时的磁力线分布

图 6-4　磁铁磁力线分布

③磁通密度矫顽力：从磁性体的饱和磁化状态，沿饱和磁滞回线单调减小到 0 的磁场强度。

④内部矫顽力：从磁性体的饱和磁化状态使磁化强度 M 减小到 0 的磁场强度。

5）磁场强度 H：用来衡量磁场强弱的物理量。磁场强度的定义是，在任何磁介质（在外磁场中因呈现磁化而能加强或减弱磁场的物质称为磁介质）中，磁场中某点的磁感应强度 B 和同一点上的磁导率的比值，为该点的磁场强度，用符号 H 表示。

磁感应强度 B 和磁场强度 H 的关系为

$$H = B/\mu_0 - M \tag{6-3}$$

式中，μ_0 为磁常数；M 为磁化强度。在自由空间（又称为自由空间真空或经典真空）里，磁化强度为零，则

$$H = \frac{B}{\mu_0} \tag{6-4}$$

对于磁性或可磁化的线性物质，M 与 B 成正比，则

$$H = \frac{B}{\mu} \tag{6-5}$$

式中，μ 为磁导率。

对于很多其他物质，磁化强度与 B 之间的关系相当复杂。例如，铁磁性物质和超导体的磁化强度是 B 的多值函数，这种现象称为迟滞现象。

6）基本磁化曲线：铁磁体的磁滞回线的形状与磁感应强度 B（或磁场强度 H）的最大值有关，在画磁滞回线时，如果对磁感应强度 B（或磁场强度 H）最大值取不同的数值，就得到一系列的磁滞回线，连接这些曲线顶点的曲线称为基本磁化曲线。

7）磁滞：铁磁体在反复磁化的过程中，它的磁感应强度 B 的变化总是滞后于它的磁场强度 H 的变化，这种现象称为磁滞。也可以说，当铁磁体达到磁饱和状态后，如果减小磁化场 H，介质的磁化强度 M（或磁感应强度 B）并不沿着起始磁化曲线减小，M（或 B）的变化滞后于 H 的变化。

8）磁滞回线：在磁场中，铁磁体的磁感应强度 B 与磁场强度 H 的关系可用曲线来表示，当磁化磁场作周期变化时，铁磁体中的磁感应强度与磁场强度的关系是一条闭合线，这条闭合线称为磁滞回线。图 6-5a 所示为不同铁磁体材料的磁滞回线，图 6-5b 所示为铁磁体刚开始磁化的磁化曲线和磁滞回线，图 6-5c 所示为同一铁磁体在不同 H-B 强度下的磁滞回线。

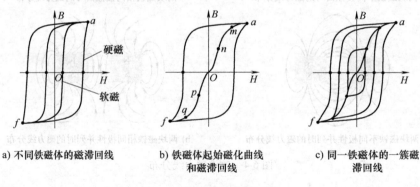

a) 不同铁磁体的磁滞回线　　　　b) 铁磁体起始磁化曲线　　　　c) 同一铁磁体的一簇磁
　　　　　　　　　　　　　　　　和磁滞回线　　　　　　　　　滞回线

图 6-5　铁磁体的磁滞回线

根据图 6-5 所示，磁滞回线的形状还与其磁导率有关。由式（6-5）可得到 H-B 环境下的磁导率变化曲线，如图 6-6 所示。

图 6-6 还涉及两个定义：①磁能积，在永磁体的退磁曲线上的任意点的磁感应强度 B 与磁场强度 H 的乘积；②初始磁导率，磁性体在磁中性状态下磁导率的极限值。

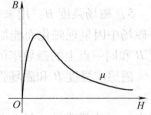

9）磁滞损耗：放在交变磁场中的铁磁体，因磁滞现象而产生一些功率损耗，从而使铁磁体发热，这种损耗称为磁滞损耗。

10）磁通量 Φ：穿过某一面积 S 磁力线的条数，它是标量。

图 6-6　磁导率变化曲线

磁通量与磁感应强度的关系为

$$\begin{cases} \varPhi = BS & \text{当 } B \text{ 垂直于面 } S \text{ 时} \\ \varPhi = BS\cos\theta & \text{当 } B \text{ 与面 } S \text{ 有夹角 } \theta \text{ 时} \end{cases} \tag{6-6}$$

11）电磁场：电磁场是由内在联系、相互依存的电场和磁场的统一体和总称。随时间变化的电场产生磁场，随时间变化的磁场产生电场，两者互为因果，形成电磁场。

电磁场可由变速运动的带电粒子引起，也可由强弱变化的电流引起，不论原因如何，电磁场总是以光速向四周传播，形成电磁波。电磁场是电磁作用的结果，具有能量和动量，是物质存在的一种形式。电磁场的性质、特征及其运动变化规律由麦克斯韦方程组确定。

12）安培力：通电导线在磁场中受到的作用力，也就是磁场对电流的作用力。设电流为 I、长为 L 的直导线，在匀强磁场 B 中受到的安培力大小为

$$F = ILB\sin\theta \tag{6-7}$$

安培力的方向由左手定则判定。对于任意形状的电流受非匀强磁场的作用力，可把电流分解为许多段电流元 $I\Delta L$，每段电流元处的磁场 B 可看成匀强磁场，每段安培力为

$$\Delta F = I \cdot \Delta L \cdot B\sin\theta \tag{6-8}$$

把各段安培力加起来就是整个电流受的力。

13）洛伦兹力：运动电荷在磁场中所受到的力称为洛伦兹力，即磁场对运动电荷的作用力。洛伦兹力的公式见式（6-1）。

感受到电场的作用，正电荷会朝着电场的方向加速；但是感受到磁场的作用，按照左手定则，正电荷会朝着垂直于速度 v 和磁感应强度 B 的方向弯曲（详细地说，应用左手定则，当四指指电流方向，磁力线穿过手心时，大拇指方向为洛伦兹力方向）。

展开洛伦兹力方程，qE 项是电场力项，qvB 项是磁场力项。处于磁场内的载电导线感受到的磁场力就是此洛伦兹力的磁场力分量。

14）磁畴与磁畴壁：磁畴是指磁性材料内部的一个个小区域，每个区域内部包含大量原子，这些原子的磁矩都像一个个小磁铁那样整齐排列，但相邻的不同区域之间原子磁矩排列的方向不同，如图 6-7 所示。各个磁畴之间的交界面称为磁畴壁。宏观物体一般总是具有很多磁畴，这样，磁畴的磁矩方向各不相同，结果相互抵消，矢量和为零，整个物体的磁矩为零，它也就不能吸引其他磁性材料。也就是说，磁性材料在正常情况下并不对外显示磁性。只有当磁性材料被磁化以后，它才能对外显示出磁性。

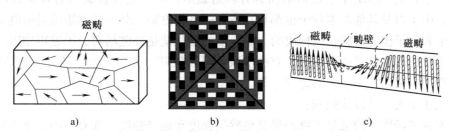

图 6-7　磁畴与磁畴壁

15）磁阻：与电阻的含义相仿，磁阻是表示磁路对磁通所起的阻碍作用，以符号 R_m 表示，单位为 1/H。

16）居里温度：对于所有的磁性材料来说，并不是在任何温度下都具有磁性。一般地，磁性材料具有一个临界温度 T_c，在此温度以下，原子磁矩排列整齐，产生自发磁化，物体变成铁磁性的；在这个温度以上，由于高温下原子的剧烈热运动，原子磁矩的排列变得混乱无序，此时磁性材料磁性几乎消失。

居里温度是指材料可以在铁磁体和顺磁体之间改变的温度。图 6-8 所示为不同材料的磁导率与温度曲线。

图中 $T_1 \sim T_6$ 表明了 6 种材料的居里温度值。当环境温度低于居里温度时，该物质成为铁磁体，此时和材料有关的磁场很难改变。当环境温度高于居里温度时，该物质成为顺磁体，磁体的磁场很容易随周围磁场的改变而改变，这时的磁敏感度约为 10^{-6}。

图 6-9 所示为基于居里温度特性制作的电饭煲加热原理。在电饭锅的底部中央装了一块磁铁和一块居里点为 105℃ 的磁性材料。当锅里的水分干了以后，食品的温度将从 100℃ 上升。当温度到达大约 105℃ 时，由于被磁铁吸住的磁性材料的磁性消失，磁铁对它失去吸力，这时磁铁和磁性材料之间的弹簧就会把它们分开，同时带动电源开关被断开，停止加热。

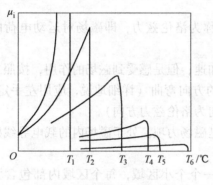

图 6-8　磁导率与温度曲线

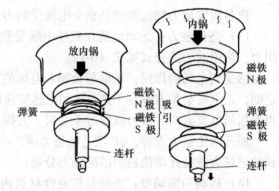

图 6-9　电饭煲加热原理

17）磁矩：描述载流线圈或微观粒子磁性的物理量。①对于磁偶极子，磁矩为电流、回路面积与垂直回路平面的单位矢量（其方向对应于回路转向）三者之积；②对于某一区域内的物质，磁矩为包含在该区域内所有基本磁偶极子磁矩的矢量和。

在原子中，电子因绕原子核运动而具有轨道磁矩，电子还因自旋具有自旋磁矩，原子核、质子、中子以及其他基本粒子也都具有各自的自旋磁矩。分子的磁矩就是由电子轨道磁矩以及电子和原子核的自旋磁矩构成的，磁介质的磁化就是外磁场对分子磁矩作用的结果。

关于磁学的基本定义还有很多，有些参数还可以展开，如磁导率，还分有初始磁导率、相对磁导率、振幅磁导率、有效磁导率等。

综合上述定义，可以认识到：

表征宏观磁场性质的最基本物理量是磁感应强度和磁场强度。在真空中，磁感应强度与磁场强度成比例，比例常数 μ_0 称为真空磁导率。磁场的测量除直接利用磁的力效应外，常通过物理规律将磁学量转换成电学量来间接测量，如可利用电磁感应定律将磁通变化转换为电动势来测量。

反映磁性材料磁特性的主要是材料的磁化曲线和磁滞回线。在这两种特性曲线上，可分别确定材料的磁导率 μ、饱合磁通密度 B_s、矫顽力 H_c、剩磁 B_r 以及铁损 P 等磁学参量。测量中，须注意材料磁特性的非线性和滞后特性，即材料的磁感应强度与磁场强度之间的比例系数 μ（磁导率）不是常数，而与磁化历史有关。因此，测量时要设法突出这些特征。磁性材料的磁特性测量常表现为曲线、回线或一组组规定条件下的数据，一般准确度不高。磁性材料在交变磁化时，材料内部将产生能量损耗（磁滞损耗）；又由于磁通的变化，在材料内部还将产生涡流损耗。因此，材料的磁特性测量还包括磁滞损耗和涡流损耗的测量。

测量软磁材料，特别是高导磁材料时，为了消除退磁场的影响，保证磁化均匀，需注意试样的选取，通常采用圆环形试样。测量永磁材料时，由于需要很高的磁场强度对试样进行磁化，因此要使用磁导计、电磁铁等磁化装置。硅钢片是电工设备中用量最大的磁性材料，为了正确设计和应用电机和电器等设备，硅钢片磁特性测量已成为磁性测量中的一个重要方面，爱泼斯坦仪是专门为此设计的一种标准化测量装置。

上述磁学量及其单位，如表6-1所示。

表 6-1　磁学量及其单位表

磁学量名称	符号	SI 单位	磁学量名称	符号	SI 单位
磁通	Φ	韦（Wb）	相对磁导率	μ	
磁矩	M_m	安/米^2（A/m^2）	退磁因子	D（SI）	
磁通密度或 磁感应强度	B	韦/米^2 或特［斯拉］ （Wb/m^2 或 T）	真空磁导率	μ_0	$4\pi/10^7$
			磁阻	R_m	1/亨（1/H）
磁场强度	H	安/米（A/m）	磁晶各向异性常数	K_1	焦/米^3（J/m^3）
磁动势、磁通势	F_m	安匝（A）	磁能积	$(BH)_m$	焦/米^3（J/m^3）
磁化强度	M	安/米（A/m）	畴壁能密度	γ	焦/米^2（J/m^2）
相对磁化率	χ				

6.1.3　测量对象和测量方法

磁学量测量涉及的对象和范围很广，主要可以分成 3 个方面：磁性材料特性测量、空间磁场特性测量和测量方法，采用哪一种测量方法也就包含了相应的测量技术及其电测仪表。

1. 磁性材料及其分类

磁性材料很多，按照化学成分分类有金属磁性材料和铁氧体磁性材料。

1）金属磁性材料主要是铁、镍、钴元素及其合金，如铁硅合金、铁镍合金、铁钴合金、钐钴合金、铂钴合金、锰铝合金等。它们具有金属的导电性能，通常呈现铁磁性，具有较高的饱和磁化强度、较高的居里温度、较低的温度系数，在交变电磁场中具有较大的涡流损耗与趋肤效应，因此金属软磁材料通常适用于低频、大功率的电力、电子工业。例如，硅钢片的饱和磁感应强度约为 2T（特斯拉），比一般铁氧体大 5 倍，广泛用作电力变压器的磁性材料。金属永磁材料目前磁能积很高，用它可以制成体积小、质量轻的永磁器件，尤宜用于宇航等空间科技领域，其缺点是镍、钴以及稀土金属价格贵，材料来源少。

2）铁氧体是指以氧化铁为主要成分的磁性氧化物，早期曾译名为"铁淦氧磁物"，简称"铁淦氧"，因其制备工艺沿袭了陶瓷和粉末冶金的工艺，有时也称为磁性瓷。大多数为亚铁磁性，从而饱和磁化强度较低，其电阻率却比金属磁性材料高 10^6 倍以上，在交变电磁场中损耗较小，在高频、微波、光频段应用时更显出其独特的优点。从晶体结构考虑，铁氧体主要分为尖晶石型，如锰锌铁氧体、镍锌铁氧体等；石榴石型，如钇铁石榴石型铁氧体等；六角晶系铁氧体，如与天然磁铅石同晶型的钡铁氧体、易磁化轴处于六角平面内的 Y 型铁氧体等。

磁性材料按照应用分类主要有以下 6 类：

1）永磁材料（又称硬磁材料）：具有高矫顽力与剩磁值，通常以最大磁能积 $(BH)_m$ 衡量永磁材料的优劣。例如，铝镍钴系合金、钐钴系合金、锰铝系合金、铁铬钴系合金以及钡铁氧体、锶铁氧体等。

2）软磁材料：具有较低的矫顽力，较窄的磁滞回线，通常以初始磁导率、饱和磁感应强度以及交流损耗等值的大小标志其主要性能。材料主要有纯铁、铁硅合金系、铁镍合金系、锰锌铁氧体、镍锌铁氧体等。软磁材料是磁性材料中种类最多、应用最广泛的一类，在电力工业中主要是用作变压器、电动机与发电机的磁性材料，在电子工业中制成各种磁性元件，广泛地应用于电视、广播、通信等领域。

3）矩磁材料：磁滞回线呈矩形，而矫顽力较小的一种软磁材料，通常以剩磁 B_r 与最大磁感应强度 B_m 之比的矩形比 B_r/B_m 值标志其静态特性。材料主要有锂锰铁氧体、锰镁铁氧体等。它在电子计算机、自动控制等技术中常用作记忆元件、开关和逻辑元件等的材料。

4）旋磁材料：利用旋磁效应的磁性材料，通常用于微波频段，以复张量磁导率、饱和磁化强度等标志其主要性能。常用的材料为石榴石型铁氧体、锂铁氧体等，可制作各种类型的微波器件，如隔离器、环流器、相移器等。自 1952 年以来，铁氧体在微波领域的应用，促使微波技术发生革命性的变革。利用铁氧体张量磁导率的特性才能制造出一系列非互易性微波器件；利用铁氧体的非线性效应可设计出一系列有源器件，如倍频器、振荡器等。

5）压磁材料：利用磁致伸缩效应的磁性材料，以磁致伸缩系数标志其主要性能，通常用于机械能与电能的相互转换。例如，可制成各种超声器件、滤波器、磁扭线存储器、振动测量器等。常用的材料为镍片、镍铁氧体等。目前正在深入研究磁声耦合效应，以期开拓新领域。

6）磁记录材料：主要包括磁头材料与磁记录介质两类，前者属于软磁材料，后者属于永磁材料，由于其应用的重要性与性能上的特殊要求而另列一类。磁头材料除了应具有软磁材料的一般特性外，常要求高记录密度，低磨损。常用的有热压多晶铁氧体、单晶铁氧体、铝硅铁合金、硬叵姆合金等。磁记录介质要求有较大的剩磁值、适当高的矫顽力值，以便将电的信息通过磁头而在磁带上以一定的剩磁迹记录下来。常用的材料为 γ-三氧化二铁，高记录密度的材料有二氧化铬金属薄膜等。目前磁记录已普遍应用于各个领域，如录音、录像等，因此，近年来磁记录材料的产量急剧增长。从广义来说，磁泡材料也属于这一类。

另外，磁性材料还有新型材料和具有高科技内涵的材料：稀土超磁致伸缩材料（外磁场变化，材料能随之几何变化）、磁性塑料（具有磁性的塑料）、磁性液体（磁性粉末与某液体混合）、非晶态磁性材料、磁性半导体、高分子有机磁性材料、纳米磁性材料等。

2. 空间磁场及其分类

磁场空间各处的磁场强度相等或大致相等的称为均匀磁场，否则就称为非均匀磁场。离开磁极表面越远，磁场越弱，磁场强度呈梯度变化。恒磁场又称静磁场，而交变磁场、脉动磁场和脉冲磁场属于动磁场。

1）恒定磁场：磁场强度和方向保持不变的磁场称为恒定磁场或恒磁场，如铁磁片和通以直流电的电磁铁所产生的磁场。

2）交变磁场：磁场强度和方向在规律变化的磁场，如工频磁疗机和异极旋转磁疗器产生的磁场。

3）脉动磁场：磁场强度有规律变化而磁场方向不发生变化的磁场，如同极旋转磁疗器和通过脉动直流电磁铁产生的磁场。

4）脉冲磁场：用间歇振荡器产生间歇脉冲电流，将这种电流通入电磁铁的线圈即可产生各种形状的脉冲磁场。脉冲磁场的特点是间歇式出现磁场，磁场的变化频率、波形和峰值可根据需要进行调节。

空间磁场按照空间区域还可以分成地磁场、人体磁场和宇宙磁场等。

（1）地磁场　地磁场是从地心至磁层顶的空间范围内的磁场，是地磁学的主要研究对象。人类对于地磁场存在的早期认识，来源于天然磁石和磁针的指极性。地磁的北磁极在地理的南极附近，地磁的南磁极在地理的北极附近。磁针的指极性是由于地球的北磁极（磁性为 S 极）吸引着磁针的 N 极，地球的南磁极（磁性为 N 极）吸引着磁针的 S 极。这个解释最初是英国学者 W. 吉伯于 1600 年提出的。吉伯所作出的地磁场来源于地球本体的假定是正确的。这已于 1839 年由德国数学家 C. F. 高斯首次运用球谐函数分析法所证实。

地磁的磁力线和地理的经线是不平行的，它们之间的夹角称为磁偏角。中国古代的著名科学家沈括是第一个注意到磁偏角现象的科学家。

地磁场是一个矢量场。描述空间某一点地磁场的强度和方向，需要 3 个独立的地磁要素。常用的地磁要素有 7 个，即地磁场总强度 F、水平强度 H、垂直强度 Z、H 的北向分量 X 和东向分量 Y、磁偏角 D 和磁倾角 I，其中以磁偏角的观测历史为最早。在现代的地磁场观测中，地磁台一般只记录 H、D、Z 或 X、Y、Z。

近地空间的地磁场像一个均匀磁化球体的磁场，其强度在地面两极附近还不到 1 高斯（Gs），所以地磁场是非常弱的磁场。地磁场强度的单位过去通常采用伽马（γ），即 1 纳特斯拉（nT）。1960 年决定采用特斯拉作为国际测磁单位，1 高斯 $= 10^{-4}$ 特斯拉，1 伽马 $= 10^{-9}$ 特斯拉 $= 1$ 纳特斯拉（nT）。地磁场虽然很弱，但却延伸到很远的空间，保护着地球上的生物和人类，使之免受宇宙辐射的侵害。

地磁场包括基本磁场和变化磁场两个部分，它们在成因上完全不同。基本磁场是地磁场的主要部分，起源于地球内部，比较稳定，变化非常缓慢。变化磁场包括地磁场的各种短期变化，主要起源于地球外部，并且很微弱。

地球的基本磁场可分为偶极子磁场、非偶极子磁场和地磁异常几个组成部分。偶极子磁场是地磁场的基本成分，其强度约占地磁场总强度的 90%，产生于地球液态外核内的电磁流体力学过程，即自激发电机效应。非偶极子磁场主要分布在亚洲东部、非洲西部、南大西洋和南印度洋等几个地域，平均强度约占地磁场的 10%。地磁异常又分为区域异常和局部异常，与岩石和矿体的分布有关。

地球的变化磁场可分为平静变化和干扰变化两大类型。平静变化主要是以一个太阳日为周期的太阳静日变化，其场源分布在电离层中。干扰变化包括磁暴、地磁亚暴、太阳扰日变化和地磁脉动等，场源是太阳粒子辐射同地磁场相互作用在磁层和电离层中产生的各种短暂的电流体系。磁暴是全球同时发生的强烈磁扰，持续时间约为 1~3 天，幅度可达 10nT。其他几种干扰变化主要分布在地球的极光区内。除外源场外，变化磁场还有内源场。内源场是由外源场在地球内部感应出来的电流所产生的。将高斯球谐分析用于变化磁场，可将这种内、外场区分开。根据变化磁场的内、外场相互关系，可以得出地球内部电导率的分布。这已成为地磁学的一个重要领域，称为地球电磁感应。

地球变化磁场既和磁层、电离层的电磁过程相联系，又和地壳上地幔的电性结构有关，所以在空间物理学和固体地球物理学的研究中都具有重要意义。

（2）人体磁场　自然界中的各种测学量测量，目前均在地磁场环境中，其中较为重要的就是生物磁场，而人体磁场更越来越倍受关注。

人体磁场属于生物磁场的范畴。对于人体磁场产生与测定的研究至今只有数十年的历史，处于发展过程中。由于人体磁场信号非常微弱，又处于周围环境磁场的噪声中，测定工作极为困难。但随着现代科学技术的发展，已经陆续研制出了一系列先进的测量仪器，特别是超导量子干涉仪的研制成功，使人体磁场的研究进入新的发展领域。用微弱磁场测定法通过对人体磁场的检测，把所获人体磁场的信息应用于临床多种疾病的诊断及推进一些疑难病症的治疗中，有重要的意义。

人体磁场非常微弱，并受到各种外界环境的影响，检测人体磁场很困难。目前检测到的人体生物磁场如表 6-2 所示。

表 6-2　人体磁场表

磁场来源	磁场强度/Oe	磁场频率/Hz	磁场来源	磁场强度/Oe	磁场频率/Hz
正常心脏	约 $\leqslant 10^{-6}$	0.1 ~ 40	肌肉	约 $\leqslant 10^{-7}$	1 ~ 100
受伤心脏	约 $\leqslant 5 \times 10^{-7}$	0	腹部	约 $\leqslant 10^{-6}$	0
正常脑	约 $\leqslant 5 \times 10^{-9}$	交变	石棉矿工人肺部	约 $\leqslant 5 \times 10^{-1}$	0
正常脑（睡眠时）	约 $\leqslant 5 \times 10^{-8}$	交变			

人体生物磁场的产生来源，归纳起来主要有以下几个方面。

1）生物电流：由于人体在生理活动中，体内带电离子发生流动，因而形成了生物电流，如脑电流、心电流、肌电流等。根据电动生物的原理，随着生物电流的形成产生了生物磁场，如脑磁图、心磁图等。有人测定到肢体动作产生生物电流时，伴生的磁场强度为 1.2×10^{-10}T。

2）体内强磁物质的剩余磁场：当某些强磁性物质进入人体组织器官以后，在外加磁场作用下被磁化，外加磁场去掉后而产生剩余磁场。例如，粉尘物质侵入肺后，出现的肺磁场就属于此种情况。

3）由生物磁性材料产生的感应磁场：组成人活体的物质具有一定的磁性，称为"生物磁性材料"。这种材料在地磁场及其他外界磁场的作用下便产生感应磁场，如肝、脾等脏器组织所呈现的磁场即属此类。

4）人体本身产生的磁场：根据实验结果表明，普通人的经络及穴位点也可测出磁性。

（3）宇宙磁场　地球以外的磁场均归类到宇宙磁场，其中与地球相关的主要是太阳磁场和磁星。

1）太阳磁场。太阳的绝大部分物质是高温等离子体，太阳的物态、运动和演变都与磁场密切相关。太阳黑子、耀斑、日珥等活动现象，更是直接受磁场支配。因此，研究太阳磁场具有重要意义。

研究太阳磁场主要是研究分布于太阳（指太阳普遍磁场和整体磁场，它们是单极性的）和行星际（集中在太阳活动区附近，且绝大多数是双极磁场）空间的磁场。近年来通过高分辨率设备观测表明，太阳磁场有很复杂的精细结构。目前，对太阳磁场测量只限于太阳大气，至于太阳内部磁场，还不能直接测量，只能用理论方法作粗略的估计，有人认为它可能比大气的磁场强得多。

在太阳风作用下，太阳磁场还弥漫于整个行星际空间，形成行星际磁场。它的极性与太阳整体磁场一致，随着离开太阳的距离增加而减弱。各种太阳活动现象都与磁场密切相关：耀斑产生前后，附近活动区磁场有剧烈变化（如磁场湮灭）；黑子的磁场最强，小黑子约 0.1T，大黑子可达 0.3～0.4 T 甚至更高；谱斑的磁场约 0.02T。日珥的形成和演化也受磁场的支配。

①太阳黑子磁场。一般来说，一个黑子群中有两个主要黑子，它们的磁极性相反。在同一半球（如北半球）各黑子群的磁极性分布状况是相同的，而在另一半球（南半球）情况则与此相反。在一个太阳活动周期（约 11 年）结束、另一个周期开始时，上述磁极性分布便全部颠倒过来。因此，每隔 22 年黑子磁场的极性分布经历一个循环，称为一个磁周。强磁场是太阳黑子最基本的特征，黑子的低温、物质运动和结构模型都与磁场息息相关。

②耀斑与磁场关系。耀斑是最强烈的太阳活动现象。一次大耀斑爆发可释放 $10^{30\sim33}$ erg（1 erg = 10^{-7}J）的能量，这个能量可能来自磁场。在活动区内一个强度为几百高斯的磁场一旦湮没，它所蕴藏的磁能便全部释放出来，足够供给一次大耀斑爆发。在耀斑爆发前后，附近活动区的磁场往往有剧烈的变化。本来是结构复杂的磁场，在耀斑发生后就变得比较简单了。这就是耀斑爆发的磁场湮没理论的证据。

③日珥磁场。日珥的温度约为一万摄氏度，它却能长期存在于温度高达一两百万摄氏度的日冕中，既不迅速瓦解，也不下坠到太阳表面，这主要是靠磁力线的隔热和支撑作用。宁静日珥的磁感应强度约为 10×10^{-4}T，磁力线基本上与太阳表面平行；活动日珥的磁场强一些，可达 200×10^{-4}T，磁场结构较为复杂。

④太阳普遍磁场。除太阳活动区外，日面宁静区也有微弱的磁场，磁感应强度约 $1\times10^{-4}\sim3\times10^{-4}$T，它在太阳南北两极区极性相反。整个来说，太阳和地球相似，也有一个普遍磁场。不过由于局部活动区磁场的干扰，太阳普遍磁场只是在两极区域比较显著，而不像地球磁场那样完整。太阳极区的磁感应强度只有 $1\sim2\times10^{-4}$T。太阳普遍磁场的强度经常变化，甚至极性会突然转换。这种情况在 20 世纪 50 年代和 70 年代两次观测到。

⑤太阳整体磁场。如果把太阳当作一颗恒星，让不成像的太阳光束射进磁像仪，就可测出日面各处混合而成的整体磁场，约 3×10^{-5}T。这种磁场的强度呈现出有规则的变化，极性由正变负，又由负变正。大致来说，在每个太阳自转周期（约 27 天）内变化两次。对这个现象很容易作这样的解释：日面上有东西对峙的极性相反的大片磁区，随着太阳由东向西自转，科学家们就可以交替地观察到正和负的整体磁场。总之，太阳上既有普遍磁场，又有整体磁场。前者是南北相反的，后者是东西对峙的。

2）磁星。"磁星"是中子星的一种，它们均拥有极强的磁场，通过其产生的衰变，使之能源源不绝地释出高能量电磁辐射，以 X 射线及 γ 射线为主。磁星的理论于 1992 年由科学家罗伯特·邓肯（Robert Duncan）及克里斯托佛·汤普森（Christopher Thompson）首先提出，在其后几年间，这个假设得到广泛接纳，去解释软伽玛射线复发源及不规则 X 射线脉冲星等可观测天体。

当一颗大型恒星经过超新星爆发后，它会塌缩为一颗中子星，其磁场会迅速增强。在科学家邓肯及汤普森的计算结果当中，其强度约为 10^8 T，在某些情况更可达 10^{11} T，这些极强磁场的中子星便被称为"磁星"。而地球表面的天然地磁场强度，在赤道附近约为 3.5×10^{-5} T，在两极附近约为 7×10^{-5} T。

一颗超新星在爆发期间，自身可能会失去约 10% 的质量，一颗质量为太阳的 10~30 倍的恒星，在避免塌缩成黑洞的情况下，需要放出更大的质量，可能为自身的 80%。据估计，每大约 10 颗超新星爆发中，便会有一颗能成为磁星，而非一般的中子星或脉冲星。在它们演变成超新星前，自身需拥有强大磁场及高自转速度，方有机会演化成磁星。

3. 测量方法

磁学量测量主要按照测量原理分类，可分为以下几种。

1）力和力矩法：利用铁磁体或载流体在磁场中所受的力进行测量，是一种比较古典的测量方法。

2）电磁感应法：以法拉第电磁感应定律为基础，是一种最基本的测量方法。它可用于测量直流磁场、交流磁场和脉冲磁场。用这种方法测量磁场的仪器通常有冲击检流计、磁通计、电子积分器、数字磁通计、转动线圈磁强计、振动线圈磁强计等。

3）霍尔效应法：利用半导体内载流子在磁场中受力作用而改变行进路线进而在宏观上反映出电位差（霍尔电动势）来进行磁场测量的方法。这种方法比较简单，因而得到广泛应用。

4）磁阻效应法：利用物质在磁场作用下电阻发生变化的特性进行磁场测量的方法。具有这种效应的传感器主要有半导体磁阻元件和铁磁薄膜磁阻元件等。

5）磁共振法：利用某些物质在磁场中选择性地吸收或辐射一定频率的电磁波，引起微观粒子（核、电子、原子）的共振跃迁来进行磁场测量的方法。由于共振微粒的不同，可制成各种类型的磁共振磁强计，如核磁共振磁强计、电子共振磁强计、光泵共振磁强计等。其中核磁共振磁强计是测量恒定磁场精度最高的仪器，因而可作为磁基准的传递装置。

6）超导效应法：利用具有超导结的超导体中超导电流与外部被测磁场的关系（约瑟夫逊效应）来测量磁场的磁强计，称为超导量子干涉仪，它是目前世界上最灵敏的磁强计，主要用于测量微弱磁场。

7）磁通门法：利用铁磁材料的交流饱和磁特性对恒定磁场进行测量的方法。用于测量零磁场附件的微弱磁场。

8）磁光法：利用传光材料在磁场作用下的法拉第磁光效应和磁致伸缩效应等进行磁场测量的方法。基于这种方法的光纤传感器具有独特优点，可用于恶劣环境下的磁场测量。

磁场的各种测量方法都是建立在与磁场有关的各种物理效应和物理现象的基础之上。由于电子技术、计算机技术以及传感器的发展，磁场测量的方法和仪器有了很大的发展。目前测量磁场的方法有几十种，这些方法不仅能用来测量空间磁场，也能测量物质内部的磁性能。凡是与磁场有关的物理量和参数，如 B、H、Φ、M、μ 等，原则上均可用这些方法进行测量。表 6-3 总结了不同磁场类型的测量技术和测量应用范围，围绕一些较为基本的、应用广泛的方法和仪器加以介绍。

表 6-3　不同磁场类型的测量技术和测量应用范围

基本原理和方法	器件/仪表名称	测量范围 /T	测量温度 /℃	分辨率 /T	被测磁场类型
磁力法	定向磁强计	0.1 ~ 10	常温	10^{-9}	均匀、非均匀磁场
	无定向磁强计				
	磁变仪				
磁光效应法	法拉第磁光效应磁强计	0.1 ~ 10	低温	10^{-2}	脉冲、交变、直流、低温超导强磁场
	克尔效应磁强计				
磁阻效应法	磁阻效应磁强计	0.01 ~ 10	常温	10^{-3}	较强磁场
磁共振效应法	核磁共振磁强计	0.01 ~ 10	常温	10^{-6}	脉冲、交变、直流、低温超导强磁场
	顺磁共振磁强计				
	光泵磁强计				
霍尔效应法	磁敏二极管	$10^{-5} \sim 10^{-2}$	常温	10^{-3}	恒定的或 5Hz 以内的交变磁场
	磁敏三极管				
	霍尔元件	$10^{-7} \sim 10$		10^{-4}	间隙、均匀、非均匀、直流、交变磁场
磁致伸缩效应法	光纤干涉磁强计	$10^{-7} \sim 10^{-4}$	常温	10^{-9}	直流弱磁场
约瑟夫逊效应法	直流超导量子磁强计	$10^{-3} \sim 10^{-2}$	低温	10^{-15}	恒定、交变弱磁场
	射频超导量子磁强计				
磁饱和法	二次谐波磁通门磁强计	$10^{-12} \sim 10^{-3}$	常温	10^{-11}	恒定或缓慢变化的弱磁场
	相位差式磁通门磁强计				
电磁感应法	固定线圈磁强计	$10^{-13} \sim 10^{3}$	常温	10^{-4}	恒定或脉冲磁场
	抛移线圈磁强计				
	旋转线圈磁强计				
	振动线圈磁强计				

4. 测量仪表

关于磁学量的测量仪表可以包含两大类。一类是利用磁场及其磁场特性进行电学量和磁学量的测量，这方面的仪表在前面章节已经有详细描述，主要是磁电系电测仪表、电磁系电测仪表和电动系电测仪表。这类仪表是通过被测对象进入测量仪表后产生磁场，与仪表内部固有磁场相互作用，从而带动指示/显示机构动作。

还有一类是测量仪表的信号输出直接源于对象磁场的变化，如磁强计是测量局域磁场的仪器。在表 6-3 中仅仅磁强计就有较多类型，重要的几类包括霍尔效应磁强计、超导磁强计、核子旋进磁力仪（NMR）、磁通门磁强计等。遥远的天文星体的磁场可以靠测量其对于附近带电粒子的影响而得知。例如，绕着磁场线螺旋转动的电子会产生同步辐射，其无线电波数据可以用电波望远镜侦测获得。

6.2　空间磁场测量

6.2.1　磁感应法

根据法拉第电磁感应定律可知，当线圈所交链的磁通 Φ 发生变化时，线圈中将产生感应电动势 e，感应电动势的大小与线圈内磁通链的变化率成正比，如图 6-10 所示。

在 e 的参考方向与 Φ 的参考方向符合右手螺旋定则的条件下，电磁感应定律表示为

$$e = -N\frac{\mathrm{d}\Phi}{\mathrm{d}t}$$

$$e(t) = -N\frac{\mathrm{d}\Phi(t)}{\mathrm{d}t} = -NS\frac{\mathrm{d}B(t)}{\mathrm{d}t} \tag{6-9}$$

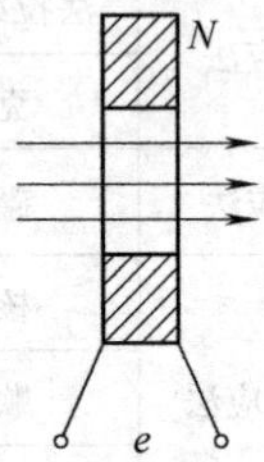

将式（6-9）对时间积分得

图 6-10　磁感应法测磁通

$$\Delta\Phi = \frac{1}{N}\int_{t_1}^{t_2}e\mathrm{d}t$$

$$\Delta B = \frac{1}{NS}\int_{t_1}^{t_2}e\mathrm{d}t \tag{6-10}$$

式中，N 为线圈的匝数；S 为线圈的截面积；$\Delta\Phi$ 为单匝线圈内磁通的变化量，它与被测磁场有关。

由式（6-10）可看出，若能测出感应电动势对时间的积分值，便可求出磁感应强度 B。

测量线圈的形状很多，有球形的、圆柱形的、方形的、扁平形的、带形的等，形状的选择应根据具体情况确定。

电磁感应法测量的磁感应强度不是某一点的值，而是探测线圈界定范围内磁感应强度的平均值。如果被测磁场是非均匀的，探测线圈所界定的区域内的磁场有显著的变化，这时探测线圈所交链的磁通量就不能准确地反映某点的磁场。所以在测量不均匀磁场时，探测线圈一般都做得尽可能小，使探测线圈所界定范围内的磁场能近似地看作是均匀的，测量结果就可以比较接近于点磁场值。但探测线圈太小时，相应的感应电动势要减小，则会使测量灵敏度受到影响。

显然，探测线圈的分辨率和灵敏度是互相矛盾的，为了兼顾这两方面，在设计探测线圈时，对于不均匀磁场，应保证它所测得的平均磁场值与探测线圈几何中心的磁场值相等，这种线圈称为点线圈。另外，根据电磁感应定律，感应电动势是与磁通的变化率成正比的，即使测量恒定磁场，也必须设法使线圈交链的磁通发生变化。因此，还必须考虑测量线圈的频率响应问题。

常用的磁场感应测量方法有冲击法、磁通计法、电子积分器法、转（振）动线圈法等。

6.2.2　霍尔效应法

1. 原理简介

霍尔元件的工作原理如图 6-11 所示。

在 N 型半导体薄片的 x 方向通以电流 I（称为控制电流），并在 y 方向施以磁感应强度
为 B 的磁场，那么载流子（电子）在磁场中就会受到洛伦兹力的作用向下侧偏转，并在该侧积累，从而在薄片的 z 向形成了电场 U_H。随后，运动着的电子在受到洛伦兹力作用的同时，还受到与此相反的电场力 F 的作用。当两力相等时，

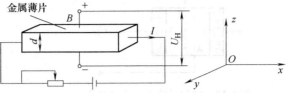

图 6-11　霍尔效应原理图

电子的积累达到动态平衡，这时在元件两端面之间建立的电场称为霍尔电场，相应的电压 U_H 称为霍尔电压，可以导出

$$U_H = \frac{R_H I B}{d} = K_H I B \qquad (6-11)$$

式中，R_H 为霍尔常数，其大小取决于导体载流子密度；K_H 为霍尔片的灵敏度，$K_H = R_H/d$。

霍尔电压一般在毫伏级，在实际使用时必须加差分放大器，并分为线性测量和开关状态两种使用方式，测量电路如图 6-12 所示。

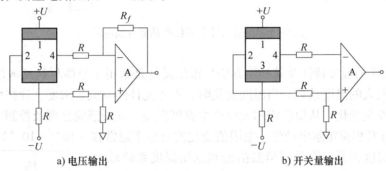

a) 电压输出　　　　　　　　　b) 开关量输出

图 6-12　霍尔元件测量电路

2. 霍尔元件的特性参数

霍尔元件使用时必须了解其特性参数，以便有针对性地设计测量或补偿电路。其主要特性参数如下：

1）额定激励电流 I。它是使在空气中的霍尔元件产生允许温升 ΔT 的控制电流。（霍尔元件会因通电流而发热）

2）输入电阻。它指激励电极间的电阻值。

3）输出电阻。它指霍尔电动势输出极之间的电阻值。

4）乘积灵敏度 K_H。它指单位电流、单位磁感应强度、霍尔电极间空载（$R_L = \infty$）时的霍尔电动势。

5）不等位电动势 U_H 与不等位电阻 R_0。不等位电动势又称零位电动势，即不加控制电流时出现的霍尔电动势 U_H。不等位电动势产生的主要原因是制造工艺不可能保证 2、4 两电极完全绝对对称地焊接在等电位面上，另外，霍尔元件电阻率或厚度不均匀也会产生零位电动势，如图 6-13 所示。

一般要求 $U_0 < 1\mathrm{mV}$，必要时应予以补偿。补偿的基本思想是把霍尔元件等效为一个四臂电桥，4 个桥臂电桥电阻就是 4 个电极分布电阻，如图 6-14 所示。

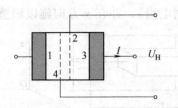

图 6-13　霍尔元件不等位电动势

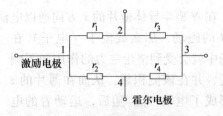

图 6-14　霍尔元件等效电路

　　不等位电动势相当于电桥的不平衡输出，因而一切可使电桥平衡的方法均可作为不等位电动势的补偿措施，如图 6-15 所示。

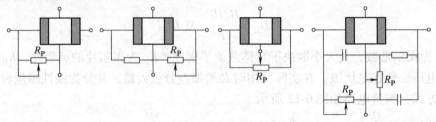

图 6-15　霍尔元件不等位电动势补偿电路

　　6）霍尔元件的温度特性及其补偿方法。霍尔元件是采用半导体材料制成的，因此其许多参数都具有较大的温度系数。当温度变化时，霍尔元件的载流子浓度、迁移率、电阻率及霍尔系数都将发生变化，从而使霍尔元件产生温度误差。在磁感应强度及控制电流恒定情况下，温度变化 1℃ 相应霍尔电动势、电阻值变化的百分率通常在 $(10^{-2} \sim 10^{-4})$ /℃ 量级。

　　为了减小温度误差，除采用恒温措施和选用温度系数较小的材料（如砷化铟）做霍尔基片外，还可以采用适当的补偿电路进行温度补偿，常用的补偿方式包括选用恒流源供电与输入回路并联电阻、恒压源供电与输入回路串联电阻、合理选取负载电阻的阻值和采用热敏温度补偿元件等。

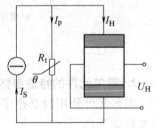

图 6-16　恒流源供电与
输入回路并联电阻

　　①恒流源供电和输入回路并联电阻。恒流源供电能克服温度变化引起输入电阻变化而引起的控制电流的变化。大多数霍尔元件的温度系数 α 是正值，霍尔电动势随温度升高而增加 $\alpha\Delta T$ 倍。但如果同时让激励电流 I_{S} 相应地减小，并能保持 $K_{\mathrm{H}}I_{\mathrm{S}}$ 乘积不变，就可以抵消 K_{H} 随温度增加的影响。在温度补偿电路（见图 6-16）中，设初始温度为 T_0，霍尔元件输入电阻为 R_{i0}，灵敏系数为 K_{H0}，分流电阻为 R_{t}，则霍尔电流为

$$I_{\mathrm{H0}} = \frac{R_{\mathrm{t}}I_{\mathrm{S}}}{R_{\mathrm{t}} + R_{\mathrm{i0}}} \tag{6-12}$$

$$R_{\mathrm{i}} = R_{\mathrm{i0}}(1 + \delta\Delta T) \tag{6-13}$$

$$R_{\mathrm{t}} = R_{\mathrm{t0}}(1 + \beta\Delta T) \tag{6-14}$$

式中，δ 为霍尔元件输入电阻温度系数；β 为分流电阻温度系数。

$$I_{\mathrm{H}} = \frac{R_{\mathrm{t}}I_{\mathrm{S}}}{R_{\mathrm{t}} + R_{\mathrm{i}}} = \frac{R_{\mathrm{t0}}(1 + \beta\Delta T)I_{\mathrm{S}}}{R_{\mathrm{t0}}(1 + \beta\Delta T) + R_{\mathrm{i0}}(1 + \delta\Delta T)} \tag{6-15}$$

$$K_H = K_{H0}(1 + \alpha\Delta T) \tag{6-16}$$

当温度升至 T 时，电路中各参数变为补偿电路必须满足温升前后霍尔电动势不变，即 $U_{H0} = U_H$，而：

$$U_H = K_H I_H B \tag{6-17}$$

$$K_{H0}I_{H0}B = K_H I_H B \Rightarrow K_{H0}I_{H0} = K_H I_H \tag{6-18}$$

将 K_H、I_{H0}、I_H 的表达式代入式（6-17）和式（6-18），经整理并略去 $\beta\alpha(\Delta T)^2$ 高次项后得

$$R_t = \frac{(\delta - \beta - \alpha)R_{io}}{\alpha} \tag{6-19}$$

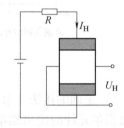

图 6-17　恒压源供电与
输入回路串联电阻

霍尔元件选定后，其输入电阻 R_{io}、温度系数 δ 及霍尔电动势温度系数 α 是确定值。因此可由式（6-19）选定分流电阻 R_t 所需的分流电阻温度系数 β 值，由式（6-14）得到 R_t，从而实现温度补偿。

②采用恒压源供电和输入回路串联电阻。当采用稳压电源供电，且霍尔输出端开路状态下工作时，利用等效电源定理可将上述恒流源补偿电路转换为恒压源与补偿电阻 R 的串联，其补偿思想相同，如图 6-17 所示。

③合理选取负载电阻 R_L 的阻值。已知霍尔元件的输出电阻 R_O 和霍尔电压 U_H 是温度的函数，即

$$R_O = R_\infty(1 + b\Delta T)$$
$$U_H = U_{H0}(1 + \alpha\Delta T) \tag{6-20}$$

式中，R_∞、U_{H0} 分别为 0℃ 时霍尔元件的输出电阻和霍尔电压；b 为霍尔元件的电阻温度系数。

负载电阻 R_L 上的电压为

$$U_L = \frac{R_L}{R_O + R_L}U_H = \frac{R_L U_{H0}(1 + a\Delta T)}{R_L + R_\infty(1 + b\Delta T)} \tag{6-21}$$

为使 U_L 不随温度变化，应使 U_L 对 T 导数为零，得到

$$R_L = R_\infty\left(\frac{b}{a} - 1\right) \tag{6-22}$$

由此可以得出，通过按式（6-22）选取负载电阻，可以实现温度补偿。

④采用热敏温度补偿元件。热敏电阻 R_t 也是温度的函数，将它与霍尔元件组成适当的电路，并封装在一起，使温度影响相互抵消，以达到补偿的目的。采用热敏电阻补偿的方式如图 6-18 所示。

3. 霍尔元件的选用

霍尔元件的选用需要注意以下几个问题：

1）元件的选择。元件的选择主要取决于被测对象的条件和要求。测量弱磁场时，霍尔输出电压比较小，应选择灵敏度高、噪声低的元件，如锗、锑化铟、砷化铟等元件；测量强磁场时，对元件的灵敏度要求不高，应选用磁场线性度较好的霍尔元件，如硅、锗（100）之类的元件；当供电电源容量比较小时，从省电角度出发，采用锗霍尔元件有利；对环

境温度有变化的场合，使用温度线性度较好的元件，如砷化镓、硅元件比较合适。总之，元件的选择要根据具体情况全面考虑，以解决主要矛盾为首位，其余的可通过补偿办法加以克服。

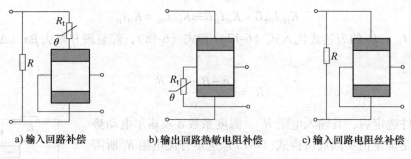

a) 输入回路补偿　　　　　b) 输出回路热敏电阻补偿　　　　c) 输入回路电阻丝补偿

图 6-18　热敏电阻温度补偿电路

2) 正确的接法。第一，输入和输出不能共地；第二，为了获得较大的霍尔电压，可将几块霍尔元件的输出端串联起来，这时控制电流端应该并联起来，如图 6-19 所示；第三，当控制电流为交流或被测磁场为交变磁场时，可采用图 6-20 所示电路，以增加霍尔输出的电压及功率。图 6-20 中元件的控制电流端串联，而各元件的霍尔电压端分别接至变压器的不同一次绕组，从变压器的二次绕组便获得各霍尔元件输出电压的总和。

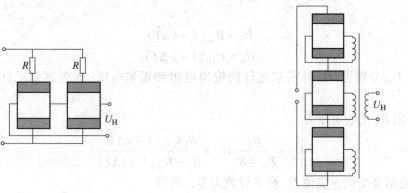

图 6-19　霍尔电路串连接法　　　　　　图 6-20　霍尔交流应用的串连接法

3) 测量方向未知的磁场时，若霍尔元件平面与磁场的方向线成 φ 角斜交，则霍尔电动势应为，$U_H = K_H I B \cos\varphi$ 通过旋转霍尔元件使输出达到最大值，从而确定出磁场方向。

4) 测量诸如地磁场等这样的微弱磁场时，常采用磁场集中器（高磁导率材料制成的圆棒或圆锥体），以增强磁场。

4. 磁阻效应法

（1）原理简介　给通以电流的金属或半导体材料的薄片加一与电流垂直的外磁场时，由于电流的流动路径会因磁场作用而加长（即在洛伦兹力作用下载流子路径由直线变为斜线），从而使其阻值增加，这种现象称为磁阻效应。

磁阻效应与材料本身导电离子的迁移率有关（物理磁阻效应），若某种金属或半导体材料的两种载流子（电子和空穴）的迁移率相差较大，则主要由迁移率较大的一种载流子引

起电阻变化（当材料中仅存在一种载流子时，磁阻效应很小，此时霍尔效应更为强烈），它可表示为

$$\frac{\rho - \rho_0}{\rho_0} = \frac{\Delta\rho}{\rho} = 0.275\mu^2 B^2 \tag{6-23}$$

式中，B 为磁感应强度；ρ 为材料在磁感应强度为 B 时的电阻率；ρ_0 为材料在磁感应强度为 0 时的电阻率；μ 为载流子迁移率。

另外，磁阻效应还与材料形状、尺寸密切相关（几何磁阻效应）。长方形磁阻元件只有在 L（长度）$< W$（宽度）条件下才表现出较高的灵敏度。把 $L < W$ 的扁平元件串联起来，就会形成零磁场电阻值较大、灵敏度较高的磁阻元件。

（2）磁阻元件（MR）及其应用　如前所述，磁阻效应法是利用物质在磁场的作用下电阻发生变化的特性，用金属铋、砷化铟、磷砷化铟、巨姆合金等材料制成的磁阻元件来进行磁场测量的方法。一般磁阻元件的阻值与磁场的极性无关，它只随磁感应强度的增加而增加。

此外，磁敏二极管和磁敏晶体管也属于这类磁敏感元件，它们对磁场的灵敏度很高，比霍尔元件高数百甚至数千倍，而且还能区别磁场的方向。

磁阻传感器常用于检测磁场的存在，测量磁场的大小，确定磁场的方向，测定磁场的大小或方向是否改变，可根据物体磁性信号的特征支持对物体的识别，这些特性可用于如武器等的安全系统或收费公路中车辆的检测。它特别适用于货币鉴别、跟踪系统（如在虚拟现实设备和定向磁盘中），也可用于检测静止的或运动的铁磁物体门或闩锁的关闭，如飞机货舱门及旋转运动物体的部位等。

为了方便使用，常用的磁阻元件在半导体内部已经制成了半桥或全桥，以及有单轴、双轴、三轴等多种形式。例如霍尼韦尔（Honeywell）公司的 HMC 系列磁阻传感器就在其内部集成了由磁阻元件构成的惠斯通电桥及磁置位/复位等部件。图 6-21 所示为 HMC1001 单轴磁阻传感器的结构示意图。

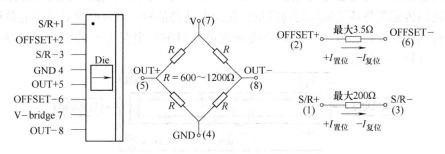

图 6-21　HMC1001 单轴磁阻传感器的结构示意图

图 6-22 为 HMC1001 传感器的简单应用举例。该电路起到接近传感器的作用，并在距传感器 5 ~ 10mm 范围内放置磁铁时，点亮发光二极管。放大器起到一个简单比较器的作用，它在 HMC1001 传感器的电路输出超过 30mV 时切换到低位。磁铁必须具有强的磁感应强度（0.02T），其中的一个磁极指向应顺着传感器的敏感方向。该电路可用来检测门开/门关的情况或检测有无磁性物体存在的情况。

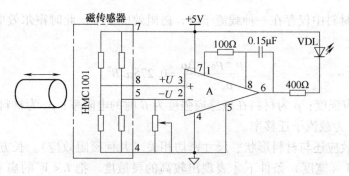

图 6-22　HMCl001 传感器的简单应用图

6.2.3　磁通门法

磁通门法也称为二次谐波法，这种方法是利用高磁导率铁心，在饱和交变励磁下，选通和调制铁心中的恒定弱磁场并进行测量。基于这种方法的测磁装置，称为磁通门磁强计。

磁通门磁强计自 1930 年问世以来，一直广泛地用于测量空间磁场、探潜、探矿、扫雷、导航以及各种监视、检测装置。尽管弱磁场测量技术飞速发展（如光泵磁强计、超导量子磁强计等），但磁通门磁强计仍以其独特的结构简单、牢靠、体积小巧、功耗低、抗振性好、能识别方向、灵敏度高、适于高速运动中使用、便于自动控制和遥测等一系列优点，使它在卫星、探空火箭、宇宙飞船中，成为一种重要的探测仪器。

美国的阿波罗飞船用磁通门磁强计测量了月球表面的磁场；前苏联的火星探空火箭也装有这种仪器。这种磁强计主要用于测量恒定的弱磁场，其测量范围为 $10^{-10} \sim 10^{-8}$T，下限受探头噪声的限制。

1. 磁通门磁强计的基本原理

磁通门磁强计种类很多（见表 6-3），无论其传感器、励磁电源或是检测电路都是多种多样的，但工作原理都是基于磁调制器。

磁通门磁强计主要由磁通门传感器（如图 6-23 所示）、测量电路、数据采集处理单元等组成。磁通门传感器将环境磁场的物理量转化为电动势信号；测量电路对感应电动势偶次谐波分量进行选通、滤波、放大；数据采集处理单元对测量电路输出的信号进行 A-D 转换、数据处理、计算、存储等。

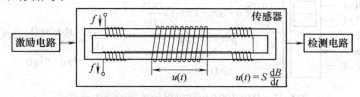

图 6-23　磁通门传感器原理图

磁通门传感器由铁心外绕励磁线圈、感应线圈组成。铁心起聚磁作用，要求磁导率高、矫顽力小，在如图 6-24a、b 所示两种材料中，图 6-24a 是较合适的。

励磁线圈加交变励磁电流。为提高测量精度而需要差分信号输出，采用双铁心传感器，现在一般采用跑道形结构（如图 6-25 所示）。

铁心上缠绕的励磁线圈反向串联，两铁心激励方向在任一瞬间的空间上都是反向的。但是，环境磁场在两平行铁心轴向分量是同向的。在形状尺寸和电磁参数完全对称的条件下，励磁磁场在公共感应线圈中建立的感应电动势互相抵消，它只起调制铁心磁导率的作用；而环境磁场在感应线圈中建立的感应电动势则互相叠加。

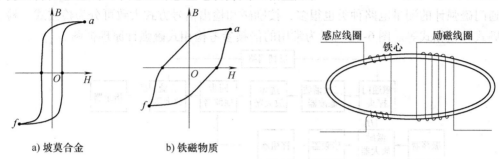

a) 坡莫合金　　　　　　　b) 铁磁物质

图 6-24　磁通门传感器铁心材料

图 6-25　磁通门传感器双跑道型铁心材料结构

由图 6-25 所示的结构，设励磁电流在铁心中产生磁场，其强度 H_1 在两根铁心中是完全相等，但方向相反的，当存在外磁场 H_0 时，两根铁心分别处在磁场（$H_0 - H_1$）和（$H_0 + H_1$）作用下，假定这两根铁心的磁特性是相同的，则磁场在铁心中产生的磁感应强度分别为

$$B' = f(H_0 - H_1) \tag{6-24}$$

$$B'' = f(H_0 + H_1) \tag{6-25}$$

式中，f 表示磁场强度与磁感应强度之间的函数关系。

这时测量线圈中的感应电动势为

$$e_2(t) = -SN_2 \frac{\mathrm{d}}{\mathrm{d}t}(B' + B'') \tag{6-26}$$

式中，S 为铁心横截面积；N_2 为测量线圈的匝数；t 为时间。

对图 6-25 所示的铁心磁特性，磁场强度与磁感应强度之间的函数关系可表示为

$$B = aH + bH^3 \tag{6-27}$$

式中的 a、b 为与铁心形状和材料有关的常数。将式（6-24）和式（6-25）中的对应函数关系式用式（6-27）表示，则有

$$B' + B'' = 2aH_0 + 2bH_0^3 + 6bH_0H_1^2 \tag{6-28}$$

式（6-28）等号右侧第一、二项为常数因而不能在测量线圈两端产生感应电动势，第三项为交流磁场与固定磁场乘积因而可形成感应电动势：

$$e_2(t) \mid_{H_0 = \mathrm{const} \neq 0} = 6bSW_2H_0 \frac{\mathrm{d}}{\mathrm{d}t}\left[H_1(t)\right]^2 \tag{6-29}$$

当励磁线圈接上正弦激励电压时，则通过励磁线圈的电流产生的激励磁场为

$$H_1(t) = H_\mathrm{m}\sin\omega t \tag{6-30}$$

将式（6-30）代入式（6-29）得到

$$e_2(t) \mid_{H_0 = \mathrm{const} \neq 0} = 6\omega bSW_2H_0H_\mathrm{m}^2\sin 2\omega t \tag{6-31}$$

当激励磁场的振幅 H_m 略大于坡莫合金磁化饱和点 H_0 时（一般取 H_m 略大于 $\sqrt{2}H_0$），在环境磁场的作用下，感应线圈上产生急剧变化的偶次谐波电压分量。式（6-31）说明，

$e_2(t)$正比于被测磁场 H_0。由此式也可以看出，磁通门传感器是一种磁信号频率调制器，正是调制特性提高了磁通门的抗干扰能力。

2. 磁通门测量电路

磁通门磁强计的测量电路种类也很多，按励磁和检出信号方式大致可分为检波式、检相式、分频式和锁相式等。图 6-26 所示为常用的倍频参考检相式磁强计原理框图。

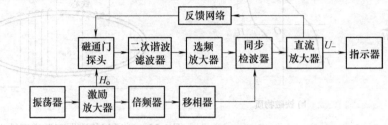

图 6-26　常用倍频参考检相式磁强计原理框图

磁通门测量电路从功能上可分为励磁电路和偶次谐波测量电路两部分。这里介绍一种在实际应用中取得良好效果的测量电路（如图 6-27 和图 6-28 所示）。

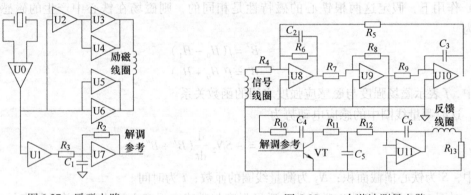

图 6-27　励磁电路　　　　　　　　　　　　　　图 6-28　二次谐波测量电路

图 6-27 中，励磁电路由晶振 J、CD4060 分频器（U0、U1）、CD4049（U2 ~ U7）六反相驱动器组成。晶振频率经 CD4060 分频后，由 CD4049 六反相驱动器作功放励磁和提供解调参考信号。通过调整 R_3，使励磁线圈的工作电流满足铁心的工作点要求（即 H_m 略大于 $\sqrt{2}H_0$），使磁通门达到对环境磁场最敏感；而 C_1 的调节，可改善解调参考波形。一般情况下，励磁频率在 10kHz 左右。

磁通门传感器输出偶次谐波，从原理上说，2、4、6 次谐波均能反映 H_0 的幅值和相位，而实际上，二次谐波在偶次谐波中幅值最大，因此，设计二次谐波测量电路（如图 6-28 所示）来测量磁通门传感器输出。

多用途通用有源滤波器 UAF42 集成电路是测量二次谐波的理想电路，UAF42 芯片（图 6-28 中的 U8 ~ U11）内部集成有所需的 4 级精密运算放大器、50(1 ± 0.5%)kΩ 精密电阻和 1000(1 ± 0.5%)pF 的精密电容器，解决了有源滤波器设计中电容、电阻的匹配和低损耗问题，可方便地设计成高通、低通、带通滤波器，应用于精密测试设备、通信设备、医疗仪器和数据采集系统中。将磁通门传感器和感应线圈分成信号线圈和反馈线圈两部分，由滤波器

UAF42 组成双二次型带通滤波器，对信号线圈的二次谐波和反馈线圈的信号进行调制放大。

3. 磁通门测量技术的特点

1）具有极好的矢量响应性能，能精确测量磁场矢量、标量、分量、梯度和角参数。

2）可以实现点磁测量。磁通门探头简单、小巧，已经研制了外形尺寸仅为 2.5cm × 2.5cm × 2.5cm 的空间对称结构的三轴探头，应用于微机械技术，可实现微型化。

3）有较高的测量分辨率，能方便地达到 $10^{-8} \sim 10^{-9}$T，相当于地磁场强度的 $10^{-4} \sim 10^{-5}$。以高分辨率为目标的磁通门系统，测量分辨率可以达到 $10^{-11} \sim 10^{-12}$T。

4）磁通门探头没有重复性误差、迟滞误差和灵敏阈。非线性可由系统闭环来削弱到可以忽略的程度。系统信号零偏和标度因素（梯度）可调节、补偿和校正。所以，磁通门测量仪的精度主要取决于信号稳定度。

5）磁通门测强仪一般用于弱磁场测量，现已有其他仪器可以测量 1.25×10^{-3}T。

6）可以实现无接触和远距离检测。

4. 其他磁通门磁场测量仪表

1）力矩磁强计。力矩磁强计简称磁强计，也称无定位磁强计。它是利用磁针在两个磁场中感受力矩而偏转以直接测量磁场强度的一种磁测量仪器。磁强计也可用于比较磁场强度和测量磁性物质的磁化强度、磁矩等。

力矩磁强计的结构如图 6-29 所示。杆 AB 上装有上、下两个磁针和小镜 E，用悬线吊挂在 O 点构成悬挂系统，W1、W2 为两磁化线圈。上磁针与下磁针平行排列，极性相反。如果地磁场或干扰磁场在两磁针所在的空间是均匀的，则上、下两磁针受力相同，并相互抵消，悬挂系统的偏转不受地磁场或干扰磁场的影响。磁强计不工作时，W1 与 W2 在下磁针处的磁场相互抵消，悬挂系统不产生转矩。当用于测量材料的磁化强度时，将材料试样放入 W2 中，如忽略其磁化强度对上磁针所产生的转矩，则下磁针受力而使悬挂系统发生偏转。此偏转力矩与悬线所提供的反抗力矩平衡时，小镜反射的光点偏转与试样的磁化强度成比例（忽略高次项）；比例系数可用标准磁场强度或磁矩量具进行校准。

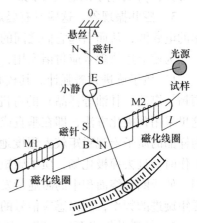

图 6-29　力矩磁强计结构图

力矩磁强计主要用于比较、探测磁场，所以要求其灵敏度较高，而准确度则可稍低。力矩磁场计的测磁场强度灵敏度可达 $10^{-8} \sim 10^{-9}$O（奥斯特）（$1O \approx 79.58A/m$），误差为 2% ~3%。

2）旋转线圈磁强计。在被测的恒定磁场中，放置一个小检测线圈，并令其作匀速旋转。通过测量线圈的电动势，可计算出磁感应强度或磁场强度。测量范围为 0.1mT ~ 10T。误差为 0.1% ~1%。也可将检测线圈突然翻转或快速移到无场区，按冲击法原理测量感应强密度。

3）磁位计。其用于测量空间两点间的磁位差，如系均匀磁场，可折算出该处的磁场强度。磁位计也可用来测量材料内部的磁场强度。由于磁性材料界面处的磁场强度切线分量相等，因此在沿材料表面空间处用磁位计测得的磁场强度，就是材料该处内部的磁场强度切线分量。磁位计的结构是将细绝缘导线均匀绕在非磁性软带或硬片上，前者称为软磁位计，后者称为硬磁位计。测量仪表采用冲击检流计或磁通计。对于恒定磁场，测量过程中须使磁位计所链合的磁通发生变化。若所测为均匀磁场，则由磁位差折算出磁场强度。磁位计可在标准均匀磁场中进行标定，按磁场强度值刻度。

6.2.4　其他磁测量法

1. 核磁法

物质具有磁性和相应的磁矩，半数以上的原子核具有自旋，旋转时也会产生一小磁场。当这些物质置于外磁场 B_0 作用下时，会出现下列物理现象：

1）磁矩在外磁场作用下绕外磁场旋进，其旋进角速度为 $w = \gamma B_0$（称为拉莫频率），其中 γ 为测量介质的旋磁比。对于氢原子核，γ 为 $2.67513 \times 10^8 \mathrm{Hz/T}$；对于锂原子核，$\gamma$ 为 $1.039652 \times 10^8 \mathrm{Hz/T}$。可以看出，旋进角速度 ω 与外磁场 B_0 和作为测量介质的物质的旋磁比 γ 成正比。

2）塞曼效应。原子核的能级在磁场中将被分裂，能级差为 $\Delta = \gamma_0 \dfrac{h}{2\pi} B_0$，其中 h 为普朗克常数，γ_0 为电子的总旋磁比。

3）磁共振现象。这些具有磁矩的微观粒子在外磁场中会有选择性地吸收或辐射一定频率的电磁波，从而引起它们之间的能量交换。

为使上述物理效应付诸实用，工程上采取了一些巧妙措施，开发出一系列测磁仪器。

1）质子旋进式磁强计。其核心是一个装满已知旋磁比和恰当动态响应的物质（如水、酒精、煤油、甘油等样品）的有机玻璃容器，在容器外面绕有激励和感应双重作用的线圈。这里采用预极化方法，即在垂直或近似垂直于被测外磁场 B_0 方向施加强力极化场 H，使作为样品的质子宏观磁矩较大程度地不与被测外磁场同向（如同向，旋进运动则不会产生），工作时一旦去掉极化场，质子磁矩则以拉莫频率绕被测外磁场 B_0 旋进，旋进过程中切割线圈，使线圈环绕面积中的磁通量发生变化，于是在线圈中产生感应电动势，其频率即为质子磁矩旋进的频率，测出感应信号的频率就可换算出外磁场的大小。

2）核磁共振光泵法。若再在垂直于 B_0 的方向加一个频率在射频范围的交变磁场 B，当其频率与核磁矩旋进频率一致时，便产生共振吸收；当射频场被撤去后，磁场又把这部分能量以辐射形式释放出来，这就是共振发射。这共振吸收和共振发射的过程称为核磁共振。技术上常用光泵（利用光使原子磁矩达到定向排列的过程）和磁共振（用射频场打乱原子磁矩定向排列的过程）交替作用来测量共振频率。得到了磁共振频率（在数值上等于原子在亚稳态的磁子能级间的跃迁频率），进一步可求得外磁场 B 的大小，光泵法即为此工作原理。

3）超导量子干涉器。某些物质在温度降到一定数值后，其电阻率突然消失为零，成为超导体。在两块超导体中间隔着一层仅为 1 ~ 3nm（10 ~ 30Å）厚的绝缘介质而形成超导体-绝缘层-超导体的结构，称为超导隧道结。当结区两端不加电压时，由于隧道效应也会有很小的电流从超导金属 I 流向超导金属 II，这种现象称为直流约瑟夫逊（Josephson）效应。当结区两端加上直流电压为 U 时，除直流超导电流之外，还存在交流电流，其频率正比于所加的直流电压 U，即 $f = KU$（$K = 483.6 \times 10 \mathrm{Hz/V}$），这个现象称为交流约瑟夫逊效应。

直流约瑟夫逊效应受外磁场的影响，超导结临界电流随外加磁场呈衰减性的周期起伏变化，每次振荡渗入超导结的磁通量子 $\varPhi_0 = \dfrac{h}{2e}$，则振荡次数 n 乘以磁通量子 $\varPhi_0$ 的乘积即为渗入超导结的磁通量 $\varPhi$，由此测得振荡次数 n 就可以知道与外磁场相联系的磁通量 $\varPhi$。

2. 磁光法

磁光法是利用传光物质在磁场作用下，引起光的振幅、相位或偏振态发生变化进行磁场测量的方法。最早用于测量磁场的是 1846 年法拉第发现的磁光效应：当偏振光通过处于磁场中的传光物质，而且光的传播方向与磁场方向一致时，光的偏振面会发生偏转，其偏转角 α 与磁感应强度 B 以及光穿过传光物质的长度 l 成正比，即

$$\alpha = vlB \tag{6-32}$$

式中，v 为费尔德常数，其值与材料、光波波长和温度等有关。

为了提高测量灵敏度，希望费尔德常数 v 大，一般采用铅玻璃、铯玻璃等。此外，增加磁场中光路的长度 l 也可提高测量灵敏度。由式（6-32）可见，当 v 和 l 选定时，α 与 B 成正比，因而通过测量 α 便可求出被测磁感应强度 B。

3. 磁致伸缩法

磁致伸缩法利用紧贴在光纤上的铁磁材料如镍、金属玻璃（非晶态金属）等在磁场中的磁致伸缩效应来测量磁场。当这类铁磁材料在磁场作用下，其长度发生变化时，与它紧贴的光纤会产生纵向应变，使得光纤的折射率和长度发生变化，因而引起光的相位发生变化，这一相位变化可用光学中的干涉仪测得，从而求出被测磁场值。

6.3　磁性材料测量

6.3.1　磁性材料测量的意义

可用于制造磁功能器件的材料称为磁性材料，是电子工业中非常重要的基础功能材料。通常，磁性材料除了在电机、水泵等广泛应用外，还可制作成彩色器件（如 CRT、LCD、PDP 等）、绿色照明器件（如节能灯、电子整流器、射灯、背光源、霓虹灯等）、通信及其网络器件（如程控交换机、传真机、网络传输设备、网络终端设备等）、音像器件（如 VCD、DVD、数字音响、数码相机等）、电脑及其外设器件（如显示器、电源、扫描仪、打印机等）和家电等电子电器设备器件（如空调、冰箱、洗衣机、充电器等）。

目前磁性材料中性能最强的永磁体是第三代稀土永磁钕铁硼（NdFeB），它不仅具有高剩磁，高矫顽力、高磁能积、高性能价格比等特性，而且容易加工成各种尺寸，广泛应用于航空航天、电子电声、仪器仪表、工艺饰品、皮具手袋、包装盒、玩具、医疗技术及其他需用永磁场的装置的设备中，特别适用于研制高性能、小型化、轻型化的各种换代产品。

橡胶磁体是新型磁性体，是粘结铁氧体磁粉、合成橡胶等材料复合后，经成型工艺设备制成，具有柔软性、弹性及可扭曲性等特点，可生产成条状、卷状、片状及各种复杂形状。主要应用于微特电机、电冰箱、消毒柜、厨柜、玩具、文具、广告等行业。

一台家用小汽车使用了数十台小型永磁电动机，人们比较熟悉的有时钟指针步进电机、车速指针步进电机、电控反光机、车高调整泵、自动车速调节泵、起动电机、可伸缩车前

灯、车前灯冲洗器、水箱冷却风扇、电容器冷却风扇、车前灯擦净器、前窗冲洗器、前部擦净器、后窗冲洗器、后部擦净器、电动车窗、油泵、汽车门锁、空气净化器、后部空调器、汽车天线、遮阳车顶、侧面支撑泵、座椅斜倚器、座椅升降器、座椅移动器、真空泵、空气调节器、室温传感器、暖风机等。

随着世界经济和科学技术的迅猛发展，磁性材料的需求将空前广阔。当前我国磁性材料的发展居世界之首，已经成为世界上永磁材料生产量最大的国家。

磁性材料的有效应用，主要取决于磁性材料自身的特性。磁性材料的特性主要表现在它的磁化曲线和磁滞回线上，所以通过测量磁化曲线和磁滞回线获得磁性材料的特性。由于磁化曲线可由磁滞回线的顶点连线获得，因此磁性材料的主要特性在于磁滞回线。

通过对磁性材料磁滞回线的测量，可以判断各种铁磁性材料磁导率的高低和矫顽力的大小，区分哪些属于软磁材料，哪些属于硬磁材料。

6.3.2　磁性材料特性及其测量特点

1. 磁性材料特性

磁性材料的特性主要有静态特性、动态特性，或分为直流磁性特性和交流磁性特性。在直流磁场中确定的磁性材料特性称为静态特性，而在交流磁场中确定的则称为动态持件。

直流磁性特性测量，是在直流磁场下对材料磁化曲线和磁滞回线的测量，通过它们进而确定材料的静态技术特性参数。直流磁性测量最常用的方法有冲击法、磁强计法、电动法和感应法。

交流磁性特性测量，除了在交流磁场下材料磁化曲线和磁滞回线外，还需要测量磁性材料在交流磁场下的磁损耗。

2. 磁性材料测量特点

磁性材料特性的测量有一个最为重要的特点，测量工作只能离线进行。这是因为实际应用环境中，材料的磁特性受制于各种工作条件和环境因素，任何外接入式测量工作都会影响到磁性材料的特性。另外被测磁性材料的样品必须和实际应用的材料一致，最好是同一个生产批次的产品，其他产品不能替换。

由于是离线进行特性测量，材料磁性能的测量必须按照磁性材料实际工作条件和环境进行，应用在直流条件下，交流特性的测试结果就毫无用处，同样直流特性在交流运行环境下也毫无用处，因而磁性材料特性的分析决定了许多电气设备关键部件的选择。如硅钢片大量用于中低频变压器和电机铁芯，尤其是工频变压器，薄片状结构为了在制造变压器铁芯时减小铁芯的涡流损失；铁氧体的特点是饱和磁感应强度很低（0.5T 以下），但导磁率比较高，而且电阻率很高，因此非常有利于降低涡流损耗，能够在很高的频率下（可以达到兆赫兹甚至更高）使用，最广泛的用途是高频变压器铁芯和各种电感铁芯。

3. 磁性材料测量仪表

测量材料磁性能的仪表或装置很多，如永磁材料自动测量装置、软磁直流自动测量装置、特斯拉计（电磁场测试仪）、磁通计、表磁分布自动测量系统、硅钢片磁性能自动测量装置、充（退）磁机系列、软磁交流自动测量装置、单片矽钢片测试仪等。

6.3.3　退磁

在工业生产和零件加工过程中，由于生产环境的影响、工艺制作的要求以及加工设备的使用，都会有磁场对生产或加工对象产生磁化现象。这种磁化现象分为需要的和不需要的，不需要的磁化现象会对生产和产品加工造成影响，导致产品品质下降。

软磁材料容易磁化，也容易退磁，适合用于反复磁化的场合，可以用来制造变压器、继电器、电磁铁、电机以及各种高频元件的铁芯。碳钢、钨钢、铝镍钴合金等铁磁性材料的磁导率不太高，但矫顽力大，剩磁也大，磁滞回线宽而短，它们就称为硬磁材料。硬磁材料磁化后能保留很大的剩磁，并且不容易退磁，适合制成永久磁铁。像磁电式仪表、耳机、小型直流电机等等。

不需要的磁化现象如平面磨床利用电磁铁固定工件，工件在加工中会被磁化，加工后虽脱离了磁场，但工件上会残留一些剩磁，其剩磁的强度取决于工件的顽磁性。被磁力探伤机检验过的一些工件也都会残留一些剩磁，这些工件不需要有磁性。有些原材料在搬运过程中被磁化，磁化了的原材料被制成零件后，零件与零件之间互相影响，或多或少也被磁化；这些被磁化的零件会使铁屑粘附在表面，影响机械性能和涂层处理。

工件进行电弧焊接时，很强的磁场会干扰焊接，降低焊接质量。用于摩擦部位或者接近摩擦部位的零件，因铁粉和铁屑附在表面，会增大摩擦损耗。有些灵敏度高的仪表由于周围有强度较大的磁场，会影响仪表的正常工作。

不需要磁化的场合，在产品加工前或相关设备使用前，以及零件加工后，需要作退磁处理。对磁性材料进行交直流特性测量前，也必须对磁性材料先进行退磁处理。退磁之后，才对磁性材料在外加的交直流磁场环境下进行特性测量。另外，磁性材料的退磁过程也能够反映出磁性材料的特性。

退磁又称磁清洗、消磁。用外加磁场（恒定的或交变的）的方法退磁时称为磁法磁清洗，或简称磁清洗；用加热或低温方法退磁时称为热法磁清洗，简称热清洗；用化学方法退磁时称为化学磁清洗。

磁性材料（特别是铁磁材料）被磁化后，当外磁场强度 H 减为 0 时，磁性材料还保留了磁感应强度，称其为磁性材料的剩磁。只有剩磁消除后，在测量基本磁化曲线时，较小磁场强度 H 时的电压 U 对应样品的磁感应强度 B 才是正确的。如果不退磁的话，样品保留的磁化状态会影响测量结果。只有磁性材料处于原始的退磁状态，得出来的结果才是满意的、正确的，不然就无从得到正确的起始磁导率。如没有做退磁处理的样品是铁磁材料，该材料刚达到饱和磁化后，在常温下进行磁滞回线测量，由于起始点不是原点，测出来的可能是含有其他成分的磁滞回线，这将直接影响到磁性材料的应用。

铁磁物质存在磁滞现象，当铁磁物质处在周期性交变的磁场中时，样品的磁化状态亦将随着作周期性的变化，通过示波器能观察到其波形。

退磁的原理是：将工件置于方向随时间交变的磁场中，产生磁滞回线，在幅值逐步递减至零的过程中，磁滞回线轨迹越来越小，工件中剩磁也越来越小，最后接近于零。

磁性材料的退磁方法有直流退磁法和交流退磁法。直流电磁化过的材料采用直流退磁法，通常通过直流换向衰减（逐步缓慢减小电流，换向的次数建议在 30 次以上）、超低频（0.5～10Hz）电流自动退磁和加热（将退磁材料加热到居里温度点以上，但能耗较大）等方法实现直流退磁。

交流退磁是在实际测量和应用中常用的退磁方法，一般采取交流电退磁法或衰减法。通常将退磁材料置于交变磁场中，使材料产生磁滞回线，当交变磁场的幅值逐渐递减时，磁滞回线的轨迹也越来越小；当磁场强度降到 0 时，使磁性材料中的剩磁 B_r 接近或趋于 0。退磁时电流的方向和大小的变化必须"换向和衰减同时进行"。

直流退磁效果比交流退磁效果好，但需专用的设备，以便改变电流的方向，即磁场的方向，同时逐步递减电流强度。

本章节主要介绍磁性材料的特性测量，因此在强调磁性材料特性测量前，必须退磁；退磁后的样品不能立即测量，需要稳定一段时间。

6.3.4　磁性材料静态特性测量

1. 磁性材料静态特性测量原理与方法

磁性材料在恒定或非常低频（约几赫）的交变磁场作用下所定义和测量得到的不考虑其时间效应的磁特性参数，称为静态磁参数，也称直流磁参数。属于磁性材料静态特性参数的有（退磁后的）磁化曲线和对称的磁滞回线，即外磁场正负变化一周、磁感沿一个闭合曲线变化一周，也称为磁滞回环。磁滞回线所包含的面积代表外磁场对材料做的功，就是所消耗的能量，称为磁滞损耗。

常用的磁性材料测试样品有闭合磁路样品和棒状开路样品两种，闭合磁路样品有方形和圆形（环形）两种，以环形样品漏磁较少而应用较多。测量时线圈被分为两组：一组绕在样品上，测量磁感应强度 B，另一组放在样品表面测量内磁化场 H。环形磁性材料测试样品如图 6-30 所示。

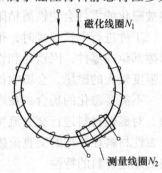

图 6-30　环形磁性材料样品

图中，设环形内环半径为 r，外环半径为 R，圆环平均半径为 $(r+R)/2$，即圆环平均周长为 $\pi(r+R)$；平均半径与圆环厚度之比应大于 5。磁化线圈沿整个圆环均匀分布，线圈匝数为 N，通以励磁电流 I，则圆环样品中的磁场强度 H 为

$$H = \frac{N_1 I}{\pi(r+R)} \tag{6-33}$$

对于棒状开路磁性材料样品，有效长度为 l，则棒状样品中的磁场强度 H 为

$$H = \frac{N_1 I}{l} \tag{6-34}$$

通常采用冲击法测量磁性材料的静态特性，测量电路如图 6-31 所示。图中包括试样 A（环形样品）、磁化电路（由磁化线圈 N_1、电阻 R_1、R_2、电源电压 U 和开关 S1、S2、S3 组成）、测量电路（由测量线圈 N_2、冲击检流计 G、限流电阻 R_3 和保护开关 S4 等组成）和冲击常数校准电路（由标准互感器 M、冲击检流计 G 以及电源电路组成）四个部分。

当 S1 向左接通磁化线圈，S2 向右接通电源，样品产生励磁电流 I，在励磁线圈（匝数为 N_1）中产生的磁场强度为 H，见式（6-33）。

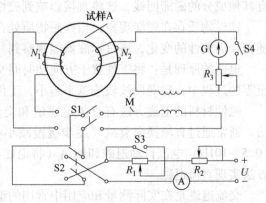

图 6-31　冲击法测量磁性材料静态特性原理图

并且在环形样品中产生磁感应强度 B，同时在测量线圈（匝数为 N_2）中产生感应电动势。经过短时间 ts，断开开关 S2（向左），励磁电流的变化为 ΔI。由励磁电流的变化引起磁场强度的变化为 ΔH，磁感应强度的变化为 ΔB。

开始测量时，闭合开关 S4，S1 接样品的磁化线圈，确定励磁电流 I 后，使开关 S2 通、断 5~6 次，保证磁化电流换向。对于每一个测量点都要进行此操作（这种操作在磁性测量中称为"磁锻炼"），然后使开关 S2 由通到断、或断到通，每次读取冲击检流计的偏转角 α，按式（6-35）计算磁感应强度为

$$\Delta B = \frac{C_\phi \alpha}{N_2 S} \tag{6-35}$$

式中，C_ϕ 为冲击检流计冲击常数，S 为样品的横截面积。冲击检流计达到最大偏转角 α_m 时

$$B_m = \frac{C_\phi \alpha_m}{N_2 S} \tag{6-36}$$

2. 磁化曲线与磁导率的测量

起始磁化曲线是在磁场强度 $H = 0$、磁感应强度 $B = 0$ 情况下开始的 H-B 关系曲线。也就是说，材料样品预先退磁后，若作用在材料样品上的外加磁场强度 H 由零单调地增加，则被磁化的样品上的磁感应强度 B 也由零增加，两者构成的 H-B 关系曲线就是起始磁化曲线，如图 6-5b 中的 O-n-m-a 曲线。这一特性很不好复现，因此在实际应用中参照的是基本磁化曲线，它同起始磁化曲线相比差别不大，但重复性好。反复地对材料进行磁化时得到的对称磁滞回环顶端的轨迹称为基本磁化曲线。

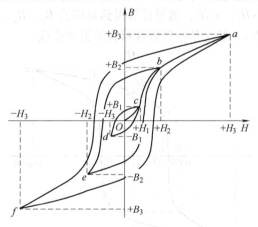

磁化曲线的测量，就是调制出不同的励磁电流 I，由式（6-33）或式（6-34）计算得到不同的 H 值，如图 6-32 中横轴上的 $+H_1$、$+H_2$、$+H_3$，通过测量，得到一一对应的冲击检流计的偏转角 α，由式（6-35）计算得到其对应的 B 值，即 $+B_1$、$+B_2$、$+B_3$，将所有 H-B 值对应第一象限的点连接起来就是磁化曲线，如图 6-32 中所示的 a-b-c-O 实线曲线。

图 6-32　基本磁化曲线测量

如果励磁电流为 $-I$，得到 $-H$ 值，如图 6-32 中横轴上的 $-H_1$、$-H_2$、$-H_3$，检流计偏转角 α 反向，得到 $-B$ 值，即 $-B_1$、$-B_2$、$-B_3$，所有 H-B 值对应于第三象限，如图 6-32 中所示的 O-d-e-f（未作连线）。

3. 磁导率曲线

得到了磁性材料的磁化曲线 $B = f(H)$，就能求得磁化曲线中每一点相对于额定值的相对磁导率和磁导率与 H 间的关系曲线 $\mu_r = f(H)$，如图 6-33 所示。

4. 磁滞回线的测量

与磁化曲线测量类似，磁滞回线上各顶点的测量，是

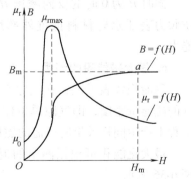

图 6-33　磁化曲线与磁导率曲线

以第一象限中饱和值 B_m 和 H_m 所对应的 a 点为起始点（如图6-34所示），沿 a-1-2-4-6-7-f 至第三象限逐点求得的。

如图6-34所示，通过测量磁化曲线的方法求得 a 点出的 H_m，并计算 B_m 值。由于磁性材料已被磁化，当 H 值从 H_m 逐渐减小时，对应的 B_m 值没有沿图6-32所示的 a-b-c-O 曲线从 "a" 点减小到 "b" 点，而是沿图6-34所示的 a-1-2-4-7-f 曲线从 "a" 点减小到 "1" 点；H 值为0时，B 值并没有为0，而是 B_r。B_r 称为磁性材料的剩磁，如果 B_r 趋向于 B_m，则表明该磁性材料是永磁材料。

外磁场变化一周，即由 $+H$ 变化到 $-H$，再由 $-H$ 变化到 $+H$，磁感沿一个闭合曲线变化一周，不断测得相应的 B 值，得到的曲线就是某一种磁性材料的磁滞回线，如图6-34所示。

5. 退磁曲线与矫顽力的测量

由图6-34可知，当 H 值从 H_m 变化到0时，对于的磁感应强度 B 不为0，而是存在了剩磁 B_r。将 B_r 减小到0的过程就是该磁性材料的退磁过程。

基于测量磁滞回线的电路，将磁化线圈的工作电流变向，调制出不同的励磁电流 $-I$，由式（6-33）或式（6-34）计算得到不同的 H 值，如图6-35中横轴上的 $-H_3$、$-H_4$、$-H_5$、$-H_c$，通过计算得到对应的 B_3、B_4、B_5、0。连接 B_r-B_3-B_4-B_5-O（图6-35中的 "6" 点），就是某一种磁性材料的退磁曲线。

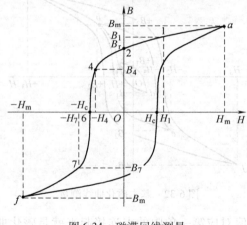

图6-34　磁滞回线测量

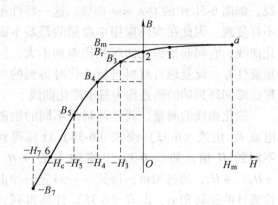

图6-35　退磁曲线

同时 B 为0时的反向磁场 H_c 就是该磁性材料的矫顽力。矫顽力表征永磁材料抵抗外部反向磁场或其他退磁效应的能力。

6. 最大磁能积的测量

磁能积代表了磁铁在气隙空间（磁铁两磁极空间）所建立的磁能量密度，即气隙单位体积的静磁能量。磁能积越大，工程上产生同样效果时所需的磁性材料就越少。

最大磁能积可根据测出的退磁曲线，用作图法求出。如图6-36所示。

根据图6-35所示，在横轴 $-H_c$ 点作纵轴向上的平行线，

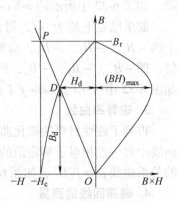

图6-36　图解最大磁能积

在纵轴 B_r 点作横轴向左的平行线，两线相交于 P 点；从 P 点向坐标原点 O 作直线 OP，OP 线与退磁曲线的交点 D 处得 B_d、H_d；B_d、H_d 的乘积即为 $(BH)_{max}$，就是某一种磁性材料的最大磁能积。

6.3.5　磁性材料动态特性测量

　　磁性材料动态特性测量的对象主要是软磁材料。测量其动态特性的主要任务是测量动态（交流）磁滞回线、动态（交流）磁化曲线和损耗。

　　反复磁化下的磁滞回线称为"动态磁滞回线"，各磁化曲线顶点的连线称为"交流磁化曲线"，在交流条件下，软磁材料每磁化一周所消耗能量的大小与磁化频率 f 的乘积称为损耗，单位质量的损耗称为"比铁损"，即单位体积的损耗除以材料的密度。铁损按机理可分为磁滞损耗、涡流损耗和后效损耗三部分，金属软磁材料主要是磁滞和涡流损耗，铁氧体软磁材料主要是涡流和后效损耗。

　　1. 动态磁化曲线的测量

　　动态磁化曲线一般指在工频以上交变磁场中的磁性材料的 $B \sim H$ 曲线，纵坐标可以是 B_{max}（最大值）、B_{av}（平均值）或 B_{rms}（有效值）等，横坐标可以是 H_{max}、H_{rms} 等，采用哪种，由工程技术决定。

　　动态磁化曲线的测量可以通过伏安法、电阻法、互感法、自动测试记录等方法实现。本节介绍伏安法。

　　磁性材料在低频大磁通下的峰值磁感应强度 B_m 与峰值磁场强度 H_m 之间的关系曲线是反映材料性能的重要曲线之一。用电压表、电流表测量交流磁化曲线是最简单的方法，其线路原理如图 6-37 所示。图中，N_1 为磁化线圈匝数，N_2 为测量线圈匝数，E_A 为交流电源，其幅度可调。磁化绕组 N_1 中的电流有效值 I 用电流表 PA 测量。

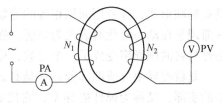

图 6-37　伏安法测量交流磁化曲线

　　在正弦波情况下，样品中的峰值磁场强度可表示为

$$H_m = \frac{N_1 I \sqrt{2}}{l_e} \tag{6-37}$$

样品中的峰值磁感应强度为

$$E = 4 N_2 A_e f B_m \tag{6-38}$$

E 可以通过并联在 N_2 两端的整流式电压表 PV 来测量。

　　在不同的磁化电流下，由式（6-37）和式（6-38）可确定相应的 H_m 与 B_m 值，从而可以描绘交流磁化曲线。利用这一曲线，可得到每一磁化电流下的振幅磁导率 μ_0。

　　2. 动态交流磁滞回线的测量

　　动态磁滞回线的测量可以直接采用示波器来完成。

　　示波器法已广泛地用于在频率范围（10Hz ~ 100kHz）内直接观察和摄取软磁材料（如铁磁试样）的磁滞回线。用这种方法对磁滞回线的参数进行定量测量，既可用环形试样，也可用开启磁路试样测量。把与流经样品绕组的磁化电流瞬时值成正比的电压加到示波器 X 轴上，通过 R-C 积分器，把与样品中的磁感应强度瞬时值成正比的电压加到示波器的 Y 轴，在示波器的屏上就能显示出磁滞回线的图形，如图 6-38 所示。

从示波器的屏幕上可以直接摄取磁滞回线的波形，对于数字式示波器，可以通过事先设定好的数字标尺计算出相应参数。对于模拟示波器，如果要从示波器所显示的磁滞回线上确定磁性参数，必须对示波器 X 轴和 Y 轴定标。比较简单的标定方法就是给模拟示波器输入已知电压值的信号，然后比较磁滞回线，计算出两者之间的比例值。

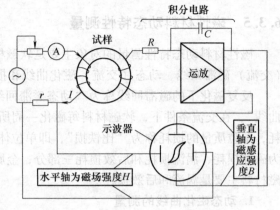

图 6-38　示波器摄取动态磁滞回线

用示波器法测量磁滞回线时，常常不能得到无失真的磁滞回线，测量的误差较大。主要有两种原因使磁滞回线畸变。一种原因是由于 B 道和 H 道的放大器和积分器没有足够的频带宽度，以至对基波和高次谐波电压不能同时进行线性放大，其结果是合成波发生畸变；另一原因是 B 道电路中有电感和电容元件，当 B 信号通过此电路之后，就不能维持样品内部 B 和 H 之间原有的相位关系，而发生相位误差。

3. 功率表法测量磁损耗

在交变磁场中磁化时，磁性材料的重要特征是其磁导率有多种形式。如果动态磁滞回线具有椭圆形状，或者用面积相等的等效椭圆代替，即动态磁化时的磁场是按照正弦变化的，磁滞现象在动态磁化时表现为磁感应强度总是比磁场的变化落后一个相位，其直接结果就是磁性材料的磁导率变成了一个复数，称为复数磁导率。

复数磁导率分成两部分：一是和磁场方向（或者说相位）相同的部分，称为复数磁导率的实部，又称为弹性磁导率，它代表材料磁化时所能够储存的能量；二是和磁场相位成90 度的部分，称为复数磁导率的虚部，又称为损耗磁导率，它代表材料在动态磁化时所消耗的能量，这种损耗称为磁滞损耗。

设定磁场强度和磁感应强度为正弦变化量

$$\begin{cases} H_t = H_m \sin\omega t \\ B_t = B_m \sin(\omega t - \delta) \end{cases} \tag{6-39}$$

复数磁导率为

$$\mu = \frac{B}{\mu_0 H} = \mu_a e^{-jb} = \mu_1 - j\mu_2 \tag{6-40}$$

式中，μ_1 为弹性磁导率，μ_2 为损耗磁导率。

复数磁导率的模为 $\mu_a = \sqrt{\mu_1^2 + \mu_2^2} = B_m/\mu_0 H_m$，称为幅值磁导率，复数磁导率的相位角 δ 称为损耗角，且有 $\delta = \tan\mu_2/\mu_1$。

磁性材料在交变磁场中被反复磁化所消耗的功率是标志材料品质的重要动态特性之一。另外磁性材料在动态磁化时还将产生涡流，导致涡流损耗，它在软磁材料中是有害的。

动态磁滞回线的测量方法原则上可以用来测量磁损耗，但在低频大磁通时，功率表法是一种广泛应用的测量方法，也称为"爱泼斯坦方圈"法。如软磁材料应用最大的是硅钢片，硅钢片铁损的测量方法主要就用功率表法。

功率表法测量磁损耗只适于在工频或低频下测量。测量时，片状样品分成 4 束，构成闭合磁路的 4 个边（图 6-39 中的 a、b、c、d），一次绕组 N_1 和二次绕组 N_2 各由相等的 4 个线圈串联而成，整个装置称为双绕组爱泼斯坦仪。作为一种标准，需要规定合适的测试样品尺寸，如 25cm 爱泼斯坦仪的样品尺寸规定为 280mm × 30mm。而爱泼斯坦仪的运行参数为：频率为 50Hz 时，$N_1 = N_2 = 880$ 匝；频率为 400Hz 时，$N_1 = 440$ 匝，$N_2 = 220$ 匝。测量原理如图 6-39 所示。

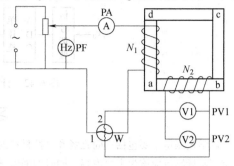

图 6-39 功率表法测量磁损耗

图 6-39 中，PF 为频率表，显示电路运行频率；PA 为有效值电流表，读数为 I，可用于计算磁场强度 H；PV1 为有效值电压表，读数为 U_1；PV2 为平均值电压表，可反映磁感应强度 B_m，一般 PV2 可不用。

应用图 6-39 所示的测量电路可得到磁性材料的磁损耗为

$$P = \left(I U_1 \cos\varphi \frac{N_1}{N_2} - \frac{U_1^2}{r} \right)\left(1 + \frac{r_2}{r} \right) \tag{6-41}$$

式中，r_2 为线圈 N_2 的铜电阻；r 为两个电压表和功率表电压端内阻的并联电阻；$\cos\varphi$ 为两线圈电流 I_1 与 I_2 相位差的余弦；I、U_1 为电流和电压基波的有效值。

6.3.6 磁性材料特性测量电路的发展

近年来，测量磁性材料特性的仪表或电路，已经发展到数字式或智能式，尤其是通过计算机技术来完成相关的参数计算、数据处理、图形解析和仿真验算等。

在磁性材料特性测量电路中，磁性材料（本章节中采用环形材料）中测量线圈的后置电路一般都是有源积分电路，如图 6-40 所示。

由于指针指示仪表读数精度不高，而数字显示技术非常成熟，将图 6-40 中的运算放大器输出 e_0 直接与图 5-29 "基于 ICL71X6 数字电压表电路图" 连接，就实现了测量数据的数字显示。然而，直接数字显示方式，对数据不能按照一定的函数要求进行相应处理，应用单片机技术就能够实现这一功能。

基于单片机的测量电路也较为简单，选择具有 A-D 转换功能的单片机，按照单片机系统的接线要求即可实现智能化的测量电路。图 6-41 是实现这一功能的原理框图，图中的"信号调理"完成信号的滤波和电平匹配，"单片机"完成相应的数据处理。

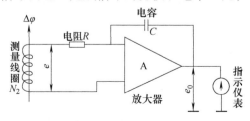

图 6-40 有源积分电路

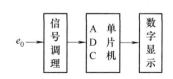

图 6-41 单片机系统测量原理框图

单片机系统处理数据的能力相对于计算机系统来说要薄弱，将测量到的数据由计算机进行更强功能的运算处理，也已经成为趋势。单片机系统通过网络通信，将测量数据上传给上位机，由上位机按照测量要求进行一系列的软件处理以及图形化显示。如图 6-42 所示。

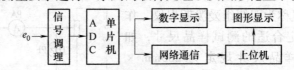

图 6-42　计算机网络测量原理框图

习题与思考

　　磁学量测量主要包括空间磁场和磁性材料的特性测量，由于磁性材料测量较多地还是基于实验室，所以空间磁场测量应该为主要内容，同时加强磁学量的概念知识。

6-1　试说明磁学量测量的对象和特征量。

6-2　试写出磁学量各术语及定义。

6-3　试解释磁化曲线、磁滞回线。

6-4　请介绍磁性材料的分类。

6-5　请介绍感应法测量磁场的原理。

6-6　请介绍霍尔效应及其在磁学量测量的应用。

6-7　请介绍磁阻效应及其在磁学量测量的应用。

6-8　请介绍磁通门磁强计的工作原理。

6-9　磁性材料的直流特性主要有哪些？如何测量？

6-10　磁性材料的交流特性主要有哪些？如何测量？

第7章 极限参数测试技术

在电气测试中经常涉及一些电磁量极限参数的测试，由于极限参数具有的自身特性，常规的测试方法和仪器通常不能直接用于极限参数的测试。本章在介绍极限参数基本概念的基础上，针对一些常见的极限参数，包括绝缘参数、接地电阻、瞬间高速信号和微弱信号、超高电压和超大电流，分别介绍它们的测试原理、仪器和方法。

7.1 绝缘参数的测量

电力设备的绝缘状况检查对保证电力设备的安全运行具有重要意义。电力设备绝缘状况可用绝缘电阻和吸收比、直流泄漏电流介质损耗因数 tanδ、局部放电水平及交流耐压等参数描述。测量这些参数的常用方法是进行预防性试验。由于这些参数的测量试验涉及高压，这类测量试验必须严格按照 DL/T 586—2005《电力设备预防性试验规程》的有关规定进行。

7.1.1 绝缘电阻和吸收比的测量

当电气设备的绝缘受热和受潮时，绝缘材料容易老化，其绝缘电阻逐渐降低，进而容易造成电气设备漏电或短路事故的发生。为了避免事故发生，就要求经常测量各种电气设备的绝缘电阻，判断其绝缘程度是否满足设备正常运行的要求。绝缘电阻的测试在电气设备绝缘测试中应用广泛。绝缘电阻常用的测试仪表是绝缘电阻表（俗称兆欧表），可测绝缘电阻最大可达 $10^5 \sim 10^6$ MΩ。绝缘电阻表的输出电压通常有 100V、250V、500V、1000V、2500V、5000V 等规格，其输出电流随着输出电压的升高而减小，5kV 高压时输出电流只有几毫安，对于一般的绝缘材料是足够的，而对于大电容的试品，如电力电缆、大型发电机定子绕组，则需要大功率的测量仪表。

1. 测量原理

电气设备中的绝缘介质并非绝对不导电，一般绝缘材料内部的绝缘强度分布也不完全均匀。图 7-1 所示为在某绝缘试品两端加上直流电压后的通过电流变化情况。

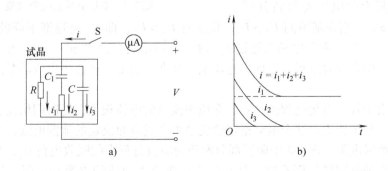

图 7-1 直流电压下流过不均匀介质的电流构成

图 7-1a 中方框内表示绝缘试品的等效电路，合上开关 S，在绝缘介质的两端施加一定的直流电压 V，微安表指针会瞬时发生较大偏转，随后指针偏转角度逐步减小并会稳定在一定的角度，微安表所指示的电流变化如图 7-1b 中电流曲线 i 所示。通过试品的总电流 i 由 3 个电流分量构成：由绝缘电阻 R 决定的漏电流 i_1、截止内部电压重新分配过程中产生的吸收电流 i_2 和由快速极化产生的电容电流 i_3。其中，漏电流 i_1 是不随时间而改变的纯阻性电流，电容电流 i_3 和吸收电流 i_2 是按指数规律衰减的容性电流，但 i_3 衰减时间常数比 i_2 衰减时间常数小，其衰减速度更快。试品的电容量越大，电容电流 i_3 衰减时间越长。吸收电流 i_2 与绝缘介质内部绝缘老化程度有关，如受潮、局部绝缘缺陷等会使吸收变快。吸收电流与时间的关系曲线称为吸收曲线，不同绝缘介质的吸收曲线不同，对同一绝缘介质而言，绝缘状况不同，吸收曲线也不同。

测量绝缘电阻及吸收比就是利用吸收现象来检查绝缘是否整体受潮，有无贯通性、集中性缺陷。规程上规定加压后 60s 和 15s 时测得的绝缘电阻之比为吸收比，即

$$K = \frac{R_{60}}{R_{15}} \tag{7-1}$$

当 $K \geqslant 1.3$ 时，认为绝缘干燥，并以 60s 时的电阻为该设备的绝缘电阻。

图 7-2 所示为双层介质的吸收现象。在双层介质上施加直流电压，当 S 刚合上瞬间，电压突变，这时层间电压分配取决于电容，即

$$\left.\frac{U_1}{U_2}\right|_{t=0^+} = \frac{C_2}{C_1} \tag{7-2}$$

而在稳态（$t \to \infty$）时，层间电压取决于电阻，即

$$\left.\frac{U_1}{U_2}\right|_{t \to \infty} = \frac{r_1}{r_2} \tag{7-3}$$

若被测介质均匀，$C_1 = C_2$、$r_1 = r_2$，则 $\left.\frac{U_1}{U_2}\right|_{t=0^+} = \left.\frac{U_1}{U_2}\right|_{t \to \infty}$，在介质界面上不会出现电荷重新分配的过程。

若被测介质不均匀，$C_1 \neq C_2$、$r_1 \neq r_2$，则 $\left.\frac{U_1}{U_2}\right|_{t=0^+} \neq \left.\frac{U_1}{U_2}\right|_{t \to \infty}$。这表明 S 合闸后，两层介质上的电压要重新分配。

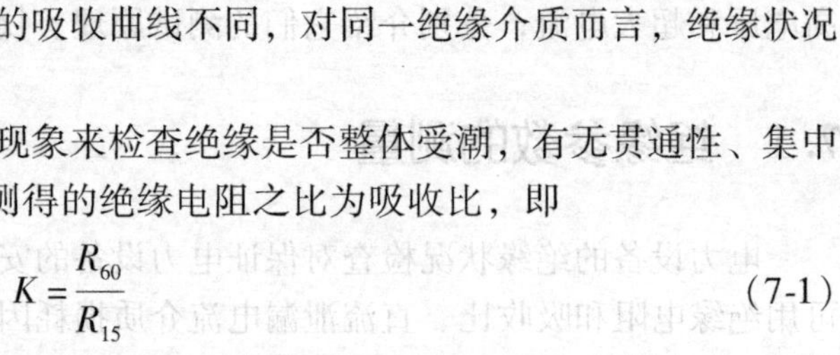

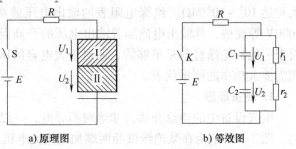

a）原理图　　　b）等效图

图 7-2　双层介质的吸收现象

若 $C_1 > C_2$、$r_1 > r_2$，则合闸瞬间 $U_2 > U_1$，稳态时 $U_1 > U_2$，即 U_2 是逐渐下降的，U_1 是逐渐增大的。C_2 已充上的一部分电荷要通过 r_2 放掉，而 C_1 则要经 R 和 r_2 从电源再吸收一部分电荷，这一过程即为吸收过程。因此，直流电压加在介质上，回路中电流随时间的变化如图 7-3 所示。

初始瞬间由于各种极化过程的存在，介质中流过的电流很大，随时间增加，电流逐渐减小，最后趋于一稳定值 I_g，这个电流稳定值就是由介质电导决定的泄漏电流，与之相应的电阻就是介质的绝缘电阻。图 7-3 中阴影部分面积为吸收过程中的吸收电荷 Q_a，相应的电流称为吸收电流，它随时间增长而衰减，其衰减速度取决于介质的电容和电阻（时间常数 $\tau = (C_1 + C_2)r_1r_2/(r_1 + r_2)$）。对于干燥绝缘介质，$r_1$、$r_2$ 均很大，故 τ 很大，吸收过程明显，

吸收电流衰减缓慢，吸收比 K 大；绝缘受潮时，电导增大，r_1、r_2 均减小，I_g 也增大，吸收过程不明显，$K \to 1$，故可根据绝缘电阻和吸收比 K 来判断是否受潮。

2. 测量仪表

测量绝缘电阻的仪表称为绝缘电阻表，由于绝缘电阻数值在兆欧级以上，又可称兆欧表。传统的兆欧表分为手摇式和电动式两种，有 3 个外接接线端子。线端子 L，接于被试设备的高压屏蔽导体上；地端子 E，接于被试设备的外壳或地上；屏蔽端子 G，接于被试设备的高压屏蔽环/罩上，以消除表面泄漏电流的影响。图 7-4 所示为手摇式兆欧表的内部结构，主要由电源和两线圈回路组成。

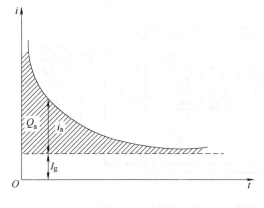

图 7-3　吸收曲线

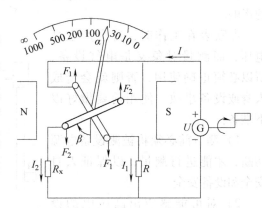

图 7-4　手摇式兆欧表的内部结构

电源是手摇发电机，处于磁场中的两个线圈——电流线圈和电压线圈相互垂直，组成磁电式流比计机构。当摇动兆欧表时，发电机产生的直流电压施加在试品上，这时在电压线圈和电流线圈中就分别有电流 I_1 和 I_2 流过，分别得到作用力 F_1 和 F_2，可得

$$\beta = \arctan \frac{F_1}{F_2}$$

$$F_1 = N_1 l_1 I_1 B_1(\alpha)$$
$$F_2 = N_2 l_2 I_2 B_2(\alpha)$$

由此产生两个不同方向的转矩 M_1 和 M_2：

$$M_1 = N_1 S_1 I_1 B_1(\alpha) = k_1 I_1 B_1(\alpha)$$
$$M_2 = N_2 S_2 I_2 B_2(\alpha) = k_2 I_2 B_2(\alpha)$$

(7-4)

式中，$k_1 = N_1 S_1$，$k_2 = N_2 S_2$，N 为线圈匝数，S 为线圈的有效面积；$B_1(\alpha)$ 和 $B_2(\alpha)$ 与两线圈中电流之比有关，这类磁电系仪表也称为流比计。又因为 $\dfrac{I_1}{I_2} = \dfrac{R_2 + R_x}{R_1 + R}$，已知 R 为标准电阻，R_1 和 R_2 分别为电压线圈和电流线圈的电阻，所以

$$\alpha = f\left(\frac{I_1}{I_2}\right) = f\left(\frac{R_2 + R_x}{R_1 + R}\right) = f'(R_x)$$

(7-5)

通过标定偏转角 α 与被测电阻 R_x 的函数关系，α 角就能反映被测电阻的大小，而且偏转角 α 与电源电压 U 无关，也即手摇发电机转动的快慢不影响读数。

数字式兆欧表其电源部分采用高频高压开关电源，体积小、质量轻，量程可以自动切换，现场使用更加方便。

3. 测量方法

兆欧表测量绝缘电阻的接线如图 7-5 所示，线端子 L 接于被试设备的高压屏蔽导体上，地端子 E 接于被试设备的外壳或地上，屏蔽端子 G（也称保护环）接于被试设备的高压屏蔽环/罩上。一般被测绝缘电阻都接在"L"端和"E"端之间，但当被测绝缘体表面漏电严重时，必须将被测物的屏蔽环或不用测量的部分与"G"端相连接。这样表面漏电流就经由屏蔽端"G"直接流回发电机的负端，而不流过兆欧表的测量线圈，从而消除表面漏电流的影响。

兆欧表在工作时，自身产生高电压，而测量对象又是电气设备，所以必须正确使用，否则就会造成人身或设备事故。使用前要做好以下准备：

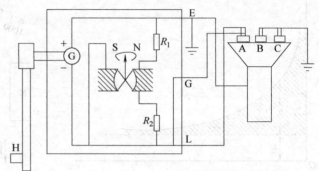

图 7-5　兆欧表测量绝缘电阻接线图

1）测量前必须将被测设备电源切断，才能进行测量，以保证人身安全和设备安全。

2）对可能感应出高压电的设备，必须消除这种可能性后，才能进行测量。

3）被测物表面要清洁，减少接触电阻，确保测量结果的正确性。

4）测量前要检查兆欧表是否处于正常工作状态，主要检查其"0"和"∞"两点。即摇动手柄，使发电机达到额定转速，兆欧表在短路时应指在"0"位置，开路时应指在"∞"位置。

5）兆欧表使用时应放在平稳、牢固的地方，且远离大的外电流导体和外磁场。

在测量时还要注意兆欧表的正确接线，否则将引起不必要的误差。特别应该注意的是，测量电缆线芯和外表之间的绝缘电阻时，一定要接好屏蔽端钮"G"。当空气湿度大或电缆绝缘表面不干净时，其表面漏电流将很大，为防止被测物因漏电而对其内部绝缘测量所造成的影响，一般在电缆外表面加一个金属屏蔽环，金属屏蔽环与兆欧表的"G"端相连。

4. 兆欧表测绝缘电阻的局限

绝缘电阻的大小，能有效地反映绝缘的整体受潮、污秽以及严重过热老化等缺陷，并且用兆欧表测量绝缘电阻操作简便、安全、概念清晰以及兆欧表价格便宜等，所以在高压电气设备的绝缘测试中兆欧表的使用最广泛。但是用兆欧表测试绝缘时，存在以下两个明显缺点。

1）一般直流兆欧表的输出电压在 2.5kV 以下，比某些电气设备的工作电压要低很多，当设备存在某些缺陷时，高压下的泄漏电流要比低压下的大得多，即高压下的绝缘电阻要比低压下的电阻小得多。

2）一般直流兆欧表的输出电流在 2mA 以下，当被测试设备的等效电容较大（如电力变压器、发电机定子绕组）时，充电速度慢，难以测得准确数据。

7.1.2 介质损耗因数 tanδ 的测量

介质损耗因数 tanδ 是反映绝缘性能的基本指标之一。它可以很灵敏地发现电气设备绝缘整体受潮、劣化变质以及小体积设备贯通和未贯通的局部缺陷。介质损耗因数 tanδ 与绝缘电阻和泄漏电流的测试相比具有明显的优点，它与试验电压、试品尺寸等因数无关，更便于判断电气设备绝缘变化情况。

1. 介质损耗（介质损耗角 δ）

介质损耗是指绝缘材料在一定强度的交变电场的作用下，由于介质电导、介质极化效应和局部放电，在其内部引起的有功损耗，简称损耗。电介质可以近似等效为电阻 R 和电容 C 的并联，如图 7-6a 所示。对电介质施加交流电压 U，流过电介质的电流就包含阻性分量 $\dot{I}_R$ 和容性分量 $\dot{I}_C$，它们与参考相量 $\dot{U}$ 的相位关系如图 7-6b 所示。

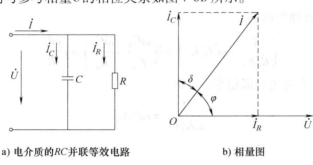

a) 电介质的 RC 并联等效电路 b) 相量图

图 7-6 电介质 RC 并联等效电路和相量图

在交变电场作用下，电介质内流过的电流相量 $\dot{I}$ 和电压相量 $\dot{U}$ 之间的夹角 φ 为该绝缘试品的功率因数角，而 φ 的余角 δ 就是介质损耗角，简称介损角。

2. 介质损耗因数和介质损耗角正切 tanδ

介质损耗因数的定义如下：

$$介质损耗因数 = \frac{被测试品的有功损耗 P}{被测试品的无功功率 Q} \times 100\% \tag{7-6}$$

因 $P = UI\cos\varphi$，$Q = UI\sin\varphi$，代入式（7-6）得

$$介质损耗因数 = \frac{\cos\varphi}{\sin\varphi} \times 100\% = \frac{\sin\delta}{\cos\delta} \times 100\% = \tan\delta \times 100\% \tag{7-7}$$

由图 7-6b 可知

$$\tan\delta = \frac{I_R}{I_C} = \frac{1}{\omega CR} \tag{7-8}$$

电介质的介质损耗因数就等于该电介质的介质损耗角正切 tanδ，它是一个无量纲常数。而有功损耗 $P = I_R U = UI_C\tan\delta = \omega CU^2\tan\delta$，所以介质损耗角正切 tanδ 可以用来衡量电介质损耗大小。

电介质损耗发热消耗能量并可能引起电介质的热击穿，因此在电绝缘技术中，特别是用于高电场强度或高频场合的绝缘，应尽可能采用 tanδ 较低的材料。

3. 用 QS1 型电桥测量 tanδ 的原理

电气设备绝缘能力的下降，如绝缘受潮、绝缘油受污染、老化变质等，直接反映为介质

损耗增大。测量 $\tan\delta$ 的大小及变化趋势，可以判断电气设备的绝缘状况。传统测量 $\tan\delta$ 的方法是采用 QSI 型电桥（也称高压西林电桥），QSI 型电桥的原理如图 7-7 所示。

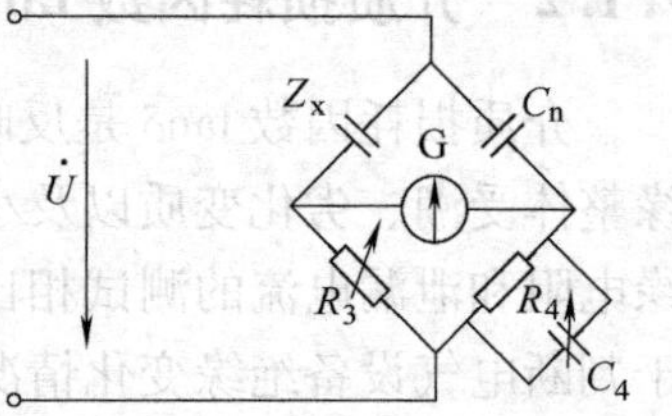

图 7-7 中，Z_X 为被试品等效阻抗，C_n 为标准电容器，R_3 和 C_4 则分别为可调无感电阻和可调无感电容器。当电桥平衡时，流过检流计 G 的电流 $I_g = 0$，各桥臂的阻抗满足

$$Z_X Z_4 = Z_n Z_3 \tag{7-9}$$

根据各桥臂元器件的构成，阻抗分别为

图 7-7 QSI 型电桥原理图

$$Z_3 = R_3, \quad Z_n = \frac{1}{j\omega C_n}, \quad Z_4 = \frac{1}{\frac{1}{R_4} + j\omega C_4}, \quad Z_X = \frac{1}{\frac{1}{R_X} + j\omega C_X} \tag{7-10}$$

代入式（7-9）中，整理后得到

$$\left(\frac{1}{R_4 R_X} - \omega^2 C_4 C_X \right) + j \left(\frac{\omega C_4}{R_X} + \frac{\omega C_X}{R_4} \right) = j \frac{\omega C_n}{R_3} \tag{7-11}$$

令式（7-11）左右两边实部相等，可得

$$\frac{1}{\omega R_X C_X} = \omega R_4 C_4 \tag{7-12}$$

故

$$\tan\delta = \frac{1}{\omega R_X C_X} = \omega R_4 C_4 = 2\pi f R_4 C_4 \tag{7-13}$$

一般取 $R_4 = \frac{10^6}{2\pi f} \Omega$，当 $f = 50\,\text{Hz}$ 时，$R_4 \approx 3184\,\Omega$，代入式（7-13），得到

$$\tan\delta = 10^6 C_4 \tag{7-14}$$

令式（7-11）左右两边虚部相等还可以测量试品的电容量 C_X，即

$$\frac{\omega C_4}{R_X} + \frac{\omega C_X}{R_4} = \frac{\omega C_n}{R_3} \tag{7-15}$$

整理后可得

$$C_X = \frac{C_n R_4}{R_3} \times \frac{1}{1 + \tan\delta} \approx \frac{C_n R_4}{R_3} \quad (\tan\delta \ll 1) \tag{7-16}$$

利用 QSI 型电桥测量 $\tan\delta$，还需配有产生交流高压的试验变压器、十进制可调标准电容器箱和十进制可调电阻箱以构成完整的试验装置。可调标准电容器箱配备 25 只标准电容器（$5 \times 0.1\,\mu\text{F}$、$10 \times 0.01\,\mu\text{F}$、$10 \times 0.001\,\mu\text{F}$），可调电容 C_4 的范围为 $0.001 \sim 0.61\,\mu\text{F}$，其 $\tan\delta$ 值为 $0.1\% \sim 61\%$。可调电阻箱则配备 130 只电阻（$10 \times 1000\,\Omega$、$100 \times 10\,\Omega$、$10 \times 10\,\Omega$、$10 \times 1\,\Omega$），可调电阻 R_3 的范围为 $1 \sim 11111\,\Omega$。

数字化高压介质损耗测量仪的基本构成同样包含高压电桥、高压试验电源和高压标准电容器三部分，应用数字测量技术，对介质损耗角正切值和电容量进行自动测量，使用方便，更适合现场使用。有些产品还采用了变频抗干扰原理，利用傅里叶变换数字波形分析技术，对标准电流和试品电流进行计算，抑制干扰能力强，测量结果准确稳定。

7.2　接地电阻的测量

电气设备的接地是指将设备的某一部位通过接地线与接地网进行可靠的金属连接。按照接地目的不同，接地可以分为保护接地、工作接地和防雷接地。

工作接地是指电力系统利用大地作为地线回路的接地。正确的工作接地是电气设备正常工作的基本条件，如三相四线制中变压器中性点的接地。

保护接地是指为防止电气设备的外壳和不带电的金属部分因绝缘泄漏或感应带电所进行的接地。正确的保护接地是防止触电、保护人身安全的重要措施。

防雷接地是指过电压保护装置或户外设备的金属结构的接地，如避雷器的接地、光伏电池组串的金属框架的接地等。

接地电阻是指电气设备的接地极与电位为零的远处间的阻抗，可以用两点间的电压与通过接地装置流向大地的电流的比值来测量。它反映的是接地装置对入地电流的阻碍作用的大小，不同接地类型对接地电阻大小有不同的要求。

影响接地阻抗大小的因素很多，主要有接地体附近土壤电阻率的大小、接地网的几何参数和埋入深度、接地线与接地网的金属连接等。由于接地阻抗的大小对电力系统的正常运行和人身安全有重大影响，所以接地阻抗的测量属于国家标准强制要求测量项目。

1. 接地阻抗测量原理

接地电阻的测量一般采用伏安法或接地电阻表法，基本原理如图 7-8a 所示。

在接地极和电流极之间施加工频交流电压 U，就会有电流通过接地极、大地和辅助电流极构成的回路。电流通过接地极向大地四周扩散，在接地极附近形成电压降。由于电流从接地极向四周发散，所以距离接地极越近，电流密度越大，电压降落也最显著，形成图 7-8b 所示的电位分布。如果辅助电流极离接地极的距离足够远，就会在它们的中间出现电压降近似为零的区域，该区域的电位分布对应图 7-8b 中电位分布曲线中间平坦的部分。假设辅助电压极 P 正好位于该区域，电压表和电流表的读数分别为 V 和 I，则接地极 E 的工频接地阻抗为

$$Z = \frac{V}{I} \tag{7-17}$$

式中，Z 为接地阻抗，单位为 Ω；V 为电压表测得被测接地极与辅助电压极间电压，单位为 V；I 为流过被测接地电极的电流，单位为 A。

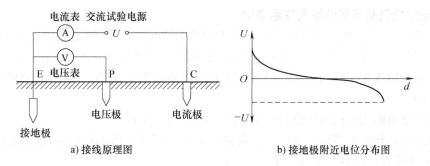

a) 接线原理图　　　　　　　　　　b) 接地极附近电位分布图

图 7-8　接地阻抗测量原理图

要准确测量接地阻抗，辅助电压极 P 必须准确找到电位为零的区域。具体方法：在 E、C 足够远（通常大于接地网对角线长度的 4~5 倍）的情况下，将辅助电压极逐步远离 E 极向 C 极方向移动，当电压表读数基本不变时，该位置就是近似的零电位点。有时为了测准，则采用变电所的出线，达到 E、C 两极距离足够大。d 为距接地极的距离。

2. 接地阻抗测量方法

测量接地阻抗是接地装置试验的主要内容，现场运行部门一般采用电压-电流表法或专用接地电阻表进行测量，如图 7-9 所示。由于低压 220V 由一条相线和一条中性线构成，若没有升压变压器则相线端直接接到被测接地装置上，可能造成电源短路。

测量接地阻抗时电极的布置一般有电极直线布置和三角布置两种，如图 7-10 所示。

图 7-10a 所示为电极直线布置，一般选电流线长度 d_{GC} 等于 $4D~5D$，D 为接地网最大对角线长度，电压线长度 d_{GP} 为 $0.618d_{GC}$ 左右。测量时还应将电压极沿接地网与电流极连线方向前后移动 d_{GC} 的 5%，各测一次。若 3 次测得的阻抗值接近，可以认为电压极位置选择合适。若 3 次测量值不接近，应查明原因（如电流极、电压极引线是否太短等）。当远距离放

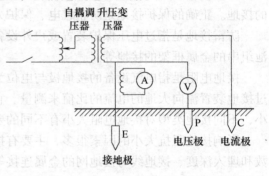

图 7-9　电压-电流表法接地阻抗测量试验接线图

线有困难时，在土壤电阻率均匀地区 d_{GP} 可取 $2D$，土壤电阻率不均匀地区 d_{GP} 可取 $3D$ 左右。

图 7-10b 所示为电极三角布置，一般选 $d_{GP} = d_{GC} = 4D~5D$，夹角 $\theta \approx 30°$。测量时也应将电压极前后移动再测两次，共测 3 次。

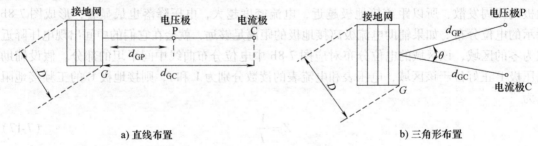

　　a) 直线布置　　　　　　　　　　　　　　　　b) 三角形布置

图 7-10　测量接地阻抗时电极布置图

3. 接地阻抗测量仪表的使用注意事项

接地电阻表的用途是测试线路或电气设备的绝缘状况。其使用方法及注意事项如下：

1）选用与被测元件电压等级相适应的接地电阻表。500V 及以下的线路或电气设备，应使用 500V 或 1000V 的接地电阻表；500V 以上的线路或电气设备，应使用 1000V 或 2500V 的接地电阻表。

2）用接地电阻表测试高压设备的绝缘时，应由两人操作。

3）测量前必须将被测线路或电气设备的电源全部断开，即不允许带电测绝缘电阻，并且要查明线路或电气设备上无人工作后方可进行。

4）接地电阻表使用的表线必须是绝缘线，不能采用双股绞合绝缘线，且表线的端部应

有绝缘护套。线路端子"L"接设备被测相；接地端子"E"接设备外壳及设备的非被测相；屏蔽端子"G"接到保护环或电缆绝缘护层上，以减小绝缘表面泄漏电流对测量造成的误差。

5）测量前应对接地电阻表进行开路校检。接地电阻表"L"端与"E"端空载时，摇动接地电阻表，其指针应指向"∞"；接地电阻表"L"端与"E"端短接时，摇动接地电阻表其指针应指向"0"。说明接地电阻表功能良好，可以使用。

6）测试前必须将被试线路或电气设备接地放电。测试线路时，必须取得对方允许后方可进行。

7）测量时，摇动接地电阻表手柄的速度要均匀，以 120r/min 为宜；保持稳定转速 1min 后，获取读数，以避开吸收电流的影响。

8）测试过程中两手不得同时接触两根线。

9）测试完毕应先拆线，后停止摇动接地电阻表，以防止电气设备向接地电阻表反充电导致接地电阻表损坏。

10）雷电时，严禁测试线路绝缘。

7.3　高电压的测量

电力运行部门测量交流高电压，是通过电压互感器和电压表来实现的。把电压互感器的高压端接到被测电压，低压端跨接一块电压表，将电压表读数乘上电压互感器的电压比，就可得被测电压值。而在高电压实验室中，由于所测电压值通常比现有电压互感器的额定电压高许多，而且很高电压的互感器也比较笨重，所以常采用以下方法来测量交流高电压。

1）利用测量球隙气体放电来测量未知电压的峰值。

2）利用高压静电电压表测量电压的有效值。

3）利用以分压器作为转换装置所组成的测量系统来测量交流电压。

4）利用整流电容电流测量交流高压电的峰值。

5）利用整流充电电压测量交流电压峰值。

6）利用旋转伏特计可测量直流及交流电压的瞬时值。

7）利用光电系统测量交流高电压。

7.3.1　测量球隙

空气在一定电场强度下，会发生碰撞游离，均匀电场下空气间隙的放电电压与间隙距离具有一定关系。可以利用间隙放电来测量电压，但绝对的均匀电场是不易做到的，只能做到接近于均匀电场。测量球隙是由一对相同直径的金属球所构成的，加压时球隙间形成稍不均匀电场。当其余条件相同时，球间隙在大气中的击穿电压取决于球间隙距离。对一定球径，间隙中的电场随距离的增长而越来越不均匀。被测电压越高，间隙距离越大，要求球径也越大，这样才能保持稍不均匀电场。由于测量球并不是处在无限大空间里，而是有外物及大地对球间电场产生影响，很难用静电场理论来计算球间的电场强度和击穿电压，因此测量球隙的放电电压主要是靠试验来决定的。早在 20 世纪初，许多国家的高电压试验利用静电电压表、峰值电压表等方法求得各种球径的球隙在不同球距时的稳态击穿电压，又利用分压器和示波器求得其冲击击穿电压。1938 年国际电工委员会（IEC）综合各国试验室的试验数据制定出测量球隙放电电压的标准表，到 1996 年 IEC 对 1938 年颁布的标准表又做了修正，现用 IEC 60052：2002 标准表也被我国国家标准 GB/T 311.6—2005 所采用。

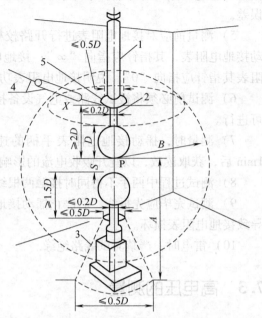

要达到球隙所能达到的测量准确度，其结构和使用条件必须符合规定。测量球的标准球径 D 为 2cm、5cm、6.25cm、10cm、12.5cm、15cm、25cm、50cm、75cm、100cm、150cm 和 200cm。此外，球杆、操作机构、绝缘支撑、支撑构架和连接到被测电压点的引线也须满足图 7-11 及表 7-1 的规定。测量球一般用纯铜或黄铜制作，对球体要求表面光滑、曲率均匀，球的表面不规则度要用测球仪校核。球隙与周围物体及地面的允许距离如图 7-11 和表 7-1 所示。

如图 7-11 所示，高压导线或是包括任何串联电阻在内的高压导线，应接到至少离高压球的放电点为 $2D$ 的球杆的一点上。在距离高压球放电点的距离小于 B 的范围内，带电的导体（包括串联电阻）不得穿过正交于球间隙轴的平面，且应位于距离高压球的放电点 $2D$ 处。国家标准对于水平放置的测量球隙同样也规定了 A 及 B 的距离及上述正交于球间隙轴的平面。

图 7-11　垂直放置的测量球隙
1—绝缘支柱　2—球杆　3—操作机构的最大尺寸
4—高压接线和串联电阻　5—均压器的最大尺寸
P—高压球的放电点　A-P 点离地面高度
B—无外物的自由空间的半径　X—距 P 点为 ≥2D
的平面（具有串联电阻的高压引线在距 P 点为
B 的范围内不得穿越这一平面）

表 7-1　测量球周围的空隙规定

球径 D/cm	对地绝缘球极放电点到水平接地平面间的距离 A		距外物的最小允许距离 B
	A 最小值	A 最大值	
<6.25	7D	9D	14S
10 ~ 15	6D	8D	12S
25	5D	7D	10S
50 ~ 75	4D	6D	8S
100	3.5D	5D	7S
150 ~	3D	4D	6S

① 如果试验条件不能满足表中 A_{min} 和 B_{min} 的要求，但能确认其性能符合国家标准 GB/T 311.6—2005 的其他规定，这类球隙也可以使用。

② 在试验电压下，回路布置应满足不会发生各种异常放电。详细的表注见国家标准 GB/T 311.6—2005。

在用球间隙测量交流和直流电压时，经常需在球间隙上串联一个保护电阻。以测交流电压为例，其接线如图 7-12 所示。图中，R_1 是保护变压器用的防振电阻，R_2 是与球隙串联的保护电阻。R_2 的作用有两方面：一方面可用它来限制球隙放电时所流过球极的短路电流，以免球极烧伤而产生麻点；另一方面当试验回路出现刷状放电时，可减少或避免由此产生的瞬态过电压所造成的球间隙异常放电，也就是用此电阻来阻尼局部放电时连接线电感与球隙电容和试品电容等所产生的高频振荡。保护电阻必须尽可能靠近球电极并直接与球电极相连。如果不仅试验回路而且试品都未出现刷状放电，则电阻值可以减小到不使球电极过度烧蚀的值。对于测量直流和工频交流电压时，IEC 推荐此电阻值为 $100k\Omega \sim 1M\Omega$。对于更高频率的交流电压，由于间隙的电容效应而引起的充电电流可使该电阻上的压降影响变得较大，因此应适当减小此阻值。另外，球直径越大，允许的每伏电压之电阻值越小。直径 200cm 的球，测量 1000kV（有效值）时，电容电流约 0.25A（有效值），若保护电阻取 $500k\Omega$，则电阻上压降约为 12kV，其绝对值虽约占被测电压的 1%，但是由于电阻压降与球隙电容压降相位差为 90°，因此球隙实际上仍几乎受到全部的被测电压，即误差极小。

如果空气中有灰尘或纤维物质，则会产生不正常的破坏性放电。因此在取得前后一致的数据以前，必须进行多次预放电。在放电电压值相对稳定后，才正式读数。测量应取 3 次连续读数的平均值，其偏差不超过 3%。

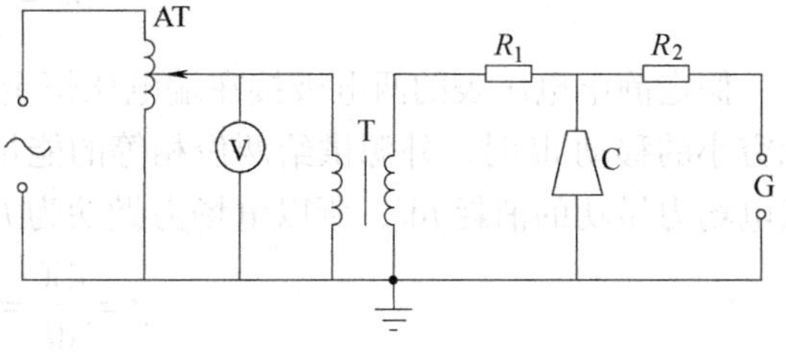

在工频交流高电压峰值测量下，初始加压时，电压的幅值应足够低，以免引起放

图 7-12　用铜球来测定变压器校订曲线的接线
C—负载　G—球隙　AT—调压器　T—试验变压器

电。然后缓慢升高电压，以便准确读取间隙放电瞬间低压侧电压表读数。连续放电至少 10 次，求取放电电压平均值和惯用偏差 z（即标准偏差 σ 的相对值）。z 值应小于 1%。相邻两次放电的间隔时间不小于 30s。

标准规定，测量峰值 50kV 以下的电压以及用直径 12.5cm 或更小的球，测量任何电压时都需要用 λ 射线或紫外线照射。在此条件下，通过照射才能取得准确一致的结果。特别是在很小间隙距离下测量所有类型的电压时，照射尤为重要。有关球隙照射的问题详见国家标准 GB/T 311.6—2005 的规定。

气体间隙的放电电压受大气条件的影响，随气压的升高而升高，随热力学温度的升高而降低。在不均匀电场下，湿度增大时，气体间隙的放电电压会有所上升，影响比较显著；在均匀电场下，则影响不显著。早年即有人认为球隙的放电电压在一定范围内也随空气湿度的改变而改变，但一直到 IEC 60052:2002 标准公布，才正式确定了湿度因数的算法。而如果空气相对湿度超过 90%，球表面就可能凝结水珠，致使测量失去准确度。

测量球隙作为一种高电压测量方法具有显著的优缺点。其优点：①能测量稳态高电压和冲击电压的幅值，几乎是直接测量超高电压的唯一设备；②结构简单，容易自制或购买，不易损坏；③测量交流及冲击电压的不确定度在 ±3% 以内，被 IEC 和国家作为标准测量装置。

其缺点：①测量时必须放电，每次放电必须跳闸，放电时可能产生振荡，又可能引起过电压，所以用球隙测量电压很不方便，通常只用来校订别的测量仪器，即作校订曲线；②气体放电有统计性，数据分散，必须取多次放电数据的平均值，为防止游离气体的影响，每次放电间隔不得过小，且升压过程中的升压速度应较缓慢，使低压表计在球隙放电瞬间能准确读数，测量较费时间；③实际使用较麻烦，测量稳态电压要作校订曲线，测量冲击电压要用

50%放电电压法；④要校订大气条件；⑤被测电压越高，球径越大，目前已有用到直径为3m 的铜球，本身越来越笨重；⑥测量球隙一般不宜室外使用，由于强气流以及灰尘、沙土、纤维和高湿度的影响，在室外使用球隙时常会产生异常放电。

7.3.2　静电电压表

静电电压表是通过加电压于两电极，由两电极分别充上异性电荷，测量电极受到的静电机械力的大小或是由静电力导致的某一极板的偏移（或偏转）来得到所加电压大小的表计。静电电压表可以用来测量低电压，也可用来直接测量高电压。

若有一对电极，电极间距离为 l，电容为 C，所加电压的瞬时值为 u，则此电容的电场能量为

$$W = \frac{1}{2}Cu^2 \tag{7-18}$$

假定静电电压表的两电极接在端电压恒定的电源上，则由常电位系统分析法，当极板做无穷小的移动 dl 时，外源供给两份相等的能量，一份用来增加电场能量 dW，另一份用来补偿电场力做功的消耗 fdl，所以电场力做功为 $fdl = dW$。电极所受到的作用力 f 为

$$f = \frac{dW}{dl} = \frac{1}{2}u^2\frac{dC}{dl} \tag{7-19}$$

若所加的电压 u 做周期变化，则在 u 变化的一周期内，由于极板的惯性质量较大，极板的位置不变，一个周期 T 内力的平均值为

$$F = \frac{1}{T}\int_0^T f dt \tag{7-20}$$

将式(7-19)代入式(7-20)，得

$$F = \frac{1}{2}\frac{dC}{dl}\frac{1}{T}\int_0^T u^2 dt \tag{7-21}$$

若 u 做正弦函数周期性变化，则得

$$F = \frac{1}{2}U^2\frac{dC}{dl} \tag{7-22}$$

式中，U 为电压的有效值。

比较式（7-19）和式（7-22）可以得出，通过电压有效值 U 表达的 F 的计算式，与以瞬时值或平稳直流电压值 U 下的 f 的表达式是相同的。

在平行极板的电容情况下，极板间为均匀电场，dC/dl 很容易求出，若能测得 f，就可求出 U。设极板的面积为 S（如图 7-13 中的中心极板面积为 S，其周围为均匀电场用的屏蔽环），则其电容为

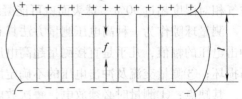

图 7-13　平板电极间的电场和静电吸力

$$C = S\varepsilon_0\varepsilon_r/l \tag{7-23}$$

式中，ε_0 为真空介电常数；ε_r 为极板介质的相对介电常数。则

$$\frac{dC}{dl} = -\frac{S\varepsilon_0\varepsilon_r}{l^2} \tag{7-24}$$

根据式（7-19）求极板所受作用力 f（单位为 N）的大小，可得

$$|f| = \frac{1}{2}\varepsilon_0\varepsilon_r S\left(\frac{u}{l}\right)^2 = \frac{\varepsilon_r S}{72\pi \times 10^3}\left(\frac{u}{l}\right)^2 \tag{7-25}$$

式中，u、l、S 的单位分别为 kV、cm、cm^2。u/l 在均匀电场中就是电场强度 E。于是可得

$$u \approx 475.6l\sqrt{\frac{f}{\varepsilon_r S}} \tag{7-26}$$

由式（7-22）可见，电场作用力与电压的二次方成正比。显然，若所施电压为交流电压或含交流分量的直流电压时，电场作用力与电压的有效值成正比。

静电电压表有两种类型：一种是绝对静电电压表，另一种是工程上应用的非绝对静电电压表。绝对静电电压表是当电极面积 S 已知的条件下，测量电极之间的作用力 f 以及极间距 l，由此计算出电极所施加的被测电压的一种复杂精密的静电电压表。正因为可以计算出被测电压，所以不需要其他测量电压的仪表来为之校订和刻出其电压刻度。

图 7-14 所示为一种绝对静电电压表。在高压屏蔽罩 A 内安放了一个天秤，可动电极所受到的电场作用力直接被天秤杠杆另一头的荷重所平衡，杠杆的零位偏移经由光学反射系统放大而指示出来。可动电极的直径分 10cm 及 16cm 两种可以更换，它和四周屏蔽环的间距很小，屏蔽环和另一电极 B 的直径都是 100cm。

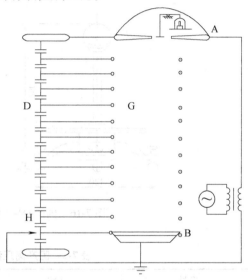

图 7-14　一种绝对静电电压表

在测量最高电压 275kV 时，电极间的距离为 100cm，电场强度为 2.75kV/cm。为了均匀极间的电场，配置了很多匀压环 G。环与环之间的距离都相等，每个环都连接到一个电压均匀分布的电容分压器 D 上。当被测电压低于 275kV 时，将接地电极 B 往上移动，使电场强度维持在 2.5kV/cm 左右，同时接地线 H 也相应地沿分压器往上移。用其他测量电压的方法校核这台静电电压表在测量 10 ~ 100kV 的电压范围时，测量不确定度约为 0.01%；在测量 275kV 电压时，测量不确定度略大。

在绝对静电电压表中，当读取所需数值时，电场力恰被平衡，可动电极回到原始位置，因此可以用式（7-26）计算出电压值。该种仪表测量准确度高，但结构及应用较复杂，适用于需准确测量的场合。为了测量方便，工程上常应用构造简单的静电电压表，测量不确定度约为 1% ~ 3%，量程可达 1000kV。此种电压表在测量电压时可动电极有位移（偏转）。可动电极移动（偏转）时，张丝（见图 7-15）产生扭矩或是弹簧弹力等产生反力矩。当反力矩与静电场力矩相平衡时，可动电极的位移达到一稳定值，与可动电极连接在一起的指针或反射光线的小镜子就指出了被测电压数值。图 7-16 所示为 100kV 静电电压表的结构。

工程所应用的非绝对仪静电电压表需要用别的测量仪表来校正和标定它的电压刻度。

静电电压表既可用于测量直流电压也可用于测量交流电压，静电电压表还可以测量频率高达 1MHz 的电压。表7-2 中列出了国产高压静电电压表的型号及规格。

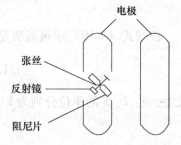

图 7-15　普通静电电压表示意图

静电电压表在使用时应注意高压源及高压引线对表的电场影响。仪表虽已有电场屏蔽装置，但外界电场作用的影响仍然不同程度地存在着。静电电压表的安放位置（或方向）或高压引线的路径若处置不当，往往会造成显著的测量误差。另外，高压静电电压表不能使用于有风的环境中，否则活动电极会被风吹动，造成测量误差。

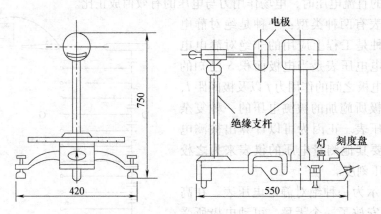

图 7-16　国产 Q4-V 型 100kV 静电电压表结构图

表 7-2　国产高压静电电压表的型号及规格

型号	量程	仪表等级	制造厂名
Q2-V	75 ~ 150 ~ 300V 750 ~ 1500 ~ 3000V	1.0	北京电表厂
Q3-V	7.5 ~ 15 ~ 30kV	1.5	
Q4-V	20 ~ 50 ~ 100kV	1.0	
Q5-V	基本上同 Q2-V		浦江电表厂
Q7-V	同 Q2-V	0.2	北京电表厂
Q8-V	50 ~ 100 ~ 200kV	1.5	
Q9-V	200 ~ 500kV	2.5	北京电表厂

静电电压表的优点是它几乎不从电路中吸取功率。当测量直流电压时，除了电路接通时（表的电极充电）的一个瞬间外，电压表不从电路吸取功率；当测量交流电压时，表极通过电容电流的多少决定于被测电压频率的高低及仪表本身电容的大小，由于仪表的电容一般仅几皮法到十几皮法，所以所吸取的功率也很微小，因此静电电压表的内阻抗极大。通常还可以把它接到分压器上来扩大其电压量程。

7.3.3　高压交流分压器及充气标准电容器

分压器是一种将高压波形转换成低压波形的转换装置，其由高压臂和低压臂组成。输入电压加到这个装置上，输出电压则取自低压臂。通过分压器可解决以低压仪表及仪器测量高压峰值及波形的问题。交流分压器可用来测量几千伏到几百伏的交流电压。分压器的原理如图 7-17 所示。图中，Z_1 为分压器高压臂的高阻抗，Z_2 为低压臂的低阻抗。测量电压时，大部分电压降落在 Z_1 上，Z_2 上仅分到一小部分电压，该低压值乘上一个系数（称为刻度因数）即可获得被测的高压值。此系数常称为分压比。图 7-17 中：

$$\dot{U}_2 = \dot{U}_1 Z_2 / (Z_1 + Z_2) \qquad (7-27)$$

分压比为

$$k = \dot{U}_1 / \dot{U}_2 = (Z_1 + Z_2) / Z_2 \qquad (7-28)$$

准确测量要求电压仅在幅值上差 k 倍，两者的相位差几乎为零。

对纯电阻分压器，分压比 $k = (R_1 + R_2) / R_2$；

对纯电容分压器，分压比 $k = (C_1 + C_2) / C_1$。

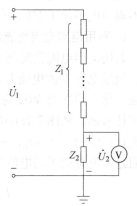

对分压器的基本要求：①分压器接入被测电路应基本上不影响被测电压的幅值和波形；②分压器所消耗的电能应不大。在一定的冷却条件下，分压器消耗的电能所形成温升不应引起分压比的改变；③由分压器低压臂所测得的电压波形应与被测

图 7-17　分流分压器接线图

电压波形相同，分压比在一定频带范围内应与被测电压的频率和幅值无关；④分压比与大气条件（气压、气温、湿度）无关或基本无关；⑤分压器中应无电晕及绝缘之泄漏电流，或者说即使有极微量的电晕和泄漏，它们应对分压比的影响很小；⑥分压器应采取适当的屏蔽措施，使它的测量结果基本上或完全不受周围环境的影响。

分压器是测量系统的重要组成部分，对由分压器与传输系统（主要是同轴电缆）及测量仪器所组成的整个测量系统来说，要求在规定的工作条件范围内性能应该稳定，这样测量系统的刻度因数在长时间内就可保持稳定。

为了满足上述的技术要求，国家标准要求对分压器进行以下几项试验：确定刻度因数的试验、线性度试验、短期稳定性试验、单个元件的长期稳定性试验、温度效应试验、对接地墙（或带电物体）的邻近效应试验、测定幅频响应的试验等。

确定刻度因数（分压比）的方法如下：

1）同时测量转换装置的输入和输出量。

2）电桥法。即采用某种桥式回路，使被测分压器的输出与一个准确可调的标准转换装置输出相平衡，这时两者刻度因数相等。

3）测量高压臂和低压臂的阻抗值，计算出分压比。

线性度试验是为了检查分压器在工作电压范围内的分压比是否恒定，即检查它在工作电压范围内，是否为一线性阻抗。国家标准推荐在被认可电压范围内的最大值和最小值及其间 3 个大致等分值（共有 5 个电压值）下测量分压器的刻度因数（分压比），测得值的变化不应超过其平均值的 ±1%。该项试验可单独在分压器上进行，或在整个测量系统上进行。

从原理上来说，图 7-17 中 Z_1 及 Z_2 可由电容元件或电阻元件，甚至是阻容元件构成。

实际上，交流分压器主要是采用电容分压器，只有在电压不很高，频率不过高时才采用电阻分压器。在工频电压下，电阻分压器可使用在低于 100kV 电压的情况下。无论是电阻或电容分压器，其高、低压臂都应做成无感的，这是因为很难配置高、低压元件的电感值，使之满足一定的分压比要求。

7.3.4　峰值电压表

峰值电压表是用于测量周期性波形及一次过程波形峰值的电压表。现已有兼能测量上述两大类波形峰值的 1.6kV 峰值电压表。其标准要求能接到分压器低压臂的峰值电压表的测量不确定度不大于 1%。本节介绍适用于交流高电压测量的几种峰值电压表的基本原理。

1. 利用电容电流整流测量峰值电压

利用电容电流整流测量峰值电压的原理如图 7-18 所示。被测高压为 u，当它随时间变化时，流过电容 C 的电流 $i_C = C\mathrm{d}u/\mathrm{d}t$。因 u 随时间做正弦变化，则 i_C 在相位上超前于 u 90°做正弦变化。VD1 及 VD2 为两个整流二极管，G 为检流计。当 i_C 为正半波时，电流经 VD1 及检流计入地。从图 7-18b 中可以看出，$0 \sim t_1$，$t_2 \sim t_3$，…时间内整流管 VD1 导通，电流流经检流计；$t_1 \sim t_2$，$t_3 \sim t_4$，…时间内 VD1 截止而 VD2 导通，电流不经过检流计。故一个周期内通过检流计的平均电流为

$$I_\mathrm{d} = \frac{1}{T}\int_0^{t_1} i_C \mathrm{d}t = \frac{1}{T}\int_0^{+\frac{T}{2}} C\frac{\mathrm{d}u}{\mathrm{d}t}\mathrm{d}t = \frac{C}{T}\int_{-U_\mathrm{m}}^{+U_\mathrm{m}}\mathrm{d}u$$

$$= \frac{C}{T}\int_0^\pi U_\mathrm{m}\sin\omega t\,\mathrm{d}(\omega t) = 2CU_\mathrm{m}/T = 2CU_\mathrm{m}f \tag{7-29}$$

即 $U_\mathrm{m} = I_\mathrm{d}/(2Cf)$。式中，$T$ 为被测电压变化的周期，f 为相应的频率。

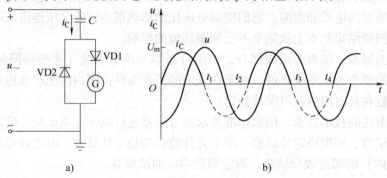

图 7-18　利用电容电流整流测峰值电压原理图

由式（7-29）可看出，此时检流计的读数是与电压的峰值成正比的，可以通过测量检流计指示的平均值 I_d 来求得电压的峰值。

在实际应用中，图 7-18 中的 C 可以用高压标准电容器。高压标准电容器的电容值很准确，不受外物影响，测量准确度可以很高。

利用电容电流整流测量电压峰值的电压表只能测量符合标准要求的、谐波分量不大的、正负半波对称的交流波形。若是半周期内电压具有几个峰值，以致电容电流 i_C 在半周期内过零次数多于一次，则测得的平均电流值 i_C 常会增大，从而使此种峰值电压表的测量造成

极大的误差甚至不能使用。

2. 利用电容器上的整流充电电压测量峰值电压

利用电容器上整流充电电压来测量峰值电压的原理如图 7-19 所示。被测交流电压经整流二极管 VD 使电容充电至交流电压的峰值，电容电压由静电电压表或微安表串联高阻 R 来测量。

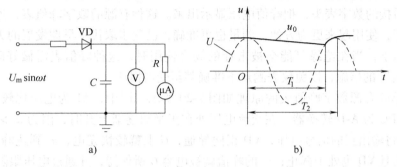

图 7-19　利用电容器整流充电电压测峰值电压

上述利用电容电流整流来测量交流电压幅值的方法要求电压的正负半波曲线相同，而图 7-19 所示的方法不受这个限制，改变整流方向可以分别决定正负半波的幅值。另外，假使交流电压有几个尖峰，则测量回路给出最大尖峰的幅值。当用微安表串联高阻来测量电容上的电压时，由于电容 C 对电阻 R 的放电作用，电容 C 上的电压是脉动的，如图 7-19b 所示。微安表反映的是脉动电压的平均值 U_d 而不是峰值，即

$$U_d = I_d R \tag{7-30}$$

由图 7-19b 可见，自 $t = 0$ 至 $t = T_1$ 的时间间隔内，电容上的电压 u_C 随时间 t 的变化关系为

$$u_C = U_m e^{-\frac{t}{RC}} \tag{7-31}$$

波动电压的最大值为 U_m，最小值为 $U_m \exp(-T_1/(RC))$。由于 $T_1 \approx T$（T 为周期），所以

$$U_m e^{-\frac{T_1}{RC}} \approx U_m e^{-\frac{T}{RC}} \tag{7-32}$$

平均电压为

$$U_d \approx \frac{1}{2}\left(U_m + U_m e^{-\frac{T}{RC}}\right) \tag{7-33}$$

一般情况下，$RC \gg T$，应用麦克劳林公式得

$$e^{-\frac{T}{RC}} = 1 - \frac{T}{RC} + \frac{1}{2}\left(\frac{T}{RC}\right)^2 - \cdots \approx 1 - \frac{T}{RC} \tag{7-34}$$

因此

$$U_m \approx U_d\left(1 - \frac{1}{2}\frac{T}{RC}\right) \tag{7-35}$$

由式（7-35）可见，只在 $RC \gg T$ 时，才可认为 $U_m \approx U_d$。当 $RC = 20T$ 时，把 U_d 近似看作为 U_m，约产生 2.5% 的测量误差。

用静电电压表测量 U_m 时，也会产生测量误差，但因 R 仅是 C 的泄漏电阻，故其阻值相

对较大，C 上电压的纹波因数不大，测量误差相对较小。

上述两种测量峰值方法属无源整流回路法，实现简单，价格便宜，适当设计可达到一定的准确度，同时具有优良的电磁兼容（EMC）性，可靠性较高。

3. 有源数字式峰值电压表

有源的数字峰值表借助多种高性能的运算放大器对峰值电压进行采样保持，并通过 A-D 转换器及其后接的数字表头，把峰值电压显示出来。这种有源的数字峰值表，连接到电容分压器的低压臂，使用起来更为方便，测量也更准确，已逐步取代了早期发展的无源峰值电压表。在高电压下，当在绝缘可能会被击穿的场合使用时，这种峰值表需做好防止"干扰"或防止"反击"的措施，以免仪表测量不准确甚至受击损坏。

一种简单的有源数字峰值表的原理如图 7-20 所示。图中，A1 为电压比较器，A2 为电压跟随器，ADC 为 A-D 转换器。在交流电压处在正半周逐渐上升时，因为 $u_i > u_C$，而 $u_C \approx u_0$，所以 A1 将输出正的信号电压，VD 正向导通，C 上就较快充电；u_i 到达峰值后，A1 不再输出电压而且 VD 也处于截止；u_i 的峰值就被电容 C 所保持，并通过电压跟随器 A2 输出，经过 A-D 转换，该电压值显示于数字电压表表头。为提高整个电路的响应，A1 应有较大的电流输出能力，提供电容 C 较大的充电电流，A1 还应具有较高的输入阻抗及较快的响应速度。电容 C 值选小些有利于减小响应时间，但会增大纹波，所以应适中选取电容值。

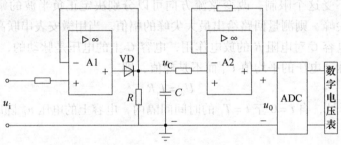

图 7-20　简单的有源数字峰值表

7.3.5　直流高电压的测量

根据国家标准 GB/T 16927.2—2013 的规定，在测量直流试验电压值即其算术平均值时，认可的测量系统总不确定度应不大于 ±3%，而测量脉动幅值时其总不确定度不大于实际脉动幅值的 10% 或直流电压算术平均值的 1%；认可的测量系统的试验响应时间 T_N 应不大于 0.5s，不小于 5/f（f 为纹波的基频）。

1. 间隙测量

在湿度范围为 $1 \sim 13 g/m^3$ 时，推荐用棒对棒间隙测量直流电压。国家标准 GB/T 16927.1 规定由钢或黄铜制作的，边长为 $15 \sim 25mm$ 的方棒组成的棒-棒间隙是认可的测量装置。按照国家标准规定使用时，在标准参考大气条件下，正或负直流电压时，垂直或水平间隙的破坏性放电电压 U_0 为

$$U_0 = 2 + 0.53d \tag{7-36}$$

式中，U_0 的单位为 kV；d 为间隙距离，单位为 mm。式（7-36）适用范围为 $250mm \leqslant d \leqslant 2500mm$，湿度范围为 $1 \sim 13 g/m^3$。

由式（7-36）计算的 U_0，在置信度不低于 95% 的水平下的不确定度显著小于 3%。GB/

T 16927.2 还将棒-棒间隙规定为直流高压的标准测量装置，可用它来对认可的测量系统做比对试验。垂直布置的棒-棒间隙如图 7-21 所示。

用球间隙可测量直流电压的最大值，但空气中有灰尘或纤维性物质时，球间隙在直流电压下出现放电不稳定和放电电压较低的现象，故通常不推荐将球间隙用作直流电压测量。如果没有棒-棒间隙，可采用以下步骤使用球间隙：使间隙的空气流通，间隙中的风速保持至少 3m/s，然后从较低电压开始缓慢地升高电压，以便准确读取间隙放电瞬间低压侧电压表的读数。

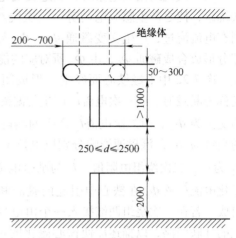

图 7-21　棒-棒间隙的典型布置
（垂直间隙，单位为 mm）

2. 静电电压表

用静电电压表可测量直流高压的有效值，一般情况下可以认为有效值和平均值相等，即认为静电电压表所测得的是直流高压的平均值。其测量不确定度一般为 1% ~2.5%。

3. 分压器法

由高欧姆电阻组成电阻分压器，可在分压器低压臂跨接高输入阻抗的低压表来测量直流高压，根据所接低压表的形式可测量直流电压的算术平均值、有效值和最大值；也可用高欧姆电阻串联直流毫安表测量平均值。上述两种系统是比较方便而又常用的测量系统。国家标准规定分压器或高欧姆电阻加上传输系统（如连接测量的一般电缆线）的标定刻度因数的总不确定度应不大于 ±1%，其线性度、长期和短期稳定性均应在 ±1% 以内；在性能记录中所列的环境温度和湿度的范围内，刻度因数的变化不应超出 ±1%；测量仪器的准确度等级则应等于或优于 0.5 级。

7.4　大电流的测量

大电流测量主要是将大电流转化为方便测量的低电压或小电流信号，用电流表和数字测量仪器进行测量。电力系统中常见的大电流测量主要采用电磁式电流互感器，发展趋势是将逐步采用电子式电流互感器，包括有源的罗格夫斯基线圈以及无源的光学电流互感器等。

7.4.1　电磁式电流互感器

电磁式电流互感器的作用是将交流大电流变为小电流，扩大交流电流表、功率表和电能表的量程。电磁式电流互感器相对于二次侧短路的升压（降流）变压器，其主要特点是：①一次绕组串联在电路中，并且匝数很少，一次绕组中的电流完全取决于被测电路的负载电流，而与二次电流无关；②电流互感器二次绕组所接仪表和继电器的电流线圈阻抗都很小，电流互感器接近于短路状态下运行。

1. 电流互感器工作原理

电流互感器由铁心及绕在其上的一次绕组（匝数为 N_1）和二次绕组（匝数为 N_2）组

成，如图 7-22 所示。

当一次绕组接入电路时，流过交变电流 $\dot{I}$，产生与 $\dot{I}$ 相同频率的交变磁通 Φ_1，它穿过二次绕组，使之产生感应电动势。二次绕组为闭合电路时，则有电流流过，产生交变磁通 Φ_2。Φ_1 与 Φ_2 通过铁心的部分形成合成磁通 Φ_0，由 Φ_0 所对应的能量传递到二次绕组。图 7-22 中不经铁心而经空气形成闭合磁路的部分磁通称为漏磁通。由一次电流 $\dot{I}_1$ 产生的漏磁通仅与一次绕组的交链为 Φ_{s1}，由二次电流 $\dot{I}_2$ 产生的漏磁通仅与二次绕组的交链为 Φ_{s2}。漏磁通影响分别以电抗 x_1 和 x_2 表示，R_1、R_2 为一、二次绕组电阻值。$\dot{I}_0$ 为励磁电流，由产生 Φ_2 的磁化电流 $\dot{I}_r$ 及 Φ_0 在铁心中引起的磁滞和涡流损耗电流 $\dot{I}_a$

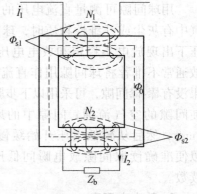

图 7-22　电流互感器的工作原理

组成。若在一次绕组两端接入一个由电导 b_0 与电纳 g_0 组成的并联回路，以描述 $\dot{I}_0$ 使铁心磁化的过程，将 x_1、x_2、R_1、R_2 都移到绕组外面，得到图 7-23 所示的等效电路。图 7-23 中电流互感器的铁心及绕组可看成理想的互感器。

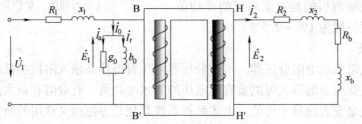

图 7-23　电流互感器的等效电路

在图 7-23 中，设一次绕组阻抗为

$$Z_1 = R_1 + jx_1 \tag{7-37}$$

二次绕组阻抗为

$$Z_2 = R_2 + jx_2 \tag{7-38}$$

如将二次侧各参数都换算到一次侧，使它成为电流比等于 1 的互感器（$N_1 = N_2$），则一、二次绕组的感应电动势 $\dot{E}_1$ 与 $\dot{E}_2$ 相等。若将一次绕组的两端 B、B′ 分别和二次绕组的两端 H、H′ 连接起来，并不会影响互感器的对外运行情况。于是可简化为 T 形等效电路，如图 7-24 所示。其中 Z_2' 为将图 7-23 中 Z_2 换算到一次侧后的阻抗，即

$$Z_2' = K_{12}^2 Z_2 \tag{7-39}$$

$$K_{12} = \frac{N_1}{N_2} \tag{7-40}$$

即

$$Z_2' = R_2' + jx_2' = K_{12}^2 (R_2 + jx_2) \tag{7-41}$$

换算到一次侧后的二次电流和二次电压分别为

$$\dot{I}_2' = K_{12}\dot{I}_2 \tag{7-42}$$

$$\dot{U}_2' = K_{12}\dot{U}_2 \tag{7-43}$$

$$K_{12} = \frac{N_1}{N_2} \tag{7-44}$$

根据图 7-24 所示的等值电路写出 $\dot{U}_1$ 和 $\dot{U}_2'$ 的公式为

$$\dot{U}_1 = \dot{I}_1(R_1 + jx_1) - \dot{E}_1 \tag{7-45}$$

$$\dot{U}_2' = \dot{E}_2' - \dot{I}_2'(R_2' + jx_2') \tag{7-46}$$

如果电流互感器在变换电流过程中，绕组和铁心里都没有能量损耗，即没有误差的电流互感器，称为理想电流互感器。根据能量守恒定律，由一次绕组输入的能量应该等于二次绕组所吸收的能量，即

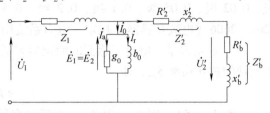

图 7-24　电流互感器 T 形等效电路

$$U_1 I_1 = E_2 I_2 \tag{7-47}$$

式中，U_1 为加于一次绕组两端的电压，它等于反电动势 E_1。于是可得

$$E_1 I_1 = E_2 I_2 \tag{7-48}$$

$$E_1 = 4.44 f B_{\mathrm{m}} S N_1 \times 10^{-8} \tag{7-49}$$

$$E_2 = 4.44 f B_{\mathrm{m}} S N_2 \times 10^{-8} \tag{7-50}$$

式中，f 为电流频率，单位为 Hz；B_{m} 为磁感应强度最大值，单位为 Gs；S 为铁心截面积，单位为 cm^2；N_1 为一次绕组匝数；N_2 为二次绕组匝数。将式（7-49）和式（7-50）代入式（7-48），化简后得到

$$I_1 N_1 = I_2 N_2 \tag{7-51}$$

即理想电流互感器的一次安匝数等于二次安匝数，此时误差为零。由式（7-51）可得

$$\frac{I_1}{I_2} = \frac{N_2}{N_1} \tag{7-52}$$

式（7-52）表明，理想电流互感器的电流大小和它的绕组匝数成反比。同样，由式（7-52）可得

$$I_1 = \frac{N_2}{N_1} I_2 = K_I I_2 \tag{7-53}$$

式（7-53）表明，被测电流 I_1 等于接在二次绕组的电流表读数 I_2 乘以电流互感器的额定电流比。其中 $K_I = N_2/N_1$ 是一个常数，称为电流互感器的额定电流比。

2. 电磁式电流互感器主要技术参数

在电流互感器的铭牌上，标明了电流互感器的额定电流比、准确度等级、额定容量（或额定负载）、额定电压、10% 倍数等。

（1）额定电流比　额定电流比是指一次额定电流与二次额定电流之比。额定电流比一般用不约分的分数形式表示，如一次额定电流 I_{1N} 和二次额定电流 I_{2N} 分别为 100A、5A，用 K_I 代表额定电流比，即

$$K_I = \frac{I_{1N}}{I_{2N}} = \frac{100}{5} \tag{7-54}$$

额定电流，就是在这个电流下互感器可以长期运行，不会因发热而损坏。当负载电流超

过额定电流时，称为过负载。互感器长期过负载运行，会烧坏绕组或降低绝缘物的寿命。

按照国家标准规定，电力系统用的电流互感器一次额定电流最小为 5A，最高为 25 000A，共计 31 个等级。精密级电流互感器一次额定电流最小为 0.1A，最高为 50 000A。

（2）准确度等级　电流互感器变换电流总是存在一定的误差。根据电流互感器在额定工作条件下所产生的电流比误差规定了准确度等级。国产电流互感器的准确度等级有 0.01 级、0.02 级、0.05 级、0.1 级、0.2 级、0.5 级、1 级、3 级、10 级。按照国家标准 GB 1208—2006《电流互感器》规定，电力系统用电流互感器的误差限值如表 7-3 所示。

（3）额定容量　电流互感器的额定容量就是二次额定电流 I_{2N} 通过二次额定负载 Z_{2N} 时所消耗的视在功率 S_{2N}，即

$$S_{2N} = I_{2N}^2 Z_{2N} \tag{7-55}$$

一般 $I_{2N} = 5A$，则 $S_{2N} = 25Z_{2N}$，即额定容量与额定阻抗 Z_{2N} 成正比，额定容量也可以用额定负载阻抗表示。按照标准规定，对于二次额定电流为 5A 的电流互感器，额定容量有 5V · A、10V · A、15V · A、20V · A、25V · A、30V · A、40V · A、50V · A、60V · A、80V · A、100V · A。

电流互感器在使用中，二次连接线及仪表电流线圈的总阻抗不超过铭牌上规定的额定容量（伏安数或欧姆值）时，才能保证它的准确度。

表 7-3　电流互感器的误差限值

准确度等级	一次电流为额定电流的百分数（%）	误差限值		二次负载为额定负载的百分数（%）
		比值差（%）	相位值/（′）	
0.1	5	0.4	15	25～100
	10	0.25	10	
	20	0.20	8	
	100	0.10	5	
	120	0.10	5	
0.2	10	0.5	20	25～100
	20	0.35	15	
	100～120	0.20	10	
0.5	10	1.0	60	25～100
	20	0.75	45	
	100～120	0.50	30	
1	10	2.0	120	25～100
	20	1.5	90	
	100～120	1.0	60	
3	50～120	3.0	未规定	50～100

（4）额定电压　电流互感器的额定电压是指一次绕组长期对地能够承受的最大电压（有效值），它应不低于所接线路的额定相电压。电流互感器的额定电压不是加在一次绕组两端的电压，而是电流互感器一次绕组对二次绕组和地的绝缘电压。因而，电流互感器的额定电压只是说明电流互感器的绝缘强度，与电流互感器额定容量无关。电流互感器的额定电

压有 0.4kV、6kV、10kV、35kV、66kV、110kV、220kV、330kV、500kV、1000kV 等几种电压等级，它标在电流互感器型号后面，如 LCW—35 型，其中"35"是指额定电压。

3. 电磁式电流互感器误差分析

理想电流互感器的一次安匝和二次安匝在数值上相等。实际上，一次电流和二次电流以及它们相对应的安匝数在相位上相差 180°，因此应用相量式表示为

$$\dot{I}_1 N_1 = -\dot{I}_2 N_2 \tag{7-56}$$

实际的电流互感器工作时有励磁电流，因此关系式为

$$\dot{I}_1 N_1 - \dot{I}_0 N_0 = -\dot{I}_2 N_2 \tag{7-57}$$

式中，$\dot{I}_0 N_0$ 为励磁安匝，是产生电流互感器误差的根源。图 7-25 所示相量图可表示电流互感器一次电流 $\dot{I}_1$ 和折算后的二次电流 $\dot{I}_2'$ 之间的关系。

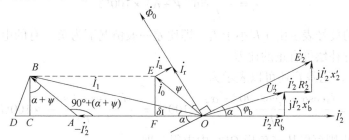

图 7-25　电流互感器的相量图

图 7-25 中将折算后的二次电流 $\dot{I}_2'$ 旋转 180° 后，即 $-\dot{I}_2'$ 与一次电流 $\dot{I}_1$ 相比较，两者不仅大小不等，而且相位也不重合，即存在两种误差，称为比值误差和相位误差。

比值误差简称比差，用 f_I 表示，它等于实际的二次电流与折算到二次侧的一次电流之间的差值与折算到二次侧的一次电流的比值，以百分数表示，即

$$f_I = \frac{I_2 - \dfrac{I_1}{K_I}}{\dfrac{I_1}{K_I}} \times 100\% = \frac{K_I I_2 - I_1}{I_1} \times 100\% \tag{7-58}$$

实际电流比 $K = \dfrac{I_1}{I_2}$，所以

$$f_I = \frac{K_I - K}{K} \times 100 \quad (\%) \tag{7-59}$$

由式（7-58）可见，实际的二次电流乘以额定电流比 K_I 后，如果大于一次电流，比差为正值；反之，则比差为负值。有时为了计算上的方便，比差也可表示为

$$f_I = \frac{I_1 N_2 - I_1 N_1}{I_1 N_1} \times 100\% \tag{7-60}$$

相位误差简称角差，它是旋转 180° 后的折算后二次电流相量 $-\dot{I}_2'$ 与一次电流相量 $\dot{I}_1$ 之间的相位差，用符号 δ_I 表示，通常用"'"作为计算单位。若 $-\dot{I}_2'$ 超前于 $\dot{I}_1$，角差为正值；若滞后，则为负值。

根据图 7-25 可求出比差与角差的表达式。以 O 为圆心，OB（$\dot{I}_1$）为半径，作圆弧交横轴于 D 点，AD 即为相量 $\dot{I}_1N_1$ 和 $-\dot{I}_2'N_2$（因 $N_1 = N_2$，图中分别以 $\dot{I}_1$ 和 $-\dot{I}_2$ 表示 $\dot{I}_1N_2$ 及 $-\dot{I}_2'$ N_2）之间的算术差，即为电流互感器的绝对误差。再从 B 点向横坐标引以垂线与横轴交于 C 点，因 δ_I 通常很小，用 AC 就可以近似地代替 AD，于是求得

$$I_{AC} = I_0 \sin(\Psi + \alpha) \tag{7-61}$$

即

$$I_1 - I_2' = I_0 \sin(\Psi + \alpha) \tag{7-62}$$

按式（7-60），并由于 $I_2' = I_2 \dfrac{N_1}{N_2}$，将式（7-62）两端除以 I_1，得比差公式为

$$f_I = -\frac{I_0}{I_1} \sin(\Psi + \alpha) \times 100\% \tag{7-63}$$

式（7-63）的负号表示由于 I_2' 小于 I_1，即比差一般情况下为负。有的电流互感器调整了二次绕组匝数进行补偿可有正的比差。

由于 $OF = AC$，比差 f_I 还可以表示为

$$f_I = \frac{I_0 \cos\alpha + I_r \cos(90° - \alpha)}{I_1} \times 100\% = -\frac{I_0 \cos\alpha + I_r \sin\alpha}{I_1} \times 100\% \tag{7-64}$$

角差 δ_I 的大小则可以从三角形 OBC 中求得，即

$$\sin\delta_I = \frac{I_{BC}}{I_1} = \frac{I_0 \cos(\alpha + \Psi)}{I_1} \tag{7-65}$$

通常 δ_I 很小，所以 $\sin\delta_I \approx \delta_I$，角差以 "'" 为单位表示，求得

$$\delta_I = \frac{I_0}{I_1} \cos(\alpha + \Psi) \times 3438(') \tag{7-66}$$

由于 $EF = BC$，角差也可以表示为

$$\delta_I = \frac{I_r \cos\alpha - I_a \sin\alpha}{I_1} \times 3438(') \tag{7-67}$$

上述 f_I 及 δ_I 的表达式表明，电流互感器的比差和角差与励磁电流 $\dot{I}_0$ 以及它的两个分量 $\dot{I}_a$、$\dot{I}_r$ 的大小有关。角 α 与负载功率因数角 φ_b 大小有关，角 Ψ 为损耗角，它们都影响比差和角差。

4. 电磁式电流互感器的安装及使用

电磁式电流互感器在变电站的安装方式，如图 7-26 所示。

电磁式电流互感器在使用时二次侧不允许开路。当运行中电流互感器的二次侧开路后，一次电流仍然不变，二次电流等于零，则二次电流产生的去磁磁通消失。这时，一次电流全部变成励磁电流，使电流互感器铁心的峰值磁感应强度在磁化曲线中的位置从正常情况下很低的 a 点上移到 b 点甚至到饱和区的 c 点，如图 7-27 所示（图中未画出第三象限的反向饱和曲线），可能产生以下后果。

1）变高的磁感应强度将在开路的二次侧感应出很高的电压，如果峰值磁感应强度进入饱和区（如图 7-27 中的 c 点），输出电流波形峰值附近将发生畸变。

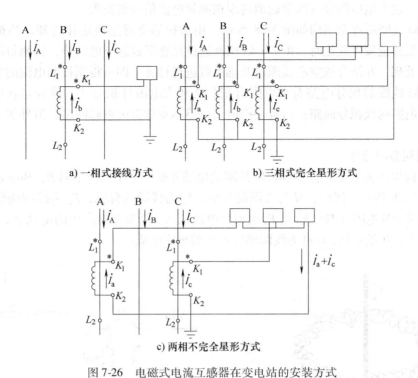

图 7-26 电磁式电流互感器在变电站的安装方式

2）由于铁心饱和，使铁心损耗增加，温度急剧升高并损坏绝缘。

3）将在铁心中产生剩磁，使互感器比差和角差增大，准确性大大降低。

所以，电磁式电流互感器的二次侧是不允许开路的。

7.4.2 罗格夫斯基（Rogowski）线圈

在电力系统中，电磁感应式电流互感器被用来测量电流已有一百多年的历史了，它为电力系统的计量、继电保护、控制与监测提供输入信号，具有非常重要的意义。随着电力系统的传输容量越来越大，电压等级越来越高，传统的电磁感应式电流互感器因其传感机理而面临局限：绝缘结构日趋复杂，体积大，造价高；在故障电流下铁心易

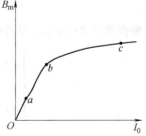

图 7-27 电磁式电流互感器磁心峰值磁感应强度不同的工作点

饱和，使二次电流数值和波形失真，产生较大测量误差；充油易爆炸而导致突然失效；若输出端开路，产生的高电压对周围设备和人员存在潜在的威胁；易受电磁干扰等。为克服以上局限，有必要研究利用其他感应原理的电流互感器。

罗格夫斯基线圈是目前主要应用的电子式电流互感器。罗格夫斯基线圈又称 Rogowski 线圈、罗氏线圈、电流测量线圈、微分电流传感器，它是均匀密绕在环形非磁性骨架上的空心螺线管。Rogowski 线圈可以直接套在被测量的导体上来测量交流电流，其基本原理是法拉第电磁感应定律和安培环路定律：导体中流过的交流电流会在导体周围产生一个交替变化的磁场，从而在线圈中感应出一个与电流变化成比例的交流电压信号。输出电压信号是电流对时间的微分。通过采用一个专用的积分器将线圈输出的电压信号进行积分可以得到另一个交

流电压信号，这个电压信号可以准确地再现被测量电流信号的波形。

Rogowski 线圈原理和结构如图 7-28 所示。由法拉第电磁感应定律可知，当被测电流使穿过线圈的磁通量发生变化时，Rogowski 线圈通过互感形成感应电动势，将测得的感应电动势进行积分处理，并结合该空心线圈的互感系数进行计算，即可得到被测电流的大小。

Rogowski 线圈的积分电路有小电阻自积分法和大电阻外积分法。前者是利用 Rogowski 线圈与采样电阻构成积分回路；后者是把测量回路本身作为纯电阻网络，另外加了一个积分回路。

1. 小电阻自积分法

小电阻自积分法是在空心 Rogowski 线圈输出端并联一个小采样电阻 R，Rogowski 线圈等效电路如图 7-29 所示。图中，M 为线圈的互感，L_s 为线圈的自感，R_s 为线圈绕线的等效电阻，R 为线圈积分电阻（与电感 L_s 构成积分电路），$u_i(t)$ 为互感产生的电动势，$u_o(t)$ 为线圈积分电阻上产生的电压，$i(t)$ 为线圈感应产生的感应电流。

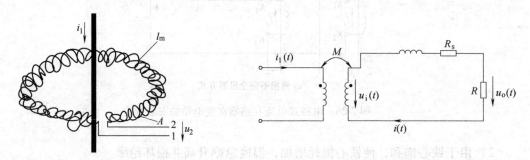

图 7-28　Rogowski 线圈基本原理和结构　　　　图 7-29　Rogowski 线圈等效电路图

根据图 7-29 所示的等效电路，可以列出回路方程为

$$\begin{cases} u_i(t) = M\dfrac{\mathrm{d}i_1(t)}{\mathrm{d}t} = L_s\dfrac{\mathrm{d}i(t)}{\mathrm{d}t} + R_s i(t) + u_o(t) \\ i(t) = \dfrac{u_o(t)}{R} \end{cases} \tag{7-68}$$

式中，M 为线圈的互感，$M = \mu\dfrac{NS}{l}$，N 为线圈匝数，μ 为真空磁导率，S 为线圈横截面积，l 为线圈长度。

当 $L_s\dfrac{\mathrm{d}i(t)}{\mathrm{d}t} \gg R_s i(t) + u_o(t)$（即 $\omega L_s \gg R_s + R$）时，式(7-68)可近似为

$$\begin{cases} M\dfrac{\mathrm{d}i_1(t)}{\mathrm{d}t} = L_s\dfrac{\mathrm{d}i(t)}{\mathrm{d}t} \\ i(t) = \dfrac{u_o(t)}{R} \end{cases} \tag{7-69}$$

$M\dfrac{\mathrm{d}i_1(t)}{\mathrm{d}t} = L_s\dfrac{\mathrm{d}i(t)}{\mathrm{d}t}$ 两边同时对 t 积分得到

$$u_o(t) = M\frac{R}{L_s}i_1(t) \tag{7-70}$$

式 (7-70) 表明，输出电压与被测电流成比例关系，这种利用线圈本身的结构参数实现了与 $i_1(t)$ 呈线性关系且同相位的方式称为自积分方式，其中 $\omega L_s >> R_s + R$ 称为 Rogowski 线圈的自积分条件。由该条件可知，这种测量方法适用于自积分式空心 Rogowski 线圈对高频信号的测量，即 Rogowski 线圈的传统应用领域。在这种应用领域下，空心线圈的传感模型与基于铁磁性材料的电流互感器的传感原理是一致的，传感系数只与绕组匝数有关，与线圈和导线的形状无关，这从一方面也证明了空心线圈与铁心线圈的统一。

2. 大电阻外积分法

当 $R >> \omega L_s + R_s$ 时，Rogowski 线圈近似处于开路工作状态，Rogowski 线圈附近感应电动势几乎全部加在 R 上，则式 (7-70) 进一步简化得到

$$u_o(t) = e(t) = M\frac{di_1(t)}{dt} \tag{7-71}$$

此时，采样电阻上的电动势即为 Rogowski 线圈的感应电动势，其大小正比于被测电流对时间的微分，为了测得电流的实际大小，需要引入积分电路，这种应用方式称为外积分式 Rogowski 线圈电流互感器。外积分可分为有源积分和无源积分两种。有源积分方式又可分为模拟积分方法和数字积分方法，模拟积分器容易饱和，数字积分器的暂态性能有限。

上述 Rogowski 线圈的两种应用方式，不同参数的空心线圈应用在不同频率的电流测量中，根据需要进行选择。自积分方式适用于 100kHz 以上频率的场合，外积分方式较适用于中低频段。外积分方式能够使用空心线圈实现对脉冲电流、工频电流及谐波电流的测量，是绝大多数空心线圈电流互感器的工作方式，与之对应的两个基本条件必须得到满足，否则测量的准确度将大打折扣，甚至会出现完全错误的测量结果。

根据 Rogowski 线圈测量电流的基本原理，与传统电磁式电流互感器相比，应用 Rogowski 线圈测量大电流的电子式电流互感器主要特点如下：①线性度好，线圈不含磁饱和元器件，在量程范围内，系统的输出信号与待测电流信号一直是线性的，线性度好使得 Rogowski 线圈非常容易标定；②测量范围大，系统量程大小不是由线性度决定的，而是取决于最大击穿电压，测量交流电流量程从几毫安到几百千安；③响应速度快，频响范围宽，适用频率可从 0.1Hz ~ 1MHz；④一次电流和二次电流无相位差；⑤互感器二次侧开路不会产生高电压，无二次侧开路危险。

7.4.3　光学电流传感器

光学电流传感器 (Optical Current Transducer，OCT) 为无源型电子传感器，其高压部分均为光学元器件而不采用任何有源元器件。OCT 的基本原理是利用法拉第磁光效应：一束线偏振光通过置于磁场中的磁光材料时，线偏振光的偏振面会随着平行于光线方向的磁场的大小发生旋转。

无源的 OCT 目前已经达到实用化的程度，但是要完全取代传统的电流互感器还存在一些需要解决的技术难点，如双折射效应对 OCT 的灵敏度和策略精度的影响，磁场干扰、温度的变化引起的测量误差。

7.5　瞬间高速信号的产生和测量

7.5.1　局部放电

1. 放电的定义及产生机理

在电场作用下，绝缘系统中只有部分区域发生放电，而没有贯穿施加电压的导体之间，即尚未击穿，这种现象称为局部放电。对于被气体包围的导体附近发生的局部放电，也可以称为电晕。局部放电可能发生在绝缘体与导体的边缘上，也可能发生在绝缘体的表面或内部，发生在表面的称为表面局部放电，发生在内部的称为内部局部放电。

当绝缘体局部区域的电场强度达到该区域介质的击穿场强时，该区域就发生放电。在电工产品中，在绝缘体内部或表面就会出现某些区域的电场强度高于平均电场强度，某些区域的电场强度低于平均电场强度，因此在某些区域就会首先发生放电，而其他区域仍然保持绝缘的特性，这就形成了局部放电。

液体—固体绝缘体中含有的气泡是最常见的局部放电根源，特别是干式绝缘如电机绕组、干式变压器、互感器、陶瓷绝缘体等。液体—固体的组合绝缘比较好些，但也难以完全消除微量的气泡。即使有些产品在制造时很大程度上已去除了气泡，但在运行过程中，或者由于热胀冷缩，不同材料特别是导体与介质的膨胀系数不同，会逐渐出现裂缝；或者在运行中由于有机高分子的老化，会分解出各种挥发物；或者在高场强的作用下，电荷不断地由导体注入介质中，在注入点上会使介质老化等。这些都可能使绝缘体中出现气泡而导致局部放电。

除了气泡外，绝缘体中若有导电杂质存在，则在此杂质边缘电场集中，也会出现局部放电。若是针尖状的导体，或导体表面有毛刺，则在针尖附近电场集中，也会产生局部放电。此外，在电工产品中，若有某一金属部件没有电的连接，成为一个悬浮电位体，或是导体间连接点接触不好，则都会在该处出现很高的电位差，从而产生局部放电。

上述情况往往发生在电工设备的内部。在电工设备的高电压端头上，如电缆的端头、电机线棒的出槽口等部位，由于电场集中，而且沿面放电的场强又比体积内部的击穿场强低，往往就沿着介质与空气的交界面上产生表面局部放电。若高压导体的周围都是气体，如高电压架空线和高电压设备的高压出线端口，由于导体附近的电场强度达到了周围大气的击穿场强，于是就在导体附近出现电晕。

随着电气设备绝缘系统承受的工作场强越来越高，要求超高压设备完全不发生局部放电是不可能的，但必须限制在一定的水平，以保证设备能安全运行，并有足够的使用寿命。

2. 局部放电的机理

实践证明，局部放电是造成高压电气设备最终发生绝缘击穿的主要原因。在电场长期作用之下，因局部放电会造成绝缘性能劣化。放电导致劣化的机理是很复杂的，它包括局部放电所引起的一系列物理效应和化学反应，最终可能由于电、热、机械应力或其综合应力作用造成绝缘失效。

局部放电经常是发生在气隙中，要了解局部放电出现的各种现象，必须对气体放电的机理和放电的各种形式有所了解。气体放电的机理随气压及电极系统的变化而异，基本的气体放电机理一般根据电子碰撞电离放电和流注放电两类进行解释。

气体放电可分为脉冲型和非脉冲型两种基本形式，两种形式可能互相转换，可能同时存在而以其中之一为主。

脉冲型放电是最常出现的局部放电。这种放电可以在外加电压的不同相位上观察到单个分离的放电脉冲，它可能是汤逊放电，也可能是类似流注放电，可以用检测脉冲电流（或电压）的方法来检测。

非脉冲型放电又可分为辉光放电和亚辉光放电。辉光放电时由弱电离扩散等离子区占据电极间的空间形成的阳极和阴极附近都有相当数量的空间电荷，属于汤逊放电。电极间若存在 O_2、SF_6，会因其中电子数少而不利于产生辉光放电；同时，放电通道的壁上电导增大会使电场分布变化而有利于产生辉光放电。亚辉光放电性质基本上属于辉光放电，但它是由很多小脉冲群组成的，幅值很小，脉冲上升时间很慢，也难以分离出单个脉冲。对非脉冲型放电用脉冲电流（或电压）检测装置是不能检测到的，但可以检测这种放电发生的光、声、低频电流，以及这种放电造成的介质损耗因数的增量。

在局部放电过程中可能因放电而消耗掉气隙中的氧气，或因放电使气隙壁的电导增加，这都会使脉冲型放电转变为非脉冲型放电。实践表明，实际设备的局部放电通常都只出现脉冲型放电，偶尔可能两者同时存在，但仍以脉冲型为主，测量脉冲型的放电可以获得更多的局部放电信息，这有助于进一步进行绝缘诊断，因此一般测量脉冲型放电占主导地位。

7.5.2 局部放电的参数

局部放电的物理现象比较复杂，必须通过多种表征参数才能比较全面地描绘其状态，同时局部放电对绝缘破坏的机理也很复杂，需要通过不同的参数来评估它对绝缘的危害。

1. 基本参数

基本参数用以表征每次单个放电的特征。

（1）视在放电电荷 q 在绝缘体中发生局部放电时，绝缘体上施加电压的两端出现的脉冲电荷称为视在放电电荷。视在放电电荷量的测定：将模拟实际放电的已知瞬变电荷注入试样施加电压的两端，在此两端出现的脉冲电压与局部放电时产生的脉冲电压相同，则注入的电荷量即为视在放电电荷，单位用皮库（pC）表示。在一个试样中可能出现大小不同的视在放电电荷，通常以稳定出现的最大的视在放电电荷作为该试样的放电电荷量。

以最简单的平行板电容器为例，假定在一平板电容器中，固体介质的内部有一个气泡，如图 7-30a 所示。则此绝缘系统可用气泡的等效电阻 R_c 与电容 C_c、气泡与介质串联部分介质的等效电阻 R_b 及电容 C_b 以及其他部分介质的等效电阻 R_a 和电容 C_a 组成的串并联等效电路来表示，如图 7-30b 所示。由于气泡中每次放电时间都是很短暂的，大约为 $10^{-9} \sim 10^{-7}$ s，即放电产生的脉冲频率最高可达到 GHz，因此，阻性阻抗比容性阻抗大得多。在分析这一信号在等效电路中的响应时，可以忽略电阻，只考虑由 C_c、C_b 及 C_a 组成的等效电路。视在放电电荷 q_a 与放电处（如气泡内）实际放电电荷 q_c 之间的关系，可以通过等效电路推出。当气泡中发生放电时，气泡上的电压变化为 Δu_c，这时气泡两端电荷的变化即实际放电电荷

$$q_c = \Delta u_c \left(C_c + \frac{C_a C_b}{C_a + C_b} \right) \tag{7-72}$$

通常 $C_a >> C_b$，所以

$$q_c \approx \Delta u_c (C_c + C_b) \tag{7-73}$$

由于一次放电时间很短，远小于电源回路的时间常数，即电源来不及补充电荷，因而 C_a、C_b 上的电荷要重新分配，使 C_a 两端电压变化为 Δu_a，C_b 上的电压变化为 Δu_b，显然

$$\Delta u_c = \Delta u_a + \Delta u_b = \Delta u_a \frac{C_a + C_b}{C_b} = \Delta u_a \frac{C_a}{C_b} \tag{7-74}$$

试样两端瞬变的电荷即视在放电电荷

$$q_a \approx \Delta u_a \left(C_a + \frac{C_c C_b}{C_c + C_b} \right) \approx \Delta u_a C_a \approx \Delta u_c C_b \tag{7-75}$$

将式（7-75）代入式（7-73）得

$$q_a = \frac{C_b}{C_c + C_b} q_c \tag{7-76}$$

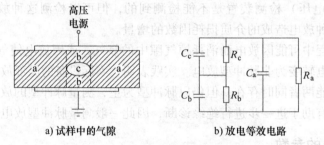

图 7-30　试样中气隙放电的等效电路

由此可见，视在放电电荷总比实际放电电荷小。在实际试品测量中，有时放电电荷只有实际放电电荷的几分之一甚至几十分之一。

（2）放电相位 φ　放电相位为发生局部放电时与外加交流正弦电压相应的相位，单位为度（°）。

（3）单次放电能量 W　气泡中每一次放电发生电荷交换所消耗的能量称为单次放电能量，单位为微焦（μJ）。气泡放电时，气泡上的电压由 u_{cb} 下降到 u_r，相应的能量变化为

$$W = \frac{1}{2} \left(C_c + \frac{C_a C_b}{C_a + C_b} \right) (u_{cb}^2 - u_r^2) \approx \frac{1}{2} (C_c + C_b) u_{cb} \Delta u_c \tag{7-77}$$

设外加电压上升到幅值为 u_{im} 时出现放电，将 $u_{cb} = u_{im} \dfrac{C_b}{C_c + C_b}$ 代入式（7-77），可得

$$W = \frac{1}{2} (C_c + C_b) \frac{u_{im}}{C_c + C_b} C_b \Delta u_c \approx \frac{1}{2} u_{im} q_a = \frac{\sqrt{2} U_i}{2} q_a \approx 0.7 U_i q_a \tag{7-78}$$

式中，U_i 为出现局部放电时外加电压的有效值。

在起始放电电压下，每次放电所消耗的能量可用外加电压的幅值（或有效值）与视在放电电荷的乘积来表示。

2. 累积参数

各种累积参数用以表征局部放电在一定期间内的平均综合效应。

（1）放电重复频率 N　在测量时间内，每秒钟出现的放电次数称为放电重复频率，单位为次/秒（次/s）。实际上受测试系统灵敏度和分辨能力所限，测得的放电次数只能是视

在放电电荷大于一定值时放电间隔时间足够大的放电脉冲数。

放电重复频率可以大致估算为

$$N = 4f\left(\frac{u_{im} - u_r}{u_{cb} - u_r}\right) \tag{7-79}$$

式中，f 为外加电压的频率。

（2）平均放电电流 I　设在测量时间 T 内出现 m 次放电，各次放电相应的视在放电电荷绝对值为 $|q_{a1}|$，$|q_{a2}|$，$\cdots$，$|q_{am}|$，平均放电电流为

$$I = \frac{1}{T}\sum_{i=1}^{m}|q_{ai}| \tag{7-80}$$

这个参数综合反映了放电电荷量及放电次数。

（3）放电功率 P　设在测量时间 T 内出现 m 次放电，每次放电对应的视在放电电荷和外加电压瞬时值的乘积分别为 $q_{a1}u_{t1}$、$q_{a2}u_{t2}$、$\cdots$、$q_{am}u_{tm}$，则放电功率为

$$P = \frac{1}{T}\sum_{i=1}^{m}q_{ai}u_{ti} \tag{7-81}$$

这个参数综合反映了放电电荷量、放电次数以及放电时外加电压值，它与其他表征参数相比，包含更多的局部放电信息。

3. 起始和熄灭电压

用外加电压来表征局部放电的起始和熄灭。

（1）起始放电电压 U_i　当外加电压逐渐上升，达到能观测到局部放电时的最低电压，即为起始放电电压，并以有效值 U_i 来表示。为了避免测试系统灵敏度的差异造成测试结果的不可对比，各种产品都规定一个放电电荷量的水平，当出现的放电达到或一出现就超过这个水平时，外加电压的有效值就作为放电起始电压值。几种典型绝缘结构的放电起始电压可以大致估算如下：

在平板电容器中，固体介质内含有扁平小气泡时，起始放电电压为

$$U_i = \frac{E_{cb}}{\varepsilon_r}[d + (\varepsilon_r - 1)\delta] \tag{7-82}$$

式中，E_{cb} 为气隙的击穿场强，单位为 kV/mm；ε_r 为固体介质的相对介电常数；d 为介质的厚度，单位为 mm；δ 为气泡的厚度，单位为 mm。

在平板电容器中，固体介质内含有球形气泡时，起始放电电压为

$$U_i = E_{cb}\left[\delta + \frac{d(2\varepsilon_r + 1)}{3\varepsilon_r}\right] \tag{7-83}$$

对于圆柱体绝缘结构，含有与圆柱形导体圆轴同一弧形的薄层气泡时，起始放电电压为

$$U_i = E_{cb}r\left[\frac{1}{\varepsilon_r}\ln\left(1 + \frac{r_2}{r_1}\right) + \left(1 - \frac{1}{\varepsilon_r}\right)\ln\left(1 + \frac{\delta}{r}\right)\right] \tag{7-84}$$

式中各量如图 7-31 所示。

传输线的起晕电场强度，在标准大气条件下，其经验公式为

$$E_i = 30\left(1 + \frac{0.3}{\sqrt{r}}\right) \tag{7-85}$$

式中，r 为导线半径，单位为 mm；E_i 为传输线的起晕电场强度，单位为 kV/mm。

起晕交流电压用峰值表示如下：

对地高度为 h 的起晕电压为

$$u_i = E_i r \ln \frac{2h}{r} \tag{7-86}$$

两根距离为 d 的传输线的起晕电压为

$$u_i = 2E_i r \ln \frac{d}{r} \tag{7-87}$$

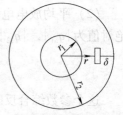

（2）熄灭电压 U_e。当外加电压逐渐降低到观察不到局部放电时，外加电压的最高值就是放电熄灭电压，以有效值 U_e 来表示。在实际测量中，为避免因测试系统的灵敏度不同而造成的不可对比，一般规定一个放电电荷量水平，当放电不大于这一水平时，外加电压的最高值为熄灭电压 U_e。

图 7-31　圆柱形绝缘结构中的气隙

对于油纸绝缘，往往是 $U_i > U_e$；而对于固体绝缘结构内部放电，U_i 与 U_e 相差不大，有时还可能出现 $U_i < U_e$。

7.5.3　冲击检流计

冲击检流计是一种特殊结构的磁电系检流计，主要用于测量短暂的脉冲电量，如上述放电过程产生的脉冲电量（或电流）的测量。

用冲击检流计测量脉冲电量时，脉冲的持续时间必须很短，该时间与冲击检流计的自由振荡周期相比要小很多，往往是在电脉冲消失以后检流计才开始动作，脉冲的持续时间和检流计偏转的时间过程如图 7-32 所示。当满足上述时间关系时，冲击检流计的最大偏转角 α_m 正比于流过检流计可动线圈的电量。

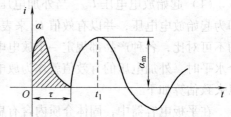

图 7-32　脉冲电量与冲击检流计的偏转

冲击检流计可动部分的运动方程式和普通磁电系检流计一样，其形式为

$$J\frac{d^2\alpha}{dt^2} + p\frac{d\alpha}{dt} + W\alpha = \psi_0 i \tag{7-88}$$

式中，$\dfrac{d^2\alpha}{dt^2}$ 为检流计可动部分的角加速度；J 为可动部分的转动惯量，$\dfrac{d\alpha}{dt}$ 为可动部分的角速度，P 为阻尼系数，$W\alpha$ 为反作用力矩，$\psi_0 i$ 为偏转力矩。令 $\omega_0 = \sqrt{W/J}$、$\beta = \dfrac{p}{2\sqrt{JW}}$、$S_i = \dfrac{\psi_0}{W}$，则式（7-88）可以写成

$$\frac{d^2\alpha}{dt^2} + 2\beta\omega_0\frac{d\alpha}{dt} + \omega_0^2\alpha = S_i\omega_0^2 i \tag{7-89}$$

由图 7-32 中可见，在 $0 \sim \tau$ 这段时间内，检流计还没开始运动，即 $\alpha = 0$，因此，运动方程式（7-89）可以写成

$$\frac{\mathrm{d}^2 \alpha}{\mathrm{d}t^2} + 2\beta\omega_0 \frac{\mathrm{d}\alpha}{\mathrm{d}t} = S_i \omega_0^2 i \tag{7-90}$$

式（7-90）两边积分得

$$\frac{\mathrm{d}\alpha}{\mathrm{d}t} + 2\beta\omega_0 \alpha = \omega_0^2 S_i \int_0^\tau i\mathrm{d}t = \omega_0^2 S_i Q \tag{7-91}$$

式中，$Q = \int_0^\tau i\mathrm{d}t$ 为 0 ～ τ 这段时间内流过检流计可动线圈中的电量。因为这段时间内 $\alpha = 0$，可得

$$\frac{\mathrm{d}\alpha}{\mathrm{d}t} = \omega_0^2 S_i Q \tag{7-92}$$

式（7-92）表明，脉冲电流流过检流计后，检流计一开始运动时其运动的速度就和流过线圈中的电量成正比。

在 $\tau \sim \infty$ 这段时间内，流过检流计中的脉冲电流已经消失，即 $i = 0$，检流计的运动方程可以写成

$$\frac{\mathrm{d}^2 \alpha}{\mathrm{d}t^2} + 2\beta\omega_0 \frac{\mathrm{d}\alpha}{\mathrm{d}t} + \omega_0^2 \alpha = 0 \tag{7-93}$$

检流计的偏转是从 $t = \tau$ 开始的，即把 $t = \tau$ 当作 $t = 0$ 求解。若 $\beta < 1$，初始条件是 $t = 0$（$t = \tau$）时，$\alpha = 0$ 和 $\frac{\mathrm{d}\alpha}{\mathrm{d}t} = \omega_0^2 S_i Q$，求解式（7-93）得到检流计的偏转角和时间的关系为

$$\alpha = \frac{\mathrm{e}^{-\beta\omega_0 t}}{\sqrt{1-\beta^2}} S_i \sin\left(\sqrt{1-\beta^2}\,\omega_0 t\right) \tag{7-94}$$

将式（7-94）对时间微分，并令 $\frac{\mathrm{d}\alpha}{\mathrm{d}t} = 0$，可以求出检流计达到最大偏转角 α_m 时所需的时间 t_1 为

$$t_1 = \frac{1}{\omega_0 \sqrt{1-\beta^2}} \tan^{-1}\sqrt{\frac{1-\beta^2}{\beta^2}} \tag{7-95}$$

把 t_1 代入式（7-94），可以求出检流计的最大偏转角 α_m 值为

$$\alpha_\mathrm{m} = S_i \omega_0 Q \mathrm{e}^{-\frac{\beta}{\sqrt{1-\beta^2}}\tan^{-1}\sqrt{\frac{1-\beta^2}{\beta^2}}} \tag{7-96}$$

由式（7-96）可见，检流计的第一次最大偏转角和流过检流计线圈的脉冲电量 Q 成正比。设

$$S_q = S_i \omega_0 \mathrm{e}^{-\frac{\beta}{\sqrt{1-\beta^2}}\tan^{-1}\sqrt{\frac{1-\beta^2}{\beta^2}}} \tag{7-97}$$

则

$$\alpha_\mathrm{m} = S_q Q \tag{7-98}$$

式中，S_q 为冲击检流计的电量冲击灵敏度。电量冲击灵敏度的倒数 $C_q = 1/S_q$，称为电量冲击常数，流过检流计的脉冲电量可以写为

$$Q = C_q \alpha_\mathrm{m} \tag{7-99}$$

若已知冲击检流计的冲击常数 C_q 和最大偏转角 α_m，可以根据式（7-99）求出流过检流计的脉冲电量 Q。

式（7-97）表明，冲击检流计的电量冲击灵敏度 S_q 和阻尼因数 β 有关，而 β 和阻尼系数 p 有关，即

$$p = \frac{\psi_0^2}{R_0 + R} \qquad (7\text{-}100)$$

式中，R_0 为检流计可动线圈的电阻；R 为和检流计可动线圈闭合的外电路电阻。

所以，检流计的电量冲击灵敏度（或电量冲击常数）与外电路的电阻有关。在使用冲击检流计时，必须首先在外临界电阻 R_k（在临界状态下（$\beta = 1$）和检流计相闭合的外电路电阻）等于该电路电阻 R 的条件下测量检流计的电量冲击常数。测量方法是在电路中通以标准电量 Q，记下检流计的最大偏转角 α_m，检流计的电量冲击常数为

$$C_q = \frac{Q}{\alpha_m} \qquad (7\text{-}101)$$

在 $\beta = 0$ 时电量冲击灵敏度为

$$S_{q0} = S_i \omega_0 = S_{q\max} \qquad (7\text{-}102)$$

即当 $\beta = 0$ 时检流计的电量冲击灵敏度最高，随着 β 值的增加，电量冲击灵敏度的值要下降，设

$$K = \frac{S_q}{S_{q0}} \qquad (7\text{-}103)$$

则有

$$K = e^{-\frac{\beta}{\sqrt{1-\beta^2}}\tan^{-1}\sqrt{\frac{1-\beta^2}{\beta^2}}} \qquad (7\text{-}104)$$

K 和 β 的关系如图 7-33 所示，可见，$\beta = 1$ 时 $K = 0.36$，$\beta = 2$ 时 $K = 0.2$，也就是冲击检流计在临界阻尼状态下时，其冲击灵敏度只有最大灵敏度的 36%。

冲击检流计从零点开始达到最大偏转所需的时间 t_1 要适当。如果 t_1 太短，不容易读出最大值而造成较大的读数误差；如果 t_1 太长，使测量时间较长也不大方便。一般 t_1 在 $3 \sim 5s$ 较为合适。由式（7-95）可见，随着 β 的增加，t_1 值下降。在 $\beta = 1$，即没有振荡时求得 t_1 为

$$t_1 = \frac{1}{\omega_0\sqrt{1-\beta^2}}\tan^{-1}\sqrt{\frac{1-\beta^2}{\beta^2}} = \frac{1}{\omega_0} = \frac{1}{2\pi}T_0 \approx \frac{1}{6}T_0 \qquad (7\text{-}105)$$

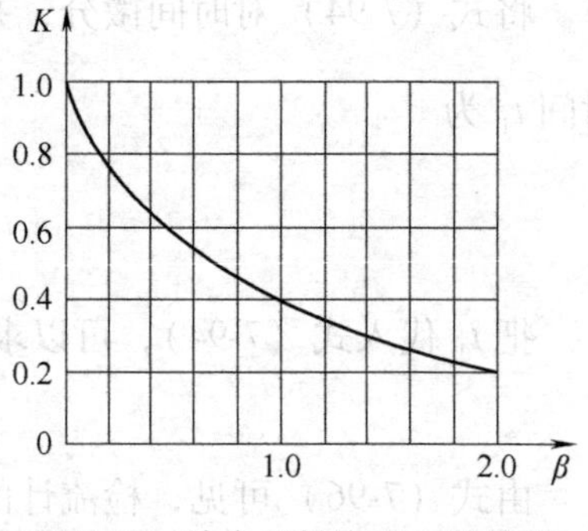

图 7-33　冲击灵敏度和 β 的关系

式中，T_0 为冲击检流计的自由振荡周期。

可见，冲击检流计的自由振荡周期 $T_0 = 18 \sim 20s$ 为好。为达到这一目的，在冲击检流计的可动部分上往往要加上一个很重的重物，用以加大它的转动惯量 J，这是冲击检流计和普通检流计在结构上的主要区别。

7.5.4　瞬间高速信号的测量

在信号采集与测量中，有许多被测量是瞬态的高速信号，如雷电信号。现在地球气候变化越来越大，突发气象灾害也时有发生，其中由于雷电的因素造成的损失都是非常巨大的。人们对于雷电的研究也从来没有停息过。雷电就是一种极大能量在极短的时间里瞬间释放时

产生的自然现象，研究雷电，就需要捕捉雷电信号；或在实验室模拟雷电信号，并把雷电信号测量出来。

高速 ADC 是智能传感器实现瞬间高速信号测量的核心部件，通过高速 ADC 对瞬时测量进行数据采集，存储之后再进行离线的数据处理。并行式 A-D 转换是目前转换速度最快、转换原理最直观的 A-D 转换技术，适用于瞬态信号采集，以及快速波形记录与存储、视频信号采集及高速数字通信技术领域。详见 5.3.3 小节中并行 ADC。

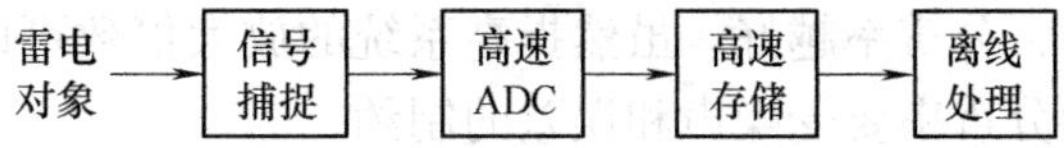

图 7-34　雷电信号采集原理示意图

图 7-34 所示为采集雷电信号原理示意图。图中对于瞬间变化的雷电信号需要实时捕捉，如采用上述冲击检流计法，并进行电平转换，然后经高速 ADC 进行 A-D 转换，A-D 转换后信号同步快速存储，待信号采集完毕再根据实际要求进行离线信号处理。

7.6　微弱信号的测量

7.6.1　概述

微弱信号不仅意味着信号的幅度很小，而且主要是指被噪声淹没的信号，"微弱"是相对于噪声而言的。为了检测被背景噪声覆盖着的微弱信号，人们在长期的研究中，分析噪声产生的原因和规律，研究被测信号的特点、相关性以及噪声的统计特性，寻找从背景噪声中检测出有用信号的方法。

微弱信号测量的首要任务是提高信噪比，需要采用电子学、信息论、计算机和物理学的方法，以便从强噪声中检测出有用的微弱信号，从而满足科学研究和技术开发的需要。微弱信号检测是一项专门抑制噪声的技术，侧重于如何抑制噪声和提高信噪比。

对于各种微弱的被测量，如弱光、弱磁、弱声、小位移、小电容、微流量、微压力、微震动、微温差等，一般都是通过相应的传感器将其转换为微电流或低电压信号，再经放大器放大以适合仪器测量。由于被测信号微弱，传感器的本地噪声、放大电路及测量仪器的固有噪声以及外界的干扰噪声往往比有用信号的幅值大得多，放大被测量信号的过程同时也放大了噪声，还会引入一些附加噪声，因此只靠放大是不能把微弱信号检测出来的。只有在有效地抑制噪声的条件下增大微弱信号的幅值，才能提取出有用信号。

为了表征噪声对信号的覆盖程度，人们引入了信噪比（Signal Noise Ratio，SNR）的概念，S 和 N 分别是信号和噪声的平均功率，S/N 表示信号平均功率与噪声平均功率的比值，但并不是通常意义上的信噪比。信噪比的计算公式为

$$信噪比 = 10\lg(S/N) \tag{7-106}$$

信噪比可以是电压比值，一般表示为 SNR_V；也可以是功率比值，一般表示为 SNR_p。微弱信号的检测关键是提高信噪比。评价一种微弱信号检测方法的优劣，经常采用两种指标：信噪改善比（Signal Noise Improvement Ratio，SNIR）和检测分辨率。信噪改善比定义为

$$信噪改善比 = \frac{SNR_o}{SNR_i} \tag{7-107}$$

式中，SNR_o 为系统输出端的信噪比，SNR_i 为系统输入端的信噪比。SNIR 越大，表明系统

抑制噪声的能力越强。

检测分辨率的定义是检测仪器示值可以响应与分辨的最小输入量的变化值。检测分辨率不同于检测灵敏度，后者定义为输出变化量 Δy 与引起 Δy 的输入变化量 Δx 之比，即灵敏度等于 $\Delta y/\Delta x$。也就是说，灵敏度表示的是检测系统标定曲线的斜率。一般情况下，灵敏度越高，分辨率越好。虽然提高系统的放大倍数可以提高灵敏度，但却不一定能提高分辨率，因为分辨率要受噪声和误差的制约。

自从 1962 年第一台锁相放大器问世以来，经过很多科学工作者不懈努力，微弱信号检测技术得到了长足的发展，$SNIR$ 得到不断提高。到 20 世纪 80 年代末，微弱信号检测的 $SNIR$ 可达 10^5，近年在一些专门检测领域（如微弱电流）$SNIR$ 已能达到 10^7。目前，微弱信号检测的原理、方法和设备已经成为很多领域中进行现代科学研究不可缺少的手段，未来科技的发展也必将对微弱信号检测技术提出更高的要求。

表 7-4 对比了常规检测仪器与微弱信号检测方法所能达到的最高分辨率和 $SNIR$，表中的最后一行是专门从事微弱信号检测仪器生产的吉时利仪器公司的产品近年能够达到的指标。

表 7-4　微弱信号检测方法比较

检 测 方 法	检 测 量					$SNIR$
	电压/nV	电流/nA	温度/K	电容/pF	微量分析/克分子	
常规检测方法	10^3	0.1	10^{-4}	0.1	10^{-5}	10
微弱信号检测方法	0.1	10^{-5}	5×10^{-5}	10^{-5}	10^{-8}	10^5
吉时利仪器公司	10^3	10^{-8}	10^{-6}			

7.6.2　常规微弱信号检测方法

与微弱信号相比，小信号的 SNR 要高得多，检测技术也较容易。就提高 SNR 而检测出被噪声污染的有用信号这一点来看，小信号检测与微弱信号检测有一定的共同之处。

1. 滤波

在大部分检测仪器中都要对模拟信号进行滤波处理，有的滤波是为了隔离直流分量，有的滤波是为了改善信号波形，有的滤波是为了防止离散化时的频率混叠，更多的滤波是为了克服噪声的不利影响，提高信号的 SNR。滤波消噪只适用于信号与噪声频谱不重叠的情况。利用滤波器的频率选择特性，可把滤波器的通带设置得能够覆盖有用信号的频谱，所以滤波器不会使有用信号衰减或使有用信号衰减很少。而噪声的频带一般较宽，当通过滤波器时，通带之外的噪声功率受到大幅度衰减，从而提高 SNR。

根据信号和噪声的不同特性，常用的抑制噪声滤波器为低通滤波器（LPF）和带通滤波器（BPF）。低通滤波器能有效地抑制高频噪声，常用于有用信号缓慢变化的场合，但是对于低频段的噪声（如 $1/f$ 噪声和缓慢漂移，包括时间漂移和温度漂移），低通滤波器却是无能为力的。如果信号为固定频率 f_0 的正弦信号，则利用带通滤波器能有效地抑制通带 $f_0 \pm \Delta f$ 之外各种频率的噪声。带通滤波器的带宽 $2\Delta f$ 越小，品质因数 Q 值越高，滤波效果越好。但是，Q 值太高的带通滤波器往往不稳定，所以其 Δf 很难做得很小，这使滤波效果受到限制。而且，带通滤波器对于与 f_0 同频率的干扰噪声是无能为力的。此外，为了抑制某一特定频率的干扰噪声（如 50Hz 工频干扰）的不利影响，有时还使用带阻滤波器。

2. 调制放大与解调

对于变化缓慢的信号或直流信号，如果不经过变换处理而直接利用直流放大器进行放大，则传感器和前级放大器的 $1/f$ 噪声及缓慢漂移（包括温度漂移和时间漂移）经过放大以后会以很大的幅度出现在后级放大器的输出端，当有用信号幅值很小时，有可能根本检测不出来。简单的电容隔直方法能有效地抑制漂移和低频噪声，但是对有用信号的低频分量也具有衰减作用。在这种情况下，利用调制放大器能有效地解决上述问题。这样的调制放大器多数采用幅度调制的方法，其构成框图如图 7-35 所示。

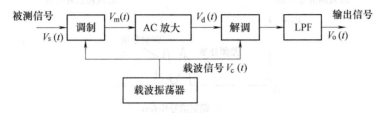

图 7-35　调制放大与解调过程

在图 7-35 中，振荡器是调制载波源，其输出通常是一个高频载波信号：

$$V_c(t) = \cos\omega_c t \tag{7-108}$$

为简单起见，设被测低频信号为单一频率的余弦信号：

$$V_s(t) = \cos\omega_s t \tag{7-109}$$

在实际应用中，两个信号的频率之比（ω_c/ω_s）至少要在 20 以上，以使被测信号的一个周期包含许多载波信号周期。调制过程一般用变增益放大器或非线性放大器实现两个信号的相乘过程，其输出为频率与调制载波相同，但幅度为被测低频信号 $V_s(t)$ 瞬时值变化的调制信号 $V_m(t)$：

$$V_m(t) = V_s(t)V_c(t) = \cos\omega_s t \cdot \cos\omega_c t \tag{7-110}$$

利用三角函数公式，式（7-110）可变为

$$V_m(t) = 0.5\cos(\omega_c + \omega_s)t + 0.5\cos(\omega_c - \omega_s)t \tag{7-111}$$

式（7-111）说明，调制过程得到的是两个信号的和频分量和差频分量。实际上，被测信号 $V_s(t)$ 可能包括很多频率成分，如图 7-36a 所示。调制过程中每一频率成分都形成其和频分量和差频分量，它们组合而成调制输出信号的频谱，形成载波频率 ω_c 两边的两个边带，如图 7-36c 所示。

可见，调制输出信号 $V_m(t)$ 的频谱集中在载波频率 ω_c 的两边，可以对其进行交流放大。因为载波频率较高，各级放大器之间可以用隔直电容耦合，所以前级放大器的漂移和 $1/f$ 噪声不会传输到后级放大器。

解调过程可以用检波器或相敏检测器实现，即把放大后的调制信号再和载波信号相乘一次。设交流放大倍数为 A，则对于单一频率的被测信号 $V_s(t) = \cos\omega_s t$，解调器输出 $V_d(t)$ 为

$$\begin{aligned}
V_d(t) &= AV_m(t)\cos\omega_c t \\
&= A[0.5\cos(\omega_c + \omega_s)t + 0.5\cos(\omega_c - \omega_s)t]\cos\omega_c t \\
&= 0.25A[\cos(2\omega_c + \omega_s)t + \cos(2\omega_c - \omega_s)t + 2\cos\omega_c t]
\end{aligned} \tag{7-112}$$

式（7-112）说明，解调过程实现了第二次频谱迁移，解调器输出 $V_d(t)$ 的频谱分量中的一

部分包含了原被测信号的 ω_s，另一部分频谱集中于 $2\omega_c \pm \omega_s$。利用低通滤波器滤除 $V_d(t)$ 中的高频分量和附加噪声，可得到放大的被测信号 $V_o(t)$

$$V_o(t) = 0.5A\cos\omega_s t = 0.5AV_s(t) \tag{7-113}$$

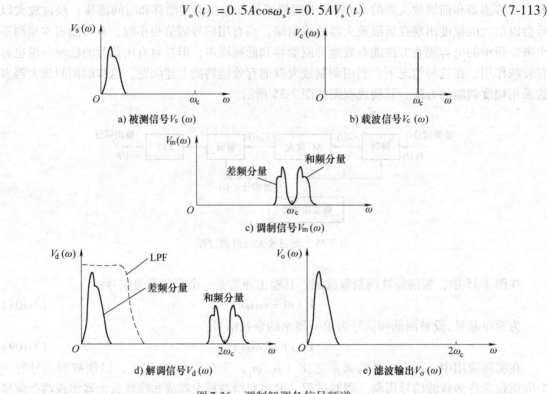

a) 被测信号 $V_s(\omega)$

b) 载波信号 $V_c(\omega)$

c) 调制信号 $V_m(\omega)$

差频分量　和频分量

d) 解调信号 $V_d(\omega)$

LPF
差频分量
和频分量

e) 滤波输出 $V_o(\omega)$

图 7-36　调制解调各信号频谱

对于由多种频率成分组成的被测信号，解调器输出信号 $V_d(t)$ 和滤波器输出信号 $V_o(t)$ 的频谱分别如图 7-36d 和 e 所示。

3. 零位法

一般的直接指示测量仪表的使用方法是将被测信号放大到一定幅度，以驱动表头指针的偏转角度指示被测量的大小，或者经 D-A 转换和数据处理后由数码管显示被测量的数值。而零位法是调整对比量的大小使其尽量接近被测量，由对比量指示被测量的大小，如图 7-37 所示。

图 7-37 中的零位表指针用来指示被测量和对比量的差异值，当零位表指示近似为零时，对比量的大小就表征了被测量的大小。对比量的调整可以手动实现，也可闭环自动调整。用这种方法测量的分辨率取决于对比量调整和指示的分辨率。

由图 7-37 可以看出，虽然被测量和对比量在传输过程中分别附加了干扰噪声 $n_1(t)$ 和 $n_2(t)$，但是在对比相减的过程中，$n_1(t)$ 和 $n_2(t)$ 会相互抵消。两路信号传输过程越相似，$n_1(t)$ 和 $n_2(t)$ 也会越近似，抵消作用越好。因此，与直接指示测量方法相比，零位法测量结果的 SNR 要高，测量精度也更高。

零位法测量的典型例子是平衡电桥和电位差计。图 7-38 所示为平衡电桥用于测量未知电阻，图中 R_x 为被测电阻，R_m 为对比电阻，指示表头用作电桥平衡状态指示。当调节 R_m

使表头指示为零时，电桥处于平衡状态，$R_m = R_x$，由 R_m 的值可指示出 R_x 的大小。图中的放大器、调整机构和虚线所示的反馈过程用于根据表头两端的差值自动调节 R_m，以使电桥达到平衡状态，从而构成自动平衡电桥。

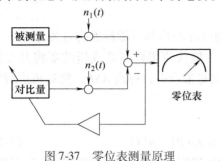

图 7-37　零位表测量原理

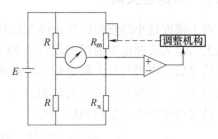

图 7-38　平衡电桥原理示意图

4. 反馈补偿法

为了把某种幅度较小的被测量检测出来，一般都要对其进行变换和放大，使其以人们能够感知的方式呈现出来。而变换和放大的过程不可避免地会引入一些干扰噪声，影响输出指示的 SNR 和精确度。反馈补偿法能有效地减小这些干扰噪声的不利影响。

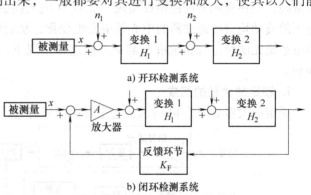

图 7-39a 所示为开环检测系统框图，H_1 和 H_2 分别表示两个变换环节的传递函数，n_1 和 n_2 分别表示两个变换环节引入的干扰噪声折合到其输入端的噪声值，x 为被测有用信号。系统输出 y 可以表示为

图 7-39　开环检测系统与闭环检测系统

$$y = H_1 H_2 x + H_1 H_2 n_1 + H_2 n_2 \tag{7-114}$$

在开环检测系统的基础上增加放大 A 和反馈环节 K_F，从而构成闭环检测系统，其框图如图 7-39b 所示，这时系统输出 y 可以表示为

$$y = \frac{AH_1 H_2}{1 + AH_1 H_2 K_F} x + \frac{H_1 H_2}{1 + AH_1 H_2 K_F} n_1 + \frac{H_2}{1 + AH_1 H_2 K_F} n_2 \tag{7-115}$$

当 A 足够大时，有 $AH_1 H_2 K_F \gg 1$，式（7-115）可以化简为

$$y = \frac{1}{K_F} x + \frac{1}{AK_F} n_1 + \frac{1}{AH_1 K_F} n_2 \tag{7-116}$$

式（7-116）右边的第二项和第三项表示输出信号中的噪声。可见，只要闭环检测系统中放大器的放大倍数 A 足够大，干扰噪声 n_1 和 n_2 的不利影响就可以得到有效抑制。由式（7-116）还可以看出，闭环检测系统中的输出 y 和输入 x 之间的关系主要取决于反馈环节的传递函数 K_F，只要 K_F 稳定可靠，变换环节的漂移和非线性对检测系统的性能就不会产生太大的影响。一般情况下，设计制作稳定可靠的反馈环节要比设计制作稳定可靠的变换环节容易得多。

在检测仪表领域，力平衡压力变送器和很多其他检测设备都是基于这种反馈补偿原理的，以消除或减弱干扰噪声的不利影响并提高其性能。

7.6.3　锁定放大器

对于幅度较小的直流信号或慢变信号，为了防止 $1/f$ 噪声和直流放大的直流漂移（如运算放大器输入失调电压的温度漂移）的不利影响，一般都使用调制器或斩波器将其变换成交流信号后，再进行放大和处理，用带通滤波器抑制宽带噪声，提高 SNR，然后再进行解调和低通滤波，以得到放大了的被测信号。

设混有噪声的正弦调制信号为

$$x(t) = s(t) + n(t) = V_s\cos(\omega_0 t + \theta) + n(t) \tag{7-117}$$

式中，$s(t)$ 为正弦调制信号；V_s 为被测信号；$n(t)$ 为污染噪声；ω_0 为调制频率；θ 为相角。

对于微弱的直流或慢变信号，调制后的正弦信号也必然是微弱的。要达到足够的 SNR，用于提高 SNR 的带通滤波器（BPF）的带宽必须非常窄，Q 值（$Q = \omega_0/B$，B 为带宽）必须非常高，这在实际上往往很难实现。而且 Q 值太高的带通滤波器往往不稳定，温度、电源电压的波动均会使滤波器的中心频率发生变化，从而导致其同频带不能覆盖信号频率，使得测量系统无法稳定可靠地进行测量。在这种情况下，利用锁定放大器可以很好地解决上述问题。

1. 锁定放大器的组成

锁定放大器如图 7-40 所示，它主要由信号通道、参考通道以及相敏检测电路组成。

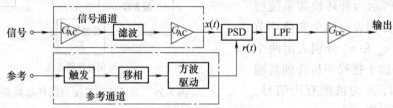

图 7-40　锁定放大器基本组成

（1）信号通带　对输入的幅度调制正弦信号进行交流放大、滤波等处理。因为被测信号微弱（如 nV 数量级），而伴随的噪声相对较大，这就要求信号通道的前置放大器必须具备低噪声、高增益的特点而且动态范围要大。此外，前置放大器的等效噪声阻抗要与信号源的输出阻抗相匹配，共模抑制比（CMRR）要高，以达到最佳的噪声性能。

对不同的测量对象要采用不同的传感器，如热电偶、热电阻、压敏电阻、光电倍增管、应变片等，它们的输出阻抗各不相同，为了使前置放大器与传感器实现噪声匹配，以达到最小的噪声系数，需要设计和制作针对不同传感器的前置放大器。

信号通道中常用的滤波器是中心频率为载波频率 ω_0 的带通滤波器，在锁定放大器中，常采用低通滤波器和高通滤波器组合而成的带通滤波器。

为了抑制 50Hz 工频干扰，在信号通道中心设置中心频率为 50Hz 的陷波器。为了适应不同的输入信号幅度，信号通道中放大器的增益应该可调，或者增设系数可变的衰减电路。为了不破坏系统的噪声特性，增益开关一般设置在前置放大器后的某级中。此外，在信号通道中常设置过载指示，以监视电路的工作状况。

（2）参考通道　参考通道的功能是为相敏检测器（PSD）提供与被测信号相干的控制信号。参考输入可以是正弦波、方波、三角波、脉冲波或其他不规则形状的周期信号，其频率也是载波频率 ω_0，由触发电路将其变换为规则的同步脉冲波。参考通道输入端一般都包括放大或衰减电路，以适应各种幅度的参考输入。

参考通道的输出 $r(t)$ 可以是正弦波，也可以是方波。为了防止 $r(t)$ 的幅度漂移影响锁定放大器的输出精度，$r(t)$ 最好采用方波开关信号，用电子开关实现相敏检测。在这种情况下，要求 $r(t)$ 方波的正负半周之比为 1:1，也就是占空比为 50%。在高频情况下，方波的上升时间和下降时间有可能影响方波的对称性，成为限制整个锁定放大器频率特性的主要因素。

移相电路是参考通道中的主要部件，可以实现按级跳变的相移（如 90°、180°、270° 等）和连续可调的相移（如 0°～100°），这样可以得到 0°～360° 范围内的任何相移值。移相电路可以是模拟门积分比较器，也可以用锁相环（PLL）实现，或用集成化的数字式鉴相器、环路滤波和压控振荡器（VCO）组成。

（3）低通滤波器　锁定放大器改善 SNR 的作用主要由低通滤波器（LPF）实现，且低通滤波器的时间常数 RC 越大，锁定放大器的同频带宽度越窄，抑制噪声的能力越强。即使 LPF 的拐点频率很低，其频率特性仍然能够保持相当稳定，这是利用 LPF 实现窄带化的优点。

为了使 LPF 的输出能够驱动合适的指示或显示设备，常常使用直流放大器对其输出进行放大，直流放大器的输入失调电压要小，温度漂移和时间漂移也要小。LPF 的拐点频率常做成可调的，以适应不同的被测信号频率特性的需要。

锁定放大器的各部分电路必须采取必要的屏蔽和接地措施，为的是抑制外部干扰的影响，这对信号的输入级尤为重要。为了防止各部分电路互相耦合以及地电位差耦合到信号电路，对各部分的信号和电源电路还应采取必

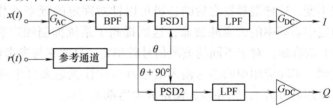

图 7-41　正交矢量型锁定放大器结构框图

要的隔离措施。锁定放大器主要有正交矢量型锁定放大器和外差式锁定放大器。

正交矢量型锁定放大器如图 7-41 所示。它可以同时输出同相分量和正交分量，在某些场合具有特殊的用途，如对被测信号进行矢量分析。

正交矢量型锁定放大器需要两个相敏检测器系统，它们的信号输入是同样的，但两个参考输入在相位上相差 90°，在同相通道中 PSD1 参考输入的相移为 $\theta(0°～360°)$，正交通道中 PSD2 参考输入的相移为 $\theta+90°$。正交矢量型锁定放大器的同相输出为

$$I = V_s\cos\theta \tag{7-118}$$

而其正交输出为

$$Q = V_s\sin\theta \tag{7-119}$$

由这两路输出可以计算出被测信号的幅度 V_s 和相位 θ

$$V_s = \sqrt{I^2 + Q^2} \tag{7-120}$$

$$\theta = \arctan(Q/I) \tag{7-121}$$

如果利用 ADC 将 I 和 Q 转换为数字量，并输入到微型计算机中，就可以实现式（7-120）和式（7-121）的运算。

正交矢量型锁定放大器应用得比较普遍，它是利用两个正交的分量计算出幅度 V_s 和相位 θ，这可以避免对参考信号做可变移相，也可以避免移相对测量准确性的影响。

外差式锁定放大器是将被测信号首先变频到一个固定的中频 f_i，然后进行带通滤波和相敏检测，这样就可以避免通过 BPF 的信号频率的漂移和变化，如图 7-42 所示。

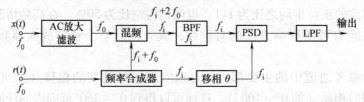

图 7-42　外差式锁定放大器结构框图

外差式锁定放大器是把频率为 f_0 的参考信号 $r(t)$ 输入到频率合成器，由频率合成器产生高稳定度的 f_i 和 f_i+f_0 两种频率输出。其中，f_i 用作 PSD 的参考信号；f_i+f_0 送给混频器，与频率为 f_0 的信号进行混频。混频器实际上也是一个乘法器，它产生两路输入的差频项（频率为 f_i）及和频项（频率为 f_i+2f_0），再经过中心频率为 f_i 的 BPF 滤波后，输出为频率 f_i 的中频信号，其幅度正比于被测信号的幅度。之后经过 PSD 的相敏检测和 LPF 的低通滤波，实现对信号幅度的测量。

从上述过程可见，即使在测量过程中 f_0 发生了变化，混频器输出的频率 f_i 仍然保持稳定不变。这样混频器之后的各级可以针对固定的频率 f_i 作最佳设计，包括采用专门设计的固定中心频率的带通滤波器，这既提高了系统抑制噪声和谐波响应的能力，又避免了调整 BPF 的麻烦。对于不同的被测信号频率 f_0，只要它与参考输入的频率保持一致（这一般容易做到，实际应用中的参考输入信号 $r(t)$ 往往就是来自生成被测信号 $x(t)$ 的调制正弦波或斩波所用的方波），则外差式锁定放大器都能适应。

图 7-43 所示的外差式锁定放大器中的一个关键部件是频率合成器，它的功能是产生高稳定度的中频 f_i 和混频所需要的频率 f_i+f_0。频率合成器内部有一个频率为 f_i 的晶体振荡器，其频率稳定性很高，再利用锁相环（PLL）合成出 f_i+f_0'，当 PLL 处于锁定状态时 $f_0'=f_0$，图中左边的闭环回路组成锁相环。

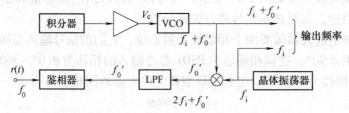

图 7-43　频率合成器结构框图

频率合成器的工作原理主要是振荡、混频和鉴相。

频率合成器中有两个振荡器：一个是晶体振荡器，它产生频率为 f_i 的正弦波，f_i 高度稳定；另一个是压控振荡器（VCO），其输出频率为 f_i+f_0'，此频率受 VCO 输入电压 V_c 的控制。这两种频率相乘而混频，产生差频项频率 f_0' 及和频项频率 $2f_i + f_0'$，经 LPF 滤除和频项，输出 f_0' 给鉴相器。

由参考通道输入的频率为 f_0 的信号与 LPF 输出的频率为 f_0' 的正弦波在鉴相器中进行鉴相，当 $f_0' = f_0$，且两者同相（或正交，取决于鉴相器）时，鉴相器的输出电压为零，积分器的输出电压也为零，VCO 振荡频率不变，锁相环处于锁定状态。

当 $f_0' < f_0$ 时，鉴相器的输出电压为负，经积分和放大施加给 VCO 控制输入端，这会使 VCO 输出频率上升，从而使 f_0' 趋近于 f_0，直到 $f_0' = f_0$，此时环路达到新的平衡。

当 $f_0' > f_0$ 时，鉴相器的输出电压为正，这会使 VCO 输出频率下降，也会使 f_0' 趋近于 f_0，直到 $f_0' = f_0$ 时，环路重新锁定在 f_0 处。

锁相环的动态特性，如捕捉范围、响应速度等取决于环路的闭环传递函数，尤其是积分器和放大器的传递函数。

2. 锁定放大器的性能指标

锁定放大器是一种微弱信号检测仪器，它的主要性能指标是针对微弱信号检测这个特殊要求而确定的，所以除了常规检测仪表的灵敏度、线性度、分辨率等指标外，还需要有抵御噪声能力的指标。对于锁定放大器，常用的性能指标有下述几种。

（1）满刻度输出时的输入电平 FS　满刻度输出时的输入电平 FS（Full Scale Input Level）表征了锁定放大器的测量灵敏度，它取决于系统的总增益。例如，如果系统的总增益为 10^8，满刻度输出为 10V，则其 FS 为 $0.1\mu V$。FS 为允许信号峰值。

（2）过载电平 OVL　锁定放大器的过载电平 OVL（Overload）定义为使锁定放大器任何一级小弧线临界过载的输入信号电平。当输入信号或噪声的幅值超过过载电平时，系统将引起非线性失真。过载电平为允许的输入噪声最大峰值。

对于微弱信号检测，噪声的幅度有可能大大超过被测正弦信号幅度。例如，对微伏级信号进行测量时，噪声值可能达到毫伏级以上。为了使噪声峰值不至于导致锁定放大器过载，而引起非线性失真，其过载电平 OVL 指标应远远大于满刻度输出时的输入电平 FS。

必须指出，噪声的波形往往是不规则的，不同波形的噪声具有不同的波峰系数，所以过载电平 OVL 不能用均方根值、有效值来度量，而只能用峰值来度量。

（3）最小可测信号 MDS　锁定放大器的最小可测信号 MDS（Minimum Discernible Signal）定义为输出能辨别的最小输入信号，是测量值的下限。MDS 主要取决于系统漂移（温漂、时漂），输出端的漂移量折合到输入端即为 MDS。国内大都以时漂定义 MDS；国外两者都采用，但常以温漂为主要定义 MDS。当输入信号幅度小于最小可测信号 MDS 时，它会被锁定放大器中直流通道的漂移所淹没，被测信号的幅度将不能被准确测量出来。

（4）输入总动态范围　输入总动态范围是评价锁定放大器从噪声中检测信号的极限指标，它反映锁定放大器允许的输入噪声最大峰值与可以测出的最小信号之间的关系。输入总动态范围定义为，在给定测量灵敏度条件下锁定放大器的过载电平 OVL 与最小可测信号 MDS 之比的分贝值，即

$$输入总动态范围 = 20\lg \frac{\text{OVL}}{\text{MDS}} \ (\text{dB}) \tag{7-122}$$

（5）输出动态范围　输出动态范围反映锁定放大器可以检测出的有用信号的动态范围，定义为满刻度输出时的输入电平 FS 与最小可测信号 MDS 之比的分贝值，即

$$输出动态范围 = 20\lg\frac{FS}{MDS}\ (dB) \tag{7-123}$$

（6）动态储备　动态储备反映系统抵御干扰和噪声的能力，定义为锁定放大器的过载电平 OVL 与满刻度输出时的输入电平 FS 之比的分贝值，即

$$动态储备 = 20\lg\frac{OVL}{FS}\ (dB) \tag{7-124}$$

输入总动态范围、输出动态范围和动态储备 3 项性能指标的相互关系如图 7-44 所示，即

$$输入总动态范围 = 输出动态范围 + 动态储备 \tag{7-125}$$

3. 锁定放大器的动态协调

锁定放大器的输入总动态范围分为两部分：输出动态范围（表示有用信号的测量范围）和动态储备（表示干扰噪声大到什么程度时，锁定放大器出现过载）。

锁定放大器的灵敏度一经设定，系统的 FS 和总增益也就确定了。总增益等于相敏检测器（PSD）之前的交流增益与 PSD 之后的直流增益的乘积，这里有一个交流增益和直流增益如何分配的问题，也就是动态协调的问题。

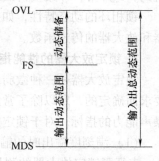

图 7-44　锁定放大器的动态
范围和动态储备

1）在保持 FS 和总增益不变的条件下，如果增大交流增益，并相应降低直流增益，则一方面交流增益的增大使得噪声很容易使 PSD 过载，导致 OVL 下降，动态储备减少；另一方面，直流增益的降低也减少了直流漂移，从而使 MDS 相应减少，测量范围加大。这是高稳定的工作状态，如图 7-45 左侧所示。

在高稳定的工作状态下，被测信号的动态范围较大，但是噪声很容易使 PSD 过载，适用于输入信号 SNR 较高的情况。

2）反之，如果降低交流增益，增大直流增益，并保持总增益不变，那么 FS 也不会变化。降低交流增益，使 PSD 不易过载，从而使 OVL 增大，动态储备提高；同时直流增益的增大也增加了直流漂移，增高了 MDS，减小了被测信号的动态范围。这是高储备的工作状态，如图 7-45 右侧所示。

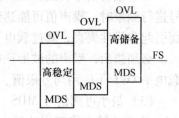

图 7-45　高稳定和高
储备工作状态

在高储备的工作状态下，锁定放大器中的 PSD 不易过载，锁定放大器具有良好的抵御噪声能力，但是被测信号的动态范围较小。

习题与思考

本章主要针对"极限"类电气参数进行机理介绍、测量原理介绍和相关的测量仪表和测量方法介绍，主要突出绝（如绝缘电阻）、小（如接地电阻）、高（如高压和大电流）、快（如放电）和弱（即在噪声环境下的信号）等。因此，题目要求主要围绕这 5 个特点。

7-1　什么是绝缘电介质的介质损耗？如何利用高压西林电桥测量介质损耗和电容量？

7-2　电气设备的接地分为哪几种，各有什么作用？接地电阻的测量应注意什么？

7-3　接地电阻测量中辅助电压极的作用是什么?

7-4　在设计交直流两用的阻容分压器时,若交、直流的额定电压是相同的,试从高电压技术观点分析在选择电阻元件时应注意什么?

7-5　试分析、比较桥式电路分压器和一般分压器的各自特点。

7-6　一台电阻分压器 $U = 300\text{kV}$, $I = 0.5\text{mA}$, $K = 1000$。①试选择参数 R_1、R_2 及低压表计量程 U_2;②按国家标准规定分压比的总不确定度为 1%,整个分压器系统的总不确定度应优于 3%,试据此提出电阻元件温度系数的要求(设电阻因发热及环境温度引起的总温度变化为 0 ~ 35℃)及低压表计的不确定度的要求。

7-7　电阻分压器为什么不适宜用于测量较高的交流电压?

7-8　用高压标准充气电容器组成交流电容分压器比采用其他电容器具有什么优点?

7-9　常用的大电流传感器有哪几种?常用的高电压传感器有哪几种?

7-10　实际使用中,电磁式电流互感器二次侧不能开路,电磁式电压互感器二次侧不能短路,为什么?

7-11　简述罗氏线圈的自积分和外积分方式的基本原理和应用条件。

7-12　采用罗氏线圈测量冲击大电流较之分流器有什么优点?

7-13　简述局部放电产生的原因与机理以及各项表征参数。

7-14　进行局部放电试验时,若在低于往年的局部放电起始电压时检测不到试品有局部放电,是否表示此时试品确实未发生局部放电?

7-15　同题 7-14,若怀疑检测系统有问题,有何简易的方法加以检测?

7-16　局部放电会造成损耗,可否用测定介质损耗的方法来测量局部放电?

7-17　测量局部放电的等效电路如图 7-46 所示,若加高电压至某一数值时,100pF 的耦合电容 C_k 上首先产生了 5pC 的局部放电,请问此时会误解为 1000pF 的试品电容 C_x 中发生了多大 pC 的局部放电量?

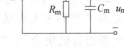

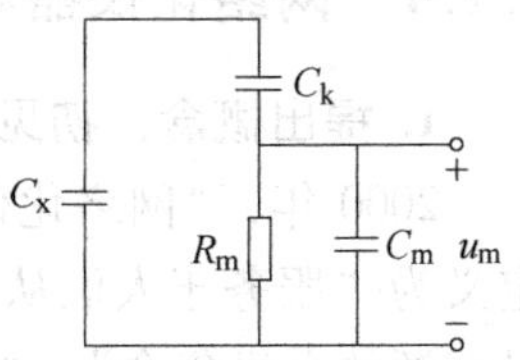

7-18　何谓微弱信号?微弱信号的检测有哪些方法?

7-19　锁定放大器是采用什么原理设计的?由几部分组成?各部分的功能及要求如何?

7-20　简述几种典型的锁定放大器的工作原理及特点。

图 7-46　题 7-17 图

7-21　如何用锁定放大器测试一个低噪声放大器的噪声系数?

第8章 网络化电测系统

8.1 概述

现代工业生产中的一些测量任务，可能需要由分布于不同地理位置的多台仪器协同工作才能完成，也可能受到空间上测量仪器配置与实际需求之间的不平衡的限制。这种现实需求为网络技术进入测量领域提供了机遇和发展空间，在此形势下，网络化仪器和测量技术应运而生。

网络技术可大大拓展测量仪器的能力，在现代测量中发挥不可替代的关键作用。实现测量技术的网络化，有利于共享仪器资源、降低测量系统构建成本。通过实时的仪器测控和数据传输，现代测量系统已经跨越空间限制，能实现远程状态监测和故障诊断。随着现代仪器和测量系统网络化的进步趋势日渐明显，仪器和测量技术的概念进一步拓宽，诞生了"网络化测量"的新概念。

8.1.1 网络化仪器和测量技术的发展历程

1. 提出概念、初见端倪（2000~2002 年）

2000 年，"网络化仪器"和"网络化测量"的概念被提出。广义上，"网络化仪器"被定义为"服务于人们从任何地点、在任意时间都能获取到测量信息数据的所有硬、软件测量资源的有机集合"；"网络化测量"则可理解为将计算机、外设等硬件资源以及数据库、程序等软件资源纳入网络，以实现资源共享，共同完成测量任务。

在提出概念同时，人们开始尝试对网络化仪器的结构进行原理性构建，并设计了由网络与分处异地、具有联网功能的微机化仪器或仪器系统进行有机组合形成网络化仪器的模型。原理模型的建立，不仅丰富了网络化仪器和测量技术理论，也为其在实际中的应用做了良好铺垫。

这一时期在测量和测控领域，网络化仪器和测量技术的应用已出现，如在传统电能表基础上扩展应用 Web 技术、将 TCP/IP 协议嵌入电量传感器、基于 Internet 的远程故障诊断系统等。此阶段，网络化仪器的功能和性能虽尚不完备，但已具雏形。

2. 蓬勃发展、快速进步（2003~2007 年）

在计算机与通信、接口与总线、操作系统与开发软件等技术的强力推动下，网络化仪器和测量技术得到了快速发展。新型 RISC 结构微处理器的速度和数值处理能力不断提高；数字信号处理器引入并行处理技术，可实现实时、高精确度的大规模并行处理；嵌入式实时操作系统（RTOS）的引入，解决了测量仪表多任务调度、资源配置等多方面的问题。可以说，计算机、微电子等技术的进步，为网络化仪器和测量技术的迅速发展提供了强劲的硬件支持。

新一代的总线接口（如基于 LAN 的模块化平台标准 LXI）不仅具有插卡式仪器的模块

化特点和基于 PC 标准的 I/O 接口，同时还融合了 VXI 总线和以太网的优势。基于 LXI 的仪器具有紧凑灵活的封装和高速 I/O 的能力，为网络化测量提供了高性能的仪器平台。

2005 年获得通过的开放性智能变送器接口标准 IEEE 1451.4，解决了过去传感器与各种现场总线网络之间无统一接口标准的问题，促使基于现场总线的分布式测量控制系统更适应网络化信息交换的要求。但现场总线的多标准模式难以实现其相互间的兼容，居于局域网主导地位的 Ethernet（以太网）开始进入工业测控领域，其不断增长的带宽（已建立千兆和万兆以太网标准）为高速数据传输提供了可靠保证。基于工业以太网构建的测量网络，实现了技术开放和标准统一，可与企业内部网和互联网实现无缝连接。

多种总线协议的成功应用，带动了网络化传感器技术的飞速发展。基于 RS-485 协议的传感器设计简单，维护方便；采用 IEEE 1451 协议的传感器提供了一个网络化传感器的通用接口；基于 TCP/IP 协议的传感器可与互联网内其他任意设备方便地进行通信。同时，新颖、多样的软硬件处理方法，也不断提升网络化传感器的通信效率和可靠性。

将无线通信技术引入测量领域，为发展网络化仪器带来了新的活力。无线局域网、蓝牙和 3G 等无线通信技术，避免了因线缆损坏对测量系统可靠性造成的影响，也为有测量需求但不宜使用有线仪器的场所提供了通信技术保障。由大量廉价、低功耗的微小传感器节点组成无线传感器网络，也逐渐成为无线通信技术的一种新型应用。

已有的操作系统和软件已十分成熟，为组建网络化测量系统提供了技术支持。操作系统中的 Windows NT 可进行多任务处理且分享资源方便，非常适合网络化应用。网络化测量系统的软件开发平台可选择图形化的开发工具，如 NI 公司推出的 DataSocket 软件包，附带有丰富的设备驱动、数学分析等仪器资源，不用操作复杂的 TCP/IP 协议即可控制地理上分散的测量点。对网络化测量系统各端点之间数据传输机制的研究，优化了网络的延迟时间、数据包丢失率等性能参数，为确保网络化测量系统测量数据的可靠传输提供了重要保障。

3. 基本成熟、广泛应用（2008 年至今）

除性能的不断提升外，网络化仪器和测量技术的成熟还体现为实际应用领域的不断扩大。由于具有交互性强、可实现测量信息共享等优点，网络化仪器和测量技术不仅在国防和军事领域，还在电力系统、工业测控、交通运输、计量校准、航空航天等领域引起了巨大变化。如国防领域研发的武器装备网络化保障系统，实现了军队复杂装备的一体化管理、调度与维修；电气工程领域应用的网络化电能质量综合监测系统，使用户可查看辖区内供电系统所有监测点的即时或历史电能质量数据信息；工业领域的网络化变形监测系统，可实时采集变形体三维形变量，动态显示分析结果并及时预警；为交通运输行业研发出的变频器远距离测控系统，可实时监测列车的运行状况；计量校准领域出现的远程网络化校准系统，可使上级计量机构借助网络实现对异地下级计量机构仪器参数的校准和标定。

8.1.2 网络化仪器和测量技术的进步特征

1. 网络化仪器标准向计算机标准、网络规范靠拢

计算机、网络和通信技术的进步，极大地促进了网络化仪器的发展，反过来，网络化仪器提出的新需求、网络化测量面临的新问题，又不断促进着计算机、网络和通信技术的进步。这种相得益彰、互相促进的关系，使得计算机、网络和通信的标准规范渐渐融入到网络化仪器之中。

随着计算机技术的大量应用，网络化仪器的接口正从企业定制、不易互通的特殊接口向标准 PC 的 I/O 发展，如配备 USB、LAN 接口和标准的鼠标、键盘等部件。Internet 网络的开放性、互操作性等思想以及组网、寻址方式等技术，已全面应用于网络化测量领域。计算机网络技术的发展表明，局域网有望取代现有总线接口技术，而网络化测量已表现出基于以太网不断拓展的趋势。2004 年诞生的 LXI 总线标准，正是将以太网作为通信媒介，这是网络化仪器向最成功的网络规范靠拢的直接例证，也是计算机、网络和通信技术健康、快速发展所带来的必然结果。

2. 以软件为核心、用户自定义的仪器系统成为主流

现代仪器和测量技术明显遵循着如下的发展趋势：在硬件满足应用需求的条件下，用户根据需要由软件定义仪器的主要功能；为改进和扩展仪器功能，只需更新相关软件，不必更换硬件。对比更改仪器功能必须更换硬件的传统模式，这种仪器构建架构具有显著的灵活性和适应性。借鉴"软件定义无线电（SDR）"和"虚拟仪器"的思想，有人已提出"软件定义仪器"的概念。吉时利公司 2910RF 矢量信号发生器和 2810RF 矢量信号分析器，就是具有代表性的软件定义仪器，它们的硬件结构完全相同，但借助软件提供了测量仪器的不同用途。

软件定义仪器具有虚拟仪器的优点，能充分发挥软件在仪器和测量系统中的作用。基于这种仪器发展态势，NI 公司提出"仪器即软件"（仪器 = AD/DA + CPU + Software）的思想，并将以软件为核心、用户能自定义测量功能的仪器命名为"仪器技术 2.0"。

3. 大规模网络互联解决了在线监测系统的信息孤岛问题

随着网络信道容量不断扩大，组网费用不断降低，网络化测量系统的建设和维护费用已可承受，早期对测控和信息网互联并最终实现大规模网络互联的预测已成为现实。

基于高速网络设备建立的电能质量在线监测网，可实时分析供电网的全局电能质量情况，并能迅速找出影响供电网电能质量的主要因素。变电站直流电源系统网络化管理平台，能将分散于各地的直流电机和蓄电池的运行参数实时传送至中心服务器，进而进行分析、监控和故障诊断。该平台可及时整合、分析系统内所有设备的运行状态信息，具有很强的故障预测能力。传统的独立在线监测系统仅采集本地小范围内的数据，缺少邻近系统的信息作为参考，其分析结果的可靠性相对较低。在大规模网络测量系统结构下，通过分析系统内所有设备的运行数据，可准确反映系统的健康水平，解决了传统的在线监测系统存在的信息孤岛问题。

4. 网络化测量与嵌入式、虚拟仪器等技术的结合日益紧密

随着集成技术迅速发展，32 位嵌入式 CPU 在性能上已完全可与通用 CPU 相媲美，加之嵌入式实时操作系统在解决多任务调度问题方面性能优良，使得嵌入式技术在网络化测量领域的应用日益广泛。

虚拟仪器（Visual Instrument）利用强大、丰富的功能软件实现数据的运算和分析，用户只需修改软件即可扩展或增强其功能。随着网络技术的引入，虚拟仪器向网络化方向发展，产生了网络化虚拟仪器。NI 公司基于 LabVIEW 软件和网络技术分别开发出网络化虚拟示波器和远程虚拟实验室系统。网络化虚拟仪器在保持虚拟仪器技术优势的基础上又有了功能拓展，通过网络实现了远程测控、分布式处理、测试仪器和数据共享。

8.1.3　网络化仪器和测量技术的发展趋势

1. 可编程 ASIC 芯片的广泛使用将实现"硬件的软件化"

随着集成电路设计思想和使用观念的更新，新型测量仪器设计的一个明显趋势是采用大规模可编程 ASIC 芯片（专用集成电路芯片，包括 CPLD 和 FPGA 等）。可编程 ASIC 的推广应用，将使测量系统由采用通用芯片组成系统的自下而上（"Bottom-Up"）的设计方法，变为全新的自上而下（"Top-Down"）的设计方法。首先对整个系统进行方案设计和功能划分，再利用可编程 ASIC 加以实现。可编程 ASIC 为提高测量系统可靠性奠定了技术基础，其所具有的系统可重构特性可以很好地实现"硬件的软件化"构想。采用大规模可编程 ASIC 芯片后，传统凝固不变的硬件可被重新赋予"生命"，仪器可进行硬件组态和升级以修改逻辑功能，测量系统将具有极强的功能扩展灵活性和应用适应性。

2. 无缝隙的连通性和良好的互操作性必不可少

现代测量系统对实时性的要求不断提高，无缝隙的连通性已成为测量系统正常工作的基础保证。只有在优良的连通性保障下，才能实现在网络上任何节点进行远程数据访问，以及信息的实时发布和共享等。

良好的互操作性体现在两个方面：一是系统要实现对前端执行机构的控制；二是可提供良好的人机交互界面。网络化测量的一个发展趋势，是实现对智能传感器等前端设备的在线编程和组态，良好的互操作性则是实现这一功能的前提。

考虑到不同测控网络应用的场合不同，多种因素会影响到系统的互操作性，故如何建立一个统一、友好、规范化的图形用户界面以简化用户的操作，就显得格外重要。

3. 异质计算架构将为网络化测量技术发展注入新的活力

当测量系统的数据量异常庞大时，单一的数据分析处理单元已无法满足需求。未来的测控系统需要更多的仪器资源，以满足更加庞大、严格的分析和处理需求。采用异质计算（Heterogeneous computing）架构，正是实现数据处理和分析任务分配的有效方案。

异质计算架构在不同计算节点间分配数据处理任务，从而让每个节点发挥最大功效。例如，采用异质计算架构的电磁频率测试系统，可能会用一个 CPU 控制程序的执行，利用 FPGA 进行在线解调，同时采用图形处理器进行模式匹配，最后将全部处理结果存储至远程服务器。设计人员只需确定如何充分利用各计算节点，以获得数据传输和处理资源配置的最优方式。

可以预见，新形势下的数据分析和处理需求，必然促进异质计算结构的广泛应用，这无疑会为网络化仪器和测量技术的发展注入新的活力。

8.2　接口总线技术

近些年来，智能测试系统经历了许多变化，而系统中总线接口已从专用连接电缆逐渐发展成为通用的接口系统，通用性对于一个接口系统来说是最为重要的，要把不同国家，不同厂家生产的设备（包括仪器、仪表、计算机）互相连接在一起，构成一个自动测试系统，就需要各个厂家的产品具有相同的接口协议，即对接口的电气性能、机械尺寸、信号传输形式以及功能四个方面都需要有统一的规定，实现标准化。从而使通过这种办法定义的接口适用于范围广泛的测试仪器，同时也使构成一个完整的自动测试系统所需要的附加工程减少到最低限度，下面是几种典型的接口总线。

1. S-100 标准总线

S-100 标准总线是微处理机系统内部的标准总线，由 100 条电源线和信号线组成，其中 75 个引脚的名称和功能有明确定义，9 个有名称而没有详细规定，16 个未定义，用户可以自定义。S-100 总线原来是为使用 8080 微处理器的 CPU 而设计，现已为其他微处理机所采用，这种标准总线原来叫做 Altair BUS，1976 年命名为"S-100 Bus"，被称为"工业中最有用的标准总线"，早已被美国电子与电气工程师协会（IEEE）所采纳，并规定为 IEEE 696 标准。

2. CAMAC 接口总线

随着自动测试系统的迅速发展，插件仪器开始普及，但控制和连接方式五花八门，达不到标准化。唯一有影响的插件仪器总线是 CAMAC 接口总线，它是专门为核子测量仪器而设计的，当时只对机箱、插件和连接器的尺寸，以及插件底板的互连引脚和引线的作用作出规定。因此，CAMAC 是一般的仪器互连总线，20 世纪 70 年代后逐渐被其他总线所取代。

3. EIA RS-232C 串行接口总线

EIA RS-232C 标准（ELECTRONIC INDUSTRIES ASSOCIATION RECOMMEND STAND-ARD-232C）是电子工业协会推荐标准。RS-232C 是连接 CRT 终端和调制解调器时的一种串行接口总线，其信道长度小于 15m。与现在常用的 IEEE 488 接口比较，其串行信息传输慢，但距离较远，而且传输信号线少，结构简单。然而，它实际上并不是仪器总线。虽然大多数微机都装有 RS-232 通信接口，因而也可以作为仪器控制器使用。但是，它不能区分识别仪器，亦即不能构成仪器系统。

RS-232 最突出的优点是作为通信接口，它能够通过调制解调器在电话网络上长距离（最长 200m）传输数据。RS-232C 实质上是个 25 脚的标准连接器，其所有连脚的规定和对各种信号的电平规定都是标准的，因而便于与微机或其他外部仪器连接；它适用于两台仪器设备间作一对一的双向或单向、同步或异步串行通信，是一种当今常用的串行通信接口总线标准。一般的微机化仪器均带有 RS-232C 接口。

4. IEEE-488 接口总线（GPIB）

IEEE 488 接口是 IEEE 规定的一种仪器标准接口，信道总长度不超过 20m，最高传输速率不超过 1MB/s，连接仪器不超过 15 台。美国 HP 公司最先研究这个接口，最初用于可程控的台式仪器间互相连接，所以又叫"HP 标准接口"，1975 年被美国国家标准局（ANSI）采纳，定为美国国家标准，后被国际电工委员会（INTERNATIONAL ELECTRON TECHNI-CAL COMMISSION）采纳，定为 IEC 625 标准。因其使用和传输广泛，故又叫 GPIB 接口（GENERAL PURPOSE INTERFACE BUS）。

488 总线由载有 TTL 电平信号的 16 条信号线组成，其中 8 条为数据总线，用于双向传输数据和总线命令；8 条用于控制和建立同步交换信息操作，包括数据有效、未准备好接收数据、未收到数据等指令，它们用于协调不同工作速度的仪器间的信息传输；管理总线共 5 根，分别用于传送接口消除、注意、服务请求、远地工作、结束或识别等管理信息，以完成对连接在外部总线上的仪器的控制。

GPIB 有收、发、控、源呼叫、受者应答、服务请求、并行点名、远地/本地、仪器触发和仪器清除等 10 种接口功能，它们相互配合，用以完成总线系统内各种信息的传送。GPIB 接口总线标准要求智能仪器间只采用专用的总线互连，这样使智能测试系统构成灵活、方便、兼容性好，且费用较低；并可进行双向、异步、互锁式数据传送，并广泛兼容不同速度的仪器设备。最核心的信息交换技术叫做"三线挂钩"，能确保收发双方信息高速传输而不丢失。

数据传输控制总线 IEEE 488 接口总线的通用性大大促进了测量仪器和测试系统的发展，迄今为止，国际上许多仪器公司已生产出大量带有 IEEE 488 接口总线的测试仪器。这些测试仪器被广泛使用，并且在今后相当长的一段时间内，还会继续使用。

5. VXI 系统总线

VXI 总线（VME BUS EXTENSIONS FOR INSTRUMENTATION）是指 VME 总线对于仪器的扩展，其定义基于已在数字计算机环境中广为适用的 VME 总线，把计算机总线与仪器总线合为一体。VME 总线提供的高速数据率，对高性能仪器而言是非常理想的，同时它为诸如挂钩、总线仲裁、触发、中断等功能提供了必要的背板结构。

VXI 总线仪器系统颇具 PC 结构特色和 VME 总线特色，与在电子仪器领域经受了多年实践考验的 GPIB 紧密地结合起来，实现了计算机控制模块化仪器系统的新构想，因此，VXI 总线系统的确切叫法应是"计算机控制模块化仪器系统"。

VXI 总线仪器引来了自动测试系统 ATE（AUTOMATIC TEST EQUIPMENT）划时代的变化，它符合信息时代的大潮流，虽不属于技术上的重大突破，但却是观念上的一大飞跃。它全面、深刻的影响并且改造了传统 ATE（不管是"专用"的还是"通用"的 ATE）。在接口与总线方面，VXI 总线综合了 PC 机总线速度高的特点和 GPIB 总线精度高的特点，优势互补，提高了总线总体性能。在软件方面，VXI 总线仪器系统既充分利用了 PC 机的通用软件、操作系统、高级语言和软件工具，并同步升级，又充分吸收继承了 GPIB 沿用的 488.1、488.2 和程控仪器标准命令 SCPI，创造了一个从程控仪器标准命令、仪器之间信息交换到系统操作运行程序高度统一的软件环境。

为了充分利用已有资源，VXI 总线仪器系统开发了与其他总线体系连接和转换模块，这就使得 VXI 总线系统具有巨大的包容性，可与任何总线系统的仪器或系统联合工作。

VXI 总线仪器系统的成功之处在于：最大限度的标准化和开放式结构。

6. PXI 系统总线

PXI 模块仪器系统（PCI EXTENSION FOR INSTRUMENTATION）提供了和台式 PC 机联系的简便的使用方法，融合了仪器和计算机的系统，提高了仪器的实际水平，也提高了数据采集、测试和测量的效率。强大的 PXI 模块系统仪器，直接受益于台式 PC 机硬件和软件发展。简而言之，它具有和 PC 机同样的软件。PXI 模块仪器系统的心脏是高速 PCI 计算机结构和微软 Windows 操作系统，它是当今主流桌面计算机的事实上的标准。

PXI 总线是 PCI 计算机总线的仪器扩展，而 VXI 总线是 VME 计算机总线的仪器扩展，PXI 总线与 VXI 总线有不少相似之处，例如，均为开放式规范，均采用标准机箱并可形成多机箱系统，均可使用嵌入式控制器，都能利用多种优秀的操作系统和开发工具等。同 VXI 系统相比，PXI 系统的优势在于机箱和模块体积更小、速度更快，但 PXI 机箱插槽数目、电源品种和提供的最大功率均低于 VXI 系统相应指标的上限值，且尚未被 IEEE 定为正式标准，缺乏仪器领域最有影响厂家的充分支持，因此，其发展和应用受到一定的影响。

7. IEEE 1394 总线及 USB 串行总线

IEEE 1394 总线是由苹果电脑公司在 1989 年设计的高性能串行接口总线，后被 IEEE 接受，目前标准为 IEEE 1394：1995。IEEE 1394 总线目前的传输速率为 100Mbit/s、200Mbit/s 和 400Mbit/s，将来可以达到 3.2Gbit/s。它具有两对信号线和一对电源线，可以用任意方式连接 63 个装置。由于采用非归零的低电平差分信号传输，可以得到很高的数据传输速率，可以同步或异步传输，特别适用于动态画面等视频信号的传输。这种专门用于大量数据传输的串行接口是专为诸如数字相机、硬盘等设计的。

USB 总线与 IEEE 1394 总线的工作原理大致相同，能连接 127 个装置。它的电缆更加简单，只有一对信号线和一对电源线，工作于最高 12Mbit/s 的中等速度，它轻巧简便、价格便宜，比较适用于传递文件数据和音响信号，目前基本所有的 PC 机都装配了这种接口。它与 IEEE 1394 总线工作于不同频率范围，可相互配合，相得益彰。这两种总线的突出优点是具有热插拔性，可以自动识别、自动组态，实现即插即用。与并行总线比较，串行总线更适合于连接多外设的需要，已被 PC 业界接受为必备的接口总线。

综上所述，VXI 总线仪器系统的思路符合信息时代的要求，它通过标准化的开放结构，把单机与系统、硬件与软件、制造商与用户的关系规范化。它的思想已被数十个国家、众多的制造商所接受。目前已有了千余种 VXI 产品，VXI 将全面冲击并逐步取代 GPIB 仪器。

8.3　网络通信技术

随着工业控制系统复杂性的增加，传统的中央式控制体系正在不断遭受挑战。当需要控制的节点不断增加，需要反馈的传感器信号也不断增多，如果信息处理和控制信号产生都由一个中央处理器来完成，对仅有的一个中央处理器来说是不堪重负的，于是分布式测控技术就应运而生。在分布式测控系统中，原本处于控制室的中央控制模块和各个输入输出模块被放置在现场设备中，且现场设备具有通信组网能力，现场的测量仪表可以与阀门等执行机构直接传送信号，因而控制系统功能可以不依赖控制室的计算机或控制仪表，直接在现场完成，实现了彻底的分散测量控制。

显然，分布式测控系统各个节点之间的网络通信是否稳定快速直接关系到系统性能的优劣，所以选取哪种通信技术就显得尤为关键。目前在分布式和网络化测控系统中常用的通信网络可以分为现场总线通信网络和以太网通信网络两类。

8.3.1　现场总线通信网络

现场总线是自动化领域的技术热点之一，它的出现标志着工业控制技术领域又一个新时代的开始，并将对该领域的发展产生重要影响。

由于现场总线的标准实质上并未统一，现有的具有一定市场的总线约 40 多种。所以对现场总线的定义也有多种，下面给出的是几种具有代表性的定义：

1) 根据国际电工委员会 IEC/ISA（International Electrotechnical Commission/Instrument Society of America）的定义，现场总线是指连接测量、控制仪表和设备，如传感器、执行器和控制设备的全数字化、串行、双向式的通信系统。

2）根据 SP50（Standard and Practice 50）对现场总线的定义，现场总线是一种串行的数字数据通信链路，它沟通了过程控制领域的基本控制设备（现场级设备）之间以及更高层次自动控制领域的自动化控制设备（高级控制层）之间的联系。

3）现场总线是应用在生产现场、在微机化测量控制设备之间实现双向串行多节点数字通信的系统，也被称为开放式、数字化、多点通信的底层控制网络。

2007 年颁发的 IEC 61158 第四版标准由多部分组成，长达 8100 页系列标准采纳了经过市场考验的 20 种主要类型的现场总线、工业以太网和实时以太网，标准包括内容如表 8-1、表 8-2 所示。表 8-2 中增加了不少以太网内容，其中"Type 14 EPR 实时以太网"是由我国提出和撰写。本节介绍常用的几种现场总线。

表 8-1　IEC 61158 标准系列

系　列	内　容	系　列	内　容
IEC/TR 61158-1	总则与导则	IEC 61158-400	数据链路层协议规范
IEC 61158-2	物理层服务定义与协议规范	IEC 61158-500	应用层服务定义
IEC 61158-300	数据链路层服务定义	IEC 61158-600	应用层协议规范

表 8-2　IEC 61158 标准系列

系　列	技术名称	系　列	技术名称
Type 1	TS61158 现场总线	Type 11	TCnet 实时以太网
Type 2	CIP 现场总线	Type 12	EtherCAT 实时以太网
Type 3	Profibus 现场总线	Type 13	Ethernet Powerlink 实时以太网
Type 4	P-NET 现场总线	Type 14	EPA 实时以太网
Type 5	FF HSE 高速以太网	Type 15	Modbus-RTPS 实时以太网
Type 6	Swiftnet 被撤销	Type 16	SERCOS Ⅰ、Ⅱ 现场总线
Type 7	WorldFIP 现场总线	Type 17	VNET/IP 实时以太网
Type 8	Interbus 现场总线	Type 18	CC＿Link 现场总线
Type 9	FF H1 现场总线	Type 19	SERCOS Ⅲ 实时以太网
Type 10	Profinet 实时以太网	Type 20	HART 现场总线

1. FF 总线

基金会现场总线 FF（Foundation Field bus）是由现场总线基金会组织开发的。是为适应自动化系统、特别是过程自动化系统在功能、环境与技术上的需要而专门设计的。

FF 现场总线是一种全数字、串行、双向通信技术，其早期方案设立了低速、高速两部分网段，被称为 H1、H2。在 1996 年一季度正式颁布了低速总线 H1 的标准，而高速总线 H2 因其通信速率只有 1Mbit/s 和 2.5Mbit/s，不能适应技术发展与工业数据高速传输的应用需求，在标准尚未正式颁布之前就宣布夭折。FF 基金会于 1998 年又组织开发了 HSE，以取代 H2。

FF 现场总线模型符合 ISO（International organization for standardization，国际标准化组织）定义的 OSI（Open system interconnection，开放系统互联）的模型，主要包括 4 部分，依次为物理层、数据链路层（Data link layer，DLL）、现场总线访问子层（Field bus Access

Sublayer，FAS）和现场总线消息规范（Fieldbus Message Specification，FMS）。

FF 总线的拓扑结构较为灵活，通常包括点到点形、带分支的总线型、菊花链形和树形。这几种结构可组合在一起构成混合性结构，满足各种物理连接的需求。FF 总线具有较强的可管理能力。与其他总线相比，FF 总线的设计、开发都是围绕着过程工业的特点进行的，在开放性、可互操作性、系统结构的分散性、独特的功能块技术、通信执行的同步化以及对苛刻的现场环境的适应性（如本质安全、电缆安装和总线供电）等方面，都能更好的满足过程自动化的需要。

2. Profibus 总线

Profibus 是由 13 家工业企业和 5 家科研机构在德国联邦研技部的资助下，于 1987 年开始联合开发的生产过程现场总线（Process Fieldbus）标准规范。它是一种国际化、开放式、不依赖于设备生产商的现场总线标准，广泛适用于制造业自动化、流程工业自动化和楼宇、交通、电力等领域，应用范围如图 8-1 所示。

Profibus-DP（Decentralized Periphery）、Profibus-PA（Process Automation）、Profibus-FMS（Fieldbus Message Specification）三个部分构成了 Profibus 的整个家族。

Profibus-DP 是一种高速低成本通信方式，位于工厂自动化系统中的底层，适用于自动控制系统和外围设备（如分散式传感器、执行机构等）之间的通信，使用 Profibus-DP 可取代 24V（DC）或 4~20mA 的模拟信号传输，它可采用 RS-485 传输技术和光纤。

Profibus-AP 专为过程自动化设计，它将自动化系统和过程控制系统与压力、温度、液位变送器等现场设备连接起来，使传感器和执行机构连

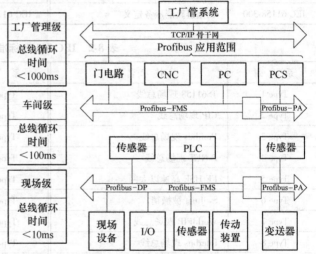

图 8-1　Profibus 现场总线应用范围

在一根总线上，并有本征安全规范，它采用双绞线供电技术进行数据通信。

Profibus-FMS 用于车间级监控网络，完成车间主生产设备之间的连接，并对车间级设备进行监控，是一个令牌结构、实时多主网络。FMS 包括了应用协议并向用户提供了可广泛选用的强有力的通信任务，Profibus-FMS 可使用 RS-485 和光纤传输技术。

Profibus 网络通信协议包含 ISO OSI 模型的物理层，数据链路层和应用层。基于 Profibus 的三个部分，实现现场设备层到车间层监控的分散式数字控制和现场通信网络，为实现工厂综合自动化和现场设备智能化提供了可行的解决方案。

与其他现场总线系统相比，Profibus 的最大优点在于具有稳定的国际标准 EN 50170 作保证，并经实际应用验证具有普遍性。目前已应用的领域包括加工制造、过程控制和楼宇自动化等。Profibus 开放性和不依赖于厂商的通信的设想，已在 10 多万个成功应用中得以实现。

3. ControlNet 总线

ControlNet 的基础技术是在 Rockwell Automation 企业长期自动化技术研究过程中发展起

来的，是 Rockwell 自动化系统公司利用最新技术开发的新一代网络。

ControlNet 在单根电缆上支持两种类型的数据传输。一是对时间有苛求的控制信息和 I/O 数据，ControlNet 授予这些数据最高的优先权，保证其不受其他信息干扰，具有确定性和可重复性；二是无时间苛求的信息发送和程序上/下载，它们被赋予较低的优先权，在保证第一种类型信息传输的条件下进行传递。

ControlNet 技术采取了生产者/消费者（Producer/Consumer）的数据通信模式，它不仅支持传统的点对点通信，而且允许同时向多个设备传递信息。生产者/消费者模式使用时间片算法保证各节点实现同步，从而提高了带宽利用率。

ControlNet 的介质访问控制使用了时间片算法，根据实时数据的特性，带宽预先保留或预订用来支持实时数据的传送，余下的带宽用于非实时或未预订数据的传送。当网络上多个节点需要通信时，ControlNet 采用隐性令牌传递机制来处理冲突，即网络上每个节点分配一个唯一的 MAC 地址，每个节点监听每个数据帧的源节点地址，并在数据帧结束后将该节点地址加 1，如该值等于自己的 MAC 地址则获得令牌，并准备发送数据。ControlNet 传递隐性令牌的逻辑通过 CTDMA（并存时间域多路存取）时间分片存取算法来控制，并将 CTDMA 的网络更新时间（NUT）划分为有预定时间要求、无预定时间要求和维护时间段 3 个部分，ControlNet 技术规范可组态的 NUT 时间为 0.5 ~ 100ms。

ControlNet 可支持总线、树型和星型等结构及其组合。使用时，用户可以根据需要扩展物理长度，增加节点数量。

4. CAN 总线

CAN 是控制局域网络（Control Area Network）的简称，最早由德国 Bosch 公司推出，用于汽车内部测量与执行部件之间的数据通信。其总线规范已被 ISO 国际标准组织制订为国际标准，得到 Motorola、Intel、Philips、NEC 等公司的支持，已广泛应用在离散控制领域。CAN 协议也是建立在国际标准组织的开放系统互连模型基础上的。不过，其模型结构只有 3 层，即只取 OSI 底层的物理层、数据链路层和应用层。其信号传输介质为双绞线，可挂接设备数量最多可达 110 个。

CAN 的信号传输采用短帧结构，每一帧的有效数据仅为 8B，因而传输时间短，受干扰的概率低。当节点严重错误时，具有自动关闭的功能，以切断该节点与总线的联系，使总线上其他节点的通信不受影响，具有较强的抗干扰能力。

目前，已有多家公司开发生产了符合 CAN 协议的通信芯片，还有插在 PC 上的 CAN 总线接口卡，具有接口简单、编程方便、开放系统和价格便宜等优点，被广泛应用于汽车、公共交通的车辆、机器人、液压系统及分散型 I/O 系统中。另外，在电梯、医疗器械、工具机床、楼宇自动化等行业也有应用。

5. LonWorks 总线

LonWorks（Local Operating Network）现场总线技术由美国 Echelon 公司推出并由它与摩托罗拉、东芝公司共同倡导，于 1990 年正式公布而形成的。它采用了 ISO OSI 模型的全部七层通信协议，采用了面向对象的设计方法，通过网络变量把网络通信设计简化为参数设置，通信速率为 300bit/s ~ 1.5Mbit/s，支持双绞线、同轴电缆、光纤、射频、红外线、电力线等多种通信介质。图 8-2 所示的是采用 LonWorks 总线构成的一个现场网络。

LonWorks 技术所采用的 LonTalk 协议被封装在 Neuron 神经元芯片中，该集成芯片中有 3

个 8 位 CPU，其中，第一个用于完成开放互联模型中第 1 和第 2 层的功能，称为网络控制处理器，实现介质访问的控制与处理；第二个用于完成第 3～6 层功能，称为网络处理器，进行网络变量的寻址、处理、背景判断、路径选择、软件计时、网络管理，并负责网络通讯控制、收发数据包等；第三个是应用处理器，执行操作系统服务与用户代码，芯片中还具有存储信息缓冲区，以实现 CPU 之间的信息传递，并作为网络缓冲区和应用缓冲区。

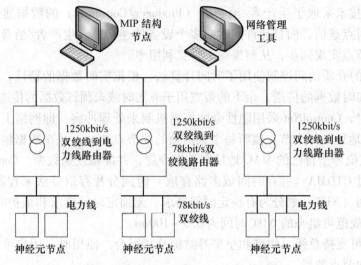

图 8-2　LongWorks 总线构成的现场网络

LonWorks 的一个重要特点是开放性，控制网络的核心部分——Lontalk 协议固化在神经元集成芯片中，该协议包含一个称为 LNS 的网络操作系统管理平台，可为 LonWorks 控制网络提供全面的管理和服务，同时 LonWorks 控制网络又可通过各种连接设备接入 IP 数据网，与信息技术应用实现无缝结合。

6. DeviceNet 总线

DeviceNet 是一种基于 CAN 技术的开放型通信网络，主要用于构建底层控制网络，其网络节点由嵌入了 CAN 通信控制器芯片的设备组成。该项技术最初由 Allen-Bradely 公司设计开发，在离散控制、低压电器等领域得到迅速发展。后来成立了旨在发展 DeviceNet 技术的国际性组织——ODVA（Open DeviceNet Vendors Association）来进一步推广 DeviceNet 技术，并管理其技术规范。DeviceNet 已经正式成为 IEC 62026 国际标准的第 3 部分，同时也成为欧洲标准 EN 50325。

DeviceNet 的网络参考模型分为三层：应用层、数据链路层和物理层。其中 DeviceNet 定义了应用层规范、物理层连接单元接口规范、传输介质及其连接规范，而在数据链路层的媒体访问控制层和物理层的信令服务规范直接采用了 CAN 规范。

DeviceNet 所采用的典型拓扑结构为总线拓扑，采用总线分支连接方式，粗缆多用于主干总线，细缆多用于分支连线。DeviceNet 可提供 125kbit/s、250kbit/s、500kbit/s 三种通信速率。

DeviceNet 总线有两种连接方式，即输入输出连接（I/O connection）和显式连接（Explicit connection），输入输出连接主要用于对实时性要求较高的数据传输环境，这种连接方法可以进行一对一和一对多的数据传送，它不要求数据接收方对所接收到的报文做出应答；显式连接主要用于发送设备间多用途报文，如组态数据、控制命令等。显示连接是一对一连接，报文接收方必须对接收到的报文做出成功或错误的响应。

7. P-NET 总线

P-NET 的设想最初出现于 1983 年的丹麦，到目前为止已应用了多年，在世界范围内已有 5000 种以上的实际应用，应用范围从几个 I/O 节点的设备到几千个 I/O 节点的庞大复杂的系统。

P-NET 是一种多主控器总线，每段可接受 32 个主控器，主控器输出一个请求，编址的从属器立即返回一个响应。访问总线的权利是通过一个记号从一个主控器传递的，P-NET 采用一种称为"虚拟令牌传递"的方法，当一个主控器完成对总线的访问时，令牌自动传递到下一个主控器，这是由一种基于时间的循环机制完成的。

P-NET 最为显著的结构特点为其多网络结构，该多网络结构把信息处理分散化，它可用于一个全场自动控制系统的各个层面上，按照每个工厂的每一个部分，把一个控制系统分成几个单元，使每个单元具有这样的性质：当这个单元关闭时，整个系统不受影响，程序的执行可以分散的在每个单元的一个或几个处理器上独立运行。在目前的现场总线系统中，只有 P-NET 允许在几个总线分段上直接寻址，它通过装入标准多端口控制器的操作系统来实现。通信通过具有两个或更多的 P-NET 接口在不同的总线分段上直接传输。

P-NET 要求的响应时间以毫秒计，这在某些要求微秒响应时间的环境下是不适用的，但 P-NET 安装简单，成本较低，用户开发方便，而且由于采用了通用的硬件和软件，因此改进较快，基于上述分析，P-NET 较其他总线有许多实际的优点，特别适合于食品、饲养、农业等方面的应用。

8. Interbus 总线

Interbus 属于面向过程数据的串行总线，已经成为德国国家标准 DIN 19258、欧洲标准 EN 50254 和 IEC 61158 的国际现场总线标准子集。作为较早推出的一种总线，它具有协议简单、帧结构独特、数据传输无仲裁等特点。适用于对响应速度要求高、传输字节较少的应用场合。

Interbus 采用逻辑结构的数据环，该设备由空间分布式移位寄存器构成，通过中央设备的总线适配控制板控制数据环的移动，以全双工串行方式与上层计算机及底层的总线设备交换数据环中的传输数据。

Interbus 采用的传输方法的核心为"集总帧协议"。采用集总帧协议，Interbus 的工作方法像一个空间分布的闭环的移位寄存器。各个不同的现场设备串联在一起，并与一个中央设备相连接，所有现场设备的信号都被放在一个通信帧内（集总帧），整个系统只有一个循环运行的通信帧，现场设备作为从站，通过相关寄存器进行数据的输入、输出。中央设备作为主站，控制总线中通信帧的循环运行，Interbus 的数据传输为全双工方式。由于整个总线内部只有一个通信帧，所以也只需一个帧信息（控制信息），因此有效信息与控制信息的比例较高，Interbus 具有较其他总线更高的传输效率，现场设备越多，传输效率越高。

Interbus 协议覆盖物理层、数据链路层和应用层，传输介质有双绞线、光纤等。系统通常采用树状网络结构，因此可灵活地根据系统结构进行布线。

8.3.2　工业以太网通信网络

8.3.1 小节中所述的现场总线的出现，是自动控制领域的一次变革。从 20 世纪 80 年代以来，现场总线的发展非常迅猛，但其中也暴露出很多不足：

1）现有的现场总线标准过多。自现场总线诞生以来，世界各大厂商纷纷投入了大量人力和资金，开发了上百种现场总线，其中开放的现场总线也有二三十种。虽然广大仪表和设备开发商以及用户对统一的现场总线呼声很高，但由于技术和市场经济利益等方面的冲突，各种现场总线经过 10 多年的争论也无法达成统一。

2）现场总线在其自身的发展过程中，都沿用了各大公司的专有技术，导致相互之间不能兼容，不能真正实现透明信息互访；同时也无一例外地过多强调了工业控制网络的特殊性，而忽视了其作为一种网络通信技术的共性。因此，尽管迫于市场和用户的压力，这些现场总线协议公开了，但其本质上还是"专有的"，其"开放性"仅是局部的，只是协议规范的公开，对于广大仪表和设备开发商来讲，开发和实现技术还是专有的。同时，由于现场总线的专有性，其成本也较高。

3）Intranet/Internet 等信息技术的飞速发展，要求企业从现场设备层到管理层能够实现全面的无缝信息集成，并提供一个开放的基础构架，但目前的现场总线由于速度较低，支持的应用有限，不便于和 Internet 信息集成，因此不能满足企业综合自动化的发展要求。

20 世纪 90 年代中期，在现场总线发展的同时，以以太网为代表的 COTS（Commercial-Off-The-Shelf）通信技术的发展也非常迅速，引起了自动化厂商和广大用户的注意，以太网开始进入工业控制领域。

与现场总线相比，工业以太网具有以下优点：

1）通信速率高。传统以太网的通信速率为 10Mbit/s，100Mbit/s 的快速以太网已开始广泛应用，1Gbit/s 的以太网也已经逐渐成熟，10Gbit/s 的以太网标准已经推出并正在快速发展。而传统现场总线的通信速率最高只有 12Mbit/s，显然以太网的通信速率比现场总线要快得多，可以满足对带宽的更高要求。

2）应用广泛。以太网是目前应用最为广泛的网络通信技术，受到广泛的技术支持。几乎所有的编程语言都支持以太网的应用开发，如 Java、Visual C ++、Visual Basic 等。这些编程语言由于得到广泛使用，并受到软件开发商的高度重视，具有很好的发展前景。因此，如果采用以太网作为测控系统的网络通信方式，可以保证有多种开发工具、开发环境可供选择。

3）成本低廉。由于以太网的应用广泛，因此受到生产厂商的高度重视与普遍支持，有许多硬件产品可供用户选择，而且硬件价格也相对低廉。目前以太网网卡的价格只有 Profibus、FF 等现场总线网卡的 1/10，而且随着微电子技术的发展，其价格还会进一步下降。

4）易于信息集成。由于通信协议相同，以太网很容易与 Internet 连接，能实现办公自动化网络与工业控制网络的信息无缝集成。因此，工业控制网络采用以太网，可以避免其发展游离于网络技术的发展主流之外，从而使工业控制网络与信息网络技术互相促进，共同发展。

5）可持续发展潜力大。以太网的广泛应用使它的发展一直受到广泛的重视并吸引了大量的技术投入。在信息瞬息万变的时代，企业的生存与发展将很大程度上依赖于一个快速而有效的通信管理网络，信息技术与通信技术的发展将更加迅速，也更加成熟，由此保证了以太网技术不断地向前发展。

此外，由于以太网已应用多年，人们对以太网的设计、应用等方面有很多经验，对其技术也十分熟悉。大量的软件资源和设计经验可以显著降低系统的开发和培训费用，降低系统的整体成本，并大大加快系统的开发和推广速度。

为此，各现场总线组织纷纷将以太网引入其现场总线体系中的高速部分，利用以太网和TCP/IP 技术，以及原有的低速现场总线应用层协议，构成了所谓的工业以太网协议。已经发布的工业以太网协议主要有以下几种：

（1）HSE　HSE（High Speed Ethernet）是现场总线基金会摒弃了原有高速总线 H2 之后推出的基于以太网的协议，也是第一个成为国际标准的以太网协议。现场总线基金会明确将HSE 定位于实现控制网络与 Internet 的集成。由 HSE 连接设备将 H1 网段信息传送到以太网的主干上并进一步送到企业的 ERP 和管理系统。操作员在主控室可以直接使用网络浏览器查看现场运行情况。现场设备同样也可以从网络获得控制信息。

HSE 在低四层直接采用以太网 + TCP/IP 结构，在应用层和用户层直接采用 FF 总线 H1的应用层服务和功能块应用进程规范，并通过连接设备将 FF H1 网络连接到 HSE 网段上。HSE 连接设备同时也具有网桥和网关的功能，其网桥功能可以连接多个 H1 总线网段，使不同 H1 网段上的 H1 设备之间能够进行对等通信而无需主机系统的干预。HSE 主机可以与所有的连接设备和连接设备上挂接的 H1 设备进行通信，使操作数据能传送到远程的现场设备，并接收来自现场设备的数据信息。

（2）PROFInet　Profibus 国际组织针对工业控制要求和 Profibus 现场总线技术特点，提出了基于以太网的 PROFInet，它主要包含 3 方面的技术：①基于通用对象模型（COM）的分布式自动化系统；②规定了 Profibus 和标准以太网之间的开放、透明通信；③提供了一个包括设备层和系统层、独立于制造商的系统模型。

PROFInet 也采用以太网 + TCP/IP 结构作为低层的通信模型，采用 TCP/IP 协议加上应用层的 RPC/DCOM 来完成节点之间的通信和网络寻址。它可以同时挂接传统 Profibus 系统和新型的智能现场设备。现有的 Profibus 网段可以通过一个代理设备连接到 PROFInet 网络当中，使整套 Profibus 设备和协议能够原封不动地在 PROFInet 中使用。传统的 Profibus 设备可通过代理与 PROFInet 上面的 COM 对象进行通信，并通过 OLE 自动化接口实现 COM 对象之间的调用。

（3）Ethernet/IP　Ethernet/IP 是 Rockwell 公司对以太网进入自动化领域做出的积极响应。Ethernet/IP 网络采用商业以太网通信芯片、物理介质和星形拓扑结构，采用以太网交换机实现各设备间的点对点连接，能同时支持 10Mbit/s 和 100Mbit/s 以太网商用产品。Ethernet/IP 的协议由 IEEE 802.3 物理层和数据链路层标准、TCP/IP 协议组和控制与信息协议CIP（Control Information Protocol）等 3 个部分组成。Ethernet/IP 为了提高设备间的互操作性，采用了 ControlNet 和 DeviceNet 控制网络中相同的 CIP。

不同于以往的源/目的的通信模式，Ethernet/IP 采用了与 CAN 总线相同的生产者/消费者通信模式，允许网络上的不同节点同时存取同一个源的数据。协议将信息分为显式和隐式两种。Ethernet/IP 采用 TCP 协议发送显式消息，显式信息的数据段既包括协议信息又包括行为指令。收到显式信息后，节点执行所要求的任务并产生应答，这类信息用于设备配置和诊断。Ethernet/IP 采用 UDP 协议发送隐式信息，隐式信息的数据段没有协议信息，仅包括实时 I/O 数据。数据的含义在连接建立时已经定义，这样运行时就可以减少节点内部的处理时间。隐式信息用于规则地重复传递数据的场合，如 I/O 模块和 PLC 之间的数据传递。

（4）Modbus TCP/IP　Schneider 公司于 1999 年公布了 Modbus TCP/IP 协议。Modbus TCP/IP 并没有对 Modbus 协议本身进行修改，但是为了满足通信实时性需要，改变了数据的传输方法和通信速率。

Modbus TCP/IP 协议以一种非常简单的方式将 Modbus 帧嵌入到 TCP 帧中。这是一种面向连接的方式，每一个请求都要求一个应答。这种请求/应答的机制与 Modbus 的主/从机制相互配合，使交换式以太网具有很高的确定性。利用 TCP/IP 协议，通过网页的形式可以使用户界面更加友好。利用网络浏览器就可以查看企业网内部的设备运行情况。Schneider 公司已经为 Modbus 注册了 502 端口，这样就可以将实时数据嵌入到网页中。通过在设备中嵌入 Web 服务器，就可以将 Web 浏览器作为设备的操作终端。

上述协议均结合以太网的高数据传输率和现场总线的实时性优点，但这些协议目前还仅用于企业综合自动化网络的中、上层通信，是各种现场总线与以太网集成的一种手段。从发展趋势看，这些协议的制定组织也正在研究将以太网直接应用于现场设备层通信。

8.3.3　EPA 标准

世界上成立了许多关于工业以太网的行业协会和组织，在美国成立了 IEA（Industrial Ethernet Association，工业以太网协会），其主要目的在于建立以太网在工业控制中的通信标准；IANOA（Industrial Automation Open Network Alliance，工业自动化联网联盟），以在工厂层推动以太网的应用；ODVA（Open Device Vendor Association，开放 DeviceNet 供应商协会），这是美国 Rockwell 公司成立的开放性总线组织。在欧洲成立了 IDA（Interface for Distribution Automation，分布式自动化接口组织），其主要目的是推广以太网在工业自动化领域和嵌入式系统领域的应用。在全球，成立了 IEA（Industrial Ethernet Alliance，工业以太网联盟），其目的是建立工业控制界的以太网产品标准。

EPA（Ethernet for Plant Automation）是在我们国家标准化管理委员会、全国工业过程测量与控制标准化技术委员会的支持下，由浙江大学、浙江中控技术有限公司、中国科学院沈阳自动化研究所、重庆邮电学院、清华大学、大连理工大学、上海工业自动化仪表研究所、机械工业仪器仪表综合技术经济研究所、北京华控技术有限责任公司等单位联合成立的标准起草工作组，经过 3 年多的技术攻关，而提出的基于工业以太网的实时通信控制系统解决方案。

EPA 实时以太网技术的攻关，以国家"863"计划 CIMS 主题系列课题"基于高速以太网技术的现场总线控制设备"、"现场级无线以太网协议研究及设备开发"、"基于'蓝牙'技术的工业现场设备、监控网络及其关键技术研究"，以及"基于 EPA 的分布式网络控制系统研究和开发"、"基于 EPA 的产品开发仿真系统"等滚动课题为依托，先后解决了以太网用于工业现场设备间通信的确定性和实时性、网络供电、互可操作、网络安全、可靠性与抗干扰等关键性技术难题，开发了基于 EPA 的分布式网络控制系统，首先在化工、制药等生产装置上获得成功应用。

在此基础上，标准起草工作组起草了我国第一个拥有自主知识产权的现场总线国家标准

《用于工业测量与控制系统的 EPA 系统结构与通信规范》。同时，该标准被列入现场总线国际标准 IEC 6158（第四版）中的第十四类型，并列为与 IEC 61158 相配套的实时以太网应用行规国际标准 IEC 61784 - 2 中的第十四应用行规簇（Common Profile Family 14，CPF14），标志着中国第一个拥有自主知识产权的现场总线国际标准得到国际电工委员会的正式承认，并全面进入现场总线国际标准化体系。

8.3.4　煤矿安全监控系统实例

煤矿安全监控系统的主要功能是对煤矿井下的瓦斯、通风、排水等状况和各种机电设备工作状态进行监测和控制，并对所取得的数据进行分析与处理。由于矿井参数的监测首先通过传感器采样，而传感器的输出是电信号，因此监控系统自身的安全也尤为重要。系统的特点如下：

1）监测数据种类众多。如安全环境监测，包括温度、瓦斯、风速、一氧化碳、顶板压力、地音、风压、水文地质参数等项目。再如井下各中央变电站及采区变电所的实时监测与控制，包括各种电参量（功率、电压、电流、电能等）、非电量及设备开/停等监测项目。由于监测项目多，所以导致仪器、仪表的种类繁多。

2）测点数量大。系统的测量数量根据井型规模不同、生产机械化自动化程度不同而不同，少的几百个，多的上千个，在一定程度上增加了监控系统的难度。

3）测点分布广，距离远。测点不仅分布广泛、距离较远（有的大中矿监控测点距离超过 20km），而且分布不均匀，从而使传感器的信号传送变得复杂和困难。

4）环境异常恶劣。系统的监测点多数都在井下和高压设备的环境中，受到较强的电磁辐射和耐潮耐腐蚀的考验。

5）需要中央监控室集中监控。系统观测项目多，测点分布广，一般设置在煤矿调度室进行集中监控。

煤矿安全监控系统一般由传感器（如甲烷传感器、风筒传感器、一氧化碳传感器、温度传感器、压力传感器、风速传感器、设备开停传感器、风门开关传感器、馈电传感器等）、断电仪、电源、传输分站、传输接口、监控主机等组成，如图 8-3 所示。

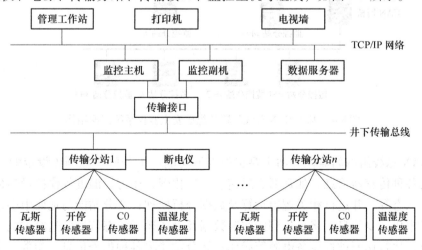

图 8-3　煤矿安全监控系统构成示意图

传感器将被测物理量转换为电信号，经 3 芯（其中 1 芯用于地线、1 芯用于信号线、1 芯用于分站向传感器供电）或 4 芯矿用电缆与分站相连。有些传感器还具有显示和声光报警功能。断电仪使用矿用电缆与分站相连，根据分站输出的控制信号控制被控开关馈电或停电。

传输分站接收来自传感器的信号，并按照预先约定的复用方式（时分制或频分制等）远距离传送给传输接口，同时接收来自主机多路复用信号。分站还具有线性校正、超限判断、逻辑运算等简单的数据处理能力，对传感器输入的信号和传输接口传输来的信号进行处理，控制断电器工作。

对于整个监控系统而言，网络通信技术是实现该系统智能化、网络化的关键，也是实现矿井高速信息化平台的重要环节。由于系统各个传输分站之间的通信的实时性和可靠性直接关系到系统性能的优劣，所以总线技术的选择就显得十分关键。由前述可知现今有多种比较成熟的总线标准，如 Profibus、CAN、LONWORKS 等，而在煤矿安全监控系统中宜采用 CAN 总线来实现分布式测控网络系统的设计。

基于 CAN 总线的煤矿安全监控系统组网络拓扑结构的设计如图 8-4 所示，系统基于分层、分布式组网设计原则，主要由地面监控主机、传输接口、井下监控分站、CAN 网桥和挂接在分站上的传感器构成。

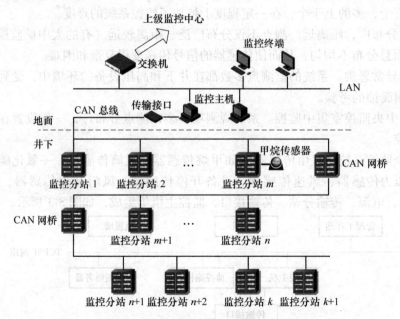

图 8-4　基于 CAN 总线传输的煤矿安全监控系统组网结构

基于 CAN 总线组网的监控分站主要实现以下功能：①分站按照预先设定的轮循间隔自动循环采集各种传感器信息，如瓦斯、风速、一氧化碳、压力、温度等模拟量参数，以及机电设备开停状态等，并进行相关逻辑运算及数据分析处理；②分站能与地面中心站主机进行通信，接受主机命令信息，将采集到的实时数据及设备运行状态信息传送给主机，或接受主机控制命令，执行切断被控设备电源等操作；③分站能将各种告警信息、参数、重要事件等以主动上告的方式上报给中心监控主机，使告警数据上报时间小于 5 秒；④实现甲烷风电瓦斯闭锁功能。

由于 CAN 总线底层协议没有规定应用层，本身并不完整，而在基于 CAN 总线的分布式控制系统中，有些附加功能需要一个高层协议来实现，例如 CAN 报文中的 11/29 位标识符和 8 字节数据的使用，发送大于 8 个字节的数据块时如何响应或者确定报文的传送，网络的启动及监控，网络中 CAN 节点故障的识别和标识等。因此有必要建立一个高层协议，即基于 CAN 总线的应用层协议，能够在 CAN 网络中实现统一的通信模式，执行网络管理功能，以及提供设备功能描述方式。

8.4　远程技术

目前在工业生产及现实生活的许多方面，需要对一些远程的、分散的、无人值守的现场，以及位于偏远并且条件恶劣的地区进行定时数据采集，以便及时了解现场的情况，进行实时监测和控制。比如在水文、自来水、煤气管道、交通、电力设备的监测方面，就存在着分布点零散，进行数据采集人工成本太高，以及铺设线路成本高、维护费用高、不易调整等缺点。由于这些监测对象距离较远或现场危险，只能在远距离的地方进行测量及传输，便产生了远程数据采集传输技术。随着自动化程度的不断提高，对现场数据远程采集与传输的要求也日益提高。远程数据采集技术可使技术人员不需要到达生产现场就能获取重要生产数据和设备运行状态，进行远程设备控制和故障诊断。

8.4.1　远程数据传输技术和标准

目前常用的远程数据传输技术除了人们非常熟悉的互联网和卫星外，还有以下几种：

1. 远程载波传输

载波通信是有线长途通信中应用十分广泛的一种通信方式。它是根据频率搬移、频率分割原理，使用原始信号对载波进行一次或多次调制，搬移到不同的线路传输频带，然后送到线路上传输，从而实现多路通信的一种通信方式。载波通信不仅可用来实现多路电话通信，而且还可以二次复用，在一个或若干个话路上开放载波电报、广播节目、电视、传真、传输数据和实时遥控、送信、遥测信号等。

早期的有线长途通信是用架空明线把安装在甲乙两地的两部电话机直接连接起来而实现的，称为音频长途通信。但是音频长途通信具有通信距离短、线路利用率低等缺点，不能满足长途通信的需要。延长通信距离、提高长途通信线路的利用率是发展长途通信必须解决的两个基本课题。载波通信能在一对通信线路上同时开通多路电话通信，并且通过加装放大器可以极大地延长通信距离，有效地解决了长途通信的两大基本课题，因而得到了巨大的发展。数十年来载波通信一直是有线长途电信中应用最广泛的一种通信方式。尽管现代信息科学、计算机通信、数字通信、光纤通信、微波通信、卫星通信等取得了飞跃的发展，但目前载波通信仍是模拟长途通信中最主要的通信方式。

电力线载波是一种利用高压输电线路作为高频信号传输线路的长途通信方式，用于电力调度所与变电所、发电厂之间的通信，是电力系统特有的一种通信方式。利用高压输电线路传输高频电流具有以下优点：①线路衰减小；②输电线路机械强度很高，因而具有较高的传输可靠性；③不需要通信线路建设的基建投资和日常维护费用等。

因此，电力线载波对小容量、长距离通信来说，是一种经济可靠的通信方式。在电力系统通信网的规划设计中，电力线载波作为电力系统传输信息的基本手段得到了广泛应用。

电力线载波通信系统的组成示意如图 8-5 所示。整个系统主要由电力线载波机、电力线路和耦合装置组成。其中耦合装置包括线路阻波器 GZ、耦合电容器 C、结合滤波器 JL 和高频电缆 GL。通常将 A、B 用户间的部分称为电路，而将 A、B 两端载波机外线输出端 D、E 之间的各组成部分统称为电力线高频通道。

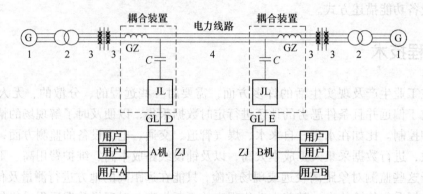

图 8-5 电力线载波通信系统组成示意图
1—发电机 2—变压器 3—断路器 4—电力线路

图 8-5 中，电力线载波机 ZJ 的作用是对用户的原始信息信号实现调制与解调，并满足通信质量的要求。耦合电容器 C 和结合滤波器 JL 组成一个带通滤波器，其作用是通过高频载波信号，并阻止电力线上的工频高压和工频电流进入载波设备，确保人身、设备安全。线路阻波器 GZ 串联在电力线路和母线之间，是对电力系统一次设备的"加工"，故又称为"加工设备"。加工设备的作用是通过电力电流、阻止高频载波信号漏到电力设备（变压器或电力线分支线路），以减小变电所或分支线路对高频信号的介入衰减，以及同母线不同电力线路上高频通道之间的相互串扰。

电力线载波通信的方式主要由电网结构、调度关系和数据量的多少等因素决定。目前我国采用的通信方式主要有以下 3 种。

（1）定频通信方式 电力线载波通信中，载波机的收、发信频率固定不变，称为定频通信方式。8-6a 所示为一对一定频式通信原理示意图。系统中 A→B 方向的传输频率为 f_1，B→A 方向的传输频率为 f_2，由于其频率是不变的，所以在 A、B 两个站之间实现了载波机一对一的定频式通信。

在电力系统的调度通信中，由于调度所下属单位不只一个，所以通信往往是在多站之间进行的，如图 8-6b 所示。设 A 站为调度所处的变电所。为保证调度所 A 与下属 B、C、D、E、F 等各站实现通信，可按定频通信方式组织成通信系统。可见，在 a1 与 b1、b2 与 C、a3 与 F 等载波机之间可实现一对一的定频

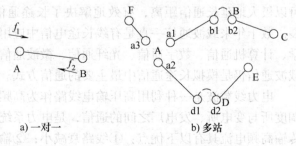

a) 一对一　　　　　b) 多站
图 8-6 一对一定频式通信原理示意图

式通信，但是要满足 A 站与 C 站之间的通信就必须在 B 站的 b1 与 b2 机之间进行转接。定频通信方式的特点是各站之间可以相互通信，并且可以调整高频衰减器，补偿因高频通道长短不同、衰减不等所造成的通道收信电平变化，使系统工作在同一接收电平状态。但这种方式占用频带较多，并且接通用户时间较长。

在我国 110kV 以上的电网中，由于数据量较大、信息传送较频繁，所以均采用一对一的定频通信方式。

（2）中央通信方式　中央通信方式就是以调度所为中央站，其 A 机发信频率为 f_1，收信频率为 f_2。而非中央站的 B 机、C 机等发信频率均为 f_2，收信频率均为 f_1，如图 8-7 所示。显然，中央通信方式实际为 1 对 N 的定频通信方式，即定频式通信的一种特殊情况。

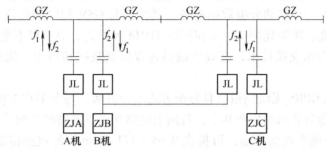

图 8-7　中央通信方式原理示意图

中央通信方式的特点是各站只能与中央站通信，各站之间无法实现通信，而且同一时间内只能有一个站和中央站通信。中央通信方式的优点是不论站数多少，只需占用两个频率，而且每个站只需一台载波机，使用设备少。因此在数据量较小的县级电网中，可以采用 1 对 N 的中央通信方式。

（3）变频通信方式　中央通信方式中，中央站可以与系统中任何其他站进行通信，但其他各站之间是无法通信的。倘若能使系统中任何一站，当它为主叫时能自动转变为中央站的话，那么任何两站之间就都能通信了，按照这种思路构成的通信方式称为变频通信方式，如图 8-8a 所示。

在静止状态时系统中各站的载波机均保持发信频率为 f_2，收信频率为 f_1。若系统中某一站的用户呼叫时，如 C 站主叫，则其发信频率自动变为 f_1，收信频率自动变为 f_2。此时 C 站就变为中央站如图 8-8b 所示。这时 C 站即可依靠用户拨号，通过自动交换系统自动选择任一需要的站，与其进行通信。

显然，在变频式电力线载波通信

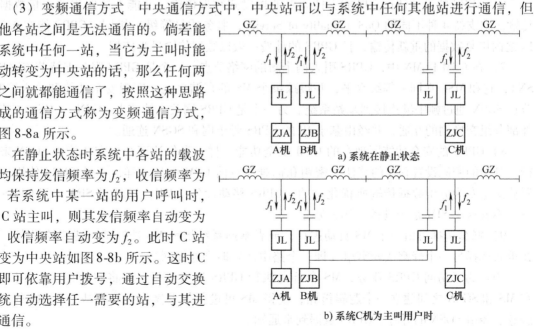

图 8-8　变频通信方式的通信系统

中，当本机用户主叫时，自动交换系统能自动控制发信支路的发信频率由 f_2 切换为 f_1，同时将收信支路的收信频率自动由 f_1 切换为 f_2。一般在变频式载波机中均采用两套不同频率的滤波器和振荡器，来满足收、发信频率的需要。

变频通信方式和中央通信方式一样，可以仅占用两个频率来实现 A、B、C 三站之间的相互通信。但是，变频式载波机结构较复杂，并且由于其收信支路不是固定接收某一端机的信号，所以收信电平随对端机的远近不同变化较大，且调整困难，尽管有自动电平调节系统进行补偿，但有时由于通道衰减差别太大而无法完全补偿，以致使用范围有一定的局限性。

2. GPRS 无线通信

GPRS（General Packet Radio Service，通用分组无线业务）是在现有的 GSM 移动通信系统基础上发展起来的一种移动分组数据业务，其采用与 GSM 相同的频段、频带宽度、突发结构、无线调制标准、跳频规则，以及相同的 TDMA 帧结构，具有以下主要特点：

1）GPRS 采用分组交换技术，高效传输高速或低速数据和信令，优化了对网络资源和无线资源的利用。

2）定义了新的 GPRS 无线信道，且分配方式十分灵活，每个 TDMA 帧可分配 1~8 个无线接口时隙。时隙能为活动用户所共享，且向上链路和向下链路的分配是独立的。

3）支持中、高速率数据传输，可提供 9.05~171.2kbit/s 的数据传输速率（每用户）。GPRS 采用了与 GSM 不同的信道编码方案，定义了 CS-1、CS-2、CS-3 和 CS-4 四种编码方案。

4）GPRS 网络接入速度快，提供了与现有数据网的无缝连接。

5）GPRS 支持基于标准数据通信协议的应用，可以和 IP 网、X.25 网互联互通。支持特定的点到点和点到多点服务，以实现一些特殊应用，如远程信息处理。同时 GPRS 也允许短消息业务（SMS）经 GPRS 无线信道传输。

6）GPRS 的设计使得它既能支持间歇的爆发式数据传输，又能支持偶尔的大量数据的传输。它支持 4 种不同的 QoS（Quality of Service，服务质量等级）级别。GPRS 能在 0.5~1s 之内恢复数据的重新传输，且 GPRS 的计费一般以数据传输量为依据。

7）在 GSM PLMN 中，GPRS 引入两个新的网络节点：一个是 GPRS 服务支持节点（SGSN），它和 MSC 在同一等级水平，并跟踪单个 MS 的存储单元，实现安全功能和接入控制。节点 SGSN 通过帧中继连接到基站系统。另一个是 GPRS 网关支持节点 GGSN，GGSN 支持与外部分组交换网的互通，并经由基于 IP 的 GPRS 骨干网和 SGSN 连通。

8）GPRS 的安全功能同现有的 GSM 安全功能一样，身份认证和加密功能由 SGSN 来执行。其中的密码设置程序的算法、密钥和标难与目前 GSM 中的一样，不过 GPRS 使用的密码算法是专为分组数据传输所优化过的。GPRS 移动设备（ME）可通过 SIM 访问 GPRS 业务，不管这个 SIM 是否具备 GPRS 功能。

9）蜂窝选择可由一个 MS 自动进行，或者基站系统指示 MS 选择某一特定的蜂窝。MS 在重新选择另一个蜂窝或蜂窝组（即一个路由区）时会通知网络。

10）为了访问 GPRS 业务，MS 会首先执行 GPRS 接入过程，以将它的存在告知网络。在 MS 和 SGSN 之间建立一个逻辑链路，使得 MS 可进行如下操作：接收基于 GPRS 的 SMS 服务、经由 SGSN 的寻呼、GPRS 数据到来通知。

11）为了收发 GPRS 数据，MS 会激活它所想用的分组数据地址。这个操作使 MS 可被相应的 GGSN 所识别，从而能开始与外部数据网络的互通。

12）用户数据在 MS 和外部数据网络之间透明地传输，它使用的方法是封装和隧道技术，数据包用特定的 GPRS 协议信息打包，并在 MS 和 GGSN 之间传输。这种透明的传输方法缩减了 GPRS PLMN（Public Land Mobile Network，公共陆地移动网络）对外部数据协议解释的需求，而且易于在将来引入新的互通协议。用户数据能够压缩，并有重传协议保护，因此数据传输高效且可靠。

13）GPRS 可以实现基于数据流量、业务类型及服务质量（QoS）等级的计费功能，计费方式更加合理，用户使用更加方便。

14）GPRS 的核心网络层采用 IP 技术，底层协议可使用多种传输技术，很方便地实现与高速发展的 IP 网的无缝连接。

数据采集终端与管理中心之间的通信是实现远程监控系统的关键技术之一。利用国家公网的 GPRS 服务为用户建立快速方便的数据传输通道。依赖于各地 GPRS 数据业务开展情况的不同，该数据通道的数据传输速率为 28～110kbit/s。

由于 GPRS 无线通信方式的实时性、覆盖范围广、数据传输速率相对较高等优点，目前被大量用在低压供电区电能表数据采集系统中。

3. 无线传感器网络数据远程传输

无线传感器网络（Wireless Sensor Network，WSN）是由部署在监测区域内的大量廉价微型传感器节点组成，通过无线通信方式形成的一种多跳自组织网络系统。它是当前在国际上备受关注、涉及微波传感器与微机械、通信、自动控制、人工智能等多学科、高度交叉、知识高度集成的前沿研究领域，综合了传感器技术、嵌入式计算技术、现代网络及无线通信技术、分布式信息处理技术等，其目的是协作地感知、采集和处理网络覆盖区域中感知对象的信息（如光强、温度、湿度、噪声、震动和有害气体浓度等物理现象），并以无线的方式发送出去，最终呈现给观察者。传感器、感知对象和观察者构成了传感器网络的三个要素。

一个典型的无线传感器网络结构通常包括终端节点、Sink 节点、互联网和用户监控界面等。如图 8-9 所示。节点随机部署后，以自组织组网的方式形成网络，并通过单跳或多跳中继方式将监测数据传送到 Sink 节点，Sink 节点一方面以相同的方式将相关控制信息传送给各网络节点，一方面经由 Sink 链路将全网数据传输到数据处理中心进行集中处理。常见的 Sink 链路包括卫星链路、地面无线基站链路等。

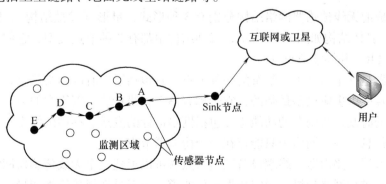

图 8-9　典型的无线传感器网络结构

无线传感器网络研究初期，大多数人都相信其各方面的设计可以大规模地借鉴互联网技术和无线自组织网络机制，因而无线传感器网络会以一个难以想象的速度发展起来。但不断深入的研究渐渐表明，无线传感器网络与传统无线自组织网络之间技术需求和应用需求方面有着明显差别。因此，无线自组织网络是一种数据网络，而无线传感器网络是一种测控网络。

传感器网络中的节点分布是非常密集的，他们通过自组网的方式接入到无线传感器网络中。终端节点所测的数据很可能不能立即到达目的节点处，这时数据的传输就需要中继和跳转，才能最终到达目的节点。网络中的一个节点系统实际就是一个嵌入式系统，由于受到诸多因素的影响，如体积大小，成本价格等，使得数据的处理能力和存储转发的能力受到一定的约束，所以只能通过节点之间的数据交换一步步传递到目的节点。有时候需要访问远处节点，就必须要通过中继跳的方式，经过多个节点才能将数据传输到汇聚节点处。

无线传感器节点一般都具有数据采集和数据路由的功能，除了对本节点的传感器进行数据采集以外，还需要中继路由其他节点传递过来的数据，配合其他节点才能完成数据的传输工作。整个传感器网络中汇聚节点的功能应该是最强大的，它不仅要有数据存储能力、数据处理能力，还需要由很强的通信能力，并且应该长期供电以保证整个网络的完整性。汇集节点除了要治理协调整个传感器网络以外，最大的功能应该就是负责与外部的其他网络进行数据通信，把各个传感器节点采集到的数据封装好，传递到其他网络中去。

管理节点是整个网络中权限最高的节点，数据通过互联网、卫星中继等传输方式最终到达管理节点。发送命令则是通过相反的数据传输方式到达目的地址，以达到对各个节点进行管理的功能。

传感器网络节点是无线传感器网络中最基本的节点单元。通常情况下传感器节点包括的基本模块有负责数据采集的传感器，控制数据采集和数据发送的处理芯片模块，数据的收发通信模块和供能模块，示意图如图 8-10 所示。

图 8-10　网络节点基本构成

每个传感器模块都负责自己范围内的数据采集工作和信号转换工作。节点中的控制器主要就是负责封装数据，收发数据和触发等工作。无线通信模块则是负责与相邻设备节点的数据交换工作，其中包括数据的解析等功能。电源模块保障整个工作流程的正常，确保数据传输的有效进行。

由节点构成的无线传感器网络结构分别有 3 种形式：星形（发散结构）、网状形、树状形（簇状形）。具体结构如图 8-11 所示，每种结构中都有 3 种节点类型，它们分别是协调器（C）、路由器（R）和终端节点（E）。

网络协调器是整个网络中最复杂的一种节点，它包括了所有的网络信息，它的存储容量是最大的，计算能力也应该是最强的，它管理着整个无线传感器网络中的节点。在刚开始构建了一个网络的时候，协调器的功能主要包括网络信标的发送、存储网络中每个节点的信息并不断的接受信息。一个网络中只能存在一个协调器节点。

只需要协调器、路由器、终端设备三类节点就可以组建一个无线传感器网络了。组建成功的网络首先要进行网络扫描，确定数据通信通道，一般是选择传输性能最好的通道作为数据传输通道。加入网络的设备可以自定一个通道接入到网络中（必须是网络中可用的信道)。整个网络中的协调者是协调器（FFD），它主要承担网络的管理功能，如允许新加入的设备接入到网络中，为通信分配特殊的信道等。路由器的功能是通过扫描搜索找到未用的信道将其接入到网络中以供数据传输使用，在网络中路由器所起的作用就是中继的作用，保证数据传输的顺畅。终端节点设备的功能相对其他两种设备来说更加单一，主要是负责接入到网络中并进行数据的传递工作。在组建的无线传感器网络中，设备的搜索功能可以提供完整的服务，对服务搜索进行初始化工作是被许可的。将装置与可提供完整服务的其他装置进行绑定，绑定可为指定的相关的设备集提供命令和控制特征。

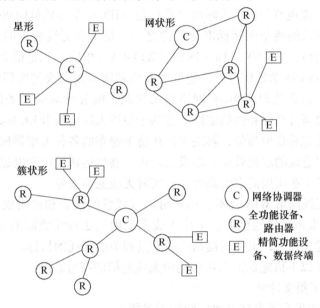

图 8-11　无线传感器网络拓扑结构

4. 无线传感器网络的其他国际标准

（1）无线 HART　无线 HART 协议是一种真正意义上的专门为过程自动化应用设计的工业无线短程网协议，用于智能现场设备和主机系统之间双向通信的协议，它采用工作于 2.4GHz ISM 射频频段、安全、稳健的网格拓扑联网技术，将所有信息统统打包在一个数据包内，通过与 IEEE 802.15.4 兼容的直序扩频 DSSS 和跳频技术 FHSS 进行数据传送。

无线 HART 网络较好地解决了工业控制系统要求以冗余机制获取可靠传输的要求。

（2）ISA 100　ISA 100 是由用户、无线自动化供应商、原始设备制造商、系统集成商等共同创建的一种自动化用无线系统标准。ISA 认为，ISA 100 无线系列标准的设计目标，是通过使所有工厂过程都符合系列标准，以满足现今及以后工厂范围的需求，即提供各车间之间的通信及控制系统的无线连接。

ISA 100 委员会着重从以下 3 个方面制定用于工业现场的无线标准、最佳实现和技术报告。

1）无线环境：无线的定义、发射频率、振动、温度、湿度、NMC、互操作性、与现有关系的共存，以及物理设备所在的场所。

2）无线设备和无线系统的技术生命周期。

3）无线技术的应用，主要包括现场与设备的保护、实时现场的要求以及流程自动化。

(3) WIA-PA 标准

工业无线技术是国际上工业自动化领域的前沿热点技术，标准制定成为工业无线技术竞争的焦点，以美国、德国为代表的西方工业强国投入巨资开展相关的研发工作；我国是国际上最早介入的国家之一，并做出了有特色的工作。我国自主研发的、具有我国自主知识产权的、用于工业过程自动化的无线网络 WIA-PA （Wireless Networks for Industrial Automation-Process Automation）规范《Industrial communication networks-Fieldbus specifications-WIA-PA communication network and communication profile》成为 IEC 国际标准 （编号：65C/596/C）。2008 年 10 月 31 日，该规范获得了国际电工委员会 （IEC） 全体成员国 96% 的投票，成为与无线 HART 被同时承认的两个国际标准化文件之一。使工业无线技术的国际标准形成无线 HART （HART 基金会）、ISA 100.11a （ISA）、WIA-PA （中国） 三足鼎立的局面。

工业无线网络 WIA 技术是高可靠、超低功耗的智能多跳无线传感器网络技术，该技术提供一种自组织、自治愈的智能 Mesh 网络路由机制，能够针对应用条件和环境的动态变化，保持网络性能的高可靠性和强稳定性。它基于短程无线通信 IEEE 802.15.4 标准，使用符合中国无线委会规定的自由频带，解决工厂环境下遍布的各种大型器械、金属管道等对无线信号的反射、散射造成的多径效应，以及电动机、器械运转时产生电磁噪声对无线通信的干扰，提供能够满足工业应用需求的高可靠、实时无线通信服务。

通过使用工业无线网络 WIA 技术，用户可以以较低的投资和使用成本实现对工业全流程的"泛在感知"，获取传统通信方法中由于成本原因无法在线监测的重要工业过程参数，并以此为基础实施优化控制，来达到提高产品质量和节能降耗的目标。

WIA 网络采用了以下措施保障工业环境中无线通信的高可靠性：

1）TDMA 避免了报文冲突。

2）跳频通信方式提高了点到点通信的抗干扰能力。

3）自动请求重传保证了报文传输的成功率。

4）Mesh 路由提高了端到端通信的可靠性。

5）设备冗余提高了系统的鲁棒性。

WIA 技术与国外同类技术相比具有的技术优势主要有：

1）分层的组织模式，对网络拓扑的维护更加灵活、快速。

2）自适应的跳频模式与自动重传机制，对保障通信的可靠性更加有效。

3）支持网内报文聚合，有效地降低了网络开销，延长电池寿命。

4）兼容 IEEE 802.15.4 标准，可以使用现有商用器件。

5）兼容无线 HART 标准，支持 HART 命令，很容易为传统仪表增添无线通信功能。

6）用户可以方便地使用、管理，无需较高的专业知识。

8.4.2 远程电表自动集抄系统实例

自动抄表系统是一种不需要人工到现场就能完成抄录用户电表数据的自动化管理系统，采用现代通信技术和计算机技术，对用户用电情况进行实时采集和监控。解决了传统抄表模式结构简单、功能单一、实时性差、准确率低、费时费力等难题。这对于电力系统的经济效益、信息化水平、甚至管理决策都具有十分重要的意义。

目前我国国内抄表方式大致有以下 3 种：

1）传统的人工抄表方式。采用抄表人员挨家逐户手工抄表，返回电能量集抄中心后把抄得的电表数据逐条手工输入管理计算机中的方法。这种抄表方式误差大，统计工作量大，人为造成错误的几率大，给用户和电力管理部门带来极大的不便。

2）预付费抄表方式。抄表人员无须到户查表。用户通过到电力管理部门购买磁卡、IC 卡等记忆卡，然后预缴一定金额的方式使用电能。待预缴金额不足时，测量表装置发出余额不足的警告，通知用户尽快缴费。这虽然减少了人为因素，但是购买用量时需要到银行或管理部门，费时费力，且水、电、气表分别交费，也有许多不便之处。

3）通过专用通信线路（如公用电话线、电力载波线、区域无线电台等）自动获得远程用户测量仪表数据的方式。

现阶段远程集中抄表系统中的通信方式主要分为有线信道通信、无线信道通信和电力线载波信道通信。

1）有线信道集中抄表系统。通常由一个采集终端通过 RS-485 总线采集一个区域内几十块电能表的数据，电能表为具有输出口的电子表或加装电能量数据采集模块的机械表。采集终端通过专用电缆如专用电话线或总线，将采集的电能量数据送入集中器进行数据集中和处理，当抄收区域较大时，多个集中器可以级联，一般由最上一级集中器通过调制解调器接入公用电话网，由此传送到供电企业的电能量抄收中心。一些多功能电能表亦可直接与集中器连接。

2）无线信道集中抄表系统。无线集中抄表系统，它是在每块电能表内安装一块微处理芯片，负责收集和存储电能表的累计电能量，另安装一个微型无线收、发信机。电力公司的抄表员通常持移动式无线抄表器，到各个区域（半径为 1km 左右）进行分区集中抄表，然后回到电能量抄收中心将抄录的数据输入到数据处理机进行集中处理。这种系统的每块电能表附加成本较高，且只能为收费提供数据，不能提供用电管理所需的实时信息。

在我国，为减少投资一般采用相对集中的收、发信方式。用采集终端通过电缆采集 16 块左右电能表的数据，并进行集中处理和存储。采集终端内安装一个无线收发信模块。手持抄表器或移动式车载抄表器通过本身的收、发信机抄录各采集终端中存储的数块到数十块电能表数据，然后将数据信息录入中央数据处理机集中处理。这种方式的无线抄表系统曾有一段时间在一些地区使用。由于一般的抄表模块不可能安装大功率的无线收发装置，且根据信息产业部 1998 年底发布的《微功率短距离无线电设备管理暂行规定》，对其发射功率和使用频率都有限制，因而这种方式的集中抄表系统现在受到了较大的限制。

目前不少地区安装了无线电力负荷管理系统，对工业和大的商业用户可利用已安装的负荷管理终端通过 RS-485 接口直接读取这些用户电能表的数据，经无线信道将数据传至用电管理或负荷管理中心。居民用户电能表的数据可由采集终端或集中器通过有线信道进行采集，再利用负荷管理终端的无线信道传送数据。

3）电力线载波集中抄表系统。在我国将载波通信技术应用于电能的自动抄表还未能取得十分令人满意的结果，现在所采用的国外引进、国内开发的用于制作载波电度表的各种芯片还存在缺陷和弱点；在有些地方，通过再加装中继器或调整集中器的装设位置等，可提高抄表的成功率，但会增加投资和人力开销，且改善的效果也并非令人满意。

集中抄表系统是指由主站通过传输媒体（无线、有线、电力载波等信道或 IC 卡）将多个电能表电能量的记录值（窗口值）信息集中抄读的系统，是集现代数字通信技术、计算机软硬件技术、电能计量技术和电力营销技术为一体的用电需求综合性的实时信息采集与分析处理系统。它高精度的获取多个分散单元的数据，以公用有线、无线电话网、光纤网为通信载体，实现系统主站和集中器之间的数据通信，具有远程抄表、台区考核等功能。

图 8-12 所示为国家标准 DL/T 698—2009 中规定的低压电力用户集中抄表系统结构。

抄表系统包括高精度的仪表信息获取，通过媒介准确无误的信息传输，高效快捷的计算机信息处理。由图 8-12 可知低压电力用户抄表系统主要是由电能表、采集器（数据采集模块和采集终端）集中器、主站（数据处理中心）以及将这些设备连接起来的高效、可靠的数据传输通信方式组成的系统。

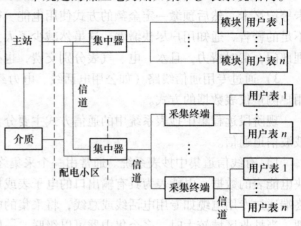

图 8-12　低压电力用户集中抄表系统结构示意图

自动抄表系统是新兴的发展中的技术，融合了当今最先进的计算机和通信技术，并随着通信技术系统的硬件和软件的发展而不断更新。在原则上没有固定的方式和概念，在实际应用中通常是多种通信技术的综合使用，以达到最理想的目标。图 8-13 所示为系统框图，从集中器到控制中心的通道称为上行信道，从集中器到采集器之间的通信为下行信道。即通信网络 1 为上行信道，通信网络 2 为下行信道。这两段通信信道可采用多种方式，每段可以相同也可以不同，因此可以组合出不同的抄表系统。本小节主要介绍基于无线传感器网络技术的低压电力用户集中抄表系统结构。

图 8-13　低压电力用户集中抄表系统框图

1. 控制中心

控制中心是通过信道对集中器中的信息进行采集，并进行处理和管理的设备。它的功能由控制中心的软件实现，主要实现对用户数据的定时抄收，包括按设定抄收间隔以及抄表周期（当地电力部门规定的自动抄表时间）自动抄收集中器中的各用户电能表的累计电能量及其他信息，并具有实时随机抄读及按地址选抄的功能。远程控制中心在接收到传来的数据后，通过软件对数据进行还原显示，并进行数据处理，处理过的数据进行校验、计算、存储、分析、管理等，可综合把握用电情况，利于管理。另外，控制中心还可以进行业务管理和计费管理，并可对异常情况进行告警，实时监控用户使用情况，保障电网的安全。

2. 通信网络 1

通信网络 1 是集中器的上行通道，集中器与控制中心的距离一般比较远，因此通信方式通常采用 GPRS 等远程通信方式，常用的通道方式包括 GPRS/CDMA、电话线、GSM、Internet 等多种方式。

3. 集中器

集中器，是指收集各采集终端或采集模块（或多功能电能表）的数据，并进行处理和储存，同时能和主站或手持单元进行数据交换的设备。一个抄表系统中至少有一台集中器，安装位置一般在小区中心处。一台集中器通常能采集到几十到上千个采集模块（或采集终端）的数据。集中器具有独立的存储空间，能实现对下级采集模块或采集终端的数据采集和数据存储，也能够响应上级抄表系统或接收计算机指令，完成数据通信任务。将无线传感器网络协调器节点安装到集中器里，协调器节点以串口通信的方式与集中器的处理器连接，集中器接收到来自上层的抄表指令后，通过串口通信传递给协调器节点，协调器节点将指令通过无线传感器网络传递给目的电能表。集中器对用户数据的采集有两种方式：

1）控制中心采用查询的方式，向用户电能表发送数据采集指令，采集每个电能表的数据。具体的过程是：控制中心通过远程网络（如网线、电话专线）把采集指令传送到集中器，集中器再通过近距离无线网络将控制中心传送过来的采集指令发送给无线电能表，无线电能表根据指令返回相应的参数，将此参数发送至集中器，集中器将数据经由远程网络传送给控制中心，控制中心对采集到的数据进行处理。

2）集中器根据系统设定的时间对采集每个电能表的数据，并将采集到的数据存储在自身的存储器中，控制中心只要访问集中器即可得到所有的电能表数据。这种通信方式可以在很大程度上节省数据通信的时间。

另外，由于无线传感器网络节点的省电特点，可以使用电池供电，所以即使在小区停电时也不影响它的控制工作。而且在恢复供电后，其采集到的数据是每个电表的当前数据，不影响数据的准确性。集中器记录所有采集到的数据，为后台的计算机管理提供数据基础。

4. 通信网络 2

通信网络 2 为集中器的下行通道，其功能是把采集器或采集模块的电量信息传递给集中器，一般情况下，采集终端与集中器之间的距离只有几十米到几百米。

5. 采集终端

采集终端即电表数据采集节点，主要由中央处理单元、射频单元、存储单元、供电单元及其他外围设备组成。完成以下功能：负责采集和传输各电表的计数并监控电表的运行状态；定时发送心跳信息判断自己是否与网络失去联系，如果不在网络中，定时重连网络；根据协调器发送指令做相应动作，把接收到的数据通过无线传感器网络向协调器节点发送或通过 RS-485 向电表发送采集数据指令和对时指令。考虑到无线传感器网络技术的穿透能力，电表采集节点一般安置在单元楼顶，一个电表采集节点负责本单元用户电表的数据采集。

6. 电能表

电能表的种类非常多，电子式电能表正逐步取代传统机械式电能表。电能表按其电路进表的相数又可分为单相电能表、三相三线电能表、三相四线电能表。一般居民用户中采用的是单相电能表，大用电或小区台变装置可配置三线四线电能表。电能表是记录用户用电数据的设备，一般由测量单元和数据处理单元等组成，除计量电能量外，还具有分时、测量等功能，并能显示、存储和输出数据。自动抄表系统中的电能表应具有两个基本功能：

1）电能计量功能。通过对电网信号的采样，实现对用户用电数据的计量和存储。

2）数据输出功能。电能表上配置有多种可输出电能表电能参数的接口，如载波抄表系统中的载波表具有载波输出接口，485 电能表具有 RS-485 通信接口，无线电能表则应具有能将数据以无线方式输出的无线射频接口。

　　集中器对电能表的数据采集一般有两种途径：①电能表直接与集中器通信，通过总线或无线的方式将自己的电量数据传送给集中器；②通过一个采集器连接具有 N 个 RS-485 接口的采集器，完成对多个电能表数据的电量信息采集和存储，并通过通信网络 2 向上发送给采集器。图 8-14 所示为基于无线传感器网络技术的无线集抄系统。

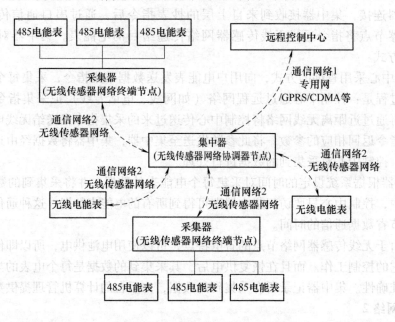

图 8-14　近距离无线集抄系统结构

　　这是在低压电力用户端构造的自组织无线数据采集网络，集中器通过近距离无线网络实现对用户电能数据的采集。集中器的上行通道采用专用网/GPRS/CDMA 等网络实现电能表数据的远程传输，采集器的下行通道采用 RS-485 总线实现电能表数据的读取。

　　低压电力用户端构造近距离自组织无线数据采集网络，其实现方法是在集中器的下行通信端、数据采集终端、中继器、以及电能表中分别集成 Zigbee 通信模块，或设计相应的无线集中器、无线路由器、无线电能表等，并在各无线设备中集成近距离无线通信协议，使这些设备以集中器为网络中心，构建近距离无线通信自组网络。

　　本方案中，集中器中配置无线传感器网络协调器节点，作为网络的发起者和组织者。无线电能表或无线采集器作为网络中的终端节点加入网络，多个终端节点组成无线抄表网络，集中器通过该网络抄读用户的用电信息，实现数据的存储和远程传送。

　　本节中构建的近距离无线网络具有以下特征：①集中器作为网络的组织者，具有控制网络的功能。所有的电能表作为普通终端节点地位平等，每个节点可以随时加入和离开网络；②网络具有自组织功能，节点开机后就可以快速、自动地组成一个独立的网络；③多跳路由。当无线电能表节点与集中器相距太远，双方都不在相互的信号覆盖范围之内时，电能表和集中器之间通过中继节点进行多跳通信，用中继器扩展网络的覆盖范围。

　　当协调器节点收到远程控制中心的控制指令，通过发出激活命令来激活所有能激活的节点时，因为电能表采集节点的无线通信模块平时处于掉电状态，只有在发生突发事件时主动向协调器报告，所以一般是通过协调器来激活的。网络建立过程已经在 8.4.1 节中说明，下面只给出数据传输流程（如图 8-15 所示）。

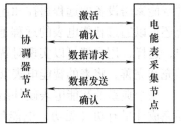

图 8-15　数据传输流程

1）协调器节点发出激活命令。

2）电能表采集节点被激活。

3）每个电能表采集节点分别延长随机时间后，通知协调器节点已被激活。

4）协调器节点建立激活电能表采集节点表邻居表。

5）协调器节点通过该表对激活节点进行通信，有选择的采集某个电度表采集节点的数据，或着根据要求轮流采集表中所有节点的数据。

8.4.3　智能电表简介

智能电表作为电气测试系统中智能电网建设的重要基础设备，是目前众多其他国家智能电网建设的启动项目。

智能电表是安装于电力用户侧的智能终端设备，具有双向通信、采集数据、远程预付费、窃电监测、停电监测、远程维护升级、控制用户设备等作用。其具备的连续通信功能可以用于电力系统中的实时监控，并可以作为需求侧的管理接口，从而实现对需求侧的实时管理控制，同时它良好的双向性，能够保证用户实时掌握用电情况。

智能电表与传统电能表不同，其在传统电能表的基本功能上新增了自动化功能和智能化功能，智能电表内部带有功能较强的微控制器单元，其主要功能如下。

1. 双向计量

计量功能是智能电表的主要功能之一，用户和智能电网之间通过智能电表可以实现双向电能电量传输。随着新能源的不断开发和分布式能源在用户终端的充分利用，用户可以使用自身生产的清洁能源代替电网提供的能源，同时，也可以将自己生成的能源通过智能电表反馈给电网，因此，智能电表不仅可以实现智能电网到用户终端的电量传输，也可以实现用户终端到电网的电能传输。智能电表提供一个入户接口给用户终端，用户终端通过该接口接入智能电网，实现双向计量，因为智能电表内部含有微控制器单元，所以可以精确、可靠、方便地实现智能电网电能管理。智能电表除了可以简单的实现电能的分时管理外，同时还可以清楚的实现用户用电情况的分类。

2. 双向通信

双向通信功能也是智能电表的主要功能之一。智能电网与智能电表之间的数据传输和发送主要通过无线网络通信方式、有线网络通信方式和电力线载波通信方式等远程数据传输技术来完成。因此，作为智能电网的主站——智能变电站，除了能够接收智能电表发送出的用电信息外，还能够通过远程通信向智能电表发送调控信息。未来三网融合的发展，将会为智能电表的通信提供更大的方便。

3. 控制功能

智能电表除了具备传统的电能表和多功能式电能表的基本功能外，还具备了这些电能表所无法企及的对智能家居设备的控制功能，因此，控制功能同时也是智能电表的重要功能之一。智能电表内部的微控制器单元，具有多个强大的 I/O 端口，可以对接更多的外部设备。

通过双向远程通信的功能，用户可以在外地通过移动通信设备或计算机网络实现对家里的各种智能家居设备的远程遥控和遥测。同时，当用户安装了智能安全系统以后，智能化安全系统还可以通过智能电表的远程通信功能，将智能家居设备的报警信息和监控信息发送给用户，这样，用户就可以实现对智能家居设备的异地监控。同时，智能电表的功能也在不断的扩充和完善，将来的智能电表就会成为一个智能化住宅的控制中心。

一个典型的智能电表硬件结构主要包括两部分：计量单元和通信单元。其中计量单元主要完成计量有功（无功）电能量；通信单元是智能电表实现双向交互、采集数据、远程预付费、停电监测、控制用户设备、远程维护升级等功能的基础。其硬件结构如图8-16所示。

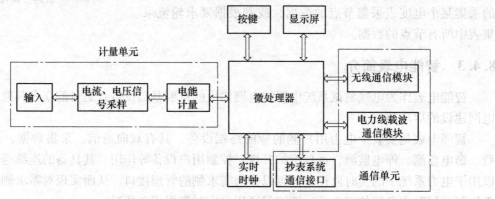

图8-16　典型的智能电表硬件结构

习题与思考

本章主要介绍智能测试系统中的接口总线技术、网络通信技术和远程技术。相关知识点均以介绍为主，深入化工作需要学生进一步学习。

8-1　简述以太网和现场总线网络的区别。

8-2　目前常用的远程数据传输技术主要有哪些？简述各种传输技术的特点。

8-3　简述智能电表的功能。

8-4　试构建生活小区集中电能表抄表系统结构图，并简述系统流程。

第9章 电气测量系统的抗干扰技术

9.1 概述

广义地说，电磁场存在于宇宙中（包括太空、大气层、地球表面及地下）。人类生活在某种特定的电磁环境中，这就是说，任何地方均存在着电磁干扰，这些干扰会影响人们在工作中进行的每一次电量或非电量的测量。问题是人们必须清醒地找出那些影响最大、威胁最严重的电磁干扰源，并对它们进行特定的防范，使之不影响测量结果。为此，人们从不同的侧重点出发，常将干扰源作以下分类。

按其干扰功能可分为有意干扰和无意干扰；按其来源可分为自然干扰源和人为干扰源；按其干扰频域、时域特征可分为连续干扰和瞬态干扰；按其耦合方式可分为传导干扰和辐射干扰。

1. 自然干扰源

自然电磁干扰源是指由于大自然现象所造成的各种电磁噪声。它们主要包括大气层噪声、雷电、太阳异常电磁辐射及来自宇宙的电磁辐射噪声等。

当大气层中发生电荷分离或积累时，都随之会产生充电、放电现象，而导致低压、台风、飞雪、火山喷发、雷电等。雷电是属于最常见的，也是最严重的大气层电磁干扰源。它的闪击电流很大，最大可达兆安培量级，电流的上升时间为微秒量级，持续时间可达几个毫秒乃至几秒，它所辐射的电磁场频率范围大致为10Hz ~ 300kHz，主频在数千赫兹。虽然雷击的直接破坏范围只有几平方米到几十平方米，但是它产生的电磁干扰却能传播很远的距离。

太阳异常电磁辐射噪声是太阳黑子发射出的噪声和太阳黑子增加或活动激烈时产生的磁暴。它与太阳黑子的数量和活动激烈程度密切相关，其干扰信号的频谱通常在数十兆赫兹范围。宇宙辐射干扰源源自银河系及超远星系的高能粒子运动和银河系恒星体上的爆炸现象引起的电磁噪声，其干扰信号的频谱通常在数十兆赫兹到数万兆赫兹的范围。

基于上述这些自然电磁干扰的特点，后两种干扰主要影响宇航、通信、信息图像处理等的电子设备，对工业、民用大部分电气与电子设备而言，需要着重考虑的是雷电干扰。

2. 人为干扰源

人为电磁干扰源来源于各种电气设备，涉及的范围十分广泛。根据这些干扰源的物理性质，可大致分为5类：元器件的固有噪声、电化学过程噪声、放电噪声、电磁感应噪声及非线性开关过程噪声。

1）元器件的固有噪声：所有的电子元器件均存在固有噪声，主要有热噪声（Thermal Noise）、散粒噪声（Shot Noise）、接触噪声（Contact Noise）和爆米花噪声（Popcorn Noise），这些噪声造成的干扰，在处理微弱信号为主以及信号变换为主的通信、宇航、遥感测量、图像信息处理、生物等工程应用中，具有十分重要的影响。

2）电化学过程噪声：在弱信号电路中，由于物理或化学原因造成的干扰源也是必须考虑的，它们主要有原电池噪声、电解噪声、摩擦电噪声和导线移动造成的噪声等。

3）放电噪声：这类干扰源的共同特征是它们起源于放电（Discharging）过程。在一个大气压的空气中，曲率半径较小的两电极之间加上电压，当电压慢慢升高时，最初电流很小（称为暗流），但是，当电极的尖端因局部电场强度达到空气电离的临界值时气体电离，在该尖端附近产生电晕放电，若电压继续加高，则继而形成火花放电，最后过渡到弧光放电。在放电过程中，属于持续放电的有电晕放电和弧光放电，属于瞬态放电的有静电放电和火花放电。这些放电过程产生的放电噪声，通常均会产生电磁干扰，有时对电路、装置造成危害。所以，放电噪声是设计中必须面对的重要干扰源。

4）非线性开关过程噪声。随着电力电子技术的迅速发展，利用各种现代功率半导体快速开关特性构成的各种半导体变流装置，日益广泛地应用于工业、商业、医疗、家电中。它们带来的电磁干扰问题，已引起了人们广泛的关注。虽然这些装置工作频率通常不太高，但它们的功率容量很大，因此造成的电磁干扰常常是很强的，不容忽视。这类装置有关的一些典型噪声源包括功率半导体器件开关过程造成的噪声、整流电路造成的谐波干扰、基于PWM 技术的各种电力电子电路造成的噪声、高频开关电源造成的噪声。

所有的电磁干扰都是由 3 个基本要素组合而产生的。它们是干扰源、对该干扰能量敏感的接收器（即受扰对象）、将电磁干扰源耦合到接收器的媒介（即耦合路径）。

相应地，对抑制所有噪声干扰的方法也应由这三要素着手解决。

干扰源把噪声能量耦合到受扰对象有两种方式：传导方式和辐射方式，如图 9-1 所示。

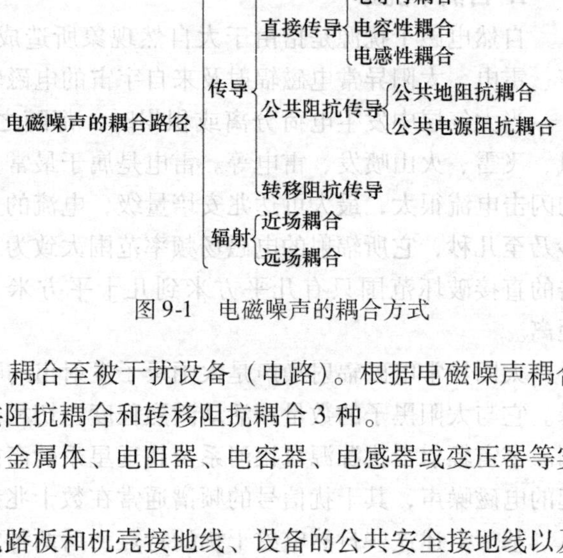

传导耦合是指电磁噪声的能量在电路中以电压或电流的形式，通过金属导线或

图 9-1　电磁噪声的耦合方式

其他元件（如电容器、电感器、变压器等）耦合至被干扰设备（电路）。根据电磁噪声耦合特点，传导耦合可分为直接传导耦合、公共阻抗耦合和转移阻抗耦合 3 种。

直接传导耦合是指噪声直接通过导线、金属体、电阻器、电容器、电感器或变压器等实际元件耦合到被干扰设备（电路）。

公共阻抗传导耦合是指噪声通过印制电路板和机壳接地线、设备的公共安全接地线以及接地网络中的公共地阻抗产生公共地阻抗耦合；噪声通过交流或直流供电电源的公共电源阻抗时，还可能会产生公共电源阻抗耦合。

转移阻抗耦合是指干扰源发出的噪声，不是直接传送至被干扰对象，而是通过转移阻抗将噪声电流（或电压）转变为被干扰设备（电路）的干扰电压（或电流）。从本质上说，它是直接传导耦合和公共阻抗传导耦合的某种特例，只是用转移阻抗的概念来分析比较方便。

辐射耦合是指电磁噪声的能量以电磁场能量的形式，通过空间辐射传播，耦合到被干扰设备（电路）。根据电磁噪声的频率、电磁干扰源与被干扰设备（电路）的距离，辐射耦合可分为远场耦合和近场耦合两种情况。在讨论电气测量系统的抗干扰问题时，绝大多数是

"近场"或感应场的耦合问题。

综上所述，可以把电磁噪声耦合途径归纳为图 9-2。

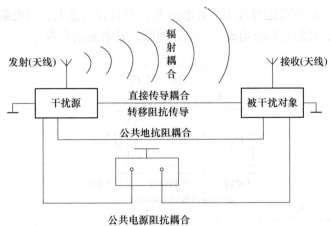

图 9-2　噪声传播途径示意图

严格地说，上述分类并不是绝对的，而是相互联系的。例如，从本质上讲，公共地阻抗耦合是属于电导性直接传导耦合的一种特例。又如，在电容性传导耦合中，若电容为分布电容，而不是人为接的电容器，或在电感性传导耦合中，耦合电感为两电路之间的寄生磁耦合电感——互感，而不是人为接的一个电感器或变压器，则这种所谓直接传导耦合，只是一种等效电路分析的概念，严格地讲，它们的物理本质仍应当属于近区电磁场辐射耦合。

从根本上说，分析任何电路的性能时，最精确的解答应当是解 Maxwell 方程得出的，因为任何路和场的问题均统一在 Maxwell 方程的解答中。这些方程通常是 3 个空间变量（X、Y、Z）和 1 个时间变量（t）的函数。很显然，用这个方法即使解一个最简单的这类问题也是非常复杂的。为了避免这种因过于严格而造成的不必要的复杂性，人们在从事大多数工程设计时，通常均采用人们熟知的近似分析技术——电路分析。

电路分析不考虑空间变量（X、Y、Z），只考虑一个时间变量。但用"电路分析"时必须满足下列 3 个条件：所有电场均集中在电容器中、所有磁场均集中在电感器中、电路的几何尺寸要比噪声波长小得多。这时，原来解分布参数电磁场的问题，可简化成解集中参数的电路问题。幸运的是，在大多数电气测量系统问题中，上述第三点假设是容易满足的。例如，1MHz 信号对应的波长约为 300m，而 300MHz 信号对应的波长约为 1m，所以在进行普通信号测量时，简化成集中参数的电路问题来处理通常是合理的。当然，当噪声频率很高或被分析系统尺寸很大时，可能必须用场的概念进行分析，但是这时往往实际设备的边界条件十分复杂，是很难求解的。

9.2　直接传导耦合

9.2.1　电导性耦合及其干扰抑制技术

电导性直接传导耦合是最简单、最常见，但也是最容易被人们忽视的一种耦合方式。因为，人们往往容易错误地把连接两元件或设备之间的导线、铜排或电缆，当作一个电阻为零的理想导体，或者看成有一定阻值的纯电阻，而没有把它当作一个阻抗元件。事实恰恰相反，当进行测量时，必须考虑导线不但有电阻 R_t，而且有电感 L_t、漏电阻 R_p 以及杂散电容 C_p，如图 9-3 所示，显然它们将构成一个谐振回路，其谐振频率为

$$f_0 = \frac{1}{2\pi \sqrt{L_t C_p}} \tag{9-1}$$

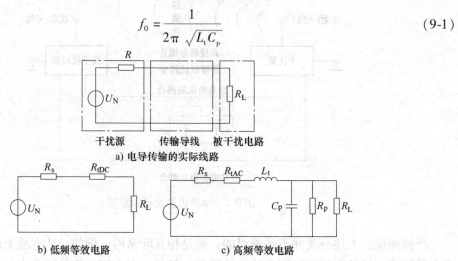

图 9-3　直接电导耦合示意图

以一根直径为 2mm、长度为 10cm、离地高度为 5mm 的铜导线为例，其直流电阻约为 $550\mu\Omega$、等效电感 L_t 约为 $0.46\mu H$、等效杂散电容 C_p 约为 24pF，则谐振频率约为 480MHz，$\left| \omega_0 L_t \right| = \left| \dfrac{1}{\omega_0 C_p} \right| = 1387\Omega$。通常，测试系统工作频率远低于 f_0，因此该导线一般呈感性，即使频率低至 25kHz，感抗仍高达 $15.7m\Omega$，远高于导线自身电阻。值得指出的是，由于趋肤效应，图 9-3 中的等效电阻 R_t 是频率的函数，低频和直流时阻值为 R_{tDC}，高频时为 R_{tAC}。此外，如果噪声是与导线自身谐振频率相接近的高频噪声，或是被测信号为高速高频脉冲序列时，还必须把导线当作传输线来处理。

正因为导线、电缆等连接线具有上述这些复杂性，所以，在一些高精度测量系统中，就不能把它们做简单化或原理性的处理。为此，下面对导线的阻抗做进一步讨论。

1. 导线的直流电阻 R_{DC}

导线的直流电阻 $R_{DC} = \dfrac{\rho l}{A} = \dfrac{l}{A\sigma}$。其中，$l$ 为导线的长度，单位为 m；A 为导线的截面积，单位为 m^2；ρ 为导线的电阻率，单位为 Ω/m；σ 为导线的电导率，$\sigma = \sigma_c \sigma_r$，其中 σ_c 为铜的电导率，σ_r 为其他金属对铜的相对电导率。

2. 导线的交流电阻 R_{AC}

在高频时，由于趋肤效应的作用，导线中流动的电流趋向表面，从导线的表面向里电流按指数分布，即

$$\frac{\mathrm{d}i}{\mathrm{d}x} = i_0 \mathrm{e}^{-\iota/\delta} \tag{9-2}$$

则

$$i = i_0(1 - e^{-t/\delta}) \tag{9-3}$$

式中，i_0 为流过导线的总电流，单位为 A；t 为导体表面向导体中心的距离，单位为 mm；δ 为趋肤深度。

$$\delta = \frac{1}{\sqrt{\pi f \mu \sigma}} = \frac{66}{\sqrt{\mu_r \sigma_r f}} \tag{9-4}$$

式中，μ 为金属的磁导率，$\mu = \mu_c \mu_r$（μ_c 为铜的磁导率，$\mu_c = 4\pi \times 10^{-7} \text{H/m}$；$\mu_r$ 为其他金属对铜的相对磁导率）；f 为频率，单位为 Hz。

根据式（9-4），对于一根直径为 1.6mm 的铜导线，当频率为 10kHz 时，趋肤效应已明显地表现出来了；当频率为 100kHz 以上时，趋肤效应就十分严重了。

在趋肤效应的作用下，高频电流只在靠近导线表面部分流动，所以导线载流的有效截面积 A_{eff} 要比导线本身的截面积小，导致导线的高频电阻（或交流电阻）R_{AC} 要比它的直流电阻 R_{DC} 大，即

$$R_{AC} = R_{DC} \frac{A}{A_{eff}} \tag{9-5}$$

以圆截面导线为例，近似认为电流"均匀"地在离表面深度为 δ 厚度的金属中流动，则 $A_{eff} = \pi D \delta$，其中 D 为导线的直径，这样：

$$R_{AC} = R_{DC} \frac{D}{4\delta} \tag{9-6}$$

若该导线直径为 0.2mm，长度为 10cm，材料为铜，那么当频率低于 1MHz 时，$\delta > 0.67$mm，可以不要考虑趋肤效应，这时导线的直流电阻 $R_{DC} = 55\text{m}\Omega$；频率高于 1MHz 时，该导线的交流电阻值列于表 9-1。

表 9-1　一根长 10cm、直径 0.2mm 铜导线的电阻值

$R_{DC}/\text{m}\Omega$	$R_{AC}/\text{m}\Omega$			
	$< 10^6$ Hz	10^7 Hz	10^8 Hz	10^9 Hz
55	55	137.5	410.4	1370

3. 导线的等效电感 L_t

如前所述，导线存在着等效电感，它对电路中噪声和瞬态信号的影响十分重要，甚至在低频下，一根导线的感抗也可能会大于它们自身的电阻。一根导线的总电感量，等于它的外电感量 L_W 和内电感量 L_R 之和，即 $L_f = L_W + L_R$。内电感是用来描述导体内部磁场效应的，通常要比外电感量小得多，特别在高额时，趋肤效应使电流集中在导线外表流过，这时内电感更小，所以，一根导线的等效电感量通常可用其外电感量决定。

一根直的圆导线，若直径为 D，离参考地平面的高度为 h，且 $h > 1.5D$，则该导线单位长度的外电感为

$$L_W = \frac{\mu}{2\pi} \ln\left(\frac{4h}{D}\right) \tag{9-7}$$

自由空间的磁导率 $\mu = 4\pi \times 10^{-7} \text{H/m}$，代入式（9-7）可得

$$L_W \approx 0.2 \ln\left(\frac{4h}{D}\right) \tag{9-8}$$

表 9-2 列出了一些牌号导线的外电感和直流电阻的数值。这些数值表明，导线越靠近地平面，外电感越小。这是因为，在计算中把地平面当作电流返回电路。当离地平面高度超过几厘米以后，电流流过该导体产生的全部磁通均被导线和地平面构成的回路所包含，这时外电感的大小与该导线在自由空间中的电感值就十分接近了。表 9-2 数据还表明，导线越粗，等效电感越小。但是由于等效电感量与导线直径的倒数的对数值成正比，增加导线的直径，并不能非常有效地减小等效外电感。

表 9-2　圆形导线的外电感和直流电阻值

导线尺寸（AWG）	直径/cm	直流电阻/mΩ·cm⁻¹	电感量/μH·m⁻¹ 离地面的高度 h		
			0.635cm	1.27cm	2.54cm
26	0.041	1.33	0.00827	0.00984	0.0110
24	0.051	0.84	0.00787	0.00906	0.0106
22	0.064	0.53	0.00748	0.00866	0.0102
20	0.081	0.33	0.00669	0.00827	0.00945
18	0.102	0.21	0.00630	0.00787	0.00906
14	0.163	0.08	0.00551	0.00669	0.00827
10	0.259	0.03	0.00472	0.00591	0.00748

9.2.2　电容性耦合及其干扰抑制技术

当干扰噪声源为高压小电流时，它对周围元器件或系统（设备）的干扰，则主要表现为电容性耦合干扰。图 9-4 所示为屏蔽线和附近载流导体之间的互相耦合。

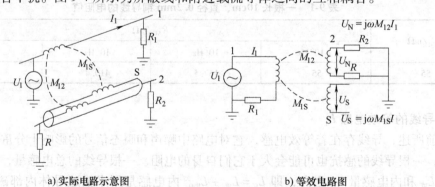

a) 实际电路示意图　　　　　　　　b) 等效电路图

图 9-4　屏蔽线和附近载流导体之间的互相耦合

两个导体之间的电容耦合，可用图 9-5 简单地示意。图中，电容 C_{12} 是导线 1 与 2 之间的杂散电容，电容 C_{1G} 和 C_{2G} 分别是导体 1 和 2 与地之间的总电容（包括杂散电容及外接电容），R 是导体 2 对地外接的电阻。

设加在导体 1 上的电压 U_1 是干扰源，导体 2 为被干扰电路。显然，被干扰电路由于电容耦合，在导体 2 对地之间产生的噪声电压 U_N 可以表示为

$$U_N = \frac{j\omega [C_{12}/(C_{12} + C_{2G})]}{j\omega + 1/R (C_{12} + C_{2G})} U_1 \tag{9-9}$$

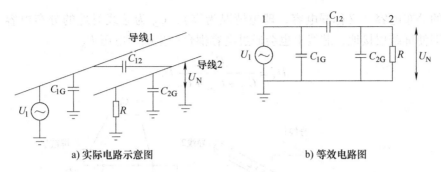

a) 实际电路示意图　　　　　　　　　　　　　　　b) 等效电路图

图 9-5　两个导体之间的电容耦合

通常情况下，$R << \dfrac{1}{j\omega(C_{12}+C_{2G})}$，所以

$$U_N \approx j\omega RC_{12}U_1 \tag{9-10}$$

式（9-10）表明，由电容耦合而产生的噪声电压与干扰源的频率、被干扰电路的输入阻抗、干扰源与被干扰电路之间的杂散电容及噪声电压成正比。若 U_1 和 ω 不变，为了减小电容耦合引起的传导干扰，就必须减小 R 和 C_{12}。R 常常是由电路本身要求所决定的，C_{12} 可以通过增加两导体之间的距离 d 和减小导体本身的直径 D 来实现。

1. 屏蔽对电容耦合的影响

众所周知，削弱电容耦合的有效手段是静电屏蔽。为了说明静电屏蔽对削弱电容耦合的作用，先假设图 9-4 中的 $R \rightarrow \infty$，并对被干扰导体 2 加一层屏蔽层，如图 9-6a 所示，其等效电路如图 9-6b 所示。

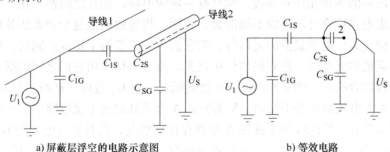

a) 屏蔽层浮空的电路示意图　　　　　　　　　　b) 等效电路

图 9-6　屏蔽层浮空不起屏蔽作用

由图 9-6 可见，屏蔽层上产生的噪声电压为

$$U_S = \left(\frac{C_{1S}}{C_{1S}+C_{SG}}\right)U_1 \tag{9-11}$$

由于 C_{2S} 中无电流流过，所以 $U_N = U_S$。

也就是说，这时被干扰电路虽然加了屏蔽，但屏蔽层没有接地，所以没有屏蔽效果。如果将图 9-6 中的屏蔽层接地，则 $U_S = 0$。如果屏蔽十分理想，即导线 2（芯线）与导线 1 之间漏电容为零，导线 2 上的噪声电压 U_N 也应为零。

实际上，上述理想情况是不可能存在的，因为芯线总是要暴露一些在屏蔽层之外的，相应的等效电路如图 9-7b 所示。图中，C_{12} 为由于芯线 2 超出屏蔽层而引起的导线 1 和屏蔽导线 2 之间的分布电容（又称漏电容，理想情况为零），C_{2G} 为芯线对地的分布电容。在这种情况下，即使屏蔽层接地，芯线上也会通过电容耦合产生噪声电压 U_N

$$U_N = \frac{C_{12}}{C_{12} + C_{2G} + C_{2S}} U_1 \tag{9-12}$$

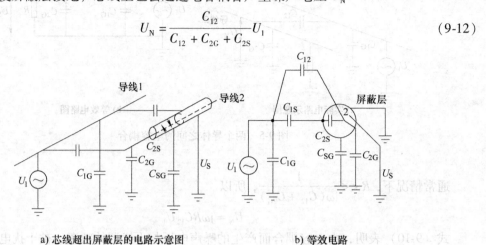

a) 芯线超出屏蔽层的电路示意图　　　　　**b) 等效电路**

图 9-7　芯线超出屏蔽层，源电容 C_{12} 引入电容耦合干扰

由以上分析可见，噪声电压的大小关键取决于 C_{12} 的大小，也就是芯线 2 超出屏蔽层的程度。综上所述，良好的电场屏蔽必须满足下列条件：①露出屏蔽层之外的芯线部分越短越好；②屏蔽层必须良好接地。

2. 测量设备内部各元件间的寄生耦合电容计算

测量设备内部的各种元件和导线，都具有一定的电位，相互之间都存在着分布电容与电容耦合。在考虑电容耦合时不可能不加取舍，否则，将导致问题复杂到无法处理。通常，应当重点考虑电位最高、电场最强的元器件，把它们当作主要的干扰源；同时，应考虑信号最弱或对噪声最灵敏的元器件，把它们当作接收器，然后再估算出它们之间的耦合电容，进而分析它们的电容耦合噪声。图 9-8 所示为对杂散耦合电容 C_m 进行估算的示意图。

图 9-8 中 A 为电场最强的干扰源，X 为距离 A 为 d 处的被干扰电路中的一根导线或一个元件，其立体角为 θ。图 9-8a 为干扰源 A 单独存在的情况，设其静电电容为 C_A。图 9-8b 表示在离 A 的中心为 d 处放一个球形薄壳导体的情况，C_{A1} 为 A 与该薄壳导体的分布电容，C_{A2} 为薄壳导体的静电电容，不难看出，C_A 应等于 C_{A1} 与 C_{A2} 的串联。

$$\frac{1}{C_A} = \frac{1}{C_{A1}} + \frac{1}{C_{A2}}$$

$$Q = C_A U_A = C_{A1}(U_A - U_X) = C_{A2} U_X$$

$$C_m = \frac{\theta}{4\pi} C_{A1}$$

θ：X 的立体角

a)　　　　　　　b)　　　　　　　c)

图 9-8　杂散耦合电容 C_m 的估算示意

如果近似认为被干扰元件 X 的存在并没有改变原来电场分布状态，则可认为 A 与 X 之间的耦合电容 C_m 正比于电力线通过 X 的数目，即

$$\frac{C_m}{C_{A1}} = \frac{通过 X 的电力线数目}{由 A 发出的全部电力线数目} = \frac{\theta}{4\pi} \tag{9-13}$$

因为 A 上的电荷 $= C_A \times$（A 点电位）$= C_{A1} \times$（A 点电位 $-$ X 点电位），所以

$$\frac{C_m}{C_A} = \frac{通过 X 的电力线数目}{由 A 发出的全部电力线数目} \times \frac{A 点的电位}{A 点的电位 - X 点电位} \tag{9-14}$$

实际上 X 的存在会引起电场分布的变化，所以 $C_m = \frac{\theta}{4\pi}C_{A1}$ 只是一个估算值。

从上述讨论中可以看出，利用金属屏蔽体可以对电场起到屏蔽作用，但是屏蔽体的屏蔽必须完善并良好接地，否则金属屏蔽体不起任何作用。

9.2.3　电感性耦合及其干扰抑制技术

最典型的电感性耦合例子是变压器，有用信号和噪声信号均可以通过变压器传输到被干扰电路或系统。但是一般地说，电感性耦合是指干扰源产生的噪声磁场与被干扰回路发生磁通交链，以互感的形式产生传导性干扰，因此电感性耦合也称为磁场耦合。设噪声磁场的磁感应强度为 B，穿过一个闭合面积为 A 的闭合回路，则在该回路中感应出干扰电压 U_N：

$$U_N = -\frac{d}{dt}\int_A B dA \tag{9-15}$$

式中，B 和 A 均为矢量。$\int_A B \cdot dA$ 为磁感应强度 B 在曲面 A 上的曲面积分。

如果该闭合回路固定不变，磁感应强度为正弦波，式（9-15）积分后可得

$$U_N = j\omega BA\cos\theta \tag{9-16}$$

如图 9-9 所示，A 为闭合回路面积，B 为角频率为 ω 的正弦磁感应强度的有效值，U_N 为感应电压的有效值。

这一关系也可以用两个电路之间的互感 M 来表示。如图 9-10 所示，I_1 为干扰电路中流过的电流。

$$U_N = j\omega MI_1 = M\frac{di_1}{dt} \tag{9-17}$$

式（9-16）和式（9-17）是描述两个电路之间磁耦合的基本方程。从这两个方程可见，

图 9-9　噪声磁场在被干扰电路的闭合回路中感应出噪声电压

为了减小感应的噪声电压，必须减小 B、A 或 $\cos\theta$。另外，噪声电压还直接与频率成正比。

1. 屏蔽层和芯线之间的磁耦合

如图 9-11 所示，若一条管状导线中均匀流过轴向电流 I_S，且此管的内径和外径完全同心，那么在管内不存在磁场，只在管外才有磁场。如果将另一导体置于该管状导线的管腔中，如图 9-12 所示，此时管状导线中流过的电流 I_S 所产生的磁通则把这根芯线完全包围了。显然，外面管状导线的自感为

$$L_S = \Phi/I_S \tag{9-18}$$

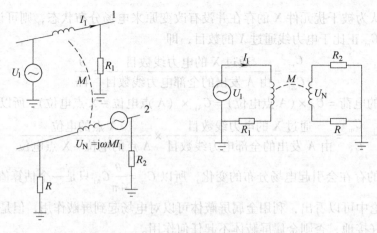

图 9-10　两个电路通过互感产生耦合

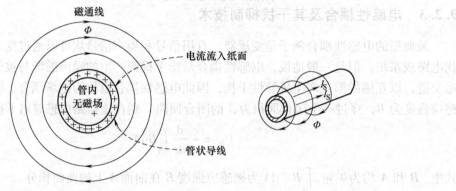

图 9-11　管状导线中电流产生的磁场

内层与外层两导线的互感为

$$M = \Phi / I_S \tag{9-19}$$

因此，在这种情况下，$M = L_S$。

屏蔽线和同轴电缆的情况与上述情况完全类似。值得注意的是，式（9-19）揭示了一个十分重要的人们经常引证的结论：屏蔽层和芯线之间的互感就等于屏蔽层的自感。

当然，只有当屏蔽层流过的电流在屏蔽层内腔中产生的磁场为零时，式（9-19）才成立。这就意味着，屏蔽层的内腔必须是圆柱形的，并且电流密度必须沿其圆周均匀分布，但并不要求与芯线同心。

图 9-13 中 L_S 和 R_S 为屏蔽层的等效电感和电阻，U_S 为由其他电路在屏蔽层上引起的噪声电压。假如屏蔽线的屏蔽层中流过噪声电流 I_S，由此在芯线中因电磁感应而得到的噪声电压为

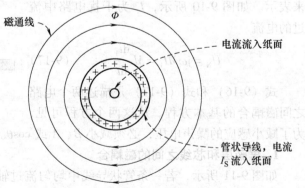

图 9-12　同轴导线中电流产生的磁场

$$U_N = j\omega M I_S \qquad (9\text{-}20)$$

式中，$I_S = \dfrac{U_S}{L_S}\left(\dfrac{1}{j\omega + R_S/L_S}\right)$，所以 $U_N = \dfrac{j\omega M U_S}{L_S}\left(\dfrac{1}{j\omega + R_S/L_S}\right)$。由于 $M = L_S$，则

$$U_N = \dfrac{j\omega}{j\omega + R_S/L_S}U_S \qquad (9\text{-}21)$$

由图 9-14 可见，当 $\omega \geqslant 5R_S/L_S$ 时，$U_N \approx U_S$。

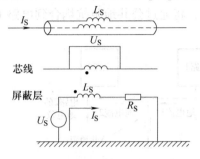

图 9-13　屏蔽导线的等效电路

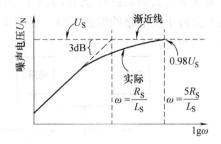

图 9-14　流过屏蔽层的噪声电流，在屏蔽
芯线中因电感耦合产生的噪声电压

2. 屏蔽线与附近载流导线之间的磁耦合

图 9-15a 表示了一条没有接地也没有磁屏蔽的屏蔽线，放在一条载流导线的附近，假设载流导线中流过电流 I_n，其等效电路如图 9-15b 所示，读者可以自行计算屏蔽层对地及芯线输出端对地的感应电压 U_S 及 U_N。

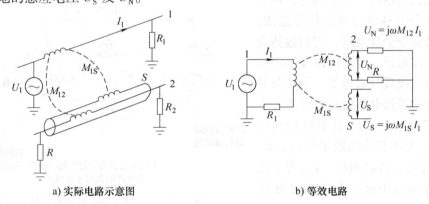

a) 实际电路示意图　　　　　　　　　　　　b) 等效电路

图 9-15　屏蔽线和附近载流导线之间的互感耦合

根据上述讨论，可以设计对抗电感性耦合的对策：①尽可能减小感应回路的面积 S；②增加耦合距离；③采用磁场屏蔽切断磁耦合路径。为了使噪声源的磁场不至于对周围物体产生干扰，就必须将由噪声源产生的噪声磁场削弱到允许的程度，通常可采用高磁导率材料的屏蔽体进行磁屏蔽或采用反向磁场抵消的方法进行磁屏蔽。

9.3　公共阻抗耦合

当干扰源的输出回路与被干扰电路存在一个公共阻抗时，两者之间就会产生公共阻抗耦合。干扰源的电磁噪声将会通过公共阻抗耦合到被干扰电路而产生干扰。公共阻抗耦合主要

包括公共地阻抗耦合和公共电源阻抗耦合。所谓"公共阻抗"常常不是人们故意接入的阻抗，而是由公共地线和公共电源线的引线电感所造成的阻抗和不同接地点间的地电位差造成的寄生耦合，这是讨论公共阻抗耦合的重要立足点。

9.3.1 公共地阻抗耦合及其干扰抑制技术

最简单的公共地阻抗耦合的例子如图 9-16 所示。图中，电路 2 为干扰源的相关电路，电路 1 为被干扰电路的敏感部分。电路 2 的噪声电流，将通过公共地阻抗耦合到电路 1 的输入端，而对电路 1 造成干扰。

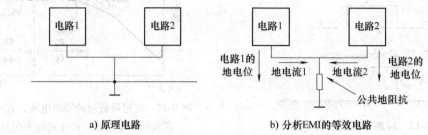

a) 原理电路　　　　　　　　　　b) 分析EMI的等效电路

图 9-16　公共地阻抗耦合示意图

一般地说，所谓公共地阻抗耦合，是指一台电子设备内部的印制电路板上的放大器或数字逻辑电路的信号回路通过公共地线产生的耦合；或者是两台以上的电子设备（系统）之间存在一段公共地线产生的耦合。视具体情况，该公共地线可能是信号地线，也可能是公共安全接地线，它们包括金属接地线、接地板、接地网以及把地线接到公共水管或暖气管道等。分析公共地阻抗耦合的等效电路如图 9-17 所示。

图 9-17 中，U_1 为干扰源的输出噪声电压，Z_{S1} 为干扰源的输出阻抗，Z_{L1} 为干扰源回路的负载阻抗，Z_{C1} 为干扰源回路的连接线阻抗，Z_{S2} 为被干扰电路的输入阻抗，Z_{L2} 为被干扰电路的负

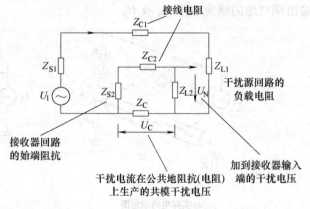

图 9-17　分析公共地阻抗耦合的等效电路

载阻抗，Z_{C2} 为被干扰电路连接线阻抗，Z_C 为两电路的公共阻抗。由图 9-17 可见，干扰源产生的噪声电压 U_1，在干扰源回路中产生驱动电流 I_1，在 Z_C 上建立一个公共阻抗耦合的噪声电压 U_C，从而在被干扰电路中造成干扰。由图 9-17 可得

$$U_N = \frac{Z_{L2} U_C}{Z_{S2} + Z_{C2} + Z_{L2}} = \frac{Z_{L2}}{Z_{S2} + Z_{C2} + Z_{L2}} \times \frac{Z_C U_1}{Z_{S1} + Z_C + Z_{C1} + Z_{L1}} \tag{9-22}$$

通常，$Z_C << Z_{S1} + Z_{C1} + Z_{L1}$，则

$$U_N = \frac{Z_{L2}}{Z_{S2} + Z_{C2} + Z_{L2}} \times \frac{Z_C U_1}{Z_{S1} + Z_{C1} + Z_{L1}} \tag{9-23}$$

由此可得地阻抗耦合系数为

$$G = \frac{U_N}{U_1} = \frac{Z_{L2}}{Z_{S2} + Z_{C2} + Z_{L2}} \times \frac{Z_C}{Z_{S1} + Z_{C1} + Z_{L1}} \tag{9-24}$$

在确定的回路中，Z_{S1}、Z_{L1}、Z_{S2}、Z_{L2} 都是已知的，而连接线的阻抗 Z_{C1} 和 Z_{C2} 可按照 9.2.1 小节中介绍的方法计算得到。因此，只要知道公共地阻抗 Z_C，即可求出公共地阻抗的耦合系数。

9.3.2　公共电源阻抗耦合及其干扰抑制技术

最简单的公共电源阻抗耦合的例子如图 9-18 所示。图中 1 和 2 可能是电路，也可能是一个测量系统或装置；电源可以是公共直流供电电源，也可以是交流供电电源；公共阻抗 Z_{C1}、Z_{C2} 为供电母线的阻抗，如前所述它们通常为感性的。显然，电流 I_1 和 I_2 在公共阻抗 Z_{C1}、Z_{C2} 上产生的压降，将使电路 1 和电路 2 产生耦合。

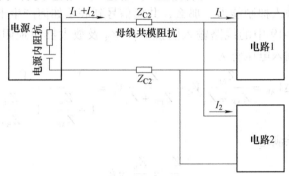

图 9-18　公共电源阻抗耦合示意图

9.4　串、共模干扰及其干扰抑制技术

为了减小传感器的非线性，提高灵敏度，人们在测量时常采用差动结构的传感器，并用差动电桥作为测量电路，图 9-19 所示为这类测量电路的一般结构。

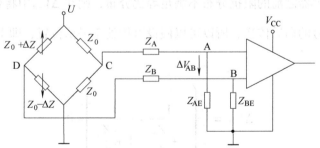

图 9-19　共模信号的产生及共模干扰的形成

电桥的两个输出端 C、D 对地的电位分别为

$$V_C = \frac{1}{2}U \tag{9-25}$$

$$V_D = \frac{Z_0 - \Delta Z}{2Z_0}U = \frac{1}{2}U - \frac{\Delta Z}{2Z_0}U \tag{9-26}$$

由式（9-25）和式（9-26）可以看出，C、D 两点对地的电压都包含共同的对地分量 $\frac{1}{2}U$，这个分量就是共模分量 U_{CM}，U_{CM} 的大小实际上就是当电桥平衡时 C、D 两点的对地电压。所以，共模信号的产生是这类电桥的结构特点所决定的。但放大电桥输出信号的前置放大电路假设为理想的差分放大器，则差分放大器只会放大 C、D 两点的电位差 ΔV_{CD}（假设 ΔV_{CD} 在差分放大器允许的输入电压范围之内），且

$$\Delta V_{CD} = V_C - V_D = \frac{\Delta Z}{2Z_0}U \tag{9-27}$$

ΔV_{CD} 中只包含被测物理量（如位移、温度等）的差分电压信号，也就是说，共模信号分量并不一定就会向后传递，所以不能认为共模信号就必然是干扰信号。

集成运算放大器有限的共模抑制比（CMRR）反映了集成运算放大器由于其内部电路输入失调而削弱其共模输入抑制能力。那么，共模信号到底是如何产生干扰的呢？

此时，如果将图 9-19 中的线路输入阻抗 Z_A、Z_B 及放大器对地阻抗 Z_{AE}、Z_{BE} 也考虑进来，则差分放大器的输入电压将为

$$\Delta V_{AB} = \frac{Z_{AE}}{Z_{AE} + Z_A}V_C - \frac{Z_{BE}}{Z_{BE} + Z_B}V_D = \frac{V_C}{1 + \frac{Z_A}{Z_{AE}}} - \frac{V_D}{1 + \frac{Z_B}{Z_{BE}}} \tag{9-28}$$

式（9-28）中如果满足

$$\frac{Z_A}{Z_{AE}} = \frac{Z_B}{Z_{BE}} = k \tag{9-29}$$

则

$$\Delta V_{AB} = \frac{1}{1+k}(V_C - V_D) = \frac{1}{1+k}\Delta V_{CD} \tag{9-30}$$

这种情况下，ΔV_{AB} 仍与 ΔV_{CD} 成正比，不包含共模分量。更理想的则是 $k = 0$ 或 $Z_B \ll Z_{BE}$，而且电桥输出的信号在传输线路上也没有衰减。

但如果差分放大器之前的阻抗分布不满足等比分布，则在 ΔV_{AB} 中将包含共模信号分量。这里只分析共模信号的向后传递，所以可以假设电桥处于平衡位置，即 $V_C = V_D = \frac{1}{2}U$，可以得到

$$\Delta V_{AB} = \frac{U}{2}\left(\frac{1}{1 + \frac{Z_A}{Z_{AE}}} - \frac{1}{1 + \frac{Z_B}{Z_{BE}}} \right) \neq 0 \tag{9-31}$$

电桥平衡时，图 9-19 可以等效为图 9-20。

由图 9-20 很容易看出，如果 $\frac{Z_A}{Z_{AE}} \neq \frac{Z_B}{Z_{BE}}$，则 $\Delta V_{AB} \neq 0$，集成差分运放的输出也一定不为零。这种现象很类似集成运放的输入失调。实际上，图 9-20 中 $\frac{Z_A}{Z_{AE}} \neq \frac{Z_B}{Z_{BE}}$，反映了集成差分放大器外部输入电路的阻抗不平衡或不对称，对比集成运放内输入失调现象的产生，这种现

象可以视为集成差分运放外部输入电路的输入失调。此时的 ΔV_{AB} 是共模信号 U_{CM} 在两个分压电路中由于分压比不同而形成的电位差，所以共模信号在不平衡的差动放大电路中会演变成串模形式的干扰，这类干扰常称为共模干扰。严格地讲，干扰信号必须与被测量信号串联才能在测量系统的输入得到体现，所以，真正形成干扰的信号都是串模信号。

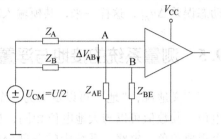

　　从上述分析可知，集成运算放大器外部电路的输入失调是造成共模信号演变为干扰的原因之一，而运放内部输入差分电路的输入失调也是造成共模信号演变为干扰的原因之一，所以，共模干扰的抑制应从差

图 9-20　电桥平衡时的等效电路

分放大电路的整体来考虑，单单靠选用 CMRR 高的集成运放并不能保证由它组成的放大电路也具有同样的 CMRR。

　　放大电路输入阻抗的不平衡容易造成前置放大电路对共模输入抑制能力的下降。所以设计前置放大电路时，应避免不必要的共模信号的产生，如信号输入级电路的多点接地就容易产生额外的共模信号。但类似图 9-20 这样的电路，如果输入阻抗在仔细调整后输入失调仍然客观存在，就需要采用其他方法来补救。图 9-21 给出了一种用缓冲后的共模去驱动输入信号电缆屏蔽层，可以化解外部输入阻抗不平衡导致的输入失调的方法。

　　图 9-21a 中输入信号线对电缆屏蔽层的分布电容用集中电容 C_A、C_B 来表示，并设 $R_A C_A \neq R_B C_B$（实际上就是图 9-20 中 $\dfrac{Z_A}{Z_{AE}} \neq \dfrac{Z_B}{Z_{BE}}$ 的一种常见情形），并假设输入共模为阶跃信号，忽略集成仪表运算放大器极低的输入偏置电流。假如图 9-21 中屏蔽层直接接地，由于充电时间常数 $R_A C_A \neq R_B C_B$，共模阶跃输入在图中 A、B 两点产生的电位会产生一个差模形式的动态误差 Δu_{AB}，如图 9-21b 所示，该误差直接送 AD620 放大。

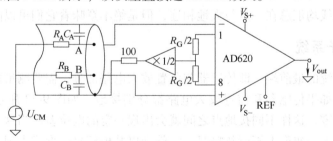

a) 共模分量经缓冲后驱动屏蔽层

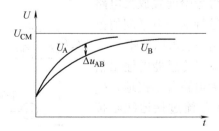

b) 屏蔽层接地时A、B两点的共模阶跃输入响应

图 9-21　共模分量经缓冲后驱动输入电缆屏蔽层化解外部输入阻抗不平衡

但如果屏蔽层采用图 9-21a 的方法用缓冲后的共模分量来驱动，则输入信号中的共模分量与屏蔽层处于等电位，不存在对电容 C_A、C_B 的充放电过程，也就不会出现图 9-21b 中的动态误差 Δu_{AB}，这样一来，共模输入就被基本抑制了。

9.5　测量系统的接地与浮置

广义地说，"地"可以定义为一个等位点或一个等位面。它为电路、系统提供一个参考电位，其数值可以与大地电位相同，也可以不同。正因为"地"在电路系统中充当这样一个重要角色，电路、系统中的各部分电流都必须经"地线"或"地平面"构成电流回路。因此，一个良好的接地系统必须达到下列几个目的：

1）保证接地系统具有很低的公共阻抗，使系统中各路电流通过该公共阻抗产生的直接传导噪声电压最小。

2）在有高频电流的场合，保证"信号地"对"大地"有较低的共模电压，使通过"信号地"产生的辐射噪声最低。

3）保证地线与信号线构成的电流回路具有最小的面积，避免出地线构成"地回路"，使外界干扰磁场穿过该回路产生的差模干扰电压最小；同时，也避免由地电位差通过地回路引起过大的地电流，造成传导干扰。

4）保证人身和设备的安全。

从上述情况可见，对一个设备或系统来说，接地系统就相当于一个建筑物的基础。它对设备或系统的稳定可靠工作关系极大，它不仅关系到设备本身产生的电磁干扰，还关系到该设备或子系统接入整个系统后的抗干扰能力。实践证明，良好的接地系统设计可以解决大部分的设备在现场运行的噪声干扰问题。所以，接地是电气测量系统中最重要的基础技术之一。

按照接地的主要功能划分，接地系统主要分为信号地与安全地。虽然在绝大多数设备或系统中，它们的地线均汇总在一点与大地相连，但是绝不意味着它们可以随意接大地。

9.5.1　信号地子系统

一般在测量系统的最前端，即传感器与前置放大电路部分，需要测量的模拟信号通常在毫伏级甚至更低。如果传感器和前置放大电路都分别接地，如图 9-22 所示，两个接地点之间的阻抗不可能为零，这样不同接地点之间就会出现一定的电位差。当这个电位差与被测量的小信号相比，在大小幅度上不能忽略时，它就会以共模信号的形式表现出来，并耦合到前置放大电路的输入端，这时就得考验前置放大电路的共模抑制能力。但对于大信号特别是电平阈值范围宽的数字电路而言，这种影响一般可以忽略。

图 9-22 中用 U_S 代表电压源型传感器的输出信号，由于在传感器端和前置放大电路分别接地，U_g 代表两个接地点之间由于电流 I_g 流过接地线阻抗 Z_g 而产生的电位差。

差分运算放大器的两个输入端 A、B 对地的电位应该是 U_S 与 U_g 的串联叠加作用的结果。显然，

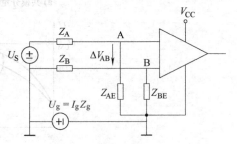

图 9-22　传感器和前置放大器
分别接地示意图

图 9-22 中的共模信号 U_g 的产生与图 9-20 中电桥的输出信号中的共模分量 $U/2$ 的产生性质不同，前者是"意外来客"，后者则属必然。所以应尽可能让图 9-22 中的 U_g 不出现，方法则很简单，就是传感器不接地，只在放大电路环节接地。

　　为了避免因两点接地而造成不必要的共模输入，传感器和前置放大电路一般都只在一侧接地。如果前置放大电路的输入信号线采用带屏蔽层的电缆连接，屏蔽层也应随传感器或前置放大电路一侧接地。

　　如果由于测量的需要，传感器和前置放大电路都必须接地，如图 9-23 所示，那么两个接地点间不可避免会出现电位差 U_g。

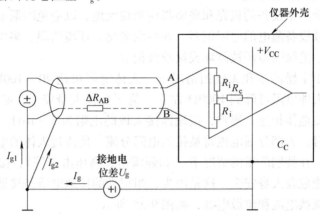

图 9-23　两点接地时屏蔽电缆的接地

　　图 9-23 中的 ΔR_{AB} 代表测量仪器前置放大电路的不平衡输入电阻（综合了信号源、输入信号线和输入运放内部的不平衡电阻），此时屏蔽电缆两端都应接地，这样利用屏蔽层的低阻通路来分流输入信号电缆上的共模电流，可以减小接地电位差在信号电缆上产生的电流 I_{g1}，也就减小了由该电流通过 ΔR_{AB} 而引入的电压降，从而减小了共模干扰。

　　图 9-24 所示的电路，测量电路采用与图 9-23 直接接地不同的浮地设计，这样可以加大电流 I_{g1} 所经回路的阻抗，进一步减小流过 ΔR_{AB} 的电流，这样并联的屏蔽层的分流作用就会得到加强，而共模电位差 U_g 对输入电路的耦合作用就会减小。

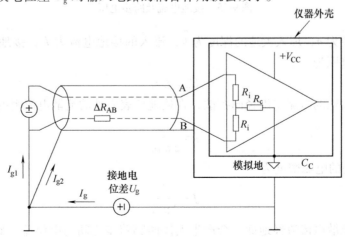

图 9-24　测量仪器内部电路采用悬浮的模拟地

在高电压、强电场的环境中，为了防止外壳因静电感应或漏电而带高压，威胁到人身安全，必须将金属外壳的传感器和测量仪器保护接地。

9.5.2　安全地子系统

在设计一台设备或一个系统时，安全必须放在首位，这包括人身安全以及设备的安全。为此，在设计接地系统时，首先要考虑安全接地，它包括防止设备漏电的安全接地和防止雷击的安全接地两种。

1. 防止设备漏电的安全接地

任何高压电器及电子设备的机壳和底座都应当接大地，以避免因漏电危及人身安全。在工业现场，可能导致设备漏电的原因很多，如绝缘老化、环境潮湿、多尘、有酸碱气体、局部放电使绝缘碳化、绝缘因擦碰被破坏或鼠咬破损等。

人体的皮肤处于干燥洁净和无破损情况下，人体电阻可达 $40 \sim 100 \mathrm{k}\Omega$，当人体处于出汗、潮湿状态时，人体电阻可降到 1000Ω 左右。为了确保人身安全，必须将设备金属外壳或机架与接大地的接地体相连。通常，接地体接大地的电阻为 $5 \sim 10\Omega$。万一设备漏电，当人体接触带电外壳时，大部分漏电流将被接地电阻分流，使流过人体的电流大大减小，保障了人身安全。但是，在特别严重的情况下（如强雷击、高压击穿等），接地电流过大时，上述接地系统仍旧可能危及人身安全。这是因为，当很大的接地电流经接地棒流入大地时，在接地棒周围会产生流散电流和流散电场，如图 9-25 所示。

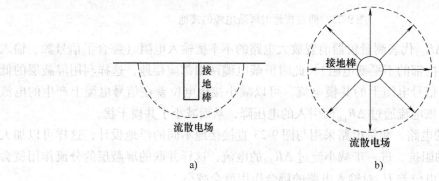

图 9-25　接地电流及跨步电压

设接地棒半径为 a，埋入大地的深度为 h，流入的接地电流为 I_0，接地电阻为 r_0，则在接地棒处产生的电压为

$$U_0 = I_0 r_0 \tag{9-32}$$

这时，流入大地的电流将沿径向扩散，在接地棒表面处的流散电流密度为

$$J = \frac{I_0}{2\pi a h} \tag{9-33}$$

则距中心半径 r 处的电流密度为

$$J = \frac{I}{2\pi r h} \tag{9-34}$$

由此可见，流散电流流经地面，会产生人体两脚跨步之间的电位差（跨步电压）。若接地电流太大，这个跨步电压也可能导致人体触电；而对设备和系统而言，"跨步电压"可能

导致连接于两地的设备与系统损坏或受干扰。所以,通常在安全接地的地电流回路中,串联一台相应的保护电器设备,进行限流或保护。

2. 防雷安全接地

防雷击是电气和电子设备以及人身安全防护的重要内容之一,也是抗干扰设计中必须考虑的重要问题之一。防雷接地的目的是将雷电电流引入大地,保护设备和人身安全。

从防雷安全保护的观点出发,特别关心的是防止直接雷击——即云层与地面之间发生的放电过程。众所周知,防止雷击的措施,通常是采用避雷针,雷击电流将沿避雷针下引导体流入大地。若避雷针离地面高度为 h,则它的防雷保护面积为 $9\pi h^2$。实验数据表明,接地电阻为 10Ω 左右,就可以保证在上述保护面积内的建筑物、变压器、输电线、输电塔及其他露天设施得到保护。

但是,在设计防雷安全接地时,仅仅考虑到直接雷击的直接保护还是不够的,还必须注意防护雷击接地瞬态电流通过避雷针下引导体所产生的瞬态高压可能对它周围的物体、设备或人体造成的间接伤害。下面举一个实例说明这个问题的危害:设避雷针下引接地导体的直径为 $0.894cm$,长为 $30m$,其直流电阻为 $8.64m\Omega$,引线电感为 $52.5\mu H$。若它遭到直接雷击,其一次典型闪击的电流峰值为 $20kA$,上升时间为 $1\mu s$,则它在该下引接地导体直流电阻分量上建立的瞬态峰值电压仅为 $(20 \times 10^3) A \times (8.64 \times 10^{-3}) \Omega = 173V$,还不算太高,无碍大局。但是,它在电感分量上产生的瞬态电压 U_L 就十分危险了。因为这时

$$U_L = L\frac{\mathrm{d}i}{\mathrm{d}t} = 52.5 \times 10^{-5} \times \frac{20 \times 10^3}{1 \times 10^{-6}}V = 1.05 \times 10^6 V \tag{9-35}$$

这样高的瞬时电压足以使离下引导体半径 $35\ cm$ 以内的任何物体产生击穿。为此,在考虑防雷接地时,离下引导体 $35cm$ 以内的所有金属导体都应与下引导体良好搭接以保持同电位。

习题与思考

本章主要针对电气测试过程中各种内外干扰因素,进行电气特性分析和抗干扰技术的介绍。

9-1 电气测量系统中主要的干扰源有哪些?

9-2 电磁干扰的三要素是什么?

9-3 电磁噪声耦合的方式有哪些?

9-4 针对电容性耦合的对策有哪些?

9-5 电感性耦合产生的原因是什么?减小电感性耦合的措施有哪些?

9-6 如何理解放大器输入信号的共模干扰?

9-7 简述公共阻抗耦合产生的原因。

9-8 正确描述"地"的意义。

第 10 章 电气测试安全技术

任何测量工作都包括三个元素：测量对象、测量技术（工具、仪器仪表等）和测量人员。电气测量工作中存在着两个非常重要的安全因素：测量对象对测量人员的安全威胁和测量过程中测量人员对测量对象的影响甚至是破坏。任何测量方法、测量仪表、测量步骤及测量人员的不当操作，都可能造成不可估量的损失。

在电气参数的测量过程中，由于被测对象及其电气系统增加了额外的测量回路，被测对象的大电流或高电压信号就增加了一个能量传递或释放的通道，任何测量的不当因素就可能伤及操作人员、损坏测量设备，甚至是毁损整个测量环境，也直接导致被测对象及其电气系统发生故障、损坏以及毁灭。从另一个层面来看，测量设备由于操作人员的任何失误，会影响弱小被测对象的正常状态。简单地说，万用表电流挡选择不当，测量大信号时被烧坏的现象时有发生；而直接用万用表测量微小电阻所得到的数据也是不可信的。

本章主要介绍电气参数测量过程中的安全知识、安全要求以及安全测试技术。

10.1 安全测量知识

10.1.1 电流对人体的作用及影响

安全用电，是指电气工作人员、生产人员以及其他用电人员，在既定环境条件下，采取必要的措施和手段，在保证人身及设备安全的前提下正确使用电力。所以用电安全包括人身安全和设备安全。

人身安全是指人在用电过程中避免触电事故的发生。触电事故在电气事故中最为常见。触电主要是电流对人体造成的危害，如果不注意安全用电，就会发生触电事故。

为预防触电事故的发生，应该了解几种常见的触电形式和人体对电流的反应。

1. 触电原因

人体是导电体，因触及带电体而承受过高的电压，就有电流通过，就会受到不同程度的伤害。即外部电流流经人体，造成人体器官组织损伤乃至死亡，称为触电。触电原因主要有6 种：①缺乏用电常识，触及带电的导线；②没有遵守操作规程，人体直接与带电体部分接触；③由于用电设备管理不当，使绝缘损坏，发生漏电，人体碰触漏电设备外壳；④高压线缆落地，造成跨步电压引起对人体的伤害；⑤检修中，安全组织措施和安全技术措施不完善，接线错误，造成触电事故；⑥其他偶然因素，如人体受雷击等。

2. 触电形式

触电对人体的伤害程度与通过人体的电流大小、通电时间、电流途径及电流性质等有关。触电形式有以下 4 种：

1）单相触电。如图 10-1 所示。人体的一部分在接触一根带电相线的同时，另一部分又与大地（或零线）接触，电流从相线流经人体到地（或零线）形成回路，称为单相触电。

在触电事故中，发生单相触电的情况很多，如检修带电线路和设备时，不作好防护或接触漏电的电器设备外壳及绝缘损伤的导线都会造成单相触电。

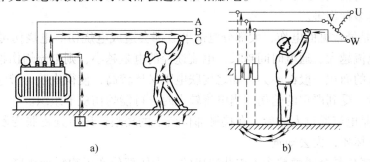

图 10-1　单相触电

2）两相触电。如图 10-2 所示。人体的不同部位同时接触两根带电相线时发生的触电。这时不管电网中心是否接地，人体都在电压作用下触电，因电压高，危险性很大。

3）跨步电压触电。如图 10-3 所示。电器设备发生对地短路或电力线缆断落接地时都会在导线周围地面形成一个强电场，其电位分布是以接地点为中心向外扩散，逐步降低，构成电位分布区域，越接近中心，地面电位也越高。电位分布区域一般在 15 ~ 20m 的半径范围内。当人畜跨进这个区域时，两脚之间出现的电位差称为跨步电压。在这种电压作用下，电流从接触高电位的脚流进，从接触低电位的脚流出，从而形成触电。此时人应该将双脚并在一起或用单脚着地跳出危险区。

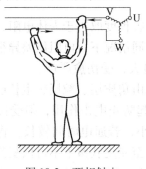

图 10-2　两相触电

图 10-3　跨步电压触电

4）悬浮电路上的触电。市电通过有一、二次绕组互相绝缘的变压器后，从二次侧输出的电压零线不接地，相对于大地处于悬浮状态，若人站在地面上接触其中一根带电线，一般没有触电感觉。但在大量的电子设备中，如收、扩音机等，它是以金属底板或印制电路板作公共接"地"端，如果操作者身体的一部分接触底板（接"地"点），另一部分接触高电位端，就会造成触电。所以在这种情况下，一般都要求单手操作。

3. 电伤与电击

触电时电流对人体会造成不同程度的损害，归结起来有两类：①电伤；②电击。

（1）电伤　电伤是指电流对人体外部造成的局部伤害，它是由于电流的热效应、化学效应、机械效应及电流本身的作用，使熔化和蒸发的金属微粒侵入人体，皮肤局部受到灼伤、烙伤和皮肤金属化的损伤，严重的会致人死亡。

电伤属局部性伤害，危险程度取决于受伤面积、受伤深度、受伤部位等因素。它会在机体表面留下明显的伤痕，且其伤害作用可能会深入体内。电伤包括电烧伤、电烙印、皮肤金属化、电光眼等多种伤害。

1）电烧伤是最常见的电伤，大部分电击事故都会造成电烧伤。电烧伤可分为电流灼伤和电弧烧伤。电流越大、通电时间越长，电流途径的电阻越小，则电流灼伤越严重。由于人体与带电体接触的面积一般都不大，加之皮肤电阻又比较高，使得皮肤与带电体的接触部位产生较多的热量，受到严重的灼伤。当电流较大时，可能灼伤皮下组织。

2）电烙印是电流通过人体后，在接触部位留下的斑痕。斑痕处皮肤变硬，失去原有弹性和色泽，表层坏死，失去知觉。

3）皮肤金属化是金属微粒渗入皮肤造成的。受伤部位变得粗糙而张紧。皮肤金属化多在弧光放电时发生，而且一般都伤在人体的裸露部位。当发生弧光放电时，与电弧烧伤相比，皮肤金属化不是主要伤害。

4）电光眼表现为角膜和结膜发炎。在弧光放电时，红外线、可见光、紫外线都可能损伤眼睛。对于短暂的照射，紫外线是引起电光眼的主要原因。

（2）电击　电击是电流通过人体，机体组织受到刺激，肌肉不由自主地发生痉挛性收缩造成的伤害。这种伤害会造成全身发热、发麻、肌肉抽搐、神经麻痹，会引起室颤、昏迷，以致呼吸窒息、心脏停止跳动而死亡。

数十毫安的工频电流即可使人遭到致命的电击，电击致伤的部位主要在人体内部，而在人体外部不会留下明显痕迹。

4. 人体对电流的反应

人体对电流的反应非常敏感，触电时电流对人体的伤害程度取决于人体电阻，人体电阻包括皮肤电阻和人体内部电阻。人体电阻不是常数，在不同情况下，电阻值差异很大，通常在 $10 \sim 100\text{k}\Omega$ 之间。人体电阻愈小，触电时通过的电流愈大，受伤愈严重。

人体皮肤由表皮、真皮和皮下层组成。最外层表皮又由角质层、粒层、生长层组成。其中角质层在干燥时，电阻率 $\rho = 0.15 \sim 10\text{M}\Omega \cdot \text{cm}$，故可起防止电击作用，但受接触电压的影响最大。一般情况下，皮肤电阻为干燥时的 1/10 或更小，若通电时间较长，将引起皮肤发热和电解，使皮肤电阻随着通电时间的增加而下降，甚至使皮肤留下不可恢复的烧伤。

人体内部电阻由人体内部组织、血液、骨骼组成。由于血液、脂肪、器官等大量的蛋白分子，水含量可达体重的 70%，所以人体内部电阻的导电性能好。脂肪、骨骼、神经电阻较小，肌肉电阻最小。如果皮肤角质层损坏，人体电阻可降至 $0.8 \sim 1\text{k}\Omega$。在这种情况下接触带电体，最容易带来生命危险。

国际电工委员会表明，人体内部电阻的平均值大约是 $0.5\text{k}\Omega$，至于人体的皮肤电阻，在不同状态下，接触不同电压时，通过人体的电流也不同。例如，皮肤完全干燥时，触及 10V 电压，测出皮肤电阻 $7\text{k}\Omega$；触及 100V 电压，测出皮肤电阻 $3\text{k}\Omega$。皮肤湿透时，触及 10V 电压，测出皮肤电阻 600Ω；触及 100V 电压，测出皮肤电阻 460Ω。

人体电阻是变化的，皮肤愈薄、愈潮湿，电阻愈小；皮肤接触带电体面积愈大，靠得愈紧，电阻愈小。若通过人体的电流愈大，电压愈高，时间愈长，电阻也愈小。人体电阻还受身体健康状况和精神状态的影响。如体质虚弱、情绪激动、醉酒、出汗等会使人体电阻急剧下降。

人体是一个非常复杂的生物电系统，如处在强大磁场或微波辐射环境中，又缺乏防护，轻则引起各种病理反应，如头晕、心神不安，心率加快，重则引起疾病。如纺织时，由于静电感应，引起粘纱，使工人精神紧张。人通过特高压输电线地段，可能有异常感觉。但总体上导致人体生理组织损伤的电流作用主要有三点：

1）电热作用——电流通过任何物体都要发热，称为电流的热效应。电流通过组织时，一部分电能转化为热能，可引起烧伤、炭化。炭化后电阻显著降低，通过的电流更强。因此触电时间越长，机体的损伤就越严重。如果局部的温度过高，还可以使体液变为蒸气。

2）电解作用——电流通过可导电的液体时，可以使液体内的化合物电解。水是氢氧化合的物质，在电流作用下，在阳极产生氧的气泡，在阴极出现氢的气泡。在人体组织内，电流的电解作用也产生气泡，也同样会使化合物分解，如皮脂可以分解为脂肪酸。

3）电机械作用——电流作用时产生的蒸气或气体，以及电能转变为机械能的过程中，引起组织的机械性损伤，如伤口的形成和骨小梁的折断等。

5. 电流对人体的伤害

（1）不同强度的电流对人体的伤害　不同强度的电流会引起人体不同的反应。按习惯，人们通常把电击电流分为感知电流、反应电流、摆脱电流和心室纤颤电流。流过身体的电流，取决于外加电压以及电流进入和流出身体两点间的人体阻抗，流过身体的电流越大，人体的生理反映越强烈，生命危险就越大。大量实践告诉我们，以毫安（mA）计量，不同强度的电流对人体的伤害程度如下。

人体上通过 1mA 工频交流电或 5mA 直流电时，就有麻、痛的感觉。

人体上通过 10mA 左右的电流时，自己尚能摆脱电源。从安全角度考虑，规定男子的允许摆脱阈值电流为 9mA，女子为 6mA。

人体上通过 20~25mA 的电流时，一般不会直接引起心室颤动或心脏停止跳动。但如时间较长，仍可导致心脏停止跳动。这种情况主要是由于呼吸中止，导致机体缺氧引起的，当通过人体的电流超过数安时，由于刺激强烈，也可能先使呼吸中止，进而还可能导致严重烧伤甚至死亡。

超过 50mA 的工频交流电流通过人体，一般既可能引起心室颤动或心脏停止跳动，也可能导致呼吸中止。前者的出现比后者早得多，即前者是主要伤害。

若工频 100mA 的电流通过人体，则会造成窒息，心脏停止跳动，直至死亡。

电休克是机体受到电流的强烈刺激，发生强烈的神经系统反射，使血液循环、呼吸及其他新陈代谢都发生障碍，以致神经系统受到抑制，出现血压急剧下降、脉搏减弱、呼吸衰竭、神志昏迷的现象。电休克状态可以延续数十分钟到数天。其后果可能是得到有效的治疗而痊愈，也可能由于重要生命机能完全丧失而死亡。

人体遭受电击后，引起心室纤颤概率大于 5% 的极限电流，称作心室纤颤阈值，习惯上也叫心室纤颤电流。大量的试验表明，当电击时间小于 5s 时，或可救；当电击时间大于 5s、电击电流大于 30mA 时，就有发生心室纤颤的危险。

（2）不同电压的电流对人体的伤害　人体接触的电压愈高，通过人体电流愈大，对人体伤害愈严重。在触电的实际统计中，有 70% 以上是在 220V 或 380V 交流电压下触电死亡的。大量实践发现，36V 以下电压，对人体没有严重威协，所以把 36V 以下电压规定为安全电压。

安全电压是加在人体上一定时间内不致造成伤害的电压。我国对安全电压等级的规定为，50～500Hz 的交流电压 36V、24V、12V、6V，直流电压 48V、24V、12V、6V，高温，潮湿场所使用 12V 安全电压。

从安全角度看，确定人体触电的安全条件通常不采用安全电流而是用安全电压，因为影响电流变化的因素很多，而电力系统的电压是较为恒定的。电压对人体的影响及允许接近的最小安全距离如表 10-1 所示。

表 10-1　电压对人体的影响与允许接近的最小安全距离

接触时的状况		可接近的距离/m	
电压/V	对人体影响	电压/kV	设备运行时的安全距离
10	全身在水中时跨步电压界限 10V/m	10 及以下	0.7
20	湿手的安全界线	20～35	1.0
30	干燥手的安全界线	44	1.2
50	对人的生命无危险的界线	60～110	1.5
100～200	危险性急剧增大	154	2.0
200 以上	对人的生命发生威胁	220	3.0
300	被带电体吸引	330	4.0
1000 以上	有被弹开脱险的可能	500	5.0

（3）不同频率的电流对人体的伤害　直流电对血液有分解作用，但触电危险性随频率的不同也是不同的，25～300Hz 的交流电对人体的伤害远大于直流电。同时对交流电来说，当低于或高于以上频率范围时，它的伤害程度会显著减轻。

（4）电流的作用时间与人体伤害的关系　电流通过人体的持续时间以毫秒（ms）计量。电流作用于人体的时间愈长，人体电阻因出汗等原因变得愈小，则通过人体的电流愈大，对人体的伤害就愈严重。如工频 50mA 交流电，若作用时间不长，还不至于死亡；若持续数十秒，必然引起心脏室颤，心脏停止跳动而致死。

另一方面，人的一个心脏搏动周期（约为 750ms）中，有一个 100ms 的易损伤期，这段时间对人的伤害较为严重，会造成很大的危险。即电流持续时间的长短和心室颤动有密切的关系。从现有的资料来看，最短的电击时间是 8.3ms，超过 5s 的很少。从 5～30s，引起心室颤动的极限电流基本保持稳定，并略有下降。

（5）电流通过不同途径对人体的伤害　电流通过心脏、脊椎和中枢神经等要害部位时，电击的伤害最为严重。因此从左手到胸部以及从左手到右脚是最危险的电流途径。从右手到胸部或从右手到脚、从手到手等都是很危险的电流途径，从脚到脚一般危险性较小，但不等于没有危险。例如由于跨步电压造成电击时，开始电流仅通过两脚间，电击后由于双足剧烈痉挛而摔倒，此时电流就会流经其他要害部位，同样会造成严重后果；另一方面，即使是两脚受到电击，也会有一部分电流流经心脏，这同样会带来危险。

电流通过头部使人昏迷；通过脊髓可能导致肢体瘫痪；若通过心脏、呼吸系统和中枢神经，可导致神经失常、心跳停止、血循环中断。可见，电流通过心脏和呼吸系统，最容易导致触电死亡。

（6）电流对不同人体的伤害　电流对人体的作用，女性比男性更敏感，女性的感知电流和摆脱电流约比男性低三分之一。由于心室颤动电流约与体重成正比，因此小孩遭受电击比成人危险。

10.1.2　安全用电标志

统一明确的用电标志是保证用电安全的一项重要措施。据统计，不少电气事故完全是由于标志不统一而造成的。如由于导线的颜色不统一，误将相线接到设备的机壳等。

标志分为颜色标志和图形标志。颜色标志常用来区分各种不同性质和用途的导线，或用来表示安全程度。图形标志则告诫人们不要去接近有危险的场所。为保证安全用电，必须严格按有关标准使用颜色标志和图形标志。我国安全色标采用的标准与国际标准相同。一般采用的安全色有以下几种：

1）红色：用来标志禁止、停止和消防，如信号灯、信号旗、机器上的紧急停机按钮等都是用红色来表示"禁止"的信息。

2）黄色：用来标志注意危险。如"当心触电"、"注意安全"等。

3）绿色：用来标志安全无事。如"在此工作"、"已接地"等。

4）蓝色：用来标志强制执行，如"必须带安全帽"等。

5）黑色：用来标志图像、文字符号和警告标志的几何图形。

按照规定，为便于识别，防止误操作，确保运行和检修人员的安全，采用不同颜色来区别设备特征。如电气母线，A 相为黄色，B 相为绿色，C 相为红色，明敷的接地线涂为黑色。在二次系统中，交流电压回路用黄色，交流电流回路用绿色，信号和警告回路用白色。

图形标志一般比较醒目，在有些规定的电工操作场合、高压区域或大功率电流设备的周围都会有明确的警示标志和警示文字。如图 10-4 所示。

图 10-4　部分警示图形标志

10.1.3　电气故障诱发因素

导致电气设备发生电气故障而引起危险的因素有很多，严重设备故障导致的结果是电气火灾，由火灾造成的损失将无法估量。

电气火灾有一种前兆，即电线或电器因过热会首先烧焦绝缘材料或线缆外皮，散发出一种烧胶皮、烧塑料的难闻气味。当闻到此气味时，应立即拉闸停电，直到查明原因，妥善处理后，才能合闸送电。

导致电气故障的因素中，排除人为因素（如大意、不遵守操作规程或管理规范等）外，容易被忽视的因素有：

1）绝缘材料失效。绝缘材料失效或老化过程由所使用的电气设备的电特性、运行环境和维护条件所决定。长时间的高负荷运行、高温环境的连续运行以及维护失效等都会使绝缘材料失效或降低绝缘等级。忽视这一因素就会产生安全隐患。

2）保护材料破损。根据电气设备的安装环境、运行环境或使用条件，都会有一定的保护措施，典型的是电源插座和线缆防护外套。众所周知，市网电器均为 220V 交流电压供电，但电器外壳多采用金属材料，涉及电器设备的落地安装和可移动性问题，一般配置 2 相 3 线型插座，多出 1 根保护地线。若使用 2 相 2 线型插座，就有安全隐患。

保护外套很重要，忽视保护外套，导致的安全隐患是最严重的。例如动力线缆，外置于露天环境的动力线缆如果在齿类小动物（老鼠）的活动范围内，其外层绝缘材料必被咬破，一旦人手触之，就会引起触电。

3）电磁感应。由于绝大多数电路中都有电容或电感等储能元件，当电路工作点设置在一定频带时，外界的电磁干扰很可能会诱使电路工作或造成误触发。由电磁感应诱发的事故时有发生，诱发来源较多，如手机。

手机产生的电磁干扰实际上是一种高频电磁波，当电磁波的能量达到一定能量时，形成电磁辐射。无线电装置、高频热合机、高频淬火装置、高频焊接装置、某些电子装置附近可能存在超标准的电磁辐射。

人体会吸收辐射能量，在一定强度的高频电磁波照射下，人体所受到的伤害主要表现为神经衰弱等症状，还有头痛、多汗、食欲不振、心悸等。在超短波和微波电磁场的照射下，除神经衰弱症状加重外，还表现出比较明显的心血管系统症状，如心动过缓或心动过速、血压降低或血压增高、心悸、心区有压迫感、心区疼痛等。这时，心电图、脑电图、脑血流图也有某些异常反应。微波电磁场可能损伤眼睛，导致白内障。电磁波对人体的伤害具有滞后性和积累性的特点，并可能通过遗传因子影响到后代。

电磁辐射危害主要包括：

- 电磁场强度越高，伤害越严重。
- 电磁波频率越高，伤害越严重；脉冲波比连续波伤害严重。
- 连续照射时间越长、累计照射时间越长，伤害越严重。
- 环境温度越高或散热条件越差，伤害越严重。
- 电磁辐射对女性和儿童的伤害较严重；人体被照射面积越大，伤害越严重；人体血管较少的部位传热能力较差，较容易受到伤害。

射频电磁波泛指频率在 100kHz 以上的电磁波。射频危害还表现为高频感应。感应电压可能给人以明显的电击，还可能与邻近导体之间发生火花放电，带来引燃危险。高频电磁波可能干扰无线电通信，还可能降低电子装置的质量或影响电子装置的正常工作。

4）尖峰电压：一种不可避免的危险。随着配电系统和负载变得日益复杂，发生瞬时过电压的可能性也增加了。电机、电容器和功率转换设备（如变速驱动器）是产生尖峰电压的主要因素。雷电击中室外的输电线路也会引起极危险的高能瞬变。如果正在对电气系统进行测量，那么这样的瞬变基本上是一种无法避免的危险。它们会在低压电源电路中定期发生，峰值可能会达到数千伏。在这些情况下，需要依靠测试仪中内置的安全功能来保证人身安全。电压额定值本身不会说明测试仪的设计是否可免于受到高瞬变冲击电压的影响。

有关尖峰电压所带来的安全危险的最初线索来自对电气铁路供电母线的测量应用。标称母线电压仅为 600V，但额定值达 1000V 的多块仪表在列车运行过程中进行测量时仅能维持几分钟时间。密切的观察标明，列车在停止和起动时会产生 10 000V 的尖峰电压，这些瞬变电压对早期的万用表输入电路造成了很大破坏，这一教训也引发了万用表输入保护电路的显著改进。

5）静电感应。人类对电磁感应以及电磁兼容性的研究已经成为常态化工作，但是静电的产生以及可能会随时发生的静电感应现象却非常容易被忽视。

①术语及定义：

● 静电——物体表面过剩或不足的静止的电荷。

● 静电场——静电在其周围形成的电场。

● 静电放电——两个具有不同静电电位的物体，由于直接接触或静电场感应引起两物体间的静电电荷的转移。静电电场的能量达到一定程度后，击穿其间介质而进行放电的现象就是静电放电。

● 静电敏感度——元器件所能承受的静电放电电压。

● 静电敏感器件——对静电放电敏感的器件。

● 接地——电气连接到能供给或接受大量电荷的物体，如大地、船等。

● 中和——利用异性电荷使静电消失。

● 防静电工作区——配备各种防静电设备和器材，能限制静电电位，具有明确的区域界限和专门标记的适于从事静电防护操作的工作场地。

②静电的产生：

● 摩擦——在日常生活中，任何两个不同材质的物体接触后再分离，即可产生静电，而产生静电的最普通方法，就是摩擦生电。材料的绝缘性越好，越容易摩擦生电。另外，任何两种不同材质的物体接触后再分离，也能产生静电。

● 感应——针对导电材料而言，因电子能在它的表面自由流动，如将其置于一电场中，由于同性相斥、异性相吸，正负离子就会转移。

● 传导——针对导电材料而言，因电子能在它的表面自由流动，如与带电物体接触，将发生电荷转移。

③静电对电子工业的影响：

集成电路元器件的线路缩短，线路面积减小，耐压降低，使得元器件耐静电冲击能力减弱，静电电场（Static Electric Field）和静电电流（ESDcurrent）成为这些高密度元器件的致命杀手。同时大量的塑料制品等高绝缘材料的普遍应用，导致产生静电的机会大增。日常生活中如走动、空气流动、搬运等都能产生静电。人们一般认为只有 CMOS 类的晶片才对静电敏感，实际上，集成度高的元器件电路对静电都很敏感。

④静电对电子元件的影响：

● 静电吸附灰尘，改变线路间的阻抗，影响产品的功能与寿命。

● 因电场或电流破坏元件的绝缘或导体，使元件不能工作（完全破坏）。

● 因瞬间的电场或电流产生的热，使元件受伤，虽能工作，但寿命受损。

⑤静电损伤的特点：

● 隐蔽性——人体不能直接感知静电，除非发生静电放电；但发生静电放电，人体也不一定能有电击的感觉，这是因为人体感知的静电放电电压为 $2 \sim 3kV$。

● 潜伏性——有些电子元器件受到静电损伤后性能没有明显的下降，但多次累加放电会给器件造成内伤而形成隐患，而且增加了器件对静电的敏感性，一旦产生问题便无任何方法可治愈。

●随机性—— 一个元件从出厂后一直到损坏前的所有过程都受到静电的威胁，而这些静电的产生也具有随机性。由于静电的产生和放电都是瞬间发生的，极难预测和防护。

●复杂性——因电子产品精细、微小的结构特点而费时、费事、费钱，要求较复杂的技术往往还需要使用扫描电镜等精密仪器，即使如此，有些静电损伤现象依然难以与其他原因造成的损伤相区别，使人误把静电损伤失效当作其他失效，并将其归咎于过期失效或情况不明的失效，不自觉地掩盖了失效的真正原因。

●严重性——静电电流 ESD 问题表面上看来只影响了制成品的商家，但实际上亦影响了制成品的制造商，包括这些企业的声誉。

⑥静电在工业生产中造成的危害：

其一，静电放电（ESD）造成的危害：

●引起电子设备的故障或误动作，造成电磁干扰。

●击穿集成电路和精密的电子元件，或者促使元件老化，降低生产成品率。

●高压静电放电造成电击，危及人身安全。

●在多易燃易爆品或粉尘、油雾的生产场所极易引起爆炸和火灾。

其二，静电引力（ESA）造成的危害：

●电子工业：吸附灰尘，造成集成电路和半导体元件的污染，大大降低成品率。

●胶片和塑料工业：胶片或薄膜收卷不齐；胶片、CD 塑盘沾染灰尘，影响品质。

●造纸印刷工业：纸张收卷不齐，套印不准，吸污严重，甚至纸张黏结，影响生产。

●纺织工业：造成根丝飘动、缠花断头、纱线纠结等危害。

静电的危害有目共睹，现在越来越多的厂家已经开始实施各种程度的防静电措施和工程。但要认识到，完善有效的防静电工程要依照不同企业和不同作业对象的实际情况。防静电措施应是系统的、全面的，否则，可能会事倍功半，甚至造成破坏性的反作用。

⑦ESD 的含义：

ESD 代表英文 ElectroStatic Discharge，即"静电放电"的意思。ESD 是 20 世纪中期以来形成的以研究静电的产生与衰减、静电放电模型、静电放电效应（如静电引起的着火与爆炸）和电磁效应（如电磁干扰）等的学科。近年来随着科学技术的飞速发展、微电子技术的广泛应用及电磁环境的日益复杂，人们对静电放电的电磁场效应如电磁干扰（EMI）及电磁兼容性（EMC）问题越来越重视。

⑧ESD 的三种形式：

●人体形式——当人体活动时身体和衣服之间的摩擦产生摩擦电荷。当人们手持 ESD 敏感的装置而不先泄放电荷到地，摩擦电荷将会移向 ESD 敏感的装置而造成损坏。

●微电子器件带电形式——对 ESD 敏感的装置，尤其是塑料件，在自动化生产过程中会产生摩擦电荷，而这些摩擦电荷通过低电阻的线路非常迅速地泄放到高度导电的牢固接地表面，因此造成损坏；或者通过感应使 ESD 敏感的装置的金属部分带电而造成损坏。

●场感类形式——强电场围绕可能来自于塑性材料或人的衣服，此时会发生电子转化跨过氧化层的现象。若电位差超过氧化层介电常数，则会产生电弧以破坏氧化层，其结果为短路。

其他还有机器形式、场增强形式、人体金属形式、电容耦合形式、悬浮器件形式等场感类形式。

10.2　安全测量要求

10.2.1　安全测量规范与管理

各行各业围绕发电、变电、送电、用电，有全面、详细的安全规范要求，如安全用电准则、安全用电技术规定、居民安全用电规范等。而电气测量一般需要操作人员开展与电气/电器接触的细致工作，有更高的规范要求。

有效而严格地执行各种用电规范时，还需要有一套完整的管理体系，包括宣传、教育、制定制度、履行等。其中制定"应急预案"是管理工作中不可缺少的主要环节，如制定触电后的急救方法等预案。

当看到他人触电时，应沉着应对，不要惊慌失措。首先使触电者与电源分开，然后根据情况展开急救。越短时间内开展急救，救活的概率就越大。按照预案要求，执行两个步骤：

第一步，触电人体和带电体分离。

采取的方法有关掉总电源、拉开刀开关或拔掉熔断器。如果是家用电器引起的触电，可拔掉插头。使用有绝缘柄的电工钳，将电线切断。用绝缘物从带电体上拉开触电者。

第二步，报警和急救。

一旦触电者脱离电源后即刻报警，同时观察触电者以采取正确的救治方法：

● 如果神志清醒，使其安静休息。

● 如果严重灼伤，应送医院诊治。

● 如果触电者神志昏迷，但还有心跳呼吸，应该使触电者仰卧，解开衣服，以利呼吸，周围的空气要流通，要严密观察，并迅速请医生前来诊治或送医院检查治疗。

● 如果触电者呼吸停止，心脏暂时停止跳动，但尚未真正死亡，要迅速对其进行人工呼吸和胸外按压。

10.2.2　安全测量标准

在安全用电过程中，涉电者都会按照某种指定或规定的方法进行操作，这个方法的最高级别就是"强制标准"，在"标准"的基础上有"规则/规定/准则"、"措施"、"指南"、"注意事项/警示"等，如用电安全导则（GB/T 13869—2008）、安全用电技术准则、安全用电技术规定、安全用电技术措施、电工安全操作注意事项和安全用电的注意事项等。

1. 标准制定部门及标准

标准有企业标准、行业标准、国家标准和国际标准，制定标准的部门决定了标准的等级。通常，企业标准高于行业标准，行业标准高于国家标准。

关于电、电气、电器的标准很多，由于电与人类生活和人类生命休戚相关，还派生出非常多的规则。因此关于"电"的标准来自于较多部门。我们国家制定的"用电安全导则（GB/T 13869—2008）"兼顾了较多的行业或部门。

国际公认的标准有：①国际电气和电子工程师协会（IEEE）：IEEE 1584b—2011（电弧光作业危险计算指南）；②国际电工委员会（IEC）：IEC 61010；③美国国家防火协会（NFPA）：NFPA 70E（适用于工作场所电气安全的标准）、NFPA 70（美国国家电气规范）；④美国国家标准协会（ANSI）：ANSI/ISA S82.02（测量、控制与实验室用途电气设备的安全要求）等。

国际电工委员会的 IEC 61010 是适用于低压测试、测量与控制设备的标准。针对过电压冲击瞬变（电压尖峰）所提供的保护大大加强。该标准与美国的 ANSI/ISA S82.02 和加拿大标准协会（CSA）的 C22.2 No.1010.1-92 相同。IEC 61010 定义了四个位置或测量类别，也被认为是安全类别，如图 10-5 所示，文字说明如表 10-2 所示（FLUKE 提供）。

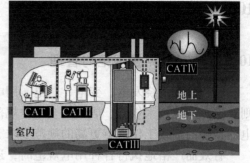

图 10-5　IEC 61010 测量位置类别

表 10-2　IEC 61010 测量类别

测量类型	简要说明	举例
CATⅣ	公用电力连接处的三相线路,任何室外导体	①指"装置起点",即与公用电力进行低压连接的位置 ②电能表、一次过电流保护设备 ③外部和电力进线口、从电杆到建筑物的架空引入线、仪表和配电盘之间的线路 ④至独立建筑物的架空线,至井泵的地下线路
CATⅢ	三相分布式环境,包括单相商业照明用电	①固定装置中的设备,如开关柜和多相电机 ②工厂中的母线和馈线 ③馈线和短分支线路、配电设备 ④大型楼宇建筑中的照明系统 ⑤带有至进线口的短连接线路的电器插座
CATⅡ	单相插座连接的负载	①电器、便携式工具以及其他家庭和相似负载 ②与 CATⅢ 电源的距离超过 10m 的插座 ③与 CATⅣ 电源的距离超过 20m 的插座
CATⅠ	电子设备	①受保护的电子设备 ②与进行测量以便将瞬变过电压限制到适宜的低水平的(电源)电路相连的设备 ③从高绕组电阻变压器获得的任何高电压、低能量源

更多更细的内容，请参阅详细的 IEC 61010，如电压瞬变安全标准。

2. 标准、防范、措施

电气测试过程中的"标准"、"措施"和"防范"是很多的，开展某指定测试时，要全面了解与测试相关的所有细节和要求。下述内容仅仅是其中的一小部分。

（1）电压瞬变时的安全标准　为了在发生电压瞬变时为使用者提供保护，测试仪中必须具有内置的安全措施。尤其是，如果知道可能要对高能量电路进行测量，那么应使用何种技术性能参数？国际电工委员会负责针对电气测试设备制定国际安全标准。该机构最近定义了新的安全标准 IEC 61010。

多年来，电气测试设备行业采用的是 IEC 348 设备设计标准，现已更新为 IEC 61010 的 IEC 1010。按照新 IEC 61010 标准设计的测试仪的安全等级有了显著提高。

（2）用电防火措施　电气设备发生火灾，最直接、最主要的原因是导线或器件的电流负荷过大。为了保护电线或电器设备，导线和电器的运行参数不应超过额定数值；在线路中每条分路单独使用的电器上，应设有熔断器；熔丝的换接，应按电路负荷情况决定，不能随意更换，否则失去保险作用；导线之间和导线与电器设备的相接，必须接触良好。

发生火灾时，切记先立即切断电源，后灭火。

(3) 导线最小截面积规定　合理选择导线是安全用电的必要条件。导线允许流过的电流与导线的材料及导线的截面积有关，当导线中流过的电流过大时，会由于导线过热引起火灾。不同场所导线允许最小截面积如表 10-3 所示。

表 10-3　不同场所导线允许截面积

种类及使用场所		导线允许最小截面积/mm²		
		铜芯软线	铜　线	铝　线
照明灯具相线	民用建筑、户内	0.4	0.5	2.5
	工业建筑、室内	0.5	0.8	2.5
	户外		1.0	2.5
移动式用电设备	生活用	0.2		
	生产用	1.0		
敷设在绝缘支持件上的绝缘线，其支持点的距离	2m 以下　户内		1.0	2.5
	2m 以下　户外		1.5	2.5
	6m 及以下		2.5	4.0
	10m 及以下		2.5	6.0
	25m 及以下		4.0	10
穿管线			1.0	2.5

(4) 直接电击防护措施（用电安全导则节选）

1) 绝缘：用绝缘材料将带电体封闭起来。良好的绝缘材料是保证电气设备和线路安全运行的必要条件，是防止触电的主要措施。应当注意，单独采用涂漆、漆包等类似的绝缘措施来防止触电是不够的。

2) 屏蔽保护：采用屏蔽保护装置将带电体与外界隔开。为杜绝不安全因素，常用的屏蔽保护装置有遮拦、护罩、护盖和栅栏等。

3) 间隔：即保持一定间隔以防止无意触及带电体。凡易于接近的带电体，应保持在伸出手臂时所及的范围之外。正常操作时，凡使用较长工具者，间隔应加大。

4) 漏电保护：漏电保护又称为残余电流保护或接地故障电流保护。漏电保护仅能作为附加保护装置而不应单独使用，其动作电流最大不宜超过 30mA。

5) 安全电压：根据具体工作场所的特点，采用相应等级的安全电压，如 24V、12V 等。

(5) 间接电击防护措施（用电安全导则节选）

1) 自动断开电源：安装自动断电装置。自动断电装置有漏电保护、过电流保护、过电压保护或欠电压保护、短路保护等，当带电线路或设备发生故障或触电事故时，自动断电装置能在规定的时间内自动切除电源，起到保护作用。

2) 加强绝缘：采用有双重绝缘或加强绝缘的电气设备，或者采用另有共同绝缘的组合电气设备，以防止工作绝缘损坏后在易接近部分出现危险的对地电压。

3）等电位环境：将所有容易同时接近的裸导体（包括设备外的裸导体）互相连接起来使其间电位相同，防止接触电压。等电位范围不应小于可能触及带电体的范围。

10.3 电气测量安全技术

10.3.1 电气测量计划

采用安全测量技术手段的目的是尽量减少和避免在测量过程中出现故障并杜绝对操作人员的伤害。保障电气参数安全测量的第一步就是要制定安全的测量计划。在该计划中，包含测量目的、测量对象与安全的关联、测量步骤（操作规程）与安全的关联、测量设备或工具与安全的关联、测量场所与安全的关联、应急防范措施对安全的保证等；另外，最重要的是操作人员的资质。

制定电气测量计划，是一种科学的预防方法，如果不采取适当的预防措施，意外的瞬间电涌和错误操作就会带来风险。而按照计划就可以采取一些相应的安全措施，使测量人员在安全的环境下使用测试设备能对电气参数进行测量。

在任何情况允许的时候，尽量在断电情况下工作，断电时应遵循适当的闭锁保护措施。如果不得不在带电电路下工作，遵循如下步骤可改进测量操作，并降低产生危险的可能性。

1. 准备步骤

1）在采取任何测量工作前，评估工作环境。

2）不要单人在危险区域内工作。

3）佩戴适当的人身防护装备（PPE），遵守 NFPA 70 E 规范和本单位的人员安全标准。

当出现电弧放电时，人身防护装备是唯一能保护你免于剧痛、损伤、甚至死亡的装备。当测量 1000 V 或更低的电路时，包括 480V 和 600V 的三相电路，请详细遵循由国际电子技术委员会制定的 PPE 标准。

这些安全规范，基于其他的考虑（包含对眼睛、听力的保护），包含绝缘工具、绝缘手套和防火服装。美国 NFPA 的 70E 和 NEC 标准中的 11016 条款明确了何时、何地必须遵守 PPE 标准。

4）确保测试仪表符合测试环境的等级要求。

如果万用表或导向柱没有适当的电压类别等级标识，如表 10-2 中的 CAT Ⅲ，请不要使用其进行测量。如果必须要进行测量工作，请购买高一等级的仪表以符合测量环境。使用陈旧的仪表（早于 1996 年生产）或新的但没有适当电压类别等级的仪表，会使测量人员处于危险之中。

5）在进行一些危险测试工作前，要熟知该设备的使用方法，并在使用前仔细检查以下内容：

①检查测量仪表最后一次校准的日期，如果校准过期，请勿用。

②检查测量仪表额定值，确保测量仪表技术参数符合工作要求和安全等级。

③检查测量仪表是否有相关认证。

④检查保护性部件的有效性，如熔丝。

⑤检查测量仪表外壳和一般条件。

⑥检查导线，目视是否有裂痕等。

⑦测试导线，用万用表欧姆挡对测试导线进行短路测试。

2. 操作步骤

1）在最低能量点进行测量。在最低的能量点进行电压测试是个安全的做法。例如，在断路器面板中测试电压，选出最低等级的断路器，并进行测试工作。这种操作方式使操作人员更安全，避免潜在的危险。

2）注意所测量的区域，如果情况需要，将双手保持自由状态。

在必要的安全防护下，应采取有效的步骤来获取最佳的读数。为了实现安全测量，需要双手处于自由状态，即使用仪表的支架固定（如果该仪表配有支架）测试仪表。更好的方法是用一个磁性挂钩将仪表悬挂于测试面板边缘与眼睛同等高度的位置。在进行测量动作时，不要查看仪表，要双眼一直注视测试探针。

3）在进行单相电路测量时，切记要先连接不带电引线，然后再连接带电引线。在读取测量数据后，先断开带电引线，然后断开接地引线。

4）使用三点测试法。

①测量一个相同的已知带电电路。

②测量待测电路。

③重复测量已知的带电电路。

这一过程用来检验仪表是否工作正常，是保障测量人员安全的重要步骤。

5）使用最少外露金属的探针。

在高能三相配电板或其附近进行测量作业时，应使用尖端有最小金属裸露的探针，如12 型（仅有 4mm 的金属裸露）探针。这就降低了探针尖端无意地与不同相的线路短接和电弧放电的危险。

6）除非必须使用双手进行测量，否则保持一只手在口袋中。

使单手离开所测量的线路和面板，或放于口袋中。就避免了闭合回路的产生。任何时候，请使用适合的鳄鱼夹将黑色测试线接在测试电路上进行工作。这样做可以使一只手有机会来操作红色引线的探针。

3. 操作环境分析

在打开设备机柜前，仔细查看工作环境。①准备如何使用测试仪表？②将把仪表放置何处？③是否还有些问题影响设备的操作？④是否已接受过培训或已具备使用该仪表的相关知识？⑤是否存在某些潜在的环境危险，如树枝或水？⑥是否有足够的照明和通风？……

4. 注意事项

1）避免在光线不足的区域作业。如果需要在光线不足区域工作，请打开测试仪器的背光灯，使显示器更明亮，易于数据读取。

2）当在凹槽或较深的测量环境时，请使用探针延长器和探针灯来照明。确保你可以清晰地观察测试点。探针延长器可方便地进行测量，而使双手远离内部仪表板，这就降低了潜在的危险。

3）确保有一名具有相关电气安全知识的助手，或让其他人知道你的工作地点。独自一人在高能量电路作业，永远都不是一个安全的做法。

10.3.2　绝缘材料

在危险场所，应严禁带电工作。必须带电工作时，应采用各种安全工具，如绝缘手套、绝缘靴、绝缘钳和必要的仪器仪表等。下文将简单介绍绝缘材料。

1. 绝缘材料分类

1）无机绝缘材料有云母、石棉、大理石、电瓷、玻璃等，主要用作电机、电器的绕组绝缘，以及开关的底板和绝缘子等。

2）有机绝缘材料有虫胶、树脂、橡胶、棉纱、纸、麻、蚕丝、人造丝等，大多用于制造绝缘漆、绕组导线的被覆绝缘物等。

3）混合绝缘材料是由以上两种材料经加工后制成的各种成型绝缘材料，用作电器的底座、外壳等。

2. 绝缘材料的耐热等级

耐热能力是绝缘材料的重要性能之一，耐热等级分为 7 级，分别用字母 Y、A、E、B、F、H、C 表示，每一级对应一个极限温度值，是经过试验证明的该等级材料或其组合物所组成的绝缘结构能长期使用的最高允许温度，其对应的极限工作温度为 90℃、105℃、120℃、130℃、155℃、180℃及180℃以上。

3. 绝缘纤维制品

绝缘纤维制品是指绝缘纸、绝缘纸板、纸管和各种纤维织物，如绝缘纱、带、绳、管等在电工产品中直接应用的一类绝缘材料。制造这类制品常用的纤维有植物纤维（如木质纤维、棉纤维等）、无碱玻璃纤维和合成纤维。植物纤维是一种多孔性物质，有相当强的极性。

用植物纤维制成的制品具有一定的力学性能，但易吸潮，耐热性差，使用时通常需要与绝缘油组成组合绝缘或经一定的浸渍处理，以提高其电气性能、热老化性能、耐潮性能以及导热性能。无碱玻璃纤维具有耐热性好、耐腐蚀性好、吸湿性小、抗张强度高等优点，但较脆、密度大、伸长率小、对皮肤有刺激性，其制品表面及纤维之间易吸附水分，柔软性较植物纤维制品差。用合成纤维制成的制品则兼备植物纤维制品和无碱玻璃纤维制品的优点，是有广阔发展前景的新材料。

4. 浸渍绝缘纤维制品

1）漆绸、漆布和玻璃漆布。它们主要用于电机槽绝缘、端部层间绝缘和电器绕组绝缘等。由漆布组成的电机、电器的绝缘结构一般都须进行浸渍处理。如果处理浸渍漆选择不当，在浸渍过程中会发生漆布表面膜膨胀或脱落现象。

2）绝缘漆管。绝缘漆管有棉漆管、涤纶漆管和玻璃漆管等几种，分别由不同的纤维管浸以相应的绝缘漆烘干而成，漆管的长度一般为 250～1000mm。

5. 绝缘云母制品

1）天然云母与合成云母。云母的种类很多，在电工绝缘材料中占有重要地位的仅白云母和金云母两种。白云母和金云母具有良好的电气性能和力学性能，耐热性、化学稳定性和耐电晕性好。白云母的电气性能比金云母好，而金云母柔软、耐热性能比白云母好，合成云母耐热性优于天然云母，其他性能与白云母相似。

2）云母制品。云母制品主要有云母带、云母板、云母箔等。均由云母或云母粉、胶黏剂和补强材料组成。不同的材料组合，可制成具有各种不同特性的云母绝缘材料。

6. 薄膜及复合制品

电工用塑料薄膜的特点是厚度薄、柔软、耐潮、电气性能和力学性能好。薄膜主要用于电机、电器绕组和电线、电缆线圈的绝缘，也可作为电容介质。

复合制品是在薄膜的一面或双面粘合绝缘纸或漆布等纤维材料而组成的一种复合材料。纤维材料的主要作用是加强薄膜的机械强度，提高抗撕强度。薄膜复合制品适用于中小型电机槽绝缘，以及电机、电器绕组的端部绝缘和相间绝缘。黏带是指在常温或一定的温度和压力下能自粘成形的带状材料。它的绝缘工艺性好、使用方便，适于电机、电器绕组绝缘，电线、电缆接头的包扎绝缘等。

7. 绝缘漆、胶和熔敷粉

1）绝缘漆。浸渍漆分有溶剂漆和无溶剂漆两大类。浸渍漆主要用于浸渍电机、电器的绕组绝缘，以填充间隙和微孔，使被浸渍物表面形成连续的漆膜，以提高绝缘结的电气特性、导热性和防潮性。

2）绝缘胶。绝缘胶广泛应用于浇注电缆接头和套管，浇注电流互感器、电压互感器、某些干式变压器，以及密封电子元件和零部件等。浇注绝缘的特点是适应性和整体性好，有较高的耐潮、导热和电气性能，浇注工艺装备简单，容易实现自动化生产。常用电缆浇注胶有松香型、沥青型和环氧树脂型 3 类。

3）熔敷粉。熔敷粉是由合成树脂、固化剂、填料和颜料等制成的一种粉末状绝缘材料。在高于树脂熔点的温度下熔敷粉能均匀地涂覆在工件表面上，形成厚度均匀、平整光滑、粘结紧密的绝缘涂层。这种涂层导热性好，具有耐潮、耐腐蚀等特性，并可进行车削加工。它适用于低压电机的槽绝缘、绕组线圈端部绝缘以及电器零部件的密封、防腐涂覆等。

8. 其他绝缘材料

其他绝缘材料还有绝缘层压制品、绝缘油以及六氟化硫（SF_6）气体等。

10.3.3　安全测量技术

安全测量技术涉及的内容方方面面，关键是当被测对象进入到必须监测的流程时，电气测试成为被测对象在实时运行之外的"额外"工作。众所周知，任何一个实时运行系统，均需要定期维护，对于大型工业设备，定期维护工作绝大多数都是在停产后开展。但电气系统是一个特殊对象，系统除要保证本身实时运行外，对系统的元部件、系统的操作人员、系统的服务对象、系统的运行环境、系统的特性匹配以及外在空间对系统的干扰都有连带因素。在此基础上对电气对象进行测量，安全性是至高无上的。

电气系统在长时间的运行过程中，由各种因素导致的故障是随机的，诊断故障的过程却是全面的，因此测试过程对于电气系统的"干涉"是全面的。按照上述的各章节内容介绍，实际上电气测试设备本身是成熟的、可靠的和安全的；电气测试过程中能够提供的材料和工具是全面的、匹配的和安全的；测试原理、测试方法、测试过程及其测试计划都是科学的、适用的和规范的。关键是测试过程中，每一个细节都涉及到电气系统、测试人员和电气系统与测试人员之间的测试工具及测量空间，涉及到电气系统的可靠性能、测试人员的电测经验和两者之间不可逾越的各项规范及感应空间。

为防止在电气测试过程中出现安全问题，屏蔽、接地、绝缘或隔离等安全措施是非常有效的，如防止触电的安全措施和防止静电的安全措施等。

1. 防止触电安全措施

1）按国家要求将裸露的带电体架高（2.5m 以上）或隔离，但变压器和有些电气设备正常情况下外壳不带电，当电气设备内部损坏碰壳后，外壳才可能带电，为防止这类触电事故，需另外采取措施。

2）保护接地。将电气设备的任何部分与地作良好的电气接触即是接地，也就是说通过接地线接地。保护接地就是将电气设备的外壳或架构用金属线与地可靠连接，接地电阻应小于4Ω，如图 10-6 所示。

采用保护接地后，即使人体接触到漏电的电气设备外壳也不会触电，因为此时的电气设备外壳已与大地做了可靠的连接，接地装置的电阻很小，而人体的接触电阻却很大（约1.5kΩ），因此电流绝大部分将经接地线流入大地，流经人体的电流很小，从而保证了安全。

3）保护接零。保护接零就是在 1000V 以下的中性点直接接地系统中，将电气设备的金属外壳用导线与供电系统的保护零线可靠地连接，如图 10-7 所示，适用于电网中中性点直接接地的系统。

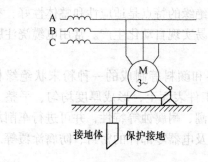

图 10-6　保护接地示意图

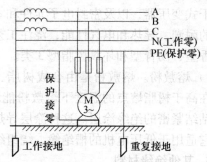

图 10-7　保护接零示意图

在（380V/220V）三相四线制供电系统中，将配电变压器二次侧三相绕组末端接在一起的点是中性点，该点不仅在变压器附近接地，使接地电阻不大于4Ω（保护接地。变压器容量不大于100kV·A 时，可不大于10Ω），而且与变压器二次绕组的首端（相线）一起引出，作为电力线路的组成部分即中性线。将中性线和电气设备的外壳连接就形成了保护接零。

必须强调的是，中性点接地的三相四线制系统，单靠保护接地不能有效地防止人身触电，必须采取保护接零，否则会造成保护电器不会动作，即不能将电源碰壳的设备脱离电源，设备外壳上长期存在对地电压，可达 110V 或更高，危险性很大。因此，在 1000V 以下的三相四线制中性点接地系统中，用电设备的金属外壳除了保护接地外，一般还要采取保护接零的措施，目的是把电源碰壳变成单相短路，以保证在最短的时间内可靠地自动断开故障设备。

采取保护接零时，还要注意下面几点：

①不允许在同一电源上把一部分用电设备接零，另一部分接地。

②在中性点绝缘（不接地）的系统中，绝不允许采用保护接零，特别是家用电气设备，禁止采用接零代替接地。

③采用保护接零时，接零导线必须连接牢固可靠，并且在中性线上不允许装熔断器和单

独的开关设备，中性线阻抗不能太大。

采用保护接零后，若电气设备发生绝缘损坏使外壳带电，相线将经零线形成闭合回路。因零线的电阻很小，短路电流很大，因此短路电流会使电路中的熔断器熔丝烧断或启动断路器等保护电器动作，从而切断电源，断开故障设备。

4）重复接地。采取保护接零时，除系统的中性点接地外，还必须在中性线上一处或多处进行接地，这就是重复接地。如果不采取重复接地，一旦出现中性线断线，那么接在断线处的用电设备相线碰壳时，保护电器就不会动作，该设备以及后面的所有接零设备外壳都存在接近于相电压的对地电压。若再采取重复接地，即使中性线偶尔断路，带电设备外壳也可通过重复接地装置与系统中性点构成回路，产生接地短路电流，使保护器动作。

5）工作接地。为了保证电气设备的可靠运行，有时把供电系统中某一点进行接地，这种接地称工作接地。也就是说，在 380V/220V 三相四线制供电系统中，将配电变压器二次侧三相绕组末端接在一起的中性点接地。工作接地能保证系统的安全，稳定系统的对地电压。当系统发生单相接地故障时，能限制非故障相的电压升高，避免用电设备遭到损坏。

2. 静电防护安全措施

1）接地。接地就是直接将静电通过线缆连接泄放到大地，这是防静电措施中最直接最有效的，对于导体通常用接地的方法，如人工带防静电手腕带及工作台面接地等。

接地通过以下方法实施：

①人体通过手腕带接地。

②人体通过防静电鞋（或鞋带）和防静电地板接地。

③工作台面接地。测试仪器、工具夹、烙铁接地。

④防静电地板、地垫接地。

⑤防静电转运车、箱、架尽可能接地。

⑥防静电椅接地。

2）静电屏蔽。静电敏感元件在储存或运输过程中会暴露于有静电的区域中，用静电屏蔽的方法可削弱外界静电对电子元件的影响，最常用的方法是用静电屏蔽袋和防静电周转箱作为保护。另外防静电衣对人体的衣服具有一定的屏蔽作用。

3）离子中和。绝缘体往往易产生静电，对绝缘体静电的消除，用接地方法是无效的，通常采用的方法是离子中和（部分采用屏蔽），即在工作环境中用离子风机等，提供一等电位的工作区域。

防静电材料和防静电设施均是按这三种方式派生出来的产品，可分为防静电仪表，接地系统类防静电产品，屏蔽类防静电包装，运输及储存防静电材料，中和类静电消除设备，以及其他防静电用品。

3. 防静电的一般工艺规程要求

1）防静电的常规工艺规程要求如下：

①操作者必须戴有线防静电手腕带。

②涉及到操作静电敏感器件的桌台面须采用防静电台垫。

③ESD 敏感型器件必须用静电屏蔽与防静电器具转运。

④准备开封、测试静电敏感器件时必须在防静电工作台上进行，有条件的可配用离子空气发生器清除空气中的电荷。

⑤组装所用的焊接设备及成形工装设备都必须接地，焊接工具使用内热式烙铁，接地要良好，接地电阻要小。

⑥电源供电系统要用变压器隔离，地线要可靠，防止悬浮地线，接地电阻小于10Ω。

⑦产品测试时，在电源接通的情况下不能随意插拔器件，必须在关掉电源后插拔。

⑧凡ESD敏感型器件不应过早地拿出原封装，要正确操作，尽量不触摸ESD敏感型器件管腿。

⑨用波峰焊接时，焊料和传递系统必须接地。

2）在防静电要求严格的场合：

①凡ESD敏感型整机进行高低温试验或老化试验时，必须先对工作场地及高低温箱进行静电位测试，其电位不能超过安全值，否则，要进行静电消除处理。

②焊接好的印制电路板作三防处理时，也要采用防静电措施。不要用一般的刷光、超声波清洗或喷洗。

③调试、测量、检验时所用的低阻仪器、设备（如信号、电桥等）应在ESD敏感型器件接上电源后，方可接到ESD敏感型器件的输入端。

④在ESD敏感型测试仪器生产线上，应严格使用静电电位测试监视静电电位的变化情况，以便及时采取静电消除措施。

4. 防静电器材

防静电器材较多，归纳后包括：①防静电仪表；②接地类防静电产品；③屏蔽类防静电包装运输及储存材料；④中和类设备等。

5. 常用测试工具

1）万用表。

2）示波器。

3）验电器，也叫试电笔、电笔。试电笔有笔式和螺钉旋具式两种外形，它是检验低压导线和电器设备是否带电的一种常用工具。使用试电笔时，一手指触及笔尾的金属体，使氖管背光朝向自己，以便于观察。要防止螺钉旋具式试电笔笔尖金属触及人手，引起触电，为此在其金属杆上必须套上绝缘套管，仅留出螺钉旋具口部分供测试使用。当用试电笔测量带电体时，电流经带电导体、试电笔、人体和地形成回路，只要带电体与大地之间的电位差达到60V，电笔中的氖管就会发光。一般试电笔的测试范围为60~500V。试电笔的作用在于：

①区分被测电压的高低。测试时可以根据氖管发光程度来区别被测电压的高低。

②识别相线与设备外壳之间是否漏电，当试电笔碰触变压器、电动机设备的外壳时，氖管发亮则说明相线与外壳间存在漏电。若壳体良好接地，则氖管不发光。

③区分相线与零线。当试电笔触及导线时，氖管发光的即为相线，在正常情况下，触及导线不发光的为零线。

4）逻辑笔。使用逻辑笔可以直接检测数字电路的4种工作状态：高电位、低电位、脉冲以及高阻状态。当电平检测电路检测到输入为高电位时，红色发光二极管亮；检测到输入为低电位时，绿色发光二极管亮；当输入为开路状态时红、绿色发光二极管均不亮。脉冲检测电路检测到输入信号出现脉冲时（无论负脉冲还是正脉冲），黄色发光二极管亮，当PULSE/MEM开关接通时检测到输入信号出现脉冲后，一直驱动黄色指示灯亮。

5）绝缘电阻表。绝缘电阻表是一种专门用来测量被测设备的绝缘电阻或高值电阻的可携带式仪表，其表盘刻度以兆欧（MΩ）作为计量单位，故而称为绝缘电阻表。

在用电过程中存在着用电安全问题。例如电机等各种电器随着使用年限的增加，或其受热或受潮时，会使其中某些绝缘材料老化，绝缘性能下降，从而造成设备漏电或短路事故发生。为避免此类事故发生，就要求经常测量各种电气设备的绝缘电阻。鉴于在低电压下的测量值不能反映在高电压条件下工作的真正绝缘电阻值。故而，兆欧表本身设有高电压电源，这是兆欧表与一般测电阻仪表（万用表欧姆挡）的不同之处。

兆欧表常用于测量各种电线（电缆或明线）的绝缘电阻、电机/变压器绕组间的绝缘电阻和各种高压设备的绝缘电阻。使用时额定电压与量程选择如表10-4所示。

表 10-4　绝缘电阻表额定电压和量程选择

被 测 对 象	设备的额定电压/V	兆欧表额定电压/V	兆欧表量程/MΩ
低压电器装置	<500	500	0 ~ 200
变压器和电动机绕组的绝缘电阻	>500	1000 ~ 2500	0 ~ 200
发动机绕组的绝缘电阻	>500	1000	0 ~ 200
低压电气设备的绝缘电阻	>500	500 ~ 1000	0 ~ 200
高压电气设备的绝缘电阻	>500	2500	0 ~ 2000
瓷绝缘子、高压电缆、刀开关	>500	2500 ~ 5000	0 ~ 2000

6）地线电阻测试仪。一般情况下，电气设备（如电动机、车床、家用电器等）的金属外壳是不带电的，但在设备内部电源线的绝缘层遭到破坏或老化失效时可能会导致设备外壳带电。在这种情况下，人若触及设备外壳就会触电。保护接地与保护接零（见 10.3.3 节中"防止触电安全措施"）就是防止这类事故发生的有效保护措施。

电气设备接地体的电阻大小具有实际的意义，接地电阻测试仪就是用于电力、电信以及各种电气设备接地电阻测量的专业仪表。

7）钳形表。钳形电流表简称钳形表，分高、低压两种。其工作部分主要由一只电磁式电流表和穿心式电流互感器组成。穿心式电流互感器铁心制成活动开口，且成钳形，故名钳形电流表。是一种不需断开电路就可直接测电路交流电流的携带式仪表，在电气检修中使用非常方便，应用相当广泛。

钳形表一般准确度不高，通常为 2.5 ~ 5 级，可以通过转换开关切换量程，切记切换时不允许带电进行操作。钳形表最初是用来测量交流电流的，但是现在万用表有的功能它也都有，可以测量交直流电压、电流、电容容量、二极管、晶体管、电阻、温度、频率等。

钳形表是一种用于测量正在运行的电气线路电流大小的仪表，可在不断电的情况下测量电流。是专门测量交流大电流的电工仪器。测量时绝对要注意人身安全和设备安全。

使用钳形表测量前注意事项：

①被测线路的电压要低于钳表的额定电压。

②测高压线路的电流时，要戴绝缘手套，穿绝缘鞋，站在绝缘垫上。

③钳口要闭合紧密不能带电换量程。

使用钳形表测量时注意事项：

①使用高压钳形表时应注意钳形电流表的电压等级，严禁用低压钳形表测量高电压回路的电流。用高压钳形表测量时，应由两人操作。测量时应戴绝缘手套，站在绝缘垫上，不得

触及其他设备，以防止短路或接地。

②观测表计时，要特别注意保持头部与带电部分的安全距离，人体任何部分与带电体的距离不得小于钳形表的整个长度。

③在高压回路上测量时，禁止用导线从钳形电流表另接表计测量。测量高压电缆各相电流时，电缆头线间距离应在 300mm 以上，且绝缘良好，待认为测量安全时，方能进行。

④测量低压可熔熔断器或水平排列低压母线电流时，应在测量前将各相熔丝或母线用绝缘材料加以保护隔离，以免引起相间短路。

⑤当电缆有一相接地时，严禁测量。防止出现因电缆头的绝缘水平低发生对地击穿爆炸而危及人身安全。

⑥钳形电流表测量结束后把开关拨至最大程挡，以免下次使用时不慎过流，并应保存在干燥的室内。

习题与思考

10-1　查阅安全用电方面的标准和准则。

10-2　了解触电危害、触电形式及防触电措施。

10-3　了解静电危害及防静电措施和防静电器材。

10-4　了解电流对人体的影响。

10-5　解释与掌握图 10-5。

参 考 文 献

［1］ 徐科军. 电气测试基础 ［M］. 北京：机械工业出版社，2003.

［2］ 陈荣保. 工业自动化仪表 ［M］. 北京：中国电力出版社，2011.

［3］ 徐科军，陈荣保，张崇巍. 自动检测和仪表中的共性技术 ［M］. 北京：清华大学出版社，2000.

［4］ 梁曦东，邱爱慈，孙才新，雷清泉，陆宠惠. 中国电气工程大典：第 1 卷 现代电气工程基础 ［M］. 北京：中国电力出版社，2009.

［5］ 钱照明，汪槱生，徐德鸿等. 中国电气工程大典：第 2 卷 电力电子技术 ［M］. 北京：中国电力出版社，2009.

［6］ 罗利文. 电气与电子测量技术 ［M］. 北京：电子工业出版社，2011.

［7］ 吕景泉. 现代电气测量技术 ［M］. 天津：天津大学出版社，2011.

［8］ 吴旗. 电气测量与仪器 ［M］. 北京：高等教育出版社，2004.

［9］ 林德杰. 电气测试技术 ［M］. 3 版. 北京：机械工业出版社，2011.

［10］ 金立军. 现代电气检测技术 ［M］. 北京：电子工业出版社，2007.

［11］ 李立功. 现代电子测试技术 ［M］. 北京：国防工业出版社，2008.

［12］ 肖晓萍. 电子测量仪器 ［M］. 北京：电子工业出版社，2010.

［13］ 李延廷. 电子测量技术 ［M］. 北京：机械工业出版社，2009.

［14］ 王勇，王昌龙，戴乐晗. 现代测试技术 ［M］. 西安：西安电子科技大学出版社，2007.

［15］ 陶时澍. 电气测量 ［M］. 哈尔滨：哈尔滨工业大学出版社，1997.

［16］ 陈立周. 电气测量 ［M］. 5 版. 北京：机械工业出版社，2011.

［17］ 张仁豫. 高电压试验技术 ［M］. 3 版. 北京：清华大学出版社，2009.

［18］ 曹晓珑，钟力生. 电气绝缘技术基础 ［M］. 北京：机械工业出版社，2010.

［19］ 周严. 数字化测量技术 ［M］. 北京：北京理工大学出版社，2011.

［20］ 高晋占. 微弱信号检测 ［M］. 北京：清华大学出版社，2004.

［21］ 曾庆勇. 微弱信号检测 ［M］. 杭州：浙江大学出版社，2003.

［22］ 郝晓剑. 测控电路设计与应用 ［M］. 北京：电子工业出版社，2012.

［23］ 王俊杰. 检测技术与仪表 ［M］. 武汉：武汉理工大学出版社，2002.

［24］ 潘立登. 软测量技术原理与应用 ［M］. 北京：中国电力出版社，2009.

［25］ 金发庆. 传感器技术与应用 ［M］. 北京：机械工业出版社，2002.

［26］ 马明建. 数据采集与分析处理技术 ［M］. 西安：西安交通大学出版社，2005.

［27］ 费业泰. 误差理论与数据处理 ［M］. 北京：机械工业出版社，2005.

［28］ 周慈航. 智能仪器原理与设计 ［M］. 北京：北京航空航天大学出版社，2005.

［29］ 周求湛. 虚拟仪器与 LabVIEW 7 Express 程序设计 ［M］. 北京：北京航空航天大学出版社，2004.

［30］ 郭军. 智能信息技术 ［M］. 北京：北京邮电大学出版社，2001.

［31］ 邓中亮. 嵌入式系统设计 ［M］. 北京：北京邮电大学出版社，2008.

［32］ 孙健敏. 计算机网络技术与应用 ［M］. 西安：西安电子科技大学出版社，2010.

［33］ 史红梅. 测控电路及应用 ［M］. 武汉：华中科技大学出版社，2011.

［34］ 赵茂泰. 电子测量仪器设计 ［M］. 武汉：华中科技大学出版社，2010.

［35］ 顾三春，仝迪编. 电子技术实验 ［M］. 北京：化学工业出版社，2009.

［36］ 孙君曼. 电子技术 ［M］. 北京：北京航空航天大学出版社，2010.

［37］ 潘岚. 电路与电子技术实验教程 ［M］. 北京：高等教育出版社，2005.

[38] 王玉秀，李家虎，张学军，朱震军. 电工电子基础实验［M］. 南京：东南大学出版社，2006.

[39] 刘宏，黄河，张君. 电子技术实验-基础部分［M］. 西安：西北工业大学出版社，2008.

[40] 电路基础实验课程组. 电路基础实验［M］. 北京：北京大学出版社，2009.

[41] 唐小华，尚建荣. 电工电子线路实验教程［M］. 北京：科学出版社，2011.

[42] 陈永甫. 电工电子技术入门［M］. 北京：人民邮电出版社，2005.

[43] 桂长清，郭丽，贺必新. 实用蓄电池手册［M］. 北京：机械工业出版社，2011.

[44] 汪继强. 化学与物理电源［M］. 2 版. 北京：国防工业出版社，2008.

[45] 王水平，史俊杰，田庆安. 开关稳压电源：原理、设计及实用电路［M］. 2 版. 西安：西安电子科技大学出版社，2005.

[46] 徐海明，刘璐，沈琼. 现代电源应用技术手册［M］. 北京：中国电力出版社，2007.

[47] 王水平，方海燕. 开关稳压电源原理及设计［M］. 北京：人民邮电出版社，2008.

[48] 何希才，姜余祥. 新型稳压电源及其应用［M］. 北京：国防工业出版社，2012.

[49] 阳宪惠. 现场总线技术及其应用［M］. 2 版. 北京：清华大学出版社，2011.

[50] 李正军. 现场总线与工业以太网及其应用技术［M］. 北京：机械工业出版社，2011.

[51] 刘云浩. 物联网导论［M］. 北京：科学出版社，2010.

[52] 李金伴. 自动抄表系统原理与应用［M］. 北京：化学工业出版社，2012.

[53] 宗建华. 智能电能表［M］. 北京：中国电力出版社，2010.

[54] 李宝树. 电磁测量技术［M］. 北京：中国电力出版社，2007.

[55] 钱照明. 电力电子系统电磁兼容设计基础及干扰抑制技术［M］. 杭州：浙江大学出版社，2000.

[56] 何为. 电磁兼容原理与应用［M］. 北京：清华大学出版社，2009.

[57] 薛天宇. 模数转换器应用技术［M］. 北京：科学出版社，2001.

[58] 袁渊. 虚拟仪器基础教程［M］. 成都：电子科技大学出版社，2002.

[59] 赖祖武. 电磁干扰防护与电磁兼容［M］. 北京：原子能出版社，1993.

[60] 刘光源主编. 简明电气安装工手册［M］. 北京：机械工业出版社，2011.

[61] 余红娟，杨承毅. 电子技术基本技能［M］. 北京：人民邮电出版社，2009.

[62] 李英葆，陈京生. 绝缘材料查询手册［M］. 北京：中国电力出版社，2010.

[63] 夏兴华. 电气安全工程［M］. 北京：人民邮电出版社，2012.

[64] 杨岳. 电气安全［M］. 北京：机械工业出版社，2010.

[65] 泰克科技（中国）有限公司：www. tek. com. cn.

[66] 安捷伦科技（中国）有限公司：www. agilent. com. cn.

[67] 美国福禄克（Fluke）电子仪器仪表公司：www. fluke. com. cn.

[68] 美国国家仪器（NI）有限公司：www. ni. com/china.

[69] 西门子（中国）有限公司：www. ad. siemens. com. cn.

[70] 吉时利仪器公司 www. keithley. com. cn.

[71] 中国 EPA 组织：www. epa. org. cn.

[72] 工业无线网络 WIA：www. industrialwireless. cn/index. asp.

[73] www. baidu. com.

[74] www. sogou. com.